U0082312

物聯網與智慧製造

張晶，徐鼎，劉旭　等編著

崧燁文化

智　慧　製　造

前言

　　隨著無線通訊技術和行動網路的迅速發展以及無線終端設備的廣泛應用,機器類通訊業務呈現爆發式成長,面向人-機-物實時動態資訊交互的網路——物聯網應運而生。 作為融合通訊、計算、控制的新型資訊通訊技術,物聯網被稱為繼電腦、網路之後世界資訊產業的第三次浪潮,受到各國政府、企業和學術界的高度重視,美國、歐盟、日本等已經將其納入國家和區域資訊化發展戰略。 中國從 2009 年開始將物聯網列為重點發展的戰略性新興產業,並將其視為未來資訊產業競爭的制高點和產業升級的核心驅動力。

　　物聯網的顛覆性在於將包括人、機、物在內的所有事物透過網路自主互聯,使得物理設備與系統具有計算、通訊、控制、遠程協調和自治五大功能,從而改變我們與物理世界的互動方式。 物聯網的理念和相關技術產品已經廣泛滲透到社會經濟與民生的各個領域,小到智慧家庭網路,大到工業控制系統、智慧交通系統等國家級甚至世界級的應用,物聯網在越來越多的行業創新中發揮著關鍵作用。 藉助資訊技術與感測、控制、計算等技術的深度集成和綜合應用,物聯網正在成為加速產業升級、提升政務服務、改善社會民生、促進增效節能等方面的推動力,在工業製造、交通等領域正帶來真正的「智慧」應用。

　　如果說物聯網是決定未來經濟發展程度的引擎,那麼智慧製造就是實現強國之路的核心。 從德國的工業 4.0,到美國的 CPS 和工業網路,再到中國提出的「智慧製造」,全球各主要國家都在大力布局製造強國戰略,以期搶占未來經濟發展的制高點和下一代產業的領導權。 智慧製造的本質是將新一代資訊網路技術與現代化的生產製造相融合,透過建設「智慧工廠」,開展「智慧生產」,實現生產要素的高效、低耗、合作以及個性化的批量訂製生產。 這一概念與物聯網透過資源的高效、合作實現面向使用者的智慧化服務內涵不謀而合。 因此,物聯網和智慧製造兩者具有天然的耦合關係,基於工業物聯網實現智慧製造是必然選擇。

目錄

95 第3章 感測與識別技術

第1章

緒　論

1.1 物聯網的概念

物聯網（Internet of Things，IOT）是由美國麻省理工學院（MIT）的 Kevin Ashton 於 1991 年首次提出的[1,2]。1999 年，MIT 建立了自動識別中心（Auto-ID Labs），提出了網路射頻識別（Radio Frequency Identification，RFID）的概念，指出「萬物皆可透過網路互聯」[3]。2001 年，MIT 的 Sanjey Sarma 和 David Brock 闡明了物聯網的基本含義：把所有物品透過 RFID 等資訊感測設備與網路連接起來，實現智慧化識別和管理[4,5]。2005 年，國際電信聯盟（ITU）發布了 *ITU Internet reports* 2005：*the Internet of Things* 報告，指出：資訊與通訊技術的目標已經從任何時間、任何地點連接任何人，發展到連接任何人與物品，由億萬件物品的資訊連接、實時共同分享就形成了物聯網[6]。

現代意義的物聯網可以實現對物品的感知識別控制、網路化互聯和智慧處理的有機統一，從而形成高智慧的決策。工業和資訊化部電信研究院在其發布的《物聯網白皮書（2011 年）》上明確指出：物聯網是通訊網和網路的拓展應用和網路延伸，它利用感知技術與智慧裝置對物理世界進行感知識別，透過網路傳輸互聯，進行計算、處理和知識挖掘，實現人與物、物與物資訊交互和無縫鏈接，達到對物理世界實時控制、精確管理和科學決策的目的[7]。另一種廣為接受的物聯網定義為：物聯網是透過射頻識別（RFID）、紅外感應器、全球定位系統、激光掃描器等資訊感測設備，按約定的協議，把物品與網路連接起來進行資訊交換和通訊，以實現智慧化識別、定位、追蹤、監控和管理的一種網路[8]。中國科學院計算技術研究所的陳海明教授、南京理工大學的吳啓輝教授等則分別從軟體系統能力[9]、網路認知過程[10] 的角度闡述了物聯網的概念。

本書認為：物聯網是由網路與感測網有機融合形成的一種面向人、機、物泛在智慧互聯的資訊服務網路，它利用感測器、RFID 等技術賦予事物（包括人）感知識別能力，基於融合的通訊網路實現事物的泛在接入與資訊交互，藉助虛擬組網、智慧計算、自動控制等技術實現事物的動態組網、功能重構與決策控制，最終面向使用者個性化需求提供高效資訊服務。物聯網應具備四個特徵：異構

性、可擴展性、可軟體定義、安全性，即對異構資源（包括終端、網路、伺服器等）的合作融合，對異構網路的自由連接，可軟體定義的服務能力，安全的資訊處理與交互，如圖 1-1 所示。

圖 1-1　物聯網的特徵

　　需要說明的是，物聯網有狹義和廣義兩種定義。狹義物聯網，是指物品之間透過感測器連接起來的局域網，這個網路可以不接入網路，但如果有需要的時候，隨時能夠接入網路[8]。廣義物聯網，等同於「未來的網路」或者「泛在網路」，能夠實現人在任何時間、地點，使用任何網路與任何人與物的資訊交換。本書所指物聯網，是指廣義物聯網。

1.2　物聯網的發展現狀與趨勢

1.2.1　政策環境

　　作為一場技術革命，物聯網把我們帶進一個泛在連接、計算和通訊相融合的新時代。一方面，物聯網的發展依賴於從無線感測器到奈米技術等眾多領域的動態技術創新[11]。另一方面，物聯網技術的拓展和創新極大地推動了各行各業的飛速發展與社會經濟的快速成長。

　　當前，中國中國中國及國外都將發展物聯網視為新的技術創新點和經濟成長點。國際方面，美國政府全面推進物聯網發展，著重支援物聯網在能源、寬頻和醫療三大領域的應用[12]，以建設智慧城市為契機，發展物聯網應用服務平臺，建構資訊物理系統（Cyber Physical System，CPS），以推進物聯網在各行業的應用[13]。歐盟於 2015 年成立了橫跨歐盟及產業界的物聯網產業創新聯盟，以建

構「四橫七縱」物聯網創新體系架構，合作推進歐盟物聯網整體跨越式創新發展[11]。日本政府於 2008 年推出 i-Japan 戰略，致力於建構一個智慧的物聯網服務體系，重點推進農業物聯網發展[12]。韓國未來科學創造部和產業通商資源部，從 2015 年起投資 370 億韓元，用於物聯網核心技術以及微機電系統（Micro E-lectromechanical System，MEMS）感測器芯片、寬頻感測設備的研究發明。新加坡等其他亞洲國家也在加緊部署物聯網科技與經濟發展戰略。

中國方面，國務院和各部委持續推進物聯網相關工作，從頂層設計、組織機制、智庫支撐等多個方面持續完善政策環境[11]。繼制定《物聯網「十二五」發展規劃》之後，國家建立了物聯網發展部際聯席會議制度和物聯網發展專家諮詢委員會，以加強統籌協調和決策支撐，國務院頒布《關於推進物聯網有序健康發展的指導意見》，進一步明確發展目標和發展思路，推出 10 個物聯網發展專項行動計畫，落實具體任務[11]。在國家其他有關資訊產業和資訊化的政策文件中，也提出推動物聯網產業發展。中國多所大學、科學研究院所、通訊營運商、以華為為代表的各大通訊企業等都積極開展物聯網關鍵技術研究發明，推進物聯網的產業化應用，在智慧家居、智慧電網、智慧健康等領域的研究發明初具規模。物聯網在中國正處於加速發展階段。

1.2.2　技術研究現狀

在過去的十多年裡，透過學術界、服務人員、網路營運商和標準開發組織的共同努力，眾多突破性的創新技術從理念轉變成實際產品或者應用。從技術上看，物聯網研究主要集中在體系架構、感知技術、通訊技術、服務平臺等領域。

1.2.2.1　體系架構

針對物聯網的體系架構研究一直是國際關註的重點。歐盟在第七框架計畫（Framework Program 7，FP7）中設立了兩個關於物聯網體系架構的專案，其中SENSEI[13] 專案目標是透過網路將分布在全球的感測器與執行器網路連接起來，IoT-A[14] 專案目標是建立物聯網體系結構參考模型。韓國電子與通訊技術研究所（ETRI）提出了泛在感測器網路（Ubiquitous Sensor Network，USN)[15] 體系架構並已形成國際電信聯盟（ITU-T）標準，目前正在進一步推動基於 Web 的物聯網架構的國際標準化工作。物聯網標準化組織（oneM2M）[16] 自成立以來，在需求、架構、語義等方面積極開展研究，目前正在積極開展基於表徵狀態轉移風格（RESTful）的體系[17]。

中國中國科學院上海微系統與資訊技術研究所、南京郵電大學、無錫國家感測資訊中心等科學研究院所及大學，對物聯網體系架構及軟硬體開發進行了相關

的研究。文獻《物聯網的技術思想與應用策略研究》[18] 中闡述了一種物聯網技術體系架構，它包括異構終端平臺、泛在網路平臺、融合資訊系統、綜合服務平臺，分別對終端、網路、數據、服務進行統一管理與調度，以構成智慧服務系統 (Smart Service System)，實現對物聯網環境的有效感知和服務提供。文獻 *A Vision of IoT：Applications，Challenges，and Opportunities with China Perspective*[19] 中提出了一種物聯網體系架構的功能分層框架。鑒於物聯網架構是一個十分複雜的體系，目前尚沒有作為全球資訊基礎設施的物聯網體系架構。

　　除了硬體體系架構，能夠實現物聯網服務的軟體體系和服務體系也亟待研究。文獻 *Cognitive Internet of Things：A New Paradigm Beyond Connections*[10] 中將人類的認知過程引入物聯網，提出了「認知物聯網」的工作框架，闡述了認知服務理念及其關鍵技術。文獻 *Cognitive Management for the Internet of Things：A Framework for Enabling Autonomous Applications*[20] 從管理的角度提出了物聯網的認知管理方案。文獻 *A Software Architecture Enabling the Web of Things*[21] 針對大量終端的尋址與混聚問題提出了一種物聯網軟體體系架構，它能夠發現可用設備並在物理網路之外虛擬化它們，使物理設備能夠以虛擬化形式與上層進行交互。文獻 *A Survey of MAC Layer Issues and Protocols for Machine-to-Machine Communications*[22] 研究了支援 M2M 通訊的介質訪問控制 (MAC) 協議，同時討論了 M2M 通訊頻道接入公平性、效率、可擴展性等問題。

1.2.2.2 感知技術

　　感知技術是從物理世界獲取資訊進而實現控制的首要環節。物聯網感知技術包括感測和識別兩個方面：感測技術將物理世界中的物理量、化學量、生物量轉化成可供處理的數位訊號；識別技術實現對物聯網中物體標識和位置資訊的獲取[7]。

　　(1) 感測技術

　　感測技術的核心是感測器設計。感測器是機器感知物質世界的「感覺器官」，可以感知熱、力、光、電、聲、位移等訊號，為網路系統的處理、傳輸、分析和反饋提供最原始的資訊。隨著科技技術的不斷發展，感測器正逐步實現微型化、智慧化、資訊化、網路化，正經歷著一個從傳統感測器 (Dumb Sensor)──→智慧感測器 (Smart Sensor)──→嵌入式 Web 感測器 (Embedded Web Sensor) 的內涵不斷豐富的發展過程[5]。微機電系統 (Microelectro Mechanical Systems, MEMS) 可實現對感測器、執行器、處理器、通訊模塊、電源系統等的高度集成，是支撐感測器節點微型化、智慧化、多功能化的重要技術[7]。MEMS 感測器已經成為當前感測器領域發展的重點。

　　多個感測器按照一定的拓撲結構互連即形成了感測器網路，包括有線和無線

兩種類型。作為物聯網的末梢，無線感測器網路（Wireless Sensor Network，WSN）是集分布式資訊採集、資訊傳輸和資訊處理技術於一體的網路資訊系統。從資訊傳輸角度來看，末梢感測網應具備大規模自組織能力、低功耗特性、行動性、可靠性和穩健性；從資訊處理角度來看，末梢感測網需要盡量可靠地、以較低的時延傳輸所採集的數據。ZigBee、WiFi、Bluetooth、UWB 等[23] 是 WSN 常用的節點通訊與組網技術，其中 WiFi 和 ZigBee 應用最廣泛，它們的部署、配置和維護成本很低，並且能夠提供與有線連接相同的數據速率。D2D（Device-to-Device）[24] 通訊、M2M（Machine-to-Machine）[25] 通訊和異構網路組網（HetNet）[26] 等技術是近年來新出現的末梢感測網通訊技術。

總體來說，末梢感測器網路具有網路規模巨大、節點能量和資源受限、以數據為中心等不同於現有自組織網路的特點。

（2）識別技術

對事物進行標識與識別是實現「物聯」的基礎。目前，面向物聯網的標識種類繁多，包括條形碼、二維碼、智慧感測器標識（IEEE 1451.2，1451.4）、手機標識（IMEI、ESN、MEID 等）、M2M 設備標識、射頻識別（Radio Frequency Identification，RFID）等[7]。其中，RFID 是物聯網的核心技術之一。RFID 集成了無線通訊、芯片設計與製造、天線設計與製造、標籤封裝、系統集成、資訊安全等技術，已步入成熟發展期。

RFID 設備包括閱讀器和電子標籤兩部分，其電子標籤是一種把天線和 IC 封裝到塑料基片上的新型無源電子卡片，具有數據儲存量大、無線無源、小巧輕便、使用壽命長、防水、防磁和安全防偽等特點[5]。作為一種非接觸式的自動識別技術，RFID 閱讀器透過接收電子標籤發送的射頻訊號，自動識別目標對象並獲取相關數據，識別過程無須人工干預，可工作於各種惡劣環境。RFID 技術可識別高速運動物體並可同時識別多個標籤，操作快捷方便；與網路、通訊等技術相結合，可實現全球範圍內物品追蹤與資訊共享。目前 RFID 應用以低頻和高頻標籤技術為主，超高頻和微波技術具有可遠距離識別和低成本的優勢，有望成為未來主流。中國中高頻 RFID 技術接近國際先進水準，在超高頻（800/900MHz）和微波（2.45GHz）RFID 空中介面物理層和 MAC 層均有重要技術突破，例如提出了高效的防碰撞機制，可快速清點標籤，穩定性高等[7]。

RFID 的技術難點包括：

① RFID 反碰撞、防衝突問題；

② RFID 天線研究；

③ 工作頻率的選擇；

④ 安全與隱私問題[5]。

1.2.2.3 通訊技術

物聯網通訊技術根據傳輸距離可以分為兩類：一類是短距離通訊技術，典型的應用場景如智慧家居、智慧穿戴、智慧健康等；另一類是廣域網通訊技術，即低功耗廣域網（Low-Power Wide-Area Network，LPWAN），典型的應用場景如智慧抄表[27,28]。此外，物聯網多元化的服務能力要求多個資訊終端能夠按需組網，因此，面向服務需求的資訊終端短距離組網技術也是物聯網的關鍵通訊技術之一。

（1）短距離通訊技術

物聯網常用的短距離通訊技術有 Bluetooth（藍牙）、ZigBee、WiFi、Mesh、Z-wave、LiFi、NFC、UWB、華為 Hilink 等十多種[27]。主要技術特徵概述如下。

① Bluetooth　藍牙由 1.0 版本發展到最新的 4.2 版本，功能越來越強大。在 4.2 版本中，藍牙加強了物聯網應用特性，可實現 IP 連接及網關設置等諸多新特性。與 WiFi 相比，藍牙的優勢主要體現在功耗及安全性上，相對 WiFi 最大 50mW 的功耗，藍牙最大 20mW 的功耗要小得多，但在傳輸速率與距離上的劣勢也比較明顯，其最大傳輸速率與最遠傳輸距離分別為 1Mbps 及 100m。

優點：速率快，低功耗，安全性高。

缺點：傳輸距離近，網路節點少，不適合多點布控。

② WiFi　WiFi 是一種高頻無線電訊號，它擁有最為廣泛的使用者，其最大傳輸距離可達 300m，最大傳輸速率可達 300Mbps。

優點：覆蓋範圍廣，數據傳輸速率快。

缺點：傳輸安全性不好，穩定性差，功耗略高，最大功耗為 50mW。

③ ZigBee　ZigBee 主要應用在智慧家居領域，其優勢體現在低複雜度、自組織、高安全性、低功耗，具備組網和路由特性，可以方便地嵌入到各種設備中。

優點：安全性高，功耗低，組網能力強，容量大，電池壽命長。

缺點：成本高，通訊距離短，抗干擾性差，協議沒有開源。

④ LiFi　可見光無線通訊，又稱光保真技術（Light Fidelity，LiFi），是一種利用可見光波譜（如燈泡發出的光）進行數據傳輸的全新無線傳輸技術。透過在燈泡上植入一個微小的芯片，形成類似於 AP 的設備，使終端隨時能接入網路。

優點：高頻寬，高速率，覆蓋廣，安全性高，組網能力強。

缺點：通訊距離短，穿透性差。

⑤ NFC　NFC 由 RFID 及互聯技術演變而來，透過卡-讀卡器和點對點的業

務模式進行數據存取與交換,其傳輸速率和傳輸距離沒有藍牙快和遠,但功耗和成本較低、保密性好,已應用於 Apple Pay、Samsung Pay 等行動支付領域以及藍牙音響。

(2) 廣域網通訊技術

LPWAN 專為低頻寬、低功耗、遠距離、大量連接的物聯網應用而設計。LPWAN 技術又可分為兩類:一類是工作在非授權頻段的技術,如 LoRa、Sigfox等,這類技術大多是非標、自定義實現;另一類是工作於授權頻段由 3GPP 或 3GPP2 支援的 2G/3G/4G 蜂窩通訊技術,如 EC-GSM、LTE Cat-m、NB-IoT等[27,28]。其中 NB-IoT 是 2015 年 9 月由 3GPP 立項提出的一種新的窄帶蜂窩通訊 LPWAN 技術。2016 年 6 月,3GPP 推出首個 NB-IoT 版本。中國電信廣州研究院聯手華為和深圳水務局在 2016 年完成了 NB-IoT 的試點商用[29]。NB-IoT可以在現有電信網路基礎上進行平滑升級,從而大幅提升物聯網覆蓋的廣度和深度。目前,NB-IoT 和 LoRa 是兩種主流的 LPWAN 方案,兩者的技術性能比較如表 1-1 所示。

表 1-1　NB-IoT 和 LoRa 技術比較

LPWAN	工作頻段	技術特點	應用情況	同類技術
LoRa	未授權頻譜	長距離:1～20km 節點數:萬級,甚至百萬級 電池壽命:3～10 年 數據速率:0.3～50Kbps	數據透傳和 LoRa-WAN 協議應用	Sigfox
NB-IoT	授權頻譜	支援大規模設備連接,設備複雜性小、功耗低、時延小,通訊模塊成本低於 GSM 和 NB-LTE 模塊	NB-IoT 尚未出現商用部署,與現有 LTE 兼容,容易部署,通訊模塊成本可以降到 5 美元以下	3GPP 的三種標準:LTE-M、EC-GSM 和 NB-IoT,分別基於 LTE 演進、GSM 演進和 Clean Slate 技術

(3) 短距離組網技術

末梢短距離組網涉及到多方面的技術,如網路架構、編址尋址機制、能量約束下的網路部署等。針對網路架構中的網路連接方式、拓撲結構、協議層次等問題的研究,包括 WINS、Pico Radio、μAMPS、Smart Dust、SCADDS 等[30]。針對網路尋址和路由機制的研究文獻,包括 SAR、Directed Diffusion、GEM、LEACH、Tree Cast、PEGASIS、AODV 等基於不同網路拓撲結構的算法[31];GLB-DMECR、GPSR、GRID、GEAR、GEDIR、DREAM、PALR、CR、LBM、LAR、Geo GRID 等基於地理位置資訊的算法[30];以及以數據為中心的尋址方式,如 CAWSN、Directed Diffusion、CBP。在感測器部署方面的研究,包括針對普通感測節點的增量式節點部署算法[32]、網格劃分算法[33]、人工勢場

算法[34] 和概率檢測模型算法[35] 等；針對異構節點的 GEP-MSN 算法[36]、啓發式算法[37] 等。

LTEUnlicensed（LTE-U)[38] 作為一種短距離組網的解決方案，目前正受到研究人員、營運商、設備製造商的關註。LTE-U 將 4G LTE 的無線通訊技術用於 5GHz 頻段（WiFi 工作頻段）進行小範圍覆蓋，它保留有控制頻道，因此有別於自組織網路。由於控制頻道的存在，LTE-U 可能提供更加可靠的工業級別的傳輸服務，這為物聯網環境中的短距離組網技術提供了新思路。

在物聯網環境下，末梢感測網路採集和傳輸資訊的最終目標，是提高群體使用者的有效體驗，即所謂的「效用容量」[39]。因此在未來的末梢組網研究中，應該以優化效用容量為目標，針對網路中各類感測器在性能、能量等諸多不同方面的限制，充分利用感測器廉價、網路部署靈活等特性。要實現這些目標，需要將資訊處理和資訊傳遞深度融合，研究如何在網路中高效地傳輸函數流，從而實現超量資訊的傳輸。

（4）異構網路合作技術

當今，不同制式的無線接入網路共存，如無線局域網、全球微波互聯接入網路（Worldwide Interoperability for Microwave Access，WiMAX）、3G 網路、4G 網路、WSN 等，這些網路在接入技術、覆蓋範圍、網路容量、傳輸速率等方面存在明顯差異。任何單一的網路難以滿足行動使用者的泛在接入需求，如何將異構的無線網路合作起來，為使用者提供無縫資訊服務，是物聯網面臨的一個重要課題。

關於異構網路的研究，可以追溯到 1995 年加利福尼亞大學柏克萊分校發起的 BARWAN（Bay Area Research Wireless Access Network）專案，該專案負責人 R. H. Katz 在文獻［40］中首次將相互重疊的不同類型網路融合起來以構成異構網路，從而滿足未來終端的業務多樣性需求。此後，國際上各大標準化組織對異構網路的合作與融合展開了積極的研究，相繼提出了不同的網路融合標準，其中 IEEE 的 1900.4 標準為異構網路制定了資源管理的框架，並定義了資源融合管理的介面和協議[41]；3GPP 則提出了異構蜂窩網的概念，其透過部署低功耗、小覆蓋的異構小區，為使用者提供高數據速率服務[42]。

到目前為止，中國中國中國及國外學者針對異構網路的合作與融合開展了豐富的研究，如異構網路選擇[43~46]、網路切換[47~50]、網路架構[51~53]、干擾協調和管理[54~57]、無線資源分配[58~62]、負載均衡[63~67]、網路自組織[68~70] 等。現有成果從不同角度研究了異構無線網路的融合機理，在一定程度上推動了泛在融合網路的實現，但仍然存在兩個主要問題：

① 異構網路間的干擾協調問題難以解決，這限制了網路效用的提升；

② 現有的異構網路架構是靜態的，這導致了網路資源不能靈活利用。

解決這兩個問題的瓶頸在於合作的網路管控體系。基於計算通訊融合的思想，可以建立異構融合網路控制平臺，優化計算資源和通訊資源，達到降低異構網路間干擾和優化網路資源利用的目的。

1.2.2.4 服務平臺

物聯網服務平臺通常由科學研究機構、產業聯盟或者核心企業承建，面向產業提供標識管理、設備管理、共性技術研究發明等公共服務。從功能框架來看，物聯網服務平臺從底層到上層分別提供設備管理、連接管理、應用使能和業務分析等主要功能[71]。平臺服務商大多面向單層功能建構平臺，例如，智慧硬體廠商專註設備管理平臺，網路營運商專註連接管理平臺，IT 服務商和各行業領域服務商等專註應用使能平臺和業務分析平臺。作為布局物聯網業務的著重點，中國三大電信營運商均大力推進 M2M 平臺建設，在交通、醫療等垂直領域推出了一系列物聯網產品[71]。oneM2M 國際組織正積極推進 M2M 平臺的標準化工作，已經於 2016 年年底發布 R2 版本。IBM 等 IT 巨頭將物聯網大數據平臺作為建構生態的重點，網路企業則依託其平臺優勢和數據處理能力，將服務拓展到物聯網。

除了硬體架構，軟體也是建構物聯網服務平臺的要素。為支撐建構端到端的解決方案，Predix、AWS IoT、IBM Watson 等大型平臺不斷豐富平臺功能，呈現多功能一體化發展趨勢。操作系統方面，谷歌推出基於 Android 內核的物聯網底層操作系統 Brillo，同時發布了一個跨平臺、支援開發者 API 的通訊協議 Weave，能夠讓不同的智慧家居設備、手機和雲端設備實現數據交換；微軟推出物聯網版操作系統 Win10 IoT Core 和物聯網套件，以協助企業簡化 IoT 在雲端的應用部署及管理。華為公司發布輕量級物聯網操作系統 LiteOS，百度推出物聯網操作系統、車聯網平臺和可穿戴智慧手錶系統 DuWear[71]。

作為一種物聯網創新載體，公共服務平臺已經開始發揮支撐作用。由中國四家單位聯合建設的物聯網標識管理公共服務平臺，已經為交通、家居、食品溯源、農業、林業等多個重點行業的上百家企業提供了服務。上海物聯網中心初步建成一批物聯網共性技術研究發明公共服務平臺，包括 MEMS 集成製造、短距離無線通訊關鍵技術測試、無線通訊節點極低功耗共性技術開發等。中國行動自主開發了物聯網設備雲（OneNet）和業務管理平臺，提供設備管理和客戶卡管理等能力並開放介面。AT&T 向合作伙伴提供 M2X、Flow、Connection Kite 等平臺服務，提供包括網路、儲存、測試、認證等能力[71]。美國另一電信營運商 Verizon 推出 ThingSpace 平臺，為開發人員創建、推出、管理物聯網服務提供工具。

隨著物聯網在行業領域的應用不斷深化，平臺連接設備量巨大、環境複雜、

使用者多元等問題將更為突出，不斷提升連接靈活、規模擴展、數據安全、應用開發簡易、操作友好等平臺能力，也成為未來平臺的主要發展方向。

1.2.3　產業發展現狀

經過近幾年的培育和探索，全球物聯網正從碎片化、孤立化應用為主的起步階段邁入「重點聚焦、跨界融合、集成創新」的新階段。受各國戰略引領和市場推動，全球物聯網應用呈現加速發展態勢，物聯網所帶動的新型資訊化與傳統領域走向深度融合。就中國而言，已經形成北京—天津、上海—無錫、深圳—廣州、重慶—成都四大核心產業集聚區，交通、安全、醫療健康、車聯網、節能等領域涌現一批龍頭企業，物聯網第三方營運服務平臺崛起，產業發展模式逐漸清晰[11]。

M2M 是率先形成完整產業鏈和內在驅動力的應用[72]。代表物聯網行業應用風向標的 M2M 連接數成長迅猛。2014 年年底全球 M2M 連接數達到 2.43 億，同比成長 29%，而基於智慧終端的行動連接數同比成長率只有 4.7%，2015 年底全球 M2M 連接數已達到 3.2 億[11]。電信營運商是 M2M 的主要推動者，全球已有 400 多家行動營運商提供 M2M 服務。AT&T 透過與雲服務和軟體提供商 Axeda 公司合作，向企業提供 M2M 應用開發平臺（ADPs），幫助企業解決開發中的共性問題[72]。

① 物聯網與行動網路加速融合，智慧可穿戴設備出現爆發式成長。物聯網與行動網路形成了從芯片到終端、操作系統的全方位融合，並基於開源軟體和開源硬體，開啓了全球性智慧硬體創新浪潮。可穿戴設備成為其中發展和創新最快的領域。2015 年第 3 季度可穿戴設備全球共交付了 2100 萬隻，預計到 2019 年設備年出貨量將飆升到 1.26 億隻[11]。以可穿戴設備為中心，集成醫療、健康、家居等 APP 應用，形成了「雲＋APP」的行動網路應用與商業服務模式[11]。

② 工業物聯網成為新一輪部署焦點。物聯網成為實現製造業智慧化變革和重塑國家競爭優勢的關鍵技術基礎，圍繞物聯網的產業布局正加速展開。政府層面，美、德將資訊物理系統（CPS）建設提升到國家戰略高度，透過完善基礎設施、設立研究發明機構等方式，大力推進行業相關標準、共性技術與產品的研究發明以及應用。企業層面，工業和 ICT 領域的龍頭企業正圍繞工業物聯網應用實施，加快工業數據雲平臺、工業數據連接和管理、工業網路、新型工業軟體等方面的技術、標準、測試床和解決方案的研究發明部署，並擴展到能源、醫療、交通等多個領域[11]。

③ 智慧城市成為物聯網集成應用的綜合平臺。物聯網成為各國智慧城市發展的核心基礎要素，在城市管理、節能減排、能源管理、智慧交通等領域進行廣

泛應用，「前端設備智慧化＋後端服務平臺化＋大數據分析」成為通用模式[11]。透過物聯網應用匯集大量感知數據，依託城市綜合管理營運平臺和大數據分析，實現對城市運行狀態的精確把握和智慧管理，透過行動 APP 提供城市管理和生活服務，促進城市綠色、低碳發展。

總體來看，目前全球的物聯網應用大多是在特定行業或企業內部的閉環應用，資訊的管理和互聯局限在較為有限的行業或企業內，不同地域之間的互通也存在問題，沒有形成真正的物-物互聯[7]。這些閉環應用有著自己的協議、標準和平臺，彼此無法兼容，資訊難以共享，物聯網的優勢也無法充分體現出來。只有閉環應用形成規模並進行互聯互通，才能形成完整的物聯網應用體系，實現不同領域、行業或企業之間的開環應用，充分發揮物聯網的優勢。

1.2.4　標準研究現狀

全球開展物聯網相關標準研究的標準化組織眾多，其中以 ITU-T、oneM2M、國際標準化組織/國際電工委員會（ISO/IEC）為三大主要推進機構。各標準化組織的研究側重點雖不同，但有一些共同關注的領域，如業務需求、網路需求、網路架構、業務平臺、標識與尋址、安全、終端管理等[71]。其中，在感知層，短距離通訊技術、IP 化感測器網路、適配能力受限網路的應用協議受重視程度較高；在網路傳送層，網關、行動通訊網路增強和優化受到高度重視；在應用支撐層，各標準化組織普遍重視業務平臺、介面協議、語義的標準化；另外，標識與尋址、服務品質、安全需求、物聯網終端管理等也是各標準化組織的關注重點[71]。在行業應用領域，面向行業應用領域的特定無線通訊技術、應用需求、系統架構研究成為重點。

在 oneM2M 標準化組織的推動下，已經基本形成了總體性標準、基礎共性標準和行業應用類標準等物聯網標準。總體性標準側重物聯網總體性場景、需求、體系框架、標識以及安全（包括隱私）等標準制定。作為全球負責總體性標準制定的標準組織之一，ITU-T SG20 研究組推動物聯網和智慧城市相關標準的制定；ISO/IEC JTC1 分技術委員會 SC41 重點對物聯網架構展開相關研究。基礎共性標準包括感知標準、通訊標準、平臺及共性技術標準。2016 年平臺及共性技術標準進展明顯，oneM2M 發布了 R2 版本標準並啟動了 R3 版本標準的制定；W3C 的 WoT（Web of Things）興趣組工作基本完成，2017 年成立工作組。行業應用類標準包括面向消費類的大眾物聯網應用標準和行業物聯網應用類標準。2016 年，發展迅速的工業網路聯盟（IIC）主要定義工業領域對物聯網的需求，並與其他標準化組織對接完成標準化。中國重點對物聯網體系架構和共性技術開展了標準研究工作，相繼發布了 GB/T 33474—2016《物聯網參考體系結

構》、GB/T 33745—2017《物聯網術語》等標準[71,73]。

儘管物聯網標準化工作一直在逐步推進，物聯網國家標準、行業標準數量也在迅速增加，但統一的規劃、推進、部署和合作仍然不足，造成物聯網標準化組織重複立項，標準化職責不明確，標準化範圍不清晰，物聯網標準的重疊和缺失現象嚴重，難以充分發揮各個標準組織的優勢形成發展合力。此外，物聯網應用種類繁多，需求差異較大，現有資訊、通訊、資訊通訊融合、應用等標準還不能滿足產業快速發展和規模化應用的需求。目前，物聯網標準主要集中在垂直領域，面向未來的水平化跨領域、開放互聯的基礎共性標準基礎較差，缺乏重點布局[11]。

1.2.5 未來發展趨勢

作為新一代資訊通訊技術的重點領域，物聯網正在加速發展之中，具體發展趨勢如下。

① 技術進步和產業擴展推動物聯網進入新的發展階段，終端、網路、服務分別走向智慧化、泛在化與平臺化。

物聯網發展在經歷概念驅動、示範應用引領之後，技術的顯著進步和產業的逐步成熟推動物聯網發展進入新的階段。

a. 終端智慧化。一方面，感測器等底層設備自身向著智慧化的方向發展；另一方面，引入物聯網操作系統等軟體，降低底層面向異構硬體開發的難度，支援不同設備之間的本地化合作，並實現面向多應用場景的靈活配置。

b. 連接泛在化。廣域網和短距離通訊技術的不斷應用，推動更多的感測器設備接入網路，為物聯網提供大範圍、大規模的連接能力，實現物聯網數據實時傳輸與動態處理。

c. 服務平臺化。利用物聯網平臺打破垂直行業的「應用孤島」，促進大規模開環應用的發展，形成新的業態，實現服務的增值。同時利用平臺對數據的匯聚，在平臺上挖掘物聯網的數據價值，衍生新的應用類型和應用模式[72]。

② 物聯網與行動網路等新一代資訊通訊技術深度融合，為傳統產業和服務行業帶來真正的「智慧」應用。

近年來，物聯網與行動網路在硬體、操作系統、管理平臺等領域全面融合，技術水準顯著提高，在工業、農業、交通運輸、智慧電網、民生服務等行業的應用規模日益擴展。物聯網推動了傳統工業的轉型升級，加速了智慧製造與智慧工廠的建設步伐。物聯網應用在農業生產領域，大大激發了農業生產力，降低了生產損耗。物聯網應用於交通運輸領域，實現了運力客流優化匹配，有效緩解了交通堵塞。物聯網應用於智慧電網領域，透過對各類輸變電設備運行狀態進行實時

感知、監視預警、分析診斷和評估預測，實現了對電力資源的「按需配置」以及
對能源環境的「節能減排」。物聯網應用於智慧家居領域，實現了集安防、電源
控制、家庭娛樂、親情關懷、遠程資訊服務等於一體的物聯網綜合應用，大大提
升了家庭的舒適程度和安全節能水準。物聯網應用於醫療衛生領域，優化了醫療
資源的配置，提升了醫療服務體驗[72]。物聯網應用於智慧城市建設，實現了社
會生活的安全高效、和諧有序、綠色低碳、舒適便捷。

③ 傳統產業的智慧化升級和消費市場的規模化興起，推動物聯網的突破創
新和加速推廣。

當前全球物聯網進入了由傳統行業升級和規模化消費市場推動的新一輪發展
浪潮。一是工業/製造業等傳統產業的智慧化升級，成為推動物聯網突破創新的
重要契機。物聯網技術是工業/製造業轉型升級的基礎，工業/製造業轉型升級將
推動在產品、設備、流程、服務中物聯網感知技術的應用、網路連接的部署和基
於物聯網平臺的業務分析和數據處理，加速推動物聯網突破創新。二是規模化消
費市場的興起，加速了物聯網的推廣。具有人口級市場規模的物聯網應用，包括
車聯網、智慧城市、智慧家居、智慧硬體等，成為當前物聯網發展的熱門領域，
其主要原因有三個方面：

a. 規模效益顯著，提供了廣闊的市場空間；

b. 業務分布範圍廣，利於釋放物聯網廣域連接的潛力；

c. 面向消費市場，具有清晰的商業模式並具有高附加值。

簡言之，未來物聯網將朝著規模化、合作化、智慧化方向發展，以物聯網應
用帶動物聯網產業，將是全球各國的主要發展方向。物聯網與其他 ICT 技術以
及製造、新能源、新材料等技術加速融合，將成為產業變革的核心驅動和社會綠
色、智慧、可持續發展的關鍵基礎與重要引擎。

1.3 基於工業物聯網的智慧製造

1.3.1 智慧製造的概念與內涵

1.3.1.1 智慧製造的概念

智慧製造（Intelligent Manufacturing，IM）是指將物聯網、大數據、雲計
算等新一代資訊通訊技術與先進製造技術深度融合，貫穿於設計、生產、管理、
服務等製造活動的各個環節，具有資訊深度自感知、智慧優化自決策、精準控制
自執行等功能的先進製造過程、系統與模式的總稱[73,74]。

作為一種新型生產方式，智慧製造以智慧工廠為載體，以關鍵製造環節智慧化為核心，以端到端數據流為基礎，以全面深度互聯為支撐，透過人、機器、原材料的智慧合作，形成生產過程的自感知、自學習、自決策、自執行、自適應等能力，從而有效地縮短產品研製週期，提高生產效率，提升產品品質，降低資源能源消耗，這對推動製造業轉型升級具有重要意義。

智慧製造的概念起源於日本在 1990 年 4 月所倡導的「智慧製造系統 IMS」國際合作研究計畫，包括美國、歐洲共同體、加拿大、澳大利亞等在內的許多發達國家參加了該項計畫。所謂智慧製造系統，是一種由智慧機器和人類專家共同組成的人機一體化智慧系統，它在製造過程中能進行智慧活動，諸如分析、推理、判斷、構思和決策等[75]，透過人與智慧機器的合作共事，去擴大、延伸和部分地取代人類專家在製造過程中的腦力勞動。它把製造自動化的概念更新、擴展到柔性化、智慧化和高度集成化。

近年來，全球多個國家陸續把智慧製造上升到國家發展層面，智慧製造正在成為各國經濟發展和國家競爭力的新引擎。從全球產業發展大趨勢來看，發達國家正在利用資訊技術領域的領先優勢，加快製造業智慧化的進程。德國提出的「工業 4.0」[76]、美國提出的工業網路[77]、中國提出的「中國製造 2025」[78] 等計劃，均是劍指智慧製造的產業升級戰略計畫。

(1) 美國工業網路

美國「總統創新伙伴計畫（PIF）」提出，政府和行業合作創造新一代的可互操作、動態、高效的「智慧系統」——工業網路（Industrial Internet）[77]，其內涵是基於物聯網、工業雲計算和大數據應用，架構在寬頻網路基礎之上，實現人、數據與機器的高度融合，從而促進更完善的服務和更先進的應用。美國工業網路的願景是：在產品生命週期的整個價值鏈中將人、數據和機器連接起來，形成開放的全球化工業網路。實施的方式是透過通訊、控制和計算技術的交叉應用，建造一個資訊物理系統，促進物理系統和數位系統的融合。

美國國家標準與技術研究院（NIST）組織其工業界和 ICT 產業界的龍頭企業，共同推動工業網路相關標準框架的制定。通用電氣公司聯合亞馬遜、埃森哲、思科等企業，共同打造支援「工業網路」戰略的物聯網與大數據分析平臺。美國智慧製造領導聯盟（Smart Manufacturing Leadership Coalition，SMLC）進一步提出了實施「智慧過程製造」的技術框架和路線，擬透過融合知識的生產過程優化，實現工業的升級轉型，即集成知識和大量模型，採用主動響應和預防策略，進行優化決策和生產製造。

(2) 德國「工業 4.0」

德國針對離散製造業提出了以智慧製造為主導的第四次工業革命發展戰略，

即「工業 4.0」計畫[76]。該計畫旨在透過充分利用資訊通訊技術和網路空間虛擬系統——資訊物理系統（Cyber Physical System，CPS）相結合的手段，將製造業向智慧化轉型。其目標是實現個性定制的自動化與高效化，將 CPS 與離散製造技術深度融合，實現產品、設備、人和組織之間的無縫集成及合作，使生產資源形成一個循環網路，生產資源將具有自主性、可調節性、可配置等特點；使產品具有獨特的可識別性，根據整個價值鏈，自組織集成化生產設施；根據當前生產條件，靈活制定生產工藝；透過價值鏈及 CPS，實現企業間的橫向集成，支援新的商業策略和模式的發展；貫穿價值鏈的端對端集成，實現從產品開發到製造過程、產品生產和服務的全生命週期管理；根據個性化需求，自動建構資源配置（機器、生產和物流等），實現縱向集成、靈活且可重新組合的網路化製造。「智慧工廠」和「智慧生產」是「工業 4.0」的兩大主題。

(3) 中國製造 2025

2015 年 3 月，中國工業和資訊化部印發了《2015 年智慧製造試點示範專項行動實施方案》，啓動了智慧製造試點示範專項行動。2015 年 5 月，國務院進一步頒布了「中國製造 2025」規劃，要求將網路技術與先進製造技術深度融合，推動產業效率的提升，加快從製造大國向智造強國的轉變。「中國製造 2025」提出，堅持「創新驅動、品質為先、綠色發展、結構優化、人才為本」的基本方針，遵循「市場主導、政府引導，立足當前、著眼長遠，整體推進、重點突破，自主發展、開放合作」的基本原則，透過「三步走」實現製造強國的戰略目標[78]。

第一步，到 2025 年邁入世界製造強國行列。

製造業整體素養大幅提升，創新能力顯著增強，全員勞動生產率明顯提高，兩化（工業化和資訊化）融合邁上新臺階。

第二步，到 2035 年中國製造業整體達到世界製造強國陣營中等水準。

創新能力大幅提升，重點領域發展取得重大突破，整體競爭力明顯增強，優勢行業形成全球創新引領能力，全面實現工業化。

第三步，到新中國成立一百年時，綜合實力進入世界製造強國前列。

製造業主要領域具有創新引領能力和明顯競爭優勢，建成全球領先的技術體系和產業體系。

「中國製造 2025」與德國「工業 4.0」兩大戰略的實施時間、發展階段、面臨難點、發展重點等比較如表 1-2[79] 所示。

表 1-2 「中國製造 2025」與德國「工業 4.0」比較

比較條目	德國「工業 4.0」	「中國製造 2025」
提出時間	2013 年發布	2015 年 5 月由國務院發布

續表

比較條目	德國「工業 4.0」	「中國製造 2025」
發展歷程	用 10 年時間實現「工業 4.0」	製造強國「三步走」。第一步,用 10 年左右時間實現製造強國
發展戰略	利用 CPS 將生產中的供應、製造、銷售資訊數據化、智慧化,達到快速、有效、個性化的產品供應	堅持創新驅動、智慧轉型、強化基礎、綠色發展,加快從製造大國向製造強國的轉變
發展現狀	德國已經完成工業 3.0	中國仍處於工業 2.0 階段,部分達到工業 3.0 水準
面臨難點	通訊基礎設施建設、複雜資訊系統的管理、網路安全保障、技術標準的制定等	關鍵技術研究發明、知識自動化的實現、通訊基礎設施建設、生產資源的合作、安全保障措施、技術標準的制定等
發展目標	在實現個性化定制的同時,保持生產製造的高效率	充分利用通訊、計算、控制技術,提升中國製造業的技術水準、產品品質和商業模式

(4) 其他相關戰略

其他與智慧製造相關的發展計劃,包括美國提出的「先進製造業國家戰略計劃」,英國提出的「工業 2050 戰略」,日本提出的「i-Japan 戰略」,韓國提出的「製造業創新 3.0 戰略」等。德國、日本和韓國等國家註重離散工業的智慧製造,美國因為擁有強大的石化與化工製造工業,其提出的智慧流程製造 (Smart Process Manufacturing,SPM) 計畫重點對以石油和化工為代表的流程工業的智慧製造進行了規劃。

1.3.1.2 智慧製造的內涵

智慧製造需要充分利用通訊、計算、控制技術和資訊物理系統 (CPS) 創新製造方式,提升生產效率,實現製造業生產模式、管理模式、商業模式發生革命性變化[73,74]:

① 建立面向使用者需求的個性化和數位化相結合的定制式生產模式;

② 推進管理模式由集中控制模式轉變為分散增強型控制模式;

③ 優化售後服務,挖掘產品附加價值,走軟性製造＋個性化定制商業模式。

智慧製造包括兩大主題:智慧工廠和智慧生產。智慧工廠重點研究智慧化生產系統及過程,以及網路化分布式生產設施的實現;智慧生產主要涉及整個企業的生產物流管理、人機互動以及 3D 技術在工業生產過程中的應用等。

智慧工廠——在數位化工廠的基礎上,利用物聯網技術和監控技術加強資訊管理和服務,提高生產過程可控性,減少生產線人工干預,合理安排生產計畫,集人工智慧、大數據、雲計算等新興技術和智慧系統於一體,建構高效、節能、綠色、環保、舒適的人性化工廠。

智慧生產——基於 CPS 融合虛擬生產環境與現實生產環境,將網路空間的

高級計算能力有效地運用於現實生產中，透過人與智慧機器的合作，部分取代專家的腦力勞動，在製造過程中進行分析、推理、判斷、構思和決策等智慧活動，提高生產效率，縮短產品創新週期，實現個性化定制的批量生產。

　　將無處不在的感測器、嵌入式終端系統、智慧控制系統、通訊設施，透過 CPS 形成一個智慧網路，使人與人、人與機器、機器與機器以及服務與服務之間能夠互聯，從而實現橫向、縱向和端對端的高度集成，是實現智慧製造的重點和難點。

1.3.2　實現智慧製造的基礎——工業物聯網

　　工業物聯網是面向工業生產環境建構的一種資訊服務網路，是新一代網路資訊技術與工業系統全方位深度融合所形成的產業和應用形態。工業物聯網充分融合感測器、通訊網路、大數據等現代化技術，透過將具有環境感知能力的各種智慧終端、分布式的行動計算模式、泛在的行動網路通訊方式等應用到工業生產的各個環節，以提高製造效率，改善產品品質，並降低成本，減少資源消耗和環境污染。其本質是以機器、原材料、控制系統、資訊系統、產品以及人之間的網路互聯為基礎，透過對工業數據的全面深度感知、實時傳輸交換、快速計算處理和高級建模分析，實現智慧控制、營運優化和生產組織方式變革[77]。

　　工業物聯網具有智慧感知、泛在連通、精準控制、數位建模、實時分析和迭代優化六大典型特徵[80]，如圖 1-3 所示。

圖 1-2　工業物聯網的內涵與特徵[80]

① 智慧感知是工業物聯網的基礎　利用感測器、RFID 等手段獲取包括生產、物流、銷售等環節在內的工業全生命週期內的不同維度的資訊數據，例如人員、機器、原料、工藝流程和環境等工業資源狀態資訊，為後續生產過程建模與優化控制提供數據基礎。

② 泛在連接是工業物聯網的前提　透過有線或無線的方式將機器、原材料、控制系統、資訊系統、產品以及人員等工業資源彼此互聯互通，形成便捷、高效的工業資訊通道，拓展工業資源之間以及資源與環境之間的資訊交互廣度與深度。

③ 數位建模是工業物聯網的方法　透過將工業資源虛擬化後映射到數位空間中，在虛擬的世界裡模擬工業生產流程，藉助數位空間強大的資訊處理能力，實現對工業生產過程全要素的抽象建模，為工業物聯網實體產業鏈運行提供有效決策。

④ 實時分析是工業物聯網的手段　針對所感知的工業資源數據，透過技術分析手段，在數位空間中進行實時處理，獲取工業資源狀態在虛擬空間和現實空間的內在聯繫，將抽象的數據進一步直覺化和可視化，完成對外部物理實體的實時響應。

⑤ 精準控制是工業物聯網的目的　基於工業資源的狀態感知、資訊互聯、數位建模和實時分析等操作提供的知識，在虛擬空間形成工業運行決策並解析成實體資源可以理解的控制命令，據此進行實際操作，實現工業資源精準的資訊交互和無間隙合作。

⑥ 迭代優化是工業物聯網的效果　工業物聯網具有自我學習與提升能力，透過對工業資源與生產流程數據進行處理、分析和儲存，形成有效的、可繼承的知識庫、模型庫和資源庫，據此對製造原料、製造過程、製造工藝和製造環境進行反饋優化，透過多次迭代達到生產性能最優的目標。

儘管工業物聯網是物聯網面向工業領域的特殊形式，但不是簡單等同於「工業＋物聯網」，而是具有更為豐富的內涵：以工業控制系統為基礎，透過工業資源的網路互聯、數據互通和系統互操作，實現製造原料的靈活配置、製造過程的按需執行、製造工藝的合理優化和製造環境的快速適應，達到資源的高效利用，從而建構服務驅動型新工業生態體系[80]。因此，工業物聯網是支持智慧製造的一套使能技術體系，是加速工業產業優化升級的重要力量。

1.3.3　工業物聯網對實現智慧製造的意義

智慧製造的實現需要依託兩方面基礎能力：一是工業製造技術，包括先進裝

備、先進材料和先進工藝等，是決定製造邊界與製造能力的根本；二是新型工業網路，包括工業物聯網、工業網路、智慧感測控制軟硬體、工業大數據平臺等綜合資訊技術要素，是充分發揮工業裝備、工藝和材料潛能，提高生產效率、優化資源配置效率、創造差異化產品和實現服務增值的關鍵[74,75]。很顯然，智慧製造對工業物聯網具有天然的依賴性，而工業物聯網也契合了智慧製造的發展願景。

在製造業智慧化進程中，工業物聯網將體現出四個關鍵價值：提升價值、優化資源、升級服務和激發創新[80]。

① 提升價值　工業物聯網使豐富的生產、機器、人、流程、產品數據進行互聯，數據達到前所未有的深度和廣度的集成，建立世界與資訊世界的映射關係，使數據的價值得以挖掘利用，提升數據的價值。

② 優化資源　工業物聯網透過泛在網路技術將工業資源全面互聯，透過智慧分析與決策技術對工業運行過程進行科學決策，反饋至物理世界並對資源進行調度重組，使工業資源的利用達到前所未有的高效。

③ 升級服務　工業物聯網使製造企業改變原有的產品短期交易的狀態，向以數據為核心的製造服務轉變，打破傳統的產業界限，升級服務，重構企業與使用者的商業關係，幫助企業形成以數據價值為特徵的新資產。

④ 激發創新　工業物聯網在工業領域架起一座物理世界和資訊世界連通的橋梁，並且提供介面供應用訪問物理世界和資訊世界，為資源高效靈活地利用提供無限可能，營造創新環境。

工業物聯網對實現智慧製造具有重要意義。從技術角度來看，工業物聯網為製造業變革提供了資訊網路基礎設施和智慧化能力，是實現智慧製造的基石。

① 工業物聯網可以實現對製造過程全流程的「泛在感知」，特別是利用感測器等感知終端，無縫、不間斷地獲取和準確、可靠地發送實時資訊流，可與現有的製造資訊系統如 MES、ERP、PCS 等相結合，建立更為強大的資訊鏈，以便在確定的時間傳送準確的數據，從而實現數位化製造資源的實時追蹤和自動化生產線的智慧化管理，以及基於實時資訊的生產過程監控、分析、預測和優化控制，增強了生產力，提高資產利用率，實現更高層次的品質控制。

② 工業物聯網可以改變傳統工業中被動的資訊收集方式，實現對生產過程參數的自動、準確、及時收集。傳統的工業生產採用 M2M 的通訊模式，實現了機器與機器間的通訊；工業物聯網透過 Things to Things 的通訊方式，實現了人、機器和系統三者之間的智慧化、交互式無縫連接，使得企業與客戶、市場的聯繫更為緊密，企業可以感知到市場的瞬息萬變，大幅提高製造效率，

改善產品品質，降低產品成本和資源消耗，將傳統工業提升到智慧工業的新
階段。

從管理角度來看，工業物聯網的應用，加速了製造企業服務模式、運作模式
等發生重大變革，具體表現如下。

① 實現製造企業服務化轉型　一是創新企業營銷模式，二是創新服務
模式。

② 實現組織模式的分散化　物聯網變革了企業的組織關係網路，生產組
織模式由集中控制向分散/邊緣控制轉變。一是基於網路模式的眾包設計，
全球使用者、工程設計者、企業透過網路開放平臺，實現研究發明力量的虛
擬集中；二是透過物聯網實現遠程設計、異地下單、分布式製造的遠程定制
創新。

③ 實現製造的個性化定制　物聯網實現了柔性製造與個性化需求的有機結
合。依靠柔性化生產組織和技術，在產品設計與生產過程中融入消費者的個性化
需求，將個性化訂製從奢侈品擴展到普通商品，從少數人擴展到社會大眾，極大
地擴展了生產的靈活性。

④ 實現物流和製造的合作　物聯網實現了物流和製造資訊的透明化。一方
面，基於物聯網技術實現了精益供應鏈服務，第三方物流企業利用網路，為製造
企業提供精益供應鏈外包服務，實現供應鏈營運實時可視化、流程同步化和各環
節的無縫銜接。例如，A 企業根據 B 企業當天制定的生產計畫來確定配送的汽
車零部件，並在半小時內將數千零部件送到不同工廠，使 B 企業內部物流費用
從每年的 300 萬元下降到 10 萬元。另一方面，依託網路，實現食品、藥品行業
的全流程透明化，可以大大提高使用者對產品的信任度。如 C 企業正在搭建可
視化的實體食品溯源體系，便於消費者逆向「參與」產品生產全過程，以提升消
費者對食品安全的信心。

⑤ 實現多元融合的網路生態體系創新　物聯網與工業融合的不斷深入，催
生了多種技術、多種業態融合的生態服務系統。

簡言之，物聯網推動了資訊化和工業化融合，是實現智慧製造的基礎和解決
方案，對推動「製造強國」之路具有重要意義。在企業製造系統向著精益化、智
慧化和服務化方向發展的大背景下，對製造執行過程多源資訊的採集，以及基於
實時資訊的生產過程監控、分析、預測和優化控制，產生了迫切的需求。工業物
聯網為解決這一問題，提供了一種新的模式和實現途徑，能夠推動製造過程由部
分定量、部分經驗、定性化的資訊追蹤和優化，朝著實時精確資訊驅動的定量分
析與優化決策的方向快速發展。因此，研究兼容各種網路和系統的工業物聯網，
是實現智慧製造的關鍵。

參考文獻

[1] Ashton K. That 'Internet of Things' thing in the real world, things matter more than ideas [J]. RFID Journal, Jun. 2009[Online]. Available: http://www.rfid-journal.com/article/print/4986.

[2] 朱洪波，楊龍祥，朱琦.物聯網技術進展與應用 [J].南京郵電大學學報（自然科學版），2011, 31（01）: 1-9.

[3] Auto-Id Labs[EB/OL].http://www.autoid-labs.org/

[4] 孫其博，劉傑，黎羴，范春曉，孫娟娟.物聯網：概念、架構與關鍵技術研究綜述[J].北京郵電大學學報, 2010, 33（03）: 1-9.

[5] 王保雲.物聯網技術研究綜述[J].電子測量與儀器學報, 2009, 23（12）: 1-7.

[6] ITU.ITU Internet Reports 2005: The Intern et of Things[R].Tunis, 2005.

[7] 工業與資訊化部電信研究院.物聯網白皮書（2011）[R].2011.

[8] 孔曉波.物聯網概念和演進路徑[J].電信工程技術與標準化, 2009, 22（12）: 12-14.

[9] 陳海明，崔莉.面向服務的物聯網軟體體系結構設計與模型檢測[J].電腦學報, 2016, 39（05）: 853-871.

[10] Wu Qihui, Ding Guoru, Xu Yuhua, Feng Shuo, Du Zhiyong, Jinlong Wang and Long Keping. Cognitive Internet of Things: A New Paradigm beyond Connection[J].IEEE Internet of Things Journal, 2014, 1（2）: 129-143.

[11] 工業與資訊化部電信研究院.物聯網白皮書（2015）[R].2015.

[12] 錢志鴻，王義君.物聯網技術與應用研究[J].電子學報, 2012, 40（05）:

1023-1029.

[13] Presser M, Barnaghi P M, Eurich M, Villalonga C. The SENSEI project: Integrating the physical world with the digital world of the network of the future [J]. Global Communications Newsletter, 2009, 47（4）: 1-4.

[14] Walewski J W.Initial architectural reference model for IoT[R].EU FP7 Project, Deliverable Report: D1.2, 2011.

[15] Electronics and Telecommunication Research Institute（ETRI）of the Republic of Korea. Requirements for support of USN applications and services in NGN environment [C\]//Proceedings of the ITU NGN Global Standards Initiative（NUN-GSI）Rapporteur Group Meeting.Geneva, Switzerland, 2007: 11-21.

[16] ETSI.Machine-to-Machine（M2M）communications: Functional architecture [R], ETSI, Technical Specification: 102 690.

[17] 陳海明，崔莉，謝開斌.物聯網體系結構與實現方法的比較研究[J].電腦學報, 2013, 36（01）: 168-188.

[18] 朱洪波，楊龍祥，於全.物聯網的技術思想與應用策略研究[J].通訊學報, 2010, 31（11）: 2-9.

[19] Chen Shanzhi, Xu Hui, Liu Dake, Hu Bo, and Wang Hucheng. A Vision of IoT: Applications, Challenges, and Opportunities with China Perspective [J]. IEEE INTERNET OF THINGS

JOURNAL，2014，1（4）：349-359.

[20] Foteinos V, Kelaidonis D, Poulios G, et al.Cognitive Management for the Internet of Things：A Framework for Enabling Autonomous Applications [J]. IEEE Vehicular Technology Magazine，2013，8（4）：90-99.

[21] Luca Mainetti, Vincenzo Mighali, and Luigi Patrono.A Software Architecture Enabling the Web of Things [J].IEEE Internet of Things Journal，2015，2（6）：445-454.

[22] Rajandekar A, Sikdar B.A Survey of MAC Layer Issues and Protocols for Machine-to-Machine Communications [J].IEEE Internet of Things Journal，2015，2（2）：175-186.

[23] Ometov A.Short-range communications within emerging wireless networks and architectures：A survey[C]//Open Innovations Association（FRUCT），2013 14th Conference of.IEEE，2013：83-89.

[24] Pyattaev A, Johnsson K, Andreev S, et al.3GPP LTE traffic offloading onto WiFi Direct [C]//Wireless Communications and Networking Conference Workshops（WCNCW），2013 IEEE. IEEE，2013：135-140.

[25] Wu G, Talwar S, Johnsson K, et al. M2M: From mobile to embedded internet [J]. Communications Magazine, IEEE，2011，49（4）：36-43.

[26] Himayat N, Yeh S, Panah A Y, et al. Multi-radio heterogeneous networks： Architectures and performance [C]// Computing, Networking and Communications（ICNC），2014 International Conference on.IEEE，2014：252-258.

[27] 戴國華，余駿華.NB-IoT 的產生背景、標準發展以及特性和業務研究[J].行動通訊，2016，40（07）：31-36.

[28] 陳博，甘志輝.NB-IoT 網路商業價值及組網方案研究 [J].行動通訊，2016，40（13）：42-46，52.

[29] 黃悅，湯遠方.NB-IoT 物聯網組網及覆蓋能力探討[J].行動通訊，2017，41（18）：11-15，23.

[30] Akyildiz I F, Su W, Sankarasubramaniam Y, et al. Wireless sensor networks：a survey [J]. Computer networks，2002，38（4）：393-422.

[31] Pantazis N, Nikolidakis S A, Vergados D D.Energy-efficient routing protocols in wireless sensor networks：A survey[J]. Communications Surveys & Tutorials, IEEE，2013，15（2）：551-591.

[32] Howard A, Matarić M J, Sukhatme G S.An incremental self-deployment algorithm for mobile sensor networks[J].Autonomous Robots，2002，13（2）：113-126.

[33] Dhillon S S, Chakrabarty K, Iyengar S S.Sensor placement for grid coverage under imprecise detections[C]//Information Fusion，2002.Proceedings of the Fifth International Conference on. IEEE，2002，2: 1581-1587.

[34] Howard A, Matarić M J, Sukhatme G S. Mobile sensor network deployment using potential fields：A distributed, scalable solution to the area coverage problem [M]//Distributed Autonomous Robotic Systems 5. Springer Japan, 2002: 299-308.

[35] Zhang J, Yan T, Son S H.Deployment strategies for differentiated detection in wireless sensor networks [M]. Proc. of the 3rd Annual IEEE International Conference on Sensor Mesh and Ad Hoc Communications and Networks, 2006.

[36] Dai S, Tang C, Qiao S, et al.Optimal multiple sink nodes deployment in wire-

less sensor networks based on gene expression programming[C]//Communication Software and Networks, 2010. ICCSN'10.Second International Conference on.IEEE, 2010: 355-359.

[37] Patel M, Chandrasekaran R, Venkatesan S.Energy efficient sensor, relay and base station placements for coverage, connectivity and routing[C]//Performance, Computing, and Communications Conference, 2005.IPCCC 2005. 24th IEEE International. IEEE, 2005: 581-586.

[38] Cavalcante A M, Almeida E, Vieira R D, et al.Performance evaluation of LTE and Wi-Fi coexistence in unlicensed bands[C]//Vehicular Technology Conference (VTC Spring), 2013 IEEE 77th.IEEE, 2013: 1-6.

[39] 王新兵, 陶梅霞, 劉輝.計算通訊: 超量資訊無線傳輸的深度探索.中興通訊技術, 2013, 19(2): 40-43.

[40] Katz R H, Brewer E A.The case for wireless overlay networks.New York: Springer US, 1996.

[41] IEEE 1900.4.Architectural Building Blocks Enabling Network-Device Distributed Decision Making for Optimized Radio Resource Usage in Heterogeneous Wireless Access Networks.2009.

[42] 3GPP, TR 36.814.Further Advancements for E-UTRA, Physical Layer Aspects, 2010.

[43] Bari F, Leung V C M.Automated network selection in a heterogeneous wireless network environment. IEEE Network, 2007, 21: 34-40

[44] Song Q, Jamalipour A.Network selection in an integrated wireless LAN and UMTS environment using mathematical modeling and computing techniques. IEEE Wireless Commun, 2005, 12: 42-48.

[45] Niyato D, Hossain E.Dynamics of network selection in heterogeneous wireless networks: an evolutionary game approach.IEEE Trans Veh Technol, 2009, 58: 2008-2017.

[46] Gelabert X, Perez-Romero J, Sallent O, Agusti R.A Markovian approach to radio access technology selection in heterogeneous multiaccess/multiservice wireless networks.IEEE Trans Mobile Computing, 2008, 7: 1257-1270.

[47] Zhang W.Handover decision using fuzzy MADM in heterogeneous wireless networks. In: Proc IEEE Wireless Commun.and Netw Conf, Atlanta, 2004: 653-658.

[48] Wang Y, Yuan J, Zhou Y, Li G., Zhang P.Vertical handover decision in an enhanced media independent handover framework.In: Proc IEEE Wireless Commun.and Netw Conf, Las Vegas, 2008: 2693-2698.

[49] Chang B J, Chen J F, Hsieh C H, Liang Y H. Markov decision process-based adaptive vertical handoff with rss prediction in heterogeneous wireless networks.In Proc IEEE Wireless Commun.and Netw Conf, Budapest, 2009. 1-6.

[50] Zahran A H, Liang B, Saleh A.Signal threshold adaptation for vertical handoff in heterogeneous wireless networks. Mob Netw Appl, 2006, 11: 625-640.

[51] Ferrus R, Sallent O, Agusti R.Interworking in heterogeneous wireless networks: Comprehensive framework and future trends.IEEE Wireless Commun, 2010, 17: 22-31.

[52] Song W, Jiang H, Zhuang W.Perfor-

mance analysis of the WLAN-first scheme in Cellular/WLAN interworking. IEEE Trans Wireless Commun, 2007, 6: 1932-1952.

[53] Munasinghe K S, Jamalipour A.Interworking of WLAN-UMTS networks: An IMS-based platform for session mobility.IEEE Commun Mag, 2008, 46: 184-191.

[54] Xia P, Liu C, Andrews J.Downlink coordinated multipoint with overhead modeling in heterogeneous cellular networks.IEEE Trans Wireless Commun, 2013, 12: 4025-4037.

[55] Zhao J, Quek T, Lei Z.Coordinated multipoint transmission with limited backhaul data transfer. IEEE Trans Wireless Commun, 2013, 12: 2762-2775.

[56] Ayach O, Heath R.Interference alignment with analog channel state feedback.IEEE Trans Wireless Commun, 2012, 11: 626-636.

[57] Rao X, Ruan L, Lau V.CSI feedback reduction for MIMO interference alignment. IEEE Trans Signal Process, 2013, 61: 4428-4437.

[58] Madan R, Borran J, Sampath A, Bhushan N, Khandekar A, Ji T. Cell association and interference coordination in heterogeneous LTE-A cellular networks.IEEE J Sel Areas Commun, 2010, 28: 1479-1489.

[59] Fooladivanda D, Rosenberg C. Joint resource allocation and user association for heterogeneous wireless cellular networks. IEEE Trans Wireless Commun, 2013, 12: 248-257.

[60] Xie R, Yu F R, Li Y.Energy-efficient resource allocation for heterogeneous cognitive radio networks with femto-cells.IEEE Trans Wireless Commun, 2012, 11: 3910-3920.

[61] Bu S, Yu F R, Yanikomeroglu H.Interference-aware energy-efficient resource allocation for heterogeneous networks with incomplete channel state information.IEEE Trans Veh Technol, 2015, 64: 1036-1050.

[62] Novlan T, Ganti R, Ghosh A, Andrews J.Analytical evaluation of fractional frequency reuse for heterogeneous cellular networks.IEEE Trans Wireless Commun, 2012, 60: 2029-2039.

[63] Singh S, Dhillon H, Andrews J.Offloading in heterogeneous networks: Modeling, analysis, and design insights. IEEE Trans Wireless Commun, 2013, 12: 2484-2497.

[64] Tonguz O, Yanmaz E.The mathematical theory of dynamic load balancing in cellular networks. IEEE Trans Mobile Comput, 2008, 7: 1504-1518.

[65] Wang H, Ding L, Wu P, Pan Z, Liu N, You X.QoS-aware load balancing in 3GPP long term evolution multi-cell networks.In: Proc IEEE Int Conf Commun, Kyoto, 2011: 1-5.

[66] Hossain M, Munasinghe K, Jamalipour A.Distributed inter-BS cooperation aided energy efficient load balancing for cellular networks.IEEE Trans Wireless Commun, 2013, 12: 5929-5939.

[67] Ye Q, Rong B, Chen Y, Al-Shalash M, Caramanis C, Andrews J G.User association for load balancing in heterogeneous cellular networks.IEEE Trans Wireless Commun, 2013, 12: 2706-2716.

[68] Razavi R, Lopez-Perez D, Claussen H.Neighbour cell list management in wireless heterogeneous networks.In:

Proc IEEE Wireless Commun Networking Conf., Shanghai, 2013.1220-1225.

[69] Lee K, Lee H, Jang Y, Cho D.CoBRA: Cooperative beamforming-based resource allocation for self-healing in SON-based indoor mobile communication system.IEEE Trans Wireless Commun, 2013, 12: 5520-5528.

[70] Wang W, Zhang Q.Local cooperation architecture for self-healing femtocell networks. IEEE Trans Wireless Commun, 2014, 21: 44-49.

[71] 工業與資訊化部電信研究院.物聯網白皮書（2016）[R].2016.

[72] 工業與資訊化部電信研究院.物聯網白皮書（2014）[R].2014.

[73] 中國電子技術標準化研究院，國家物聯網基礎標準工作組.物聯網標準化白皮書（2016）[R].2016.

[74] 工業與資訊化部國家標準化委員會.國家智慧製造標準體系建設指南（2015 年版）（徵求意見稿）[R].2015.10.

[75] 工業與資訊化部國家標準化委員會.國家智慧製造標準體系建設指南（2018 年版）（徵求意見稿）[R].2018.3.

[76]   Industry 4.0.https: //en. wikipedia. org/ wiki/Industry_4.0.

[77] 工業網路產業聯盟.工業網路體系架構（版本 1.0）[R].2016.08.

[78] 中國製造 2025.https: //baike.baidu. com/ item/中 國 製 造 2025/16432644? fr= aladdin.

[79] 李金華.德國「工業 4.0」與「中國製造 2025」的比較及啓示[J].中國地質大學學報（社會科學版），2015, 15（05）: 71-79.

[80] 中國電子技術標準化研究院.工業物聯網白皮書（2017 版）[R].2017, 09.

第2章

物聯網的體系架構

2.1 概述

體系架構（Architecture）的本意是指「統一的或一致的形式或結構」，即「說明系統組成部件及其內在關係，指導系統的設計與實現的一系列原則的抽象」[1]。體系架構用來定義系統的組成部件及其關係，指導開發者遵循一致的原則實現系統，以保證最終建立的系統符合預期的需求。

廣義來看，物聯網發展的關鍵要素包括由感知層、網路層和應用層組成的網路架構，資源體系，核心技術和標準，相關產業，隱私和安全，促進和規範物聯網發展的法律、政策和國際治理體系等[2]。簡言之，物聯網的發展要素涵蓋了技術、資源、網路、應用、服務、安全、產業等諸多方面，因此，物聯網的體系架構應包括如下內涵：網路體系架構、技術與標準體系、資源與標識體系、產業與應用體系、服務與安全體系等，如圖 2-1 所示。

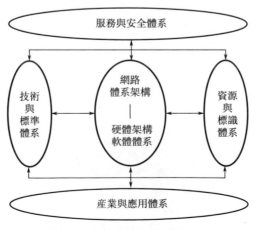

圖 2-1　物聯網體系架構的內涵

物聯網體系架構是設計與實現物聯網的首要基礎。近年來中國中國中國及國

外的研究人員對物聯網體系架構展開了廣泛研究，提出了多種不同的模型。

國外方面，歐盟第七框架計畫（Framework Program 7，FP7）專門設立了兩個關於物聯網體系架構的專案：一個是 SENSEI[3]，其目標是藉助於 Internet 將分布在全球的感測器與執行器網路連接起來，並定義開放的服務訪問介面與相應的語義規範來提供統一的網路與資訊管理服務；另一個是 IoT-A[4]，其目標是建立物聯網體系結構參考模型，並定義物聯網系統組成模塊，探索不同體系結構對物聯網實現技術的影響。美國麻省理工學院和英國劍橋大學等 7 所大學組成的 Auto-ID 實驗室提出了網路化自動標識系統（Networked Auto-ID）體系結構[5]，日本東京大學發起成立的 uID 中心提出了基於 uID 的物聯網體系結構（uID IoT）[6]，韓國電子與通訊技術研究所（ETRI）提出了泛在感測器網路（Ubiquitous Sensor Network，USN）體系結構[7]，維吉尼亞大學提出了 Physical-net[8] 體系結構，法國巴黎第六大學提出了自主體系結構（Autonomic Oriented Architecture，AOA）[9]，歐洲電信標準組織（ETSI）正在制定 M2M 體系架構[10] 等。

中國方面，北京航空航天大學和蘇州大學聯合提出了基於類人體神經網路（Manlike Neutral Network，MNN）和社會組織框架（Social Organization Framework，SOF）的物聯網體系結構（MNN & SOF）[11]；無錫物聯網產業研究院和工信部電子工業標準化研究院等聯合提出了物聯網「六域」模型[12]，從業務功能和產業應用的角度對物聯網系統進行分解，提出了一致性的系統分解模式和開放性的標準設計框架；中國電子科技集團公司提出了基於 Web 的物聯網開放體系架構，為物聯網應用系統提供共性技術支撐，實現對物體統一描述與接入、統一標識與尋址、統一服務封裝與調用等功能；中國資訊通訊研究院提出的《物聯網功能框架與能力》已於 2015 年 3 月正式發布，《中歐物聯網語義白皮書》的合作編制和物聯網架構新趨勢的合作研究也已完成。

除了上述通用的體系架構，針對某些特定的應用領域亦提出了一些建立物聯網系統的參考架構，比如為實現基於電子產品編碼（EPC）的物品追蹤而提出的 EPglobal[13]，為實現電氣化設備的互聯提出的 DPWS[14]，為實現嵌入式設備的互聯提出的 CoRE[15]，為實現感測器節點連接而提出的 WGSN 功能架構，以及面向物體標識解析的 e-things 架構等。上述參考架構所包含的體系結構均可以歸類到前面提出的物聯網體系架構中。但是，與體系架構相比，參考架構更加具體，它們不僅指出了系統的組成部件及其之間的關係，還指出了系統的實現方法。因此，參考架構既可以被看作是體系結構，又可以被看作是實現方法。

總體來看，目前提出的體系架構大都屬於狹義的體系架構，即以網路架構為主，無法涵蓋技術、標準、安全、產業等各個要素。而且，儘管已經有各式各樣功能各異的物聯網路體系架構被提出，但迄今為止尚沒有一種體系架構成為普適

規範，更沒有一套標準的物聯網系統實現方法。因此，目前世界各國的研究發明人員大都從各自的需求出發來設計不同的物聯網體系架構，並在該體系架構的指導下，採用不同的通訊協議和軟體技術實現不同的服務機制，從而使建立的物聯網系統僅適用某個或者某些場景，不具備通用性和可複製性。

為探索一種普適的物聯網體系架構，下面將分別從網路體系架構、技術與標準體系、資源與標識體系、產業與應用體系、服務與安全體系五個方面對現有的方案或者協議進行概述與分析。

2.2 物聯網網路體系架構

2.2.1 系統總體架構

建立物聯網系統體系架構的主要過程，是從各種應用需求中抽取組成系統的部件以及部件之間的組織關係。可以從諸如功能、模型和服務等不同角度抽取系統的組成部件及其之間的關係[1]。對於物聯網系統而言，常用的抽取角度有三種。

① 功能角度　將組成系統的模塊按照功能分解成若干層次，一般由下層為上層提供服務，上層對下層進行控制；或者由外層對內層提供服務，內層對外層進行控制。Networked Auto-ID、uID IoT、USN、Physical-net、M2M、SENSEI、IoT-A、AOA 等都是從功能角度建立的物聯網體系架構[1]。

② 模型角度　按照一定的建模方法，將系統分解為用某一領域的模型描述的組成部件，部件之間的連接關係用模型編排來表示。例如，MNN&SOF 就是從資訊模型的角度建立的物聯網體系架構。

③ 應用角度　從業務生成與服務提供的角度提取物聯網系統應用要素，據此將物聯網系統劃分為不同的「域」，同時解析不同「域」之間的關係。例如，物聯網「六域」模型就是從應用角度建立的物聯網體系架構。

下面分別從功能角度、模型角度、應用角度介紹現有的網路體系架構。

2.2.1.1 從功能角度建立的物聯網體系架構

從功能來看，物聯網是一個具有感知（含標識）、互聯、計算和控制能力的網路化智慧計算系統[16]，因此，從功能角度抽取的物聯網體系結構，一般包含感知、傳輸、處理和執行等部件。下面對已經提出的從功能角度建立的物聯網體系架構進行概述。

（1）Networked Auto-ID

Networked Auto-ID[5] 體系結構於 1999 年由美國麻省理工學院 Auto-ID 實驗室提出，其思路是「把所有物品透過射頻識別（RFID）和條碼等資訊感測設備與網路連接起來，實現智慧化識別和管理」。該體系由標識標籤（如磁條、條碼、二維碼、射頻標識等）、閱讀終端（磁條讀卡器、紅外掃描器、光學識別器、射頻讀寫器等）、資訊傳輸網路（Intranet、Internet 等）、標識解析伺服器和資訊伺服器組成，如圖 2-2 所示。其中序號表示資訊處理的次序：

① 閱讀終端採用接觸或非接觸方式讀取儲存在標識標籤中的物品標識（ID）；

② 透過標識解析服務獲得與該標識相應的資訊伺服器的地址（Address of IS）；

③ 閱讀終端根據該地址訪問資訊伺服器（IS）；

④ 資訊伺服器為終端提供相應的資訊服務，實現對物品的智慧識別、定位、追蹤和管理。這一體系結構最先在物流系統中得到實現，並成為物聯網發展的雛形。

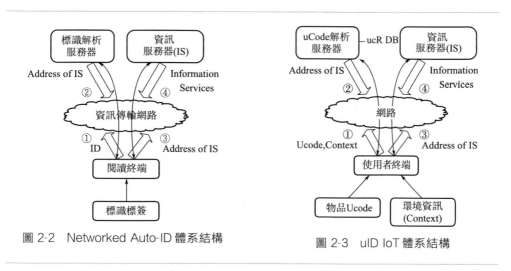

圖 2-2　Networked Auto-ID 體系結構　　　　圖 2-3　uID IoT 體系結構

（2）uID IoT

uID IoT[6] 是由日本東京大學發起的非盈利標準化組織 uID 中心制定的物聯網體系結構，如圖 2-3 所示。該體系結構由 Ucode、Context、使用者終端、網路、Ucode 解析伺服器和應用資訊伺服器組成，其目標為：透過 RFID 和二維碼標識物體，由網路化感測器採集周圍環境上下文資訊（Context），根據採集的環境資訊調整資訊服務。與 Networked Auto-ID 不同的是，uID IoT 不僅包括物體標識，還包括環境資訊。不同於 Networked Auto-ID 中的標識解析器，Ucode 解析伺服器不僅可以根據物品的 Ucode 查詢，獲得相關資訊伺服器的地址，而且可以透過 Context

和 ucR (Ucode Relation) 操作符查詢 ucR 數據庫 (ucR DB)，獲得相關的多個資訊伺服器的地址。比如，基於物品的位置資訊，應用 ucR 操作「adjacent」，可以獲得鄰近物品的 Ucode，以及與本物品及所有鄰近物品相關的資訊伺服器的地址。因此，uID IoT 比 Networked Auto-ID 具有更好的環境感知性。

(3) USN

USN 體系架構[7] 是由韓國電子與通訊技術研究所 (ETRI)，在 2007 年 9 月瑞士日內瓦召開的 ITU 下一代網路全球標準化會議 (NUN-USI) 上提出的。如圖 2-4 所示，該體系架構將物聯網自底向上分為五層，依次為感知網、接入網、網路基礎設施、中間件和應用平臺，各層功能如下：

① 感知網用於採集與傳輸環境資訊；

② 接入網由網關或匯聚節點組成，為感知網與外部網路或控制中心之間的通訊提供基礎設施；

③ 網路基礎設施是指基於後 IP 技術的下一代網路 (NGN)；

④ 中間件由負責大規模數據採集與處理的軟體組成；

⑤ 應用平臺負責 USN 在各個行業的具體應用。

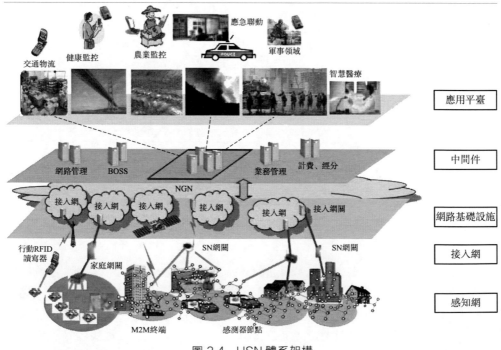

圖 2-4　USN 體系架構

由於 USN 體系架構按照功能層次比較清楚地定義了物聯網的組成，目前被中國工業與學術界廣泛接受。

　　基於 USN 體系架構衍生出很多改進方案，文獻［17］將業務概念引入到中間件層，並將該層定義為業務層（Business Layer），提出了物聯網的五層體系架構，其中業務層統一管理各種物聯網應用所涉及的業務模型和使用者隱私。文獻［18，19］提出的四層物聯網體系架構（圖 2-5 右邊），包含感知層、傳輸層、處理層和應用層，其中感知層、處理層、應用層分別對應 USN 架構的感知網、中間件、應用平臺，而傳輸層融合了 USN 架構中的網路基礎設施和接入網。沈蘇彬等人[20] 從資訊物品、自主網路、智慧應用三個維度提出了一種物聯網體系結構，其本質還是由感知、傳輸和處理這三個物聯網核心模塊組成的。孫利民等人[20] 提出了一種包含感知、傳輸、決策和控制四個模塊的開放式循環物聯網體系結構，也是在 USN 體系架構的基礎上引入閉環控制概念而建立的。

　　工業與資訊化部電信研究院在其出版的《物聯網白皮書（2011 年）》中闡述了一種基於 USN 的簡化分層物聯網網路架構，包括感知層、網路層和應用層三層，如圖 2-6 所示。其中感知層實現對物理世界的智慧感知識別、資訊採集處理和自動控制，並透過通訊模塊將物理實體連接到網路層和應用層；網路層主要實現資訊的傳遞、路由和控制，包括延伸網、接入網和核心網，網路層可依託大眾電信網和網路，也可以依託行業專用通訊網路；應用層包括應用基礎設施/中間件和各種物聯網應用，應用基礎設施/中間件為物聯網應用提供資訊處理、計算等通用基礎服務設施、能力及資源調用介面，以此為基礎實現物聯網在眾多領域的各種應用[2]。

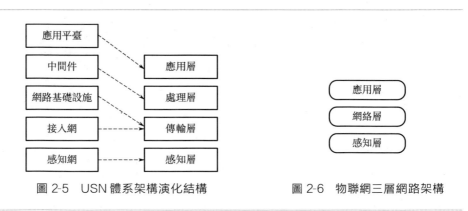

圖 2-5　USN 體系架構演化結構　　　　　圖 2-6　物聯網三層網路架構

　　遺憾的是，作為一種廣泛應用的物聯網體系結構，USN 架構並沒有對各層之間的介面，如感知層與接入層之間的通訊介面、中間件與應用平臺之間的數據介面等，做出統一的規範定義。因此，USN 架構還有待進一步完善。

（4）Physical-net

Physical-net[8] 是由美國維吉尼亞大學 Vicaire 等人提出的一種分層物聯網

體系結構，如圖 2-7 所示。該體系結構針對多使用者多環境下管理與規劃異構感測和執行資源的問題而提出，自底向上分別為服務提供層、網關層、協調層和應用層。與 Networked Auto-ID、uID 和 USN 相比，Physical-net 架構具有如下不同特點[1]：

① 將應用需求與資源分配分離開來，由底層感知設備直接提供服務，由網關層進行服務的收集和分發，從而支援動態行動管理和實時應用配置；

② 透過協調層實現多個應用程式在同一資源上或跨網路和管理域併發運行；

③ 提出一種細粒度訪問控制和衝突解析機制，以保護資源的共享，支援在線權限分配；

④ 採用通用的編程抽象模型 Bundle 來屏蔽底層細節，以便於編程實現。

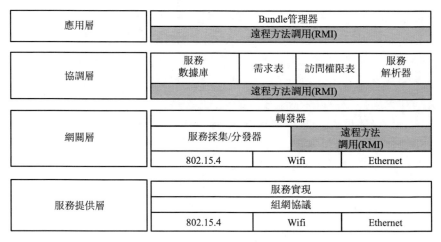

圖 2-7 Physical-net 體系架構

值得註意的是，Physical-net 定義了各層之間進行服務調用的統一介面，即遠程方法調用（RMI），因此對設計與實現物聯網具有很好的指導意義。

（5）M2M

M2M[10] 是歐洲電信標準組織（ETSI）制定的一個關於機器與機器之間進行通訊的標準體系結構，尤其是非智慧終端設備透過行動通訊網路與其他智慧終端設備或系統進行通訊，包括服務需求、功能架構和協議定義三個部分。M2M的功能架構如圖 2-8 所示，包括設備/網關模塊（左側）和網路域模塊（右側）兩個部分，兩個模塊中分別部署 M2M 服務能力層（Service Capacity Layer，SCL），其中設備/網關中的應用程式透過 dIa 介面訪問 SCL，網路域中的應用程式透過 mIa介面訪問 SCL，而設備/網關與網路域中的 SCL 透過 mId 介面進行交互。

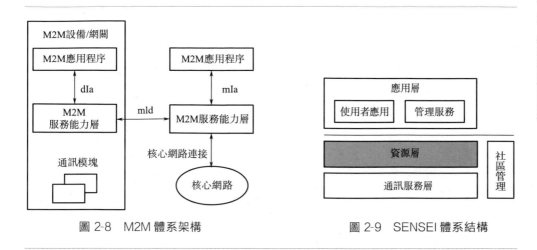

圖 2-8　M2M 體系架構　　　　　　　圖 2-9　SENSEI 體系結構

（6）SENSEI

SENSEI[3] 是歐盟 FP7 計劃支援下建立的一個物聯網體系結構。SENSEI 自底向上分為三層：通訊服務層、資源層和應用層，如圖 2-9 所示，各層的功能定義如下：

① 通訊服務層實現現有網路基礎設施的服務映射，即將諸如地址解析、流量模型、數據傳輸模式與行動管理等現有網路基礎設施的服務映射為一個統一的介面，為資源層提供統一的網路通訊服務；

② 資源層是 SENSEI 體系結構參考模型的核心，包括真實物理世界的資源模型、基於語義的資源查詢與解析、資源發現、資源聚合、資源創建和執行管理等模塊，為應用層與物理世界資源之間的交互提供統一的介面；

③ 應用層為使用者及第三方服務提供者提供統一的調度介面。

簡言之，SENSEI 架構透過定義服務訪問介面和語義規範，提供了一套統一的網路與資訊服務[21]。

需要指出的是，Physical-net、M2M 與 SENSEI 都將底層感知網路抽象為服務或資源，這樣降低了後端資訊伺服器的計算需求，因此比 Networked、Auto-ID、uID IoT 和 USN 具有更好的可擴展性[1]。

（7）IoT-A

作為歐盟 FP7 計劃支援的另一個專案，IoT-A[4] 架構是 SENSEI 架構的增強版，尤其在互操作性方面做了重點提升。該架構為解決大規模異構物聯網環境中無線與行動通訊帶來的問題而提出，透過將不同的無線通訊協議棧統一為一個物物通訊介面（M2M API），同時結合 IP 協議支援大規模、異構設備之間的互聯，實現對大量物聯網應用的有效支援。

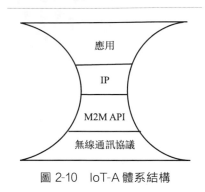

圖 2-10　IoT-A 體系結構

IoT-A 體系架構共分為四層，如圖 2-10 所示，從下至上依次為無線通訊協議層、M2M API 層、IP 層和應用層。其中，M2M API 層定義了各類物聯網資源交互的介面，是實現不同無線通訊協議轉換為統一物物通訊介面的橋梁；IP 層則提供實現廣域範圍內資源共享的互聯技術。IoT-A 架構提供了一套較為完備的物聯網體系結構參考模型，其中功能參考模型如圖 2-11 所示。

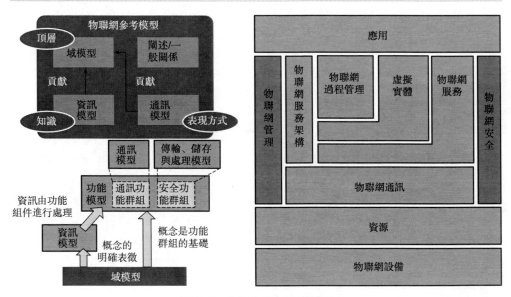

圖 2-11　IoT-A 功能參考模型

(8) AOA

AOA[9] 是由法國巴黎第六大學的 Pujolle 提出的物聯網自主體系架構，旨在解決基於 TCP/IP 協議的物聯網數據傳輸在能耗、可靠性與服務品質保障方面存在的問題。AOA 體系架構如圖 2-12 所示，包括知識層、控制層、數據層和管理層。這些層都基於自主件的建構原理與技術組合而成。具體來講，以知識層為指導，由控制層確定數據層中的通訊協議，如 STP/SP（Smart Transport Protocol/Smart Protocol）協議，執行已知的或者新出現的任務，並保證整個系統的自組織、自管理和可進化特性。

　　以上幾個物聯網體系結構都是從功能角度抽取出來的，因此具有很好的層次性，易於理解與實現。

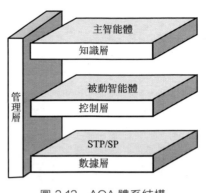

圖 2-12　AOA 體系結構

2.2.1.2　從模型角度建立的物聯網體系架構

　　從模型角度建立的物聯網體系架構不多，而且大都是參考人體資訊處理模型建立的，MNN&SOF[11] 即為該類物聯網體系架構。

　　MNN & SOF 體系架構分為兩級：一級是基於類人體神經網路模型（Manlike Neutral Network，MNN），如圖 2-13 左邊所示，將物聯網的組成部件抽象為分布式控制與數據節點（Distributed Control-Data Nodes）和管理與數據中心（Manager & Data Center，M&DC）兩層，並由 M&DC 代表每一個本地物聯網；另一級是基於社會組織架構（Social Organization Framework，SOF），將多個本地物聯網集成為更高層次的物聯網。本地物聯網包括兩類，一是行業管理與數據中心（iM&DC）為代表的行業物聯網，二是國家管理與數據中心（nM&DC）為代表的國家物聯網，如圖 2-13 右邊所示。

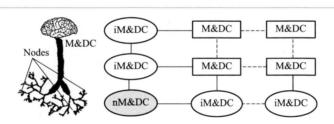

圖 2-13　MNN & SOF 體系結構

　　MNN & SOF 架構將物聯網中的感知節點看作人體的感知器官，將資訊網路看作是神經網路，將資訊伺服器看作是中樞系統；將物聯網採集、傳輸和處理資訊的過程看作是人體處理資訊的過程，即環境中的各種資訊由感知器官感知後，透過神經網路傳遞到中樞進行整合，再經神經網路控制和調節機體各器官的活動，以維持機體與內、外界環境的相對平衡[1]。該體系架構雖然也給出了物聯網的感知、傳輸和處理三級組成模塊，但是對於各級模塊的具體組成、模塊之間的資訊交互方式與介面都非常抽象，因此不易實現。

2.2.1.3　從應用角度建立的物聯網體系架構

　　隨著物聯網行業應用的迅速擴展，物聯網的分層體系架構已經很難適應不同

行業所面臨的物聯網建構問題以及業務邏輯關聯問題。為此，透過系統化梳理物
聯網行業應用關聯要素，無錫物聯網產業研究院聯合多家單位提出了一種新的物
聯網體系架構——六域模型，如圖 2-14 所示，按系統級業務功能將物聯網劃分
為六個域：使用者域、目標對象域、感知控制域、服務提供域、運維管控域以及
資源交換域，域和域之間按照業務邏輯建立網路化連接，從而形成單個物聯網行
業生態體系，單個物聯網行業生態體系再透過各自的資源交換域形成跨行業跨領
域的合作體系。

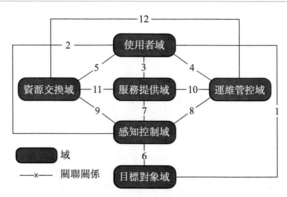

圖 2-14　物聯網「六域模型」參考架構

　　物聯網「六域模型」更為全面地刻畫了物聯網，透過對不同的物聯網系統進
行抽象，明確了應用系統、網路通訊和資訊交換等層面的功能實體和介面關係。
「六域模型」各個域功能劃分如下：使用者域定義使用者和需求；目標對象域明
確「物」及關聯屬性；感知控制域設定所需感知和控制的方案，即「物」的關聯
方式；服務提供域將原始或半成品數據加工成對應的使用者服務；運維管控域在
技術和制度兩個層面保障系統安全、可靠、穩定和精確地運行；資源交換域實現
單個物聯網應用系統與外部系統之間的資訊和市場等資源的共享與交換，以建立
物聯網閉環商業模式。其中，使用者域、目標對象域、感知控制域、服務提供域
分別從邏輯上重新定義了物聯網的四個基本要素（使用者、感知、網路與應用）
之間的關係，彌補了層級架構存在的覆蓋不全面、分層邏輯不清晰的缺點[12]。
　　與物聯網的三層體系架構相比，使用者域是感知層的前端延伸，將需求納入
了物聯網範疇，明確了物聯網的使用者及其感知和控制的內容；目標對象域是原
有感知層中感知的「物」，將感知層中的「物」與「設備」實現分離；感知控制
域既包含了三層結構中感知層的「設備」，也包含了網路層的相關「設備」，因為
網路是物聯網發展的基礎而非重心，弱化網路層的概念有助於區分物聯網與網
路；服務提供域對應原有的應用層，但更側重於專業資訊的處理，既完善了數據

處理這一核心功能，也避免了「應用包含應用」的邏輯混亂[21]。獨立界定的物聯網運維管控域，可以順應無人操作和管理設備廣泛應用的大趨勢，從技術層面保證系統的穩定性，從法律法規監管物聯網的運行。新提出的資源交換域，則為物聯網服務能力的擴展與跨行業業務融合提供了介面，以實現按需的服務能力配置。

2.2.1.4　物聯網體系架構分類與比較

前面已經將現有的物聯網體系架構按照功能、模型與應用分成了三類，大多數的分層體系架構都可以歸為第一類，如圖 2-15 所示。事實上，對於從功能角度抽象建立的物聯網體系架構，又可分為「後端集中式」與「前端分布式」兩種類型，其中「後端集中式」體系架構，是指物聯網中的大部分資訊處理任務和使用者服務請求，由後端資訊伺服器或服務支撐平臺完成，如 Networked Auto-ID、uID IoT、USN 等；「前端分布式」體系架構是指物聯網中的大部分資訊處理任務和使用者服務請求，由前端感知設備或網關設備完成，如 Physical-net、M2M、SENSEI、IoT-A 和 AOA。而從模型角度提出的 MNN & SOF 體系架構，模擬了人體神經網路和社會組織架構，因此兼有集中式和分布式處理的特點，但就單個行業的物聯網來看，它仍然屬於集中控制系統。從應用要素角度提出的物聯網「六域模型」，將物聯網系統的服務能力分解到六個域中，由六個域合作完成服務提供，其資訊處理較傾向於基於後端大數據平臺完成，本質上也是一種集中控制式體系架構。

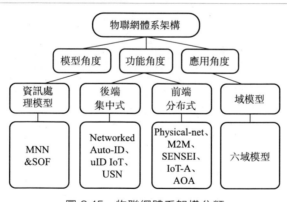

圖 2-15　物聯網體系架構分類

不同的資訊處理方式決定了不同的系統性能。「後端集中式」體系架構更方便對異構終端、網路、業務等物聯網資源進行全局優化調度，但資訊處理的靈活性與時效性稍差；而「前端分布式」體系架構更易於對邊緣使用者的服務請求進行靈活快速的響應，但僅能實現物聯網資源的局部優化配置。然而，現有的體系架構基本都無法兼容兩種資訊處理模式，因此，有必要研究具有混合式資訊處理能力的新型物聯網體系架構，以實現物聯網資源的全局優化配置以及使用者服務的高效靈活提供。

進一步地，從水準兼容性、可擴展性、環境感知性、環境交互性、環境自適應性、安全保障性、穩健性、互操作性等方面對上述 10 種物聯網體系架構的模型進行分析比較，結果如表 2-1 所示。由於 MNN&SOF 側重物聯網內部的資訊處理方式以及不同行業物聯網之間的級聯，難以用上述指標（針對單個物聯網系統）進行性能評價，因此表 2-1 中不予評價。

表 2-1 不同物聯網體系架構的性能比較

體系架構	水準兼容性	可擴展性	環境感知性	環境交互性	環境自適應性	安全保障性	穩健性	互操作性
Networked Auto-ID	差 僅支援基於標識的資訊網路	較差 擴展性受限於後端資訊服務器的處理能力	不具備 僅支援物品標識資訊的採集與處理	不具備 僅透過標識獲取物品資訊,不產生操作指令	不具備 無法根據環境資訊調節系統參數和功能	不具備系統安全保障規則 無系統安全保障規則	較差 集中式資訊處理,對後端平臺強依賴,抗破壞性差	較差 未闡述層和系統間數據與服務互訪規則
uID IoT	差 支援不同類型的標識、感知、通訊協議	較差 擴展性受限於後端資訊服務器的處理能力	具備 基於上下文和 ucR 操作獲取所需資訊	不具備 僅透過標識獲取物品資訊,不產生操作指令	不具備 無法根據環境資訊調節系統參數和功能	不具備系統安全保障規則 無系統安全保障規則	較差 集中式資訊處理,對後端平臺強依賴,抗破壞性差	較差 未闡述層和系統間數據與服務互訪規則
USN	好 支援不同類型的標識、感知、通訊協議	較差 擴展性受限於後端資訊服務器的處理能力	具備 透過感知對資訊進行處理	具備 後端同服器分析、處理感知資訊,輸出決策與控制指令	具備 中間件層可以根據環境資訊調節系統參數	不具備系統安全保障規則 無系統安全保障規則	較差 集中式資訊處理,對後端平臺強依賴,抗破壞性差	較差 未闡述層和系統間數據與服務互訪規則
Physical-net	好 支援不同類型的標識、感知、通訊協議	好 前端分布式資訊處理易於系統擴展	具備 可將環境資訊作為資源進行分發處理	具備 前端設備分析、處理感知資訊,輸出決策與控制指令	具備 服務提供層可以根據環境資訊調節系統參數	不具備系統安全保障規則 無系統安全保障規則	好 分布式資訊處理,系統抗破壞能力強	好 明確定義了 RMI 作為服務互訪介面

續表

體系架構	水準兼容性	可擴展性	環境感知性	環境交互性	環境自適應性	安全保障性	穩健性	互操作性
M2M	好 支援不同類型的標識、感知網路、通訊協議	好 前端分布式資訊處理易於系統擴展	具備 可將環境資訊作為分發處理行分發處理	不具備 僅考慮設備之間的資源互聯	具備能力 可以根據服務環境資訊調節系統參數	不具備 無系統安全保障規則	好 分布式資訊處理，系統壞能力強抗破	好 M2M API作為資源互訪介面
SENSEI	好 支援不同類型的標識、感知網路、通訊協議	好 前端分布式資訊處理易於系統擴展	具備 支援基於語義的資源查詢與解析	具備 前端感知設備分析、處理感知資訊，輸出決策與控制指令	具備 支援基於語義的資源聚合與資源聚合	具備了系統 制定安全保障規則	好 分布式資訊處理，系統壞能力強抗破	較差 未闡明和系統間數據互訪與服務訪問規則
IoT-A	好 支援不同類型的標識、感知網路、通訊協議	好 前端分布式資訊處理易於系統擴展	具備 支援基於語義的資源查詢與解析	具備 前端感知設備分析、處理感知資訊，輸出決策與控制指令	具備 支援基於語義的資源聚合與資源聚合	具備了系統 制定安全保障規則	好 分布式資訊處理，系統壞能力強抗破	好 M2M API作為資源互訪介面
AOA	差 僅支援基於自組織的網路	好 前端分布式資訊處理易於系統擴展	不具備 只定義了數據傳輸層功能	不具備 僅對數據協議進行的通訊協議進行控制	具備 控制層基於本地與鄰居狀態資訊調節數據層的協議參數	不具備 無系統安全保障規則	好 分布式資訊處理，系統壞能力強抗破	較差 未闡明和系統間數據互訪與服務訪問規則
MNN&SOF	—	—	—	—	—	—	—	—
六域模型	好 支援不同類型的標識、感知網路、通訊協議	較差 系統擴展需要六個域合作完成，可擴展性稍差	具備 感知控制域設定感知方案	具備 感知控制域設定控制方案	具備 根據使用者不同需求定義不同的感知與控制方案	具備 運維管控域定義系統安全保障規則	較好 運維管控域負責系統的安全、可靠、穩定運行	好 資源交換域協調系統內與系統間的資源共享與交換

可以看出，在 3 個「後端集中式」分層體系架構（Networked Auto-ID、uID IoT、USN）中，USN 模型更具性能優勢；而在 5 個「前端分布式」分層體系架構（Physical-net、M2M、SENSEI、IoT-A 和 AOA）中，IoT-A 模型性能更好，更符合未來物聯網的發展要求。相比分層體系架構，物聯網「六域模型」性能優於 USN 模型，略遜於 IoT-A 模型；但從資源與服務的動態適配的角度來看，「六域模型」更為靈活，它透過專門的「服務提供域」實現物聯網資源的按需配置，並透過「資源交換域」協調異構資源在不同的物聯網系統間共享與交互。

2.2.2 軟體體系架構

所謂軟體體系架構，是從不同視角對軟體系統的組成進行抽象，同時將系統資源提供的能力抽象為軟體構件，用具有精確語義的標記符號或形式語言，對軟體系統中的構件、連接件以及期望屬性和行為進行精確規格說明的圖形化或形式化模型[22]。物聯網的軟體體系架構用於定義物聯網應用系統的構件模型和交互拓撲，是建構支援水平互聯、異構集成、資源共享和動態維護的物聯網應用系統的基礎[1]。

近年來，基於面向服務的設計方法，中國中國中國及國外科學研究人員提出了多種物聯網軟體體系架構的參考模型。從採用的軟體構件類型來看，這些物聯網軟體系統架構可以分為三種類型。

① 基於可遠程調用的分布式對象的物聯網軟體體系架構參考模型。

② 基於具有自主環境交互能力的智慧體（Agent）的物聯網軟體體系架構參考模型。

③ 基於 Web 服務的物聯網軟體體系架構參考模型，包括兩個子類：一是基於簡單對象訪問協議（Simple Object Access Protocol，SOAP）風格的 Web 服務的物聯網軟體體系結構參考模型；二是基於表述性狀態轉移（Representational State Transfer，REST）風格的 Web 服務的物聯網軟體體系結構參考模型[1]。

2.2.2.1 基於分布式對象的物聯網軟體體系架構參考模型

（1）Physical-net

Physical-net[8] 屬於一種基於輕量級分布式對象的物聯網軟體體系架構，由美國維吉尼亞大學提出，其參考模型如圖 2-16 所示。物端（前端）包括「感知服務」和「網關服務」兩個構件，分別代表由感知設備直接提供的服務和由網關節點採集轉發的服務。雲端（後端）包括「服務解析」「服務倉庫」「訪問權限表」「需求表」和「編程抽象模型管理」五個構件，其中前四個構件負責管理感

知設備和網關提供的服務，實現多個應用程式在同一資源上的運行，或者多個應用程式跨網路和管理域的併發運行[1]。頂層的「編程抽象模型管理」構件提供編程抽象管理服務以屏蔽底層細節，便於物聯網應用系統的軟體開發者編程。

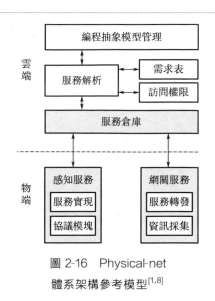

圖 2-16　Physical-net
體系架構參考模型[1,8]

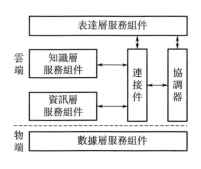

圖 2-17　3CoFramework
體系架構參考模型[1,23]

（2）3CoFramework

3CoFramework[23] 是一種基於分層組件的物聯網軟體體系架構，由美中國布拉斯加大學林肯分校提出，其參考模型如圖 2-17 所示。它將建構物聯網系統的軟體組件，按照服務提供過程自下而上分為四層：數據層、資訊層、知識層和表達層，其中位於物端的數據層組件提供分布式關係數據和空間數據，而位於雲端的資訊層組件、知識層組件和表達層組件分別提供專業領域資訊、數據分析和風險估計等服務以及數據顯示和使用者操作界等服務。以上四個組件在協調器（Coordinator）的管理下，透過連接件（Connector）連接起來，從而構成物聯網的應用系統。

（3）3Tiers

3Tiers[24] 是一種基於資訊物理融合系統的物聯網軟體體系架構，它結合了後端的雲服務與前端的物理實體服務，將物聯網軟體系統分為環境層、服務層和控制層三個層次，參考模型如圖 2-18 所示。其中，環境層中的物理組件表示由感知器和執行器提供的服務；服務層中的雲服務組件表示由傳統的雲計算等平臺提供的服務；控制層中的組件實現以下功能：監視環境層和服務層提供的服務、組件動態查找和服務組合、組件介面適配與變異和服務失效自主管理。

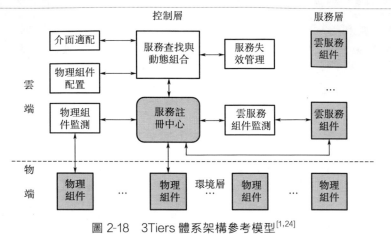

圖 2-18　3Tiers 體系架構參考模型[1,24]

　　需要說明的是，上述基於分布式對象建立的物聯網軟體體系架構中，位於物端的服務組件提供了數據採集與交互服務，但這些服務需要由使用者調用或與雲服務結合起來才能完成相關任務的執行，不構成獨立的可執行物聯網軟體系統。

2.2.2.2　基於智慧體的物聯網軟體體系架構參考模型

　　鑒於物聯網系統可以由多個具有自主環境交互能力的智慧子系統或者智慧物品互聯組成，而智慧子系統和智慧物品具有類似智慧體的特徵，即具有自主性（Autonomous）、互動性（Interactive）、反應性（Reactive）、主動性（Proactive）等，研究人員提出了幾種以智慧體為物端構件的物聯網軟體體系架構，它們將物理實體的服務定義為具有環境交互與任務執行能力的軟體實體，透過網路實現智慧體的連接與交互，實現物聯網的分布式計算模型。

（1）CSO（Cooperating Smart Object）

　　CSO[25] 是一種以智慧體為物端構件的物聯網軟體體系架構，由意大利卡拉布里亞大學的研究人員提出，其參考模型如圖 2-19 所示。物端的無線感知與執行網路（Wireless Sensor and Actuator Network，WSAN）被抽象為智慧體，WSAN 節點成為智慧體的感知和執行部件，匯聚節點或網關作為智慧體的協調部件，提供與其他智慧體、使用者和環境進行交互的介面。每個 WSAN 智慧體可以自主執行一定的任務，也能夠根據使用者的任務請求，與系統內其他 WSAN 智慧體進行互聯與合作，從而建構完整的物聯網系統[1]。

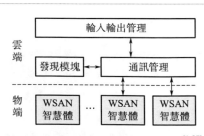

圖 2-19　CSO 體系架構參考模型[1,25]

（2）SmartProducts

SmartProducts[26] 是將具有異構資訊源的智慧產品抽象為智慧體，這與 CSO 中將 WSAN 抽象為智慧體有所不同。每個智慧體包含兩個部件：先驗知識模塊（Proactive Knowledge Module）和推理模塊（Reasoner Module），前者是智慧體的數據模塊，後者是智慧體的核心模塊。先驗知識模塊為推理模塊提供各種實現本體推理的數據及其模型，包含元數據模型（Meta Model）、時間模型（Time Model）、使用者模型（User Model）、情境模型（Context Model）和領域模型（Domain Model）；推理模塊基於先驗知識模塊進行本體推理，實現基於情境感知的自主服務。SmartProducts 以發布/訂閱（Publish/Subscribe）的模式提供服務介面。採用與 CSO 類似的體系結構將 SmartProducts 集成起來，即可形成基於智慧體的物聯網軟體系統。

（3）PMDA

PMDA[27] 也是一種基於智慧體的物聯網軟體體系架構，其參考模型如圖 2-20 所示。與 CSO 和 SmartProducts 架構不同，PMDA 所定義的智慧體包含三個模塊：物理模型（Physical Model）、感知模型（Sensor Execution Model）和應用模型（Application）。其中，物理模型是數據來源與動作執行單元；感知模型實現數據處理、知識推理和決策執行功能；應用模型提供解析應用需求的介面。PMDA 的雲端也包含三個主要構件：需求規劃、模型發現和模型組合。其中，需求規劃提供應用需求的總體規劃描述和解析介面；模型發現用於查找滿足應用需求的智慧體；模型組合負責將發現的物端智慧體和雲端智慧體組合起來，以建構滿足需求的物聯網系統[1]。

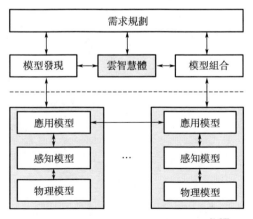

圖 2-20　PDMA 體系架構參考模型[1,27]

2.2.2.3　基於 Web 服務的物聯網軟體體系架構參考模型

隨著網路技術的發展，感知和執行設備可以被嵌入 Web 服務，透過 HTTP 等協議為使用者提供實時數據服務，並與網路環境中現有的其他 Web 服務組合起來，構成基於 Web 服務的物聯網系統——Web of Things（WoT）[28]。鑒於目前實現 Web 服務有 SOAP 和 REST 兩種架構風格，基於 Web 服務的物聯網軟體體系架構又可以分為兩種：一種是基於 SOAP 風格的 Web 服務物聯網軟體體系架構，另一種是基於 REST 風格的 Web 服務物聯網軟體體系架構。

(1) 基於 SOAP 風格的 Web 服務物聯網軟體體系架構

① SenseWeb　SenseWeb[29] 由微軟研究院提出，它是針對感測器網路的演進式部署模式而設計的一種基於 SOAP 風格的 Web 服務的物聯網軟體體系架構，其參考模型如圖 2-21 所示。在 SenseWeb 架構中，物端包括感知器、感知網關（Sense Gateway）/行動代理（Mobile Proxy）兩個構件；雲端包括協調器（Coordinator）、轉換器（Transformer）和應用三個構件，其中協調器包含感知數據庫（SenseDB）和任務調度模塊（Tasking Module）兩個部件。感知網關或行動代理將不同種類、不同接入方式、不同數據公開性和安全性的異構感知器，抽象為具有統一的 Web 服務訪問介面（WS-API）的感知服務。雲端協調器選擇應用所需的感知服務，並透過轉換器對感知數據進行處理和顯示，最終提供結構化數據給不同應用使用。

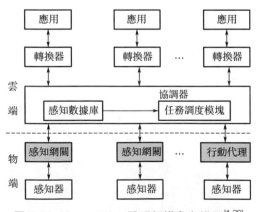

圖 2-21　SenseWeb 體系架構參考模型[1,29]

② SWE（Sensor Web Enablement）　SWE[30] 是開放地理空間資訊聯盟（OGC）為建立地理空間網（Geospatial Web）而設計的一種基於 Web 服務的軟體體系架構。它的參考模型與 SenseWeb 類似，將物端的感測器和感測器網路抽

象為提供統一訪問介面的 Web 服務，並將服務劃分為觀察服務、警告服務、規劃服務和提醒服務 4 類；在服務模塊之上，定義了類似於 SenseWeb 中的協調器和轉換器模塊，以實現快速發現感測器與感知服務的機制、訪問感知服務的標準方法、訂閱感知任務和發送警告的機制以及配置感測器參數的方法。

③ DPWS（Device Profile for Web Service） DPWS[31] 是由德國 WS4D 專案組為使資源受限的設備間提供安全的 Web 服務而提出的軟體體系結構，其參考模型結構與基於 SOAP 風格的 Web 服務基本一致，但在數據表示、服務描述、服務發現、消息傳輸等方面根據嵌入式設備的資源受限性進行了修改，其中最顯著的一個修改是 DPWS 可以直接用 UDP 協議傳輸消息。

④ SOCRADES SOCRADES[32] 是以 DPWS 為基礎提出的一種將提供 Web 服務的設備與企業應用平臺（如 ERP）集成的軟體體系結構。該體系架構參考模型中的物端構件即設備層服務，主要是透過 DPWS 提供的服務，雲端構件包括設備管理與監測、服務發現、服務生命週期管理、跨層服務目錄和安全支援等與設備管理相關的服務模塊，還有業務邏輯處理監測、業務連接、虛擬化等與跨應用集成相關的服務模塊，這些雲端構件組成了系統的中間件服務層，在此之上建立企業應用層，實現設備與企業應用平臺集成的應用系統。

(2) 基於 REST 風格的 Web 服務物聯網軟體體系架構

基於 SOAP 風格的 Web 服務物聯網軟體體系結構，允許開發者定義個性化的服務介面，這使得系統開發更為自由，但服務描述、服務發現與服務集成的難度將會增加。鑑於前端感知設備的資源受限性，近年來研究者更多地採用 REST 風格[33] 來設計實現物聯網的物理實體服務。REST 風格的 Web 服務採用 HT-TP 協議進行標準化操作，而且結合了 URI、HTML、XML 等其他網路標準，在降低物聯網服務實現難度的同時，提高了服務的互操作能力。目前，已有研究人員在嵌入式感知設備上實現了 REST 風格的 Web 服務，如 TinyREST[34] 和 pREST[35]。為了在資源受限的設備上實現 REST 風格的 Web 服務，IETF CORE 工作組正在制定統一的輕量級數據傳輸協議標準，包括 CoAP[36] 和 EBHTTP[37]。基於 REST 風格的 Web 服務將位於雲端和物端的資源互聯起來，成為目前最廣泛採用的方法。

① Physical Mashups Physical Mashups[38] 是由瑞士蘇黎世聯邦理工大學的研究人員提出的一種以 REST 風格的 Web 服務為基礎的物聯網軟體體系結構，它的參考模型如圖 2-22 所示。該模型中，物端構件是在智慧網關上建立的輕量級 Web 服務，即將各類感知器提供的數據進行緩存和格式轉換後，以 PULL/PUSH 形式提供的 Web 服務；雲端構件主要包括事件中心（Event Hub）和物理聚合（Physical Mashups）兩個模塊，其中事件中心將匯聚由網關 Web 服務觸發的事件，並分發給對應的應用，物理聚合模塊將智慧網關的 Web 服務與雲

端的 Web 服務聚合起來，以快速建立使用者自定義的應用[1]。此外，各應用也可以直接訪問由智慧網關提供的 Web 服務。

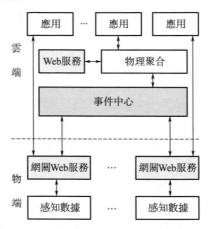

圖 2-22　Physical Mashups 體系架構參考模型[1,38]

② M2M　M2M[10] 是歐洲電信標準組織（ETSI）正在制定的一個物-物通訊標準體系結構，用以實現非智慧終端設備透過行動通訊網路與其他智慧終端設備或系統進行通訊。基於 M2M 建立的物聯網系統軟體體系結構如圖 2-23 所示，它在具有儲存模塊的設備、網關、網路域中部署 M2M 服務能力層（Service Capacity Layer，SCL），並將 M2M SCL 的應用程式擴展為軟體構件。設備和網關中的應用程式透過 dIa 介面訪問 SCL，網路域中的應用程式透過 mIa 介面訪問 SCL，設備/網關與網路域中的 SCL 交互由 mId 介面實現。這些介面的定義基於 REST 風格，因此可以將擴展了 SCL 的應用程式看作是 REST 風格的 Web 服務（資源），它們透過 URI 來命名與訪問，基於資源屬性進行資源發現。

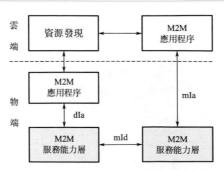

圖 2-23　M2M 體系架構參考模型[1,10]

③ SENSEI　SENSEI[3] 是歐盟 FP7 支援建立的一種物聯網軟體體系結構，目的是將分布在全球的感測器與執行器網路（WS&AN）連接起來，其參考模型如圖 2-24 所示。它使 WS&AN 透過開放的服務訪問介面與相應的語義規範來提供統一的服務，以獲取環境資訊以及與物理世界進行交互。SENSEI 中的構件按照它們的角色、功能粒度和抽象層次可分為三層：通訊服務層、資源層與應用層。通訊服務層中的構件將現有網路基礎設施的服務，如地址解析、流量模型、數據傳輸模式與行動管理等，映射為一個統一的介面，為資源層提供統一的網路通訊服務。資源層中的構件包括真實物理世界的資源模型、資源目錄、基於語義的資源查詢與解析、資源發現、資源聚合、資源創建和執行管理等模塊，為應用層與物理世界資源之間的交互提供統一的介面。應用層中的構件為使用者及第三方服務提供者提供統一的介面[1,3]。

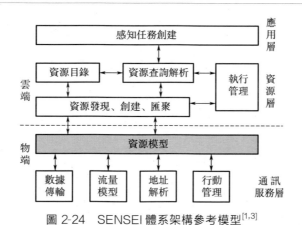

圖 2-24　SENSEI 體系架構參考模型[1,3]

④ IoT-A　IoT-A[4] 是歐盟 FP7 支援建立的另一種物聯網軟體體系架構，用於實現局域物聯系統（Intranet of Things）之間的水平互聯和互操作。需要指出的是，文獻［4］中給出的 IoT-A 體系結構參考模型包括 4 個視圖，即功能視圖、資訊視圖、部署視圖和操作視圖，圖 2-25 給出的是 IoT-A 的功能視圖。與SENSEI 一樣，IoT-A 將採用不同感知和通訊技術的局域物聯系統抽象為提供統一服務的物聯網資源模型，並將構件按照它們的角色、功能粒度和抽象層次分為若干層，包括設備連接與通訊層、資源層、虛擬實體層、流程執行與服務組合層，以及應用層。與 SENSEI 不一樣的是：

① IoT-A 不是將資源模型作為建構物聯網系統的基本組件，而是在資源模型之上建立虛擬實體服務，並且透過服務解析、動態映射和服務組合等模塊，為物聯網系統的建構提供更加高層的抽象介面；

② IoT-A 是以業務流程（Business Process）的形式規劃應用需求，而

SENSEI 是以指定需求資源和處理樹（Processing Tree）的方式創建應用[1,4]。
這些不同使得 IoT-A 比 SENSEI 具有更高的靈活性和更廣泛的適用性。

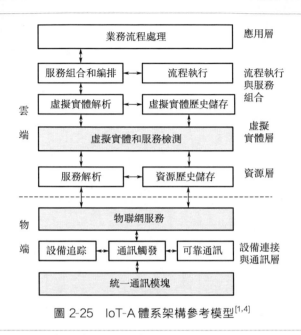

圖 2-25　IoT-A 體系架構參考模型[1,4]

2.2.2.4　體系結構參考模型比較分析

　　上述物聯網軟體體系結構參考模型多採用面向服務的架構（Service-oriented
Architecture，SOA）。SOA 是一種松耦合的軟體組件技術，它將應用程式的不
同功能模塊化，並透過標準化的介面和調用方式聯繫起來，實現快速可重用的系
統開發和部署[2]。SOA 可提高物聯網架構的擴展性，提升應用開發效率，充分
整合和複用資訊資源，這為建構服務驅動的物聯網系統提供了很好的指導。然
而，不同參考模型的設計原則不同，所包含的物理實體的服務特性和提供者不
同，因此具有不同的結構屬性。為此，有必要對上述軟體體系結構參考模型進行
比較，如表 2-2 所示。

表 2-2　不同物聯網軟體體系結構參考模型的比較[1]

物聯網系統的基礎軟體構件類型	面向服務的物聯網軟體體系參考模型	設計原則		結構屬性			
		物理實體服務的特性	物理實體服務提供者	合作工作模式	服務發現方式	服務組合方式	應用需求描述方式
分布式對象	Physicalnet	(1)(4)	節點 & 網關	物-物	集中式	靜態	編程抽象
	3CoFramework	(1)(2)(6)	節點 & 網關	雲-物	分布式	動態	業務流抽象
	3Tiers	(1)(3)(5)(6)	節點 & 網關	雲-物	分布式	動態	—

續表

物聯網系統的基礎軟體構件類型	面向服務的物聯網軟體體系結構參考模型	設計原則		結構屬性			
		物理實體服務的特性	物理實體服務提供者	合作工作模式	服務發現方式	服務組合方式	應用需求描述方式
智慧體	CSO	(1)(3)	網關	物-物	分布式	靜態	業務流抽象
	Smart Products	(1)(3)	節點	物-物	分布式	靜態	業務流抽象
	PMDA	(1)(2)(3)(6)	網關	雲-物	分布式	動態	業務流抽象
SOAP 風格的 Web 服務	SenseWeb	(1)(2)	節點 & 網關	物-物	分布式	靜態	編程抽象
	SWE/SSW	(1)(2)	節點 & 網關	物-物	分布式	靜態	業務流抽象
	DPWS	(1)(2)(4)	節點	物-物	分布式	靜態	業務流抽象
	SOCRADES	(1)(2)(4)(6)	節點	雲-物	分布式	動態	業務流抽象
REST 風格的 Web 服務	Physical Mashups	(1)(2)(6)	網關	雲-物	集中式	動態	編程抽象
	M2M	(1)(2)	節點	物-物	分布式	靜態	—
	SENSEI	(1)(2)(3)(5)	網關	物-物	分布式	動態	編程抽象
	IoT-A	(1)(2)(3)(5)	網關	物-物	分布式	動態	業務流抽象

註：物理實體服務的特性：(1) 異構性；(2) 大規模性；(3) 與物理世界的交互性；(4) 資源受限性；(5) 動態性；(6) 不完整性。

2.3 物聯網技術與標準體系

目前主流的物聯網分層體系架構（如 USN、IoT-A 等），均包含感知層、網路層、應用層三個層次。感知層負責資訊感測與指令執行，涉及感測、識別、資訊獲取與處理、控制與執行等技術領域；網路層包含感測網、接入網、傳輸網等核心組件，涉及組網、通訊、傳輸、交換等技術領域；應用層負責大量資訊的高效處理和業務的智慧生成與提供，涉及大數據、雲計算、人機交互、業務動態重構等技術領域。除了與層次對應的關鍵技術領域，物聯網還包含標識、安全、網管等共性技術，以及嵌入式系統、電源與儲能、新材料等支撐技術。

概括來說，物聯網涉及感知、識別、控制、網路通訊、微電子、電腦、大數據、雲計算、嵌入式系統、微機電等諸多關鍵技術。為了系統分析物聯網技術體系，可以將物聯網技術體系劃分為感知與識別關鍵技術、網路通訊關鍵技術、業務與應用關鍵技術、共性技術和支撐技術五大類[2]，具體如圖 2-26 所示。

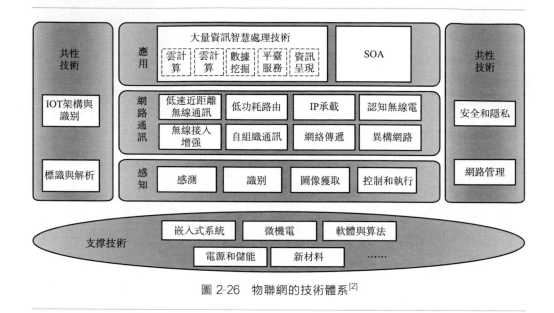

圖 2-26　物聯網的技術體系[2]

2.3.1　物聯網技術體系

2.3.1.1　感知與識別關鍵技術

感知和識別技術是物聯網感知物理世界獲取資訊、實現物體控制的首要環節。感知技術實現對物體與環境資訊的採集、壓縮與預處理[39]，從而將物理世界中的物理量、化學量、生物量轉化成可供處理的數位訊號。識別技術實現對物聯網中物體標識和位置資訊的獲取，以實現對目標對象的精準聯繫與定位。

感知技術的關鍵是感測器設計。除了傳統的聲、光、電、溫度、濕度、壓力等簡單功能的感測器，具有資訊處理能力的智慧感測器（Intelligent Sensor）正快速發展並廣泛應用於物聯網中。智慧感測器帶有微處理器，具有採集、處理、交換資訊的能力，是感測技術與微處理器相結合的產物。智慧感測器能將檢測到的各種物理量儲存起來，並按照指令處理這些數據，從而創造出新數據。智慧感測器之間能進行資訊交流，並能自我決定應該傳送的數據，捨棄異常數據，完成分析和統計計算等。與一般感測器相比，智慧感測器具有以下三個優點：

① 透過軟體技術實現高精度、低成本的資訊採集；

② 具有一定的編程自動化能力；

③ 功能多樣。

作為一種特殊的智慧感測器，微機電系統（Microelectro Mechanical Systems，MEMS）感測器具備體積小、重量輕、低功耗、高精度、設計製造靈活、集成度高、能夠批量生產等優勢，這些技術特點與感測器微型化、批量生產化、集成化、智慧化創新發展方向高度契合，因此 MEMS 感測器已經成為物聯網時代技術產業變革的重要驅動力之一[40]。MEMS 技術涉及微電子、材料學、力學、化學、機械學等諸多領域學科，是人類科技發展過程中的一次重大的跨領域技術融合創新，它因汽車工業和消費電子而崛起，目前正加速向工業電子、醫療電子等新興領域滲透。

2.3.1.2　網路通訊關鍵技術

短距離無線通訊技術，通常是指通訊收發雙方透過無線電波傳輸資訊且傳輸距離限制在較短範圍（幾十公尺）以內的通訊技術。物聯網常用的短距離通訊技術有 Bluetooth（藍牙）、ZigBee、WiFi、Mesh、Z-wave、LiFi、NFC、UWB、華為 Hilink 等十多種。目前我們所看到的短距離無線通訊技術都有其立足的特點，或基於傳輸速度、距離、耗電量的特殊要求；或著眼於功能的擴充性；或符合某些單一應用的特別要求；或建立競爭技術的差異化等，但是沒有一種技術可以完美到足以滿足所有的需求[41]。

物聯網中的網路節點（尤其是感測網節點）本身資源有限，因此迫切需要低功耗路由技術。然而，傳統的面向網路的路由算法並未考慮節點的資源受限問題，算法結構複雜，功耗較高，因此，低功耗路由技術成為近年來物聯網領域的研究熱點之一。物聯網路由協議的設計需要綜合考慮節能、可擴展性、傳輸延遲、容錯性、安全性、精確度和服務品質等因素。目前可行的物聯網路由算法主要包括以下四種機制：泛洪機制、集群機制、地理資訊機制、基於服務品質機制[42]。

無線自組織通訊技術是物聯網機器類業務的內在要求。傳統的無線蜂窩通訊網路，需要固定的網路架構和系統設備的支援來進行數據的轉發和使用者服務控制。而無線自組織網路不需要固定設備支援，各節點即使用者終端自行組網，通訊時由其他使用者節點進行數據的轉發，採用動態路由和行動性管理技術實現物-物資訊交互。這種網路形式突破了傳統無線蜂窩網路的地理局限性，能夠更加快速、便捷、高效地部署。但無線自組織網路也存在網路頻寬受限、對實時性業務支援較差、安全性不高的弊端。

IP 承載與網路傳輸技術是實現物聯網大量數據高效傳輸、匯聚、儲存、處理的必然選擇。IP 承載網由 IP 主幹網路、城域網與網路數據中心（Internet Data Center，IDC）等構成，其中城域網及 IDC 網路除流量轉發外，主要承擔使用者、應用及網路資源的聚合角色，通常屬於區域性網路，需要 IP 主幹網路作

為連接紐帶。IP 承載網具備低成本、擴展性好、承載業務靈活、傳輸高可靠性和安全性高等特點。物聯網的發展，加速了 IP 承載技術與雲計算技術的融合，促使 IP 網路的功能從傳送資訊為主向傳送、計算、儲存等多領域拓展，催生了「雲網合作」時代，形成了「XaaS（一切皆服務）」的態勢[43]。這一態勢又對 IP 承載與傳輸技術提出了新的挑戰，如更靈活的擴展性、更強的業務適配能力、更大的承載能力、高效的流量控制機制等。

異構網路融合接入技術是物聯網面向異構終端、異構網路提供多樣化服務的關鍵技術。物聯網要求其無線網路能夠兼容功能各異的使用者設備，因此如何使不同類型的無線網路和系統良好高效地共存、協調甚至是融合在一起，為不同使用者提供最優的通訊業務體驗，是通訊業界和學術界廣泛關註的一個重要課題[44]。異構網路融合是指透過一定的技術與設備達到不同類型網路的互訪，透過資源共享達到節省成本、提高資源使用效率、優化服務品質的目的。無線網路的融合包括很多方面，比如業務、系統和覆蓋範圍的融合等。網路融合的關鍵技術可以分成兩種類型：協議轉換互連模型和服務融合互連模型[45]。基於 IP 的核心網路能更大程度地利用網路的異構性，利用新的異構無線網路的融合結構，解決使用者無縫行動的問題[46]，已經成為物聯網的發展趨勢。

2.3.1.3　業務與應用關鍵技術

物聯網有別於網路，網路的主要目的是建構一個全球性的資訊通訊網路，而物聯網則側重資訊服務，即利用網路、無線通訊網路等進行業務資訊的傳送，是自動控制、遙控遙測及資訊應用技術的綜合展現。當物聯網概念與近距離通訊技術、採集技術與通訊網路、使用者終端設備結合後，其價值才得到展現[47]。

物聯網的應用無處不在，廣泛分布於日常生活、公共事業、行業企業中。目前比較典型的應用包括智慧家居、遠程自動抄表、數位城市系統、智慧交通系統、智慧製造執行系統、產品品質監管系統等。物聯網應用的分類標準也多種多樣，如圖 2-27 所示[48]。

基於網路技術的不同，可以把物聯網業務分為四類：身份相關業務、資訊匯聚型業務、合作感知類業務和泛在服務[49]。**身份相關業務**，主要是利用 RFID、二維碼等身份標誌提供的各類服務，如智慧交通中的車輛定位等。**資訊匯聚型業務**，主要由物聯網終端採集、處理資訊，經通訊網路上報數據，由物聯網平臺處理，提交具體的應用和服務，實現遠程終端的自動控制，如智慧家居、智慧電網等。**合作感知類業務**，主要是指透過物聯網終端之間、物聯網終端和人之間進行通訊，達到終端之間合作處理的目的。**泛在服務**，以無所不在、無所不包、無所不能為基本特徵，以實現在任何時間、任何地點、任何人、任何物都能順暢通訊為目標，是物聯網服務的極致，即實現人類所想所需[49]。

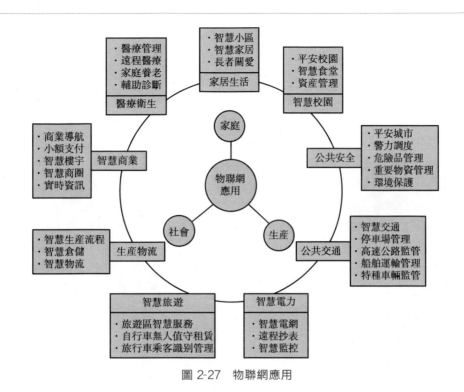

圖 2-27　物聯網應用

　　基於物聯網業務對傳輸速率需求分類，物聯網業務可分為高速率、中速率及低速率業務，具體業務分類如表 2-3 所示[48]。可以看到，目前占物聯網市場 60％以上的是頻寬低於 200Kbps 的低速率、低功耗、廣域的應用（LPWA 類業務），這類業務要求物聯網具備支援大量連接數、低終端成本、低終端功耗和超強覆蓋能力等。但現有的無線接入技術均存在一定弊端，難以直接應用於物聯網中。為此，一種新型蜂窩接入技術——窄帶物聯網（NB-IoT 技術）正在積極研究發明與推進中，以期實現高效、低功耗廣域覆蓋與傳輸。

表 2-3　基於速率的物聯網業務分類

業務分類	速率要求	業務占比	應用場景	網路接入技術要求	可採用技術
高速率	＞10Mbps	10％	監控攝影、數位醫療、車載導航和遊戲娛樂等對實時性要求高的業務	低時延、高速率	3G、4G、5G 等
中速率	＜1Mbps	30％	POS、智慧家居、儲物櫃等高頻使用但對實時性要求較低的場景	時延 100ms 級	2G、GPRS/CDMA

續表

業務分類	速率要求	業務占比	應用場景	網路接入技術要求	可採用技術
低速率	<200 Kbps	60%	感測器、計量表、智慧停車、物流運輸、智慧建築等使用頻率低但總數可觀的應用場景	深度覆蓋、超低成本、超低功耗、大量連接、時延不明（秒級）	NB-IoT LoRa Sigfox

　　從物聯網業務類型可以看出，除了感測與識別、網路通訊、IP承載與傳輸三項基礎性技術之外，支撐物聯網泛在資訊服務的技術還涉及大量資訊的智慧處理以及感知數據的通用處理技術。其中，對大量資訊的智慧處理，需要綜合運用高性能計算、人工智慧、數據庫和模糊計算等技術；對收集的感知數據進行通用處理，重點涉及數據儲存、並行計算、數據挖掘、平臺服務、資訊呈現等[11]。

　　目前，物聯網服務平臺多採用一種松耦合的軟體組件技術——面向服務的體系架構（SOA）。它將應用程式的不同功能模塊化並透過標準化的介面和調用方式聯繫起來，實現快速可重用的系統開發和部署。SOA可提高物聯網架構的擴展性，提升應用開發效率，充分整合和複用資訊資源。

2.3.1.4　支撐技術

　　物聯網支撐技術包括嵌入式系統、微機電系統（Micro Electro Mechanical Systems，MEMS）、軟體和算法、電源和儲能、新材料技術等。

　　微機電系統可實現對感測器、執行器、處理器、通訊模塊、電源系統等的高度集成，是支撐感測器節點微型化、智慧化的重要技術。

　　嵌入式系統是滿足物聯網對設備功能、可靠性、成本、體積、功耗等的綜合要求，可以按照不同應用定制裁剪的嵌入式電腦技術，是實現物體智慧的重要基礎。

　　軟體和算法是實現物聯網功能、決定物聯網行為的主要技術，重點包括各種物聯網計算系統的感知資訊處理、交互與優化軟體與算法、物聯網計算系統體系結構與軟體平臺研究發明等。

　　電源和儲能是物聯網關鍵支撐技術之一，包括電池技術、能量儲存、能量捕獲、惡劣情況下的發電、能量循環、新能源等技術。

　　新材料技術主要是指應用於感測器的敏感元件實現的技術。感測器敏感材料包括濕敏材料、氣敏材料、熱敏材料、壓敏材料、光敏材料等。新敏感材料的應用，可以使感測器的靈敏度、尺寸、精度、穩定性等特性獲得改善。

2.3.1.5　共性技術

　　物聯網共性技術涉及網路的不同層面，主要包括架構技術、標識和解析、安

全和隱私、網路管理技術等。

　　物聯網架構技術目前處於概念發展階段。物聯網需具有統一的架構、清晰的分層、支援不同系統的互操作性、適應不同類型的物理網路和適應物聯網的業務特性。

　　標識和解析技術是對物理實體、通訊實體和應用實體賦予的或其本身固有的一個或一組屬性，並能實現正確解析的技術。物聯網標識和解析技術涉及不同的標識體系、不同體系的互操作、全球解析或區域解析、標識管理等。

　　安全和隱私技術包括安全體系架構、網路安全技術、「智慧物體」的廣泛部署對社會生活帶來的安全威脅、隱私保護技術、安全管理機制和保證措施等。

　　網路管理技術重點包括管理需求、管理模型、管理功能、管理協議等。為實現對物聯網廣泛部署的「智慧物體」的管理，需要進行網路功能和適用性分析，開發適合的管理協議。

2.3.2　物聯網標準體系

　　物聯網標準是國際物聯網技術競爭的制高點。由於物聯網涉及不同專業技術領域、不同行業應用部門，其標準既要涵蓋面向不同應用的基礎公共技術，也要涵蓋滿足行業特定需求的技術標準；既包括國家標準，也包括行業標準。

2.3.2.1　物聯網標準分類

　　基於物聯網技術體系和某些行業特殊性，可以考慮將物聯網標準分成四類，即物聯網總體性標準、物聯網通用共性技術標準、公共物聯網標準以及電力、交通等行業專屬物聯網標準[50]。物聯網標準框架如圖 2-28 所示。

圖 2-28　物聯網標準框架[50]

（1）物聯網總體性標準

用於規範物聯網的總體性、通用性、指導性、指南性，以及公共物聯網、行

業專屬物聯網之間合作的標準，指導公共物聯網標準、行業專屬物聯網標準的建設，做到分工合作，防止不同物聯網之間標準的重疊與缺失。物聯網總體性標準是公共物聯網、各行業專屬物聯網必須遵循的標準，也是公共物聯網標準、行業專屬物聯網標準可以直接引用的標準。

國際標準化組織 ITU-T、OneM2M 和 ISO/IEC JTC SC6 SGSN 等分別對物聯網的總體標準展開了研究。ITU-T SG13/IoT-GSI/FG M2M 主要對物聯網的需求和架構展開研究，OneM2M 主要專註於物聯網業務能力相關的標準化，ISO/IEC JTC SC6 SGSN 側重感測網方面的研究和標準化。

（2）物聯網通用共性技術標準

用於規範公共物聯網與各行業專屬物聯網應用中共同使用的資訊感知技術、資訊傳輸技術、資訊控制技術及資訊處理技術，這些通用共性技術標準可以被公共物聯網標準、行業專屬物聯網標準直接引用。

國際標準化組織 IEEE、IETF、W3C/OASIS、GS1/EPC Global 等分別對物聯網相關共性技術提出了標準化建議。如 IEEE802.15.X 低速近距離無線通訊技術標準，低功耗 802.11 ah、802.11 P 標準；IETF 6LoWPAN/ROLL/CoRE/XMPP/Lwig，主要對基於 IEEE802.15.4 的 IPv6 低功耗有損網路路由進行研究；W3C/OASIS 等主要涉及網路應用協議；GS1/EPC Global 主要推進 RFID 標識和解析標準。

（3）公共物聯網（M2M 業務）標準

用於規範公共通訊網與公共 M2M 業務平臺上支援行業應用和大眾應用的物聯網標準。

國際標準化組織 3GPP/3GPP2、ETSI M2M、GSMA、OMA 等分別對 M2M 通訊提出了相關標準化建議。3GPP 的 SA1-3、CT、RAN 等工作組主要研究行動通訊網路的優化技術；3GPP2 的 TSG-S 工作組針對 CDMA 網路啟動了相關的需求分析；OMA 在設備管理（DM）工作組下成立了 M2M 相關工作組，對輕量級的 M2M 設備管理協議、M2M 設備分類方法等進行研究和標準化工作；GSMA 則集合全球營運商推進連接生活專案（Connected Living Program，CLP）以提煉對物聯網相關需求。

（4）行業專屬物聯網標準

用於規範行業（電力、交通、環保等）專屬物聯網上支援行業應用的物聯網標準。如智慧電網、智慧醫療、智慧交通、工業控制、家居網路等，都分別有不同的國際標準組織和聯盟推進。

物聯網國際標準化組織及其重點研究的物聯網標準領域如圖 2-29 所示。

```
總體性相關國際標準組織
  ■ ITU-T：SG13, SG16, SG17, IoT-GSI, FG M2M
  ■ OneM2M
  ■ ISO/IEC JTC1：SC31/WG6, WG7, SWG5
```

```
M2M相關國際標準組織              行業專屬物聯網國際標準組織
  ■ 3GPP：SAI, SA2, SA3, CT,        ■ 智慧電網：NIST/SGIP, IEEE,
    RAN                               ETSI/CEN/CENELEC, ITU-T,
  ■ 3GPP2：TSG-S                      ZigBee等
  ■ ETSI M2M                       ■ 智慧交通：ITU-T,ETSI ITS,
  ■ GSMA：CLP                        ISO/TC 22&TC204, IEEE等
  ■ OMA：LightweightM2M,           ■ 智慧醫療：ITU-T, ETSI ITS,
    M2MDevClass                      ISO/TC205, IEEE等
```

```
通用共性相關國際標準組織
  ■ IEEE：802.15.x, 802.11
  ■ IETF：6LoWPAN/ROLL/CoRE/XMPP/L wig
  ■ W3C/OASIS
  ■ GS1/EPC Global
```

圖 2-29　物聯網國際標準化組織及其標準化領域[50]

2.3.2.2　物聯網標準化進程

全球物聯網相關的**標準化組織**眾多，各標準化組織的標準化側重點雖不同，但有一些共同關註的領域，如業務需求、網路需求、網路架構、業務平臺、標識與尋址、安全、終端管理等。總體來看，物聯網總體性標準近年來一直是中國中國中國及國外通訊領域的研究焦點，其中物聯網網路架構尤其是關註的重點。

國際方面，歐盟在 FP7 中設立了兩個關於物聯網體系架構的專案，其中 SENSEI 專案目標是透過網路將分布在全球的感測器與執行器網路連接起來，IoT-A 專案致力於建立物聯網體系結構參考模型。韓國電子與通訊技術研究所（ETRI）提出了 USN 體系架構並已形成 ITU-T 標準，目前正在進一步推動基於 Web 物聯網架構的國際標準化工作。國際標準化組織 ITU-T 於 2011 年成立物聯網全球標準化舉措（IoT-GSI）工作組，透過協調 ITU-T 內部各研究組（SG）的工作，完成了 Y 2060《物聯網概述》、Y 2061《NGN 環境下面向機器通訊的需求》、Y 2069《物聯網術語和定義》三個標準，正在推進 Y. IoT-common-reqts（物聯網通用需求）、Y. IoT-fund-framework（物聯網功能框架和能力）、Y. IoT-app-models（物聯網應用支撐模型）、YDM-IoT-reqts（物聯網設備管理通用需求和能力）、Y. gw-IoT-reqts（物聯網網關通用需求和能力）、Y. gw-IoT-arch（物聯網應用網關功能架構）、Y. IoT-PnP-Reqts（物聯網即插即用能力需求）等標準的制定[50]。

為了促進 M2M 設備在全球範圍內的互聯互通，推動國際物聯網產業持續健

康發展，2012 年 7 月，由中國通訊標準化協會（CCSA）、日本無線工業及商貿聯合會（ARIB）和電信技術委員會（TTC）、美國電信工業解決方案聯盟（TIS）和通訊工業協會（TIA）、歐洲電信標準化協會（ETSI）以及韓國電信技術協會（TTA）7 家標準組織推進成立了 OneM2M。自成立以來，OneM2M 專註於業務層標準的制定，在需求、架構、語義等方面開展積極研究，以建構基於表徵狀態轉移風格（RESTfuI）的物聯網體系。目前，已經針對 M2M 應用場景、M2M 需求、M2M 技術收益、M2M 架構、定義和縮略語、OneM2M 管理能力支撐技術研究、OneM2M 抽象語義能力、OneM2M 設備/網關分類、OneM2M 系統的安全解決方案分析、OneM2M 安全解決方案、OneM2M 協議分析、OneM2M 協議規範等方面開展了標準制定工作。

　　另一個國際標準化組織 3GPP，主要帶頭推進面向物聯網的行動通訊網路增強和優化技術的標準化工作。3GPP 對 M2M 的研究從 R8 階段開始，研究在 GSM 網路和 UMTS 網路中提供 M2M 業務的可行性，其研究結果寫入了 3GPP 發布的研究報告為 TR22.868。3GPP R9 階段啓動了遠程提供以及修改 M2M 終端上的 USIM 卡安全的研究，提出了基於現有行動網路及其安全架構的 M2M 解決方案，形成了研究報告 TR33.812。3GPP R10 階段正式將 M2M 更名為機器類型通訊（Machine Type Communication，MTC），並啓動了針對網路增強的研究和標準化工作，完成了支援機器類型的通訊對通訊網路改進（NIMTC）的業務需求規範 TS22.368，以及 MTC 引起的網路擁塞和過載控制的解決方案規範 TS23.401 和實現方法規範 TS23.060。3GPP R11 階段研究了 MTC 特性相關的解決方案，完成了行動網路支援 MTC 的網路架構、MTC 的網路內部標識、尋址、基於 T4 介面的 MTC 終端設備觸發解決方案、無線網路的擁塞控制機制的標準化工作。3GPP R12 階段繼續系統增強的研究工作，完成了小數據優化和設備觸發解決方案、UE 低功耗優化解決方案等，研究結果形成了報告 TR22.988、TR22.888、TR43.868、TR36.888。目前，3GPP 已經演進到 R15 階段，該階段主要著眼於 NB-IoT 和 eMTC 的標準化研究。

　　中國方面，近年來多個研究機構和單位致力於物聯網網路架構的標準化研究，為物聯網在中國不同領域的應用設計提供了參考依據。中國資訊通訊研究院牽頭的國際標準 ITU-T Y.2068《物聯網功能框架與能力》已於 2015 年 3 月正式發布，該標準主要明確了物聯網功能架構和聯網能力等內容。中國資訊通訊研究院與歐盟共同發布了《中歐物聯網架構比較研究報告》和《中歐物聯網標識白皮書》，正在推進《中歐物聯網語義白皮書》的合作編制和物聯網架構新趨勢的合作研究。無錫物聯網產業研究院和工信部電子工業標準化研究院等聯合推進完成 ISO/IEC 30141 立項，即物聯網「六域」模型。該模型從業務功能的角度對物聯網系統進行分解，提出了一致性的系統分解模式和開放性的標準設計框架。

中國電子科技集團公司積極把握網路架構新的發展趨勢，已形成基於 Web 的物聯網開放體系架構，該方案致力於為物聯網應用系統提供共性技術支撐，實現對物體統一描述與接入、統一標識與尋址、統一服務封裝與調用等功能。

M2M 統一平臺和 M2M 無線連接技術成為標準化重點。M2M 統一平臺已成為營運商、網路企業等布局物聯網業務的著重點，中國三大電信營運商均大力推進 M2M 平臺建設，在交通、醫療等垂直領域推出了一系列物聯網產品。OneM2M 國際組織正積極推進 M2M 平臺的標準化工作，目前已完成第一階段標準，正在開展平臺、終端、業務間的互操作測試，並在 2016 年上半年發布了 R2 標準。中國企業加強 M2M 無線連接技術的研究，在 LTE 網路優化方面，3GPP R13 版本側重低成本、低功耗和增強覆蓋的研究。在專有技術方面，中國華為公司積極推動窄帶物聯網 NB-IoT 在 3GPP 的標準化研製工作。2015 年 7 月，華為和中國聯通合作開展了全球首個 LTE-M 蜂窩物聯網 CIoT（Cellular Internet of Things）的技術演示。

2.4 物聯網資源與標識體系

2.4.1 物聯網資源體系

物聯網包含終端、網路、頻譜、數據、平臺等各種資源，其中終端、網路、平臺屬於實體資源，可以透過增加或減少硬體設施進行資源量的縮放；而頻譜、和數據屬於抽象資源，其中頻譜是不可再生的資源，數據則是由所有其他資源衍生出的二級資源。鑒於網路和平臺資源後面有專門的章節進行介紹，而數據資源來源廣泛，結構多元，尚無適用的體系進行分析，下面重點介紹終端資源和頻譜資源。

（1）終端資源

物聯網時代，除了傳統的手機、Pad 等智慧終端設備，各類感測器、具有無線通訊能力的機器設備、家用電器、智慧汽車、水表、井蓋、可穿戴裝置等都成為了網路終端。終端資源的種類和數量既發生了量變，也發生了質變。

物聯網終端是連接感測網路層和傳輸網路層，實現採集數據及向網路層發送數據的設備，具有數據採集、初步處理、加密、傳輸等多種功能[51]。物聯網終端通常由外圍感知（感測）介面、中央處理模塊和外部通訊介面三部分組成，透過外圍感知介面與感測設備連接，如 RFID 讀卡器、紅外感應器、環境感測器等，將這些感測設備的數據進行讀取，並透過中央處理模塊處理後，按照網路協

議，透過外部通訊介面，如 GPRS 模塊、乙太網介面、WiFi 等方式，發送到乙太網的指定中心處理平臺。

物聯網各類終端設備總體上可以分為情景感知層、網路接入層、網路控制層以及應用/業務層，每一層都與網路側的控制設備有著對應關係。物聯網終端常常處於各種異構網路環境中，為了向使用者提供最佳的使用體驗，終端應當具有感知場景變化的能力，並以此為基礎，透過優化判決，為使用者選擇最佳的服務通道。終端設備透過前端的射頻模塊或感測器模塊等感知環境的變化，經過計算，決策需要採取的應對措施[51]。

從應用擴展性看，物聯網終端可以分為單一功能終端和通用智慧終端[52]。

① 單一功能終端　通常滿足單一應用或單一應用的部分擴展，不能隨應用變化進行功能改造和擴充，一般外部介面較少，設計簡單，成本較低，易於標準化，如汽車監控用的圖像傳輸服務終端、電力監測用的終端、RFID 終端等，目前應用比較廣泛。

② 通用智慧終端　能夠滿足兩種或更多場合的應用，透過修改內部軟體設置、應用參數或透過硬體模塊的拆卸來滿足不同的應用需求。通常外部介面較多，具有有線、無線多種網路介面方式，甚至預留一定的輸出介面用於物聯網應用中對「物」的控制。該類終端設計複雜，開發難度大，成本高，未標準化，應用很少。

從傳輸通路看，物聯網終端可以分為數據透傳終端和非數據透傳終端[52]。

① 數據透傳終端　是一種能夠將輸入數據原封不動輸出的設備，它在輸入口與應用軟體之間建立起數據傳輸通路，使數據可以透過模塊的輸入口輸入，透過軟體原封不動地輸出。該類終端在物聯網集成專案中得到大量採用，其優點是很容易建構出符合應用的物聯網系統，缺點是功能單一。在面臨多路數據或多類型數據傳輸時，需要使用多個採集模塊進行數據的合併處理後，才可透過該終端傳輸；否則，每一路數據都需要一個數據透傳終端，從而加大了使用成本和系統的複雜程度。目前大部分通用終端都是數據透傳終端。

② 非數據透傳終端　是一種能夠將外部多介面的採集數據透過內置處理器合併後傳輸的設備，具有多路同時傳輸的優點。缺點是只能根據終端的外圍介面選擇應用，如果要滿足所有應用，該終端的外圍介面種類就需要很多，在不太複雜的應用中會造成很多介面資源的浪費，因此介面的可插拔設計是此類終端的共同特點，前面提到的通用智慧終端就屬於此類終端。數據傳輸應用協議在終端內已集成，作為多功能應用，通常需要提供二次開發介面。目前該類終端較少。

目前，對物聯網終端設備的資源描述可以分為以下幾個方面[53]。

① 設備自身攜帶的資訊　主要包含設備的類別資訊、設備參數屬性、設備提供的控制訪問介面等。這類資訊可以歸為屬性類和控制類資訊。

② 設備生產及反饋的資訊　主要包含設備自身的狀態資訊、設備的控制反

饋資訊和儲存的歷史資訊等。這類資訊可以歸為狀態類和歷史資訊類。

③ 設備的使用者權限資訊　每個設備針對不同的使用者具備不同的訪問和控制權限，此類資訊可以歸為隱私類。

其中，歷史資訊主要針對設備的狀態變化和控制操作進行記錄，隱私資訊則分別針對設備的狀態查看、控制操作和歷史資訊查看進行使用者權限控制。

物聯網的發展觸發了機器通訊（M2M）類應用的快速成長。當前，制約物聯網技術大規模推廣的主要原因之一是終端的不兼容問題，缺少統一的設備生產標準，不同廠商的設備和軟體無法在同一個平臺上使用。因此，在物聯網的普及和終端的大規模推廣前必須解決標準化問題，包括：①硬體介面標準化，即制定標準的物聯網感測器與終端間的介面規範和通訊規範，以滿足不同廠商設備間的硬體互通、互連需求；②數據協議標準化，即制定通用的終端與平臺數據流（包括業務數據流和管理數據流）交互協議，以滿足各種應用和不同廠家終端的互聯問題，擴大未來物聯網的推廣。

（2）頻譜資源

物聯網的巨大規模以及資訊交互與傳輸以無線為主的特點，註定使物聯網成為頻譜資源需求的大戶[54]。因此，在物聯網存在與發展的諸多資源要素中，無線電頻譜是當之無愧的基礎性支撐資源。

從分層體系架構來看，物聯網有頻譜需求的部分主要是感知延伸層和網路層[55]。感知延伸層主要涉及無線感測網的頻譜配置，而網路層主要涉及無線接入網的頻譜配置。目前，感知延伸層的相關技術所使用的無線頻段主要為公共的 ISM（Industrial Scientific Medical）頻段，設備基於非授權的方式接入；而網路層相關技術所使用的無線頻段主要為固定分配給 2G/3G/4G 等蜂窩網路的頻段，設備基於授權的方式進行接入。中國中國中國及國外物聯網頻段規劃情況如表 2-4 所示。

表 2-4　中國中國中國及國外物聯網頻段規劃

物聯網技術	對應功能層	國外頻段規劃	中國頻段規劃
RFID	感知層	美國：902～928MHz 歐洲：865～868MHz	840～845MHz、 920～925MHz
ZigBee		美國：902～928MHz 歐洲：868～868.6MHz 2.4GHz ISM 頻段	868～868.6MHz、 2.4GHz ISM 頻段
Bluetooth		2.4G、5.8G ISM 頻段	2.4G、5.8G ISM 頻段
WiFi		美國：0.902～0.928MHz(802.11ah) 歐洲：0.863～0.8686MHz； 2.4GHz、5GHz、57～66GHz	2.4～2.4835GHz、5GHz 等
UWB		美國：3.1～10.6GHz 歐洲：3.1～4.8GHz、6～9GHz	4.2～4.8GHz、6～9GHz 等

物聯網技術	對應功能層	國外頻段規劃	中國頻段規劃
2G		美國:824～849MHz/869～894MHz、1850～1910MHz/1930～1995MHz 歐洲:	890～954MHz、1710～1820MHz
3G	網路層	美國:815～849MHz/860～894MHz、1850～1915MHz/1930～1995MHz 歐洲:1900～1920MHz、2570～2620MHz(TDD)等	1880～1900MHz、1940～1955MHz、2130～2145MHz 等
4G		1920～1980MHz/2110～2170MHz、2550～2570/2620～2690MHz 等	1880～1920MHz、2010～2025MHz、2570～2620MHz、2300～2400 等
蜂窩物聯網（如 NB-IoT、eMTC）		IMT 規劃頻段:450～470MHz、698～960MHz、1710～2200MHz、2300～2400MHz/2500～2690MHz、3300～3400MHz、3400～3800MHz、4800～4990MHz	825～835MHz/870～880MHz、905～915MHz/954～960MHz、1735～1780MHz/1830～1875MHz、1885～1915MHz、1920～1965MHz/2110～2155MHz、2300～2370MHz、2555～2655MHz

　　相比傳統的無線通訊網路，物聯網對頻譜的需求和規劃方式具有自身的特點。

　　① 未來數以百億計的物聯網終端透過無線的方式互聯並接入網路，物聯網業務規模相比傳統通訊業務規模將增加若干個數量級，因此物聯網對頻譜的需求會成級數增加[55]。

　　② 物聯網業務呈現多樣化特性，既有小流量的數據採集業務，也包含寬頻大容量的多媒體業務（如遠端監控等）；既有週期性業務，亦有突發性業務，因此物聯網要求頻譜資源可以按需配置。

　　③ 物聯網應用行業眾多，不同行業的業務流量有其自身特點，且 M2M 通訊業務與 H-H 業務類型不同，因此很難建構統一的業務流量模型來預測物聯網對頻譜資源的需求。

　　ITU-R M. 2072 報告《世界行動通訊市場預測》的《未來發展提供的應用程式/業務列表》，預測了未來 IMT-2000 和 IMT-Advanced 行動通訊系統承載的 97 項業務，其中 13 項物聯網相關業務如表 2-5 所示。透過對包含物聯網業務在內的 97 項業務進行分析，ITU 預測 2020 年行動通訊的頻譜需求如表 2-6 所示，且物聯網業務的通訊量將占 2020 年總通訊量的 14%[54]。對比表 2-4 和表 2-6[54]可以看出，當前的無線頻段遠不能滿足物聯網對頻譜的需求。而物聯網自身的特點亦表明，當前的頻譜管理策略無法滿足物聯網未來的發展要求。為了適配不同的業務特徵與使用者需求，未來的物聯網頻譜規劃應根據業務特點，靈活使用授權頻段和非授權頻段。例如，當前重點發展的 LPWAN 更適合部署在授權頻段

上，採用固定頻譜分配方式開展服務；而基於感測器的小規模數據採集系統更適合部署在非授權頻段上，採用動態頻譜接入的方式開展服務。

表 2-5　IMT-2000 和 IMT-Advanced 系統承載的物聯網業務

序號	業務名稱	序號	業務名稱
1	ITS(智慧交通系統)	8	遙測
2	定位服務	9	上傳影片數據監視
3	定位服務/定位搜索	10	遠距離醫學
4	慢速三門監視影片/工業控制	11	衛生保健/遠程診斷
5	低速數據處理(例如 RFID)	12	網路攝影機觀測/監視
6	中速數據監視與處理	13	生活/教育/遠程監視/控制
7	機器對機器業務		

表 2-6　2020 年三個營運商 RATG1 和 RATG2 的頻譜需求[56]　　MHz

市場設置	RATG1 頻率需求	RATG2 頻率需求	總頻率需求
先進性市場	960	1020	1980
後進行市場	840	720	1560

註：RATG1 包括 IMT-2000 和 IMT-2000 增強型系統以及其他數位蜂窩行動系統。RATG2 指 IMT-Advanced 系統。

目前，物聯網應用大部分還在發展之中，物聯網業務模型尚未完全確定，因此根據物聯網業務模型和應用需求對頻譜資源需求的分析、對多種無線技術體制「物聯」帶來的干擾問題分析、對頻譜檢測技術的研究、對提高空間頻譜頻率利用率的方法研究、物聯網頻譜資源管理方式等方面，將是物聯網頻譜資源研究的關鍵所在[2]。目前正在考慮 1GHz 以下頻段定為 NB-IoT 規劃專網頻率。由於中國 1GHz 以下低頻各種業務應用非常擁擠，800M/900M 也是 IMT 公網廣域覆蓋的重要頻段，因此在物聯網專網頻率規劃時需要兼顧物聯網與其他業務系統間的干擾協調，規避潛在的干擾風險[57]。

2.4.2　物聯網標識體系

物聯網標識用於在一定範圍內唯一識別物聯網中的物理和邏輯實體、資源、服務，使網路、應用能夠基於標識對目標對象進行控制和管理，以及進行相關資訊的獲取、處理、傳送與交換[58]，最終實現物聯網服務的提供。

基於識別目標、應用場景、技術特點等不同，物聯網標識可以分成對象標識、通訊標識和應用標識三類。一套完整的物聯網應用流程需由這三類標識共同

配合完成[58]。基於物聯網分層體系架構，同時結合標識分類、標識形態和分配
管理要求，建構如圖 2-30 所示的物聯網標識體系。

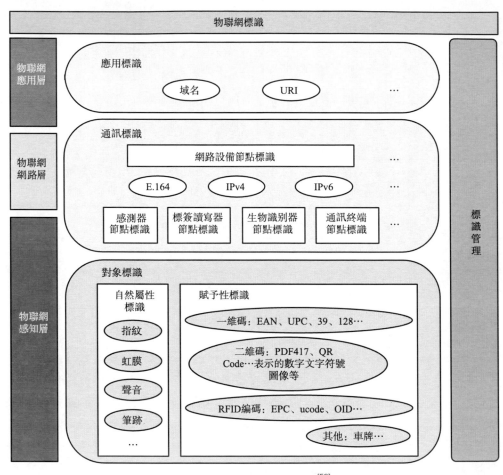

圖 2-30　物聯網標識體系[58]

（1）對象標識

對象標識主要用於識別物聯網中被感知的物理或邏輯對象，例如人、動物、
茶杯、文章等。該類標識的應用場景通常為基於其進行相關對象資訊的獲取，或
者對標識對象進行控制與管理，而不直接用於網路層通訊或尋址。根據標識形式
的不同，對象標識可進一步分為自然屬性標識和賦予性標識兩類。

① 自然屬性標識　自然屬性標識是指利用對象本身所具有的自然屬性作為
識別標識，包括生理特徵（如指紋、虹膜等）和行為特徵（如聲音、筆跡等）。
該類標識需利用生物識別技術，透過相應的識別設備對其進行讀取。

② 賦予性標識　賦予性標識是指為了識別方便而人為分配的標識，通常由一系列數位、字符、符號或任何其他形式的數據按照一定編碼規則組成，如一維條碼、二維碼、以 RFID 標籤作為載體的 EPC 等。

網路可透過多種方式獲取賦予性標識，如透過標籤閱讀器讀取儲存於標籤中的物體標識，透過攝影機捕獲車牌等標識資訊。

（2）通訊標識

通訊標識主要用於識別物聯網中具備通訊能力的網路節點，例如手機、讀寫器、感測器等物聯網終端節點以及業務平臺、數據庫等網路設備節點。這類標識的形式可以為 E.164 號碼、IP 地址等。通訊標識可以作為相對或絕對地址用於通訊或尋址，用於建立到通訊節點的連接。

對於具備通訊能力的對象，例如物聯網終端，既可具有對象標識，也具有通訊標識，但兩者的應用場景和目的不同。

（3）應用標識

應用標識主要用於對物聯網中的業務應用進行識別，例如醫療服務、金融服務、農業應用等。在標識形式上可以為域名、URI 等。

在物聯網中，不僅需要利用標識來對人和物等對象、終端和設備等網路節點以及各類業務應用進行識別，更需要透過標識解析與尋址等技術進行翻譯、映射和轉換，以獲取相應的地址或關聯資訊，最終實現人與物、物與物的通訊以及各類應用。物聯網標識解析是指將物聯網標識對象映射至通訊標識、應用標識的過程。例如，透過對某物品的標識進行解析，可獲得儲存其關聯資訊的伺服器地址。標識解析是在複雜物聯網環境中準確而高效地獲取對象資訊的重要支撐系統。

目前，物聯網中物體標識（即對象標識）標準眾多，很不統一。條碼標識方面，約占全球總使用量三分之一的一維條碼標準由 GS1（國際物品編碼協會）提出，而主流的 PDF417（Portable Data File 417）碼、QR（Quick Response）碼、DM（Data Matrix）碼等二維碼都是 AIM（自動識別和行動技術協會）標準。一維碼和二維碼的相關標準已經比較成熟。智慧物體標識方面，智慧感測器標識標準包括 IEEE 1451.2 以及 1451.4。手機標識包括 GSM 和 WCDMA 手機的 IMEI（國際行動設備標識）、CDMA 手機的 ESN（電子序列編碼）和 MEID（國際行動設備識別碼）。其他智慧物體標識，還包括 M2M 設備標識、筆記型電腦序列號等。RFID 標籤標識方面，影響力最大的是 ISO/IEC 和 EPCglobal，包括 UII（Unique Item Identifier）、TID（Tag ID）、OID（Object ID）、tag OID 以及 UID（Ubiquitous ID）。此外，還存在大量的應用範圍相對較小的地區和行業標準以及企業閉環應用標準。

通訊標識方面，現階段正在使用的編碼規範，包括 IPv4、IPv6、E.164、IMSI（International Mobile Subscriber Identification Number）、MAC 等，其中 IPv4、IPv6 主要是面向基於 IP 數據通道進行通訊的終端標識，E.164 主要是面向基於簡訊或者話音通道與網路進行交互的終端編碼，IMSI 主要是針對物聯網行動終端的編碼，MAC 則是主要針對網路站點的標識碼（即適配器地址或者適配器標識符）。隨著物聯網終端設備的大規模增加，對 IP 地址等標識資源的需求也急劇增加，IPv4 地址嚴重不足，美國等一些發達國家已經開始在物聯網中採用 IPv6。而隨著全球 M2M 業務發展迅猛，近年來 E.164 號碼亦出現緊張，各國紛紛加強對號碼的規劃和管理。中國已經規劃了 10 億個專用號碼資源用作 M2M，基本滿足未來 5 年的物聯網發展需求[38]。中國的 IMSI 由 460＋2 位行動網路識別碼＋10 位使用者識別碼組成，共計有 1 萬億 IMSI 資源，可滿足 300 億～400 億終端的需求，足以支撐物聯網相當長一段時間的發展。

總體來看，當前物聯網標識種類繁多，且各國、各行業標準不統一，造成了標識的不兼容甚至衝突，給全球範圍的物聯網資訊共享和開環應用帶來困難，也使標識管理和使用變得複雜。只有建構物聯網統一標識體系，才能滿足大規模物聯網終端通訊的技術需求和不同對象間的通訊、各應用領域的互聯互通等應用需求[59]。因此，實現各種物體標識最大程度的兼容，建立統一的物體標識體系，已經成為必然趨勢，歐美、日、韓等都在展開積極研究。

2.5　物聯網服務與安全體系

2.5.1　物聯網服務體系

物聯網作為網路的延伸，透過將智慧對象整合到數位世界，面向使用者提供個性化和私有化服務[60]。物聯網服務是指在環境感知、資訊處理的基礎上，透過合作異構終端資源、異構網路資源、多元業務資源，為目標使用者提供特定數據、資訊或控制的過程。從基於雲的物聯網系統結構（圖 2-31）來看，物聯網服務可分為雲服務和實體服務兩種類型，其中雲服務是指由雲端資源提供的數據融合、數據分析、數據可視化等各種功能；實體服務是指由實體資源提供的資訊交互、行為控制等實體服務。雲服務是物聯網處理物理資訊的基礎構件，實體服務是物聯網系統提供物理資訊並與物理環境進行交互的基礎構件[61]。

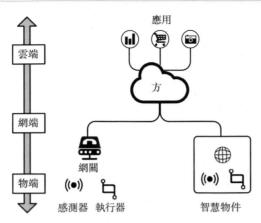

圖 2-31　基於雲的物聯網系統結構[61]

　　物聯網服務平臺描述了物聯網面向使用者的可能性[60]，是解決大規模異構物端設備互聯與服務提供的必選方案。服務平臺處於物聯網系統結構的中間環節，向下接收來自智慧感測器或感測網的數據，向上為物聯網應用開發提供平臺支援，並以可視化方式將服務（數據）呈現給使用者，透過數據操作實現服務的自動控制。物聯網服務平臺是對設備與物體進行管理的核心單元[63]，它能夠整合物聯網設備資源，統一異構設備應用層的應用編程介面（Application Pro-gramming Interface，API）標準，實現設備間服務發現及服務提供等功能。基於平臺的物聯網服務體系架構如圖 2-32 所示，包括服務終端、服務網路、服務平臺以及各種應用。其中，服務平臺允許不同類型的物端接入，並由平臺中的數據庫儲存接入平臺的物體的原始狀態、可調用操作參數等資訊。

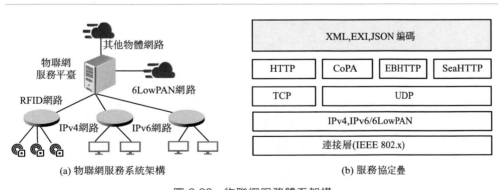

圖 2-32　物聯網服務體系架構

　　目前，基於 SOA 和 Web 服務技術建構物聯網服務平臺是主流技術。SOA

是一種建構軟體系統的方法，將其應用於物聯網系統的設計與實現之中，可以把一個複雜的物聯網系統劃分為多個子系統，並且提供一些松耦合、具有統一數據類型的數據交換介面，以解決物聯網物端設備數據類型不統一的問題。SOA 與Web 服務結合，可以建構標準格式的物聯網數據傳輸通道[64]。一種基於 SOA和 Web 服務的物聯網服務平臺架構如圖 2-33 所示，其中：

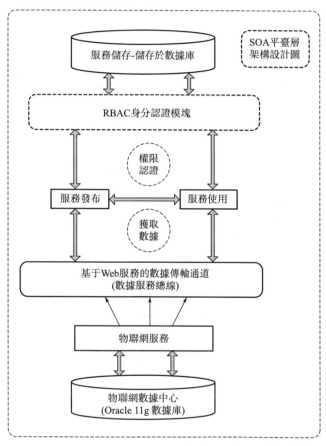

圖 2-33　基於 SOA 和 Web 服務的物聯網服務體系架構[64]

- 物聯網服務來源於網路層物聯網數據中心，透過數據庫操作與處理獲取；
- 服務儲存數據庫儲存服務提供者和服務使用者資訊；
- 物聯網服務透過數據傳輸通道提供給服務提供者和服務使用者；
- 基於 Web 服務傳輸協議在數據傳輸通道傳輸標準格式的服務數據以實現 SOA。

物聯網服務平臺與使用者和設備的介面通常由中間件來承擔。所謂中間件，

是指用於支撐物聯網任務編程、發現滿足任務需求的服務集以及實現各類服務之間互聯與互操作的基礎結構軟體[61]。基於 SOA 的物聯網服務中間件如圖 2-34 所示，包括服務註冊管理、服務發現、服務組合和編程介面 4 個功能模塊，能夠為使用者提供統一的高層服務抽象、服務管理、服務發現、服務組合等功能，以及建構通用的物聯網應用系統編程介面（API）。

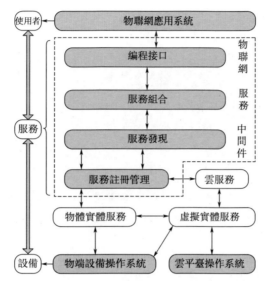

圖 2-34　基於 SOA 的物聯網服務中間件功能模型[61]

建構物聯網服務平臺面臨的難題主要有兩個：①對大量物端設備的快速識別與虛擬映射；②服務數據的高效低時延傳輸。造成第一難題的原因是物聯網中物端設備的異構性與行動性，不同類型的物體具有不同的標識方法和操作屬性，且位置行動使得物體標識和物體地址之間頻繁地進行映射，大大增加了設備接入的認證時間和認證複雜度。造成第二個難題的原因在於網路傳輸資源的接入壁壘，尤其是異構無線網路資源共享困難，按需的網路資源優化調度難以實現，資源利用效率低下且服務傳輸時延高，使用者體驗難以保障。要解決上述難題，一方面需要建構統一的標識體系，另一方面需要進行異構網路多域資源的高效合作。目前這兩方面均為物聯網服務系統的研究重點。此外，能夠提供統一的服務抽象、管理、發現、組合等功能以及 API 的中間件也是當前的研究重點。

2.5.2　物聯網安全體系

與傳統網路不同，物聯網不僅實現人與人的通訊，亦實現人與物、物與物的

通訊，即服務對象由人轉變為包括人在內的所有物品，這決定了物聯網本質上是一個異構多網的融合網路，既包含感測器網路、行動通訊網路等技術與覆蓋異構的無線接入網路，也包含網際網路等有線傳輸網路。因此，物聯網不僅存在與感測器網路、行動通訊網路和網際網路等相似的安全問題，還存在因異構網路融合而產生的特殊安全問題，如隱私保護問題、異構網路的認證與訪問控制問題、大量資訊的儲存與管理等[65]。

從物聯網的資訊處理過程來看，對象資訊需要經過感知、匯聚、傳輸、決策與控制等過程，因此物聯網安全的總體需求就是物理安全、資訊採集安全、資訊傳輸安全和資訊處理安全的綜合[66]。從分層的角度來看，物聯網安全問題可以分為感知層安全、網路層安全、應用層安全三個方面，具體闡述如下。

（1）感知層安全問題

物聯網感知層面臨的威脅包括針對 RFID 的安全威脅、針對無線感測網的安全威脅和針對行動智慧終端的安全威脅[67~69]。其中，針對 RFID 的安全威脅包括物理攻擊、頻道阻塞、偽造攻擊、假冒攻擊、複製攻擊、重放攻擊、資訊篡改等；針對無線感測網的安全威脅包括網管節點捕獲、普通節點捕獲、感測資訊竊聽、拒絕服務（Denial of Service）攻擊、重放攻擊、完整性攻擊、虛假路由資訊、黑洞攻擊（Sinkhole Attack）、女巫攻擊（Sybil Attack）、蟲洞攻擊（Wormhole Attack）、廣播攻擊（Hello Flood）、確認欺騙[65] 等；智慧終端則面臨惡意軟體、殭屍網路、操作系統缺陷和隱私洩露等安全問題。

感知層所受到的攻擊大多與惡意節點、虛假消息有關，因此大量節點的身份管理與認證問題是感知層亟待解決的安全問題。此外，物聯網 M2M 應用（如智慧電網、智慧交通）中的感知資訊包含國家、產業、個人的敏感資訊，因此也需要加強感測網內數據傳輸的安全性和隱私性的保護。

（2）網路層安全問題

主要包括接入網與核心網路的傳輸與資訊安全問題。現有的核心網路具有相對完整的安全措施，但物聯網特有的大量特徵（大量節點、大量數據、密集網路）對網路層的安全提出了更高的要求。當物聯網節點以大量、集群方式存在且同時請求數據傳輸時，核心網路很容易出現擁塞，進而產生拒絕服務攻擊。另一方面，物聯網是一個異構多網的融合網路，網路通訊協議眾多，其傳輸層需要解決不同架構網路的相互連通問題。因此，核心網將面臨跨網身份認證、密鑰協商、數據機密性與完整性保護[70] 等諸多安全問題，以及可能受到的 DoS 攻擊、中間人攻擊、異步攻擊、合謀攻擊等安全威脅。

此外，物聯網主要面向物-物通訊，而現有通訊網路的安全架構都是從人-人通訊的角度設計的，無法保障感知資訊傳輸與應用的安全，因此需要建立適合物

聯網的新型網路安全架構。

（3）應用層安全問題

物聯網應用層主要完成數據的處理和應用，因此應用層安全問題主要包含數據處理安全和數據應用安全兩個層面。目前，基於雲平臺進行大量數據處理和智慧業務提供已經成為趨勢，進行數據統計分析來滿足應用程式使用的同時，需要防範使用者隱私資訊的洩露。

支撐物聯網應用的平臺眾多，包括大數據平臺、分布式系統等，不同平臺需要不同的安全策略；另一方面，物聯網應用行業眾多，不同行業使用者有特定的安全需求。因此，究竟是針對不同的行業應用建立相應的安全策略，還是建立一個相對通用的安全框架，這是物聯網在大規模、多平臺、多業務類型情況下面臨的新的應用層安全挑戰。

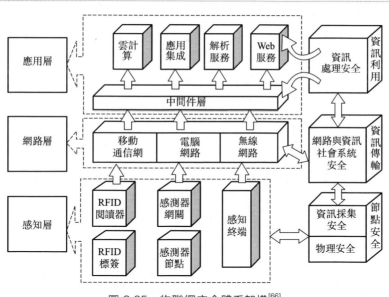

圖 2-35　物聯網安全體系架構[66]

物聯網安全的最終目標是確保資訊的機密性、完整性、真實性和時效性[66]。從資訊處理過程考量，同時結合物聯網分層模型，可以建立一種物聯網分層安全體系架構，如圖 2-35 所示，各層功能闡述如下。

資訊感測安全層：對應於物聯網感知層的安全，主要負責物聯網資訊採集節點（感測節點）與感測網的安全，保證感測節點不被欺騙、控制、破壞，防止採集的資訊被竊聽、篡改、偽造和重放攻擊。

資訊傳輸安全層：對應於物聯網網路層的安全，主要負責接入/傳輸網路和

資訊傳輸的安全，保證資訊傳遞數據的機密性、完整性、真實性和新鮮性。

資訊應用安全層：對應於物聯網應用層的安全，主要負責資訊處理與應用的安全，保證資訊的私密性、儲存安全以及個體隱私保護和中間件安全等。

簡言之，當前物聯網面臨的安全技術挑戰包括[70]：

① 數據共享的隱私保護方法；

② 有限資源下的設備安全保護方法；

③ 更加有效的入侵檢測防禦系統與設備測試方法；

④ 針對自動化操作的訪問控制策略；

⑤ 行動設備的跨域認證方法。

解決上述安全挑戰的措施包括：

① 研究基於隱私保護的數據挖掘與機器學習方法；

② 研究高效的輕量級系統和通訊安全機制；

③ 建構立體式入侵檢測與防禦系統；

④ 設計具有主動防禦能力的訪問控制策略；

⑤ 提出行動設備的跨域認證方法與機制。

2.6 物聯網產業與創新體系

2.6.1 物聯網產業體系

物聯網產業是現代資訊產業發展的重要分支，已經成為當前社會變革的新型推動力。

廣義的物聯網產業是指涉及物聯網資訊採集、傳輸、處理、應用等所有生產製造和服務流通核心環節，以及支持核心環節發展、受核心環節輻射帶動的所有產業的集合。物聯網產業不僅包括物聯網感應芯片及核心器件研究發明與製造、物聯網網路通訊渠道建設營運及設備製造、物聯網應用軟體及系統開發運行、專業物聯網應用服務等核心產業內容，而且包括支持物聯網核心產業發展的微納器件、集成電路、通訊設備、微能源、材料、電腦、軟體等支撐產業，還包括因物聯網的輻射帶動而新增的傳統產業增值部分，包括裝備製造業、現代農業、現代服務業、消費電子、交通運輸及其他受物聯網產業帶動提升的傳統產業新增部分（也稱為物聯網的帶動產業）[71]。

因此，從產業關聯度來看，廣義物聯網產業體系由核心產業、支撐產業和輻射產業三個部分組成，如圖 2-36 所示。

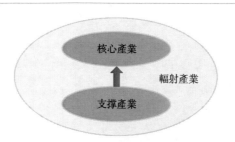

圖 2-36　廣義物聯網產業體系

　　狹義的物聯網產業是指實現物聯網功能所必需的關鍵技術、產品研究發明、生產製造與應用服務等所有相關產業的集合，即廣義物聯網產業中的核心產業和支撐產業。從產業結構上看，狹義物聯網產業體系包括服務業和製造業兩大範疇[2]。其中，物聯網製造業包括物聯網設備與終端製造業、物聯網感知製造產業、物聯網基礎支撐產業三個類別；物聯網服務業包含網路服務業、應用基礎設備服務業、軟體開發與應用集成服務業、應用服務業四個類別。狹義物聯網產業體系的具體內涵如圖 2-37 所示。

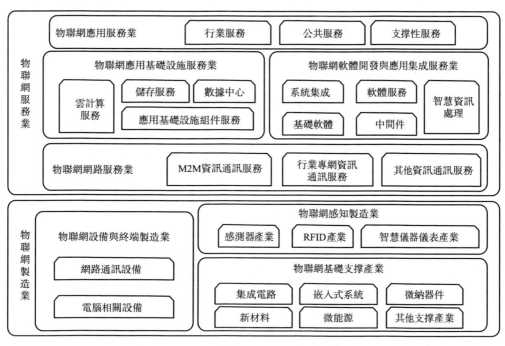

圖 2-37　狹義的物聯網產業體系*

　　物聯網製造業以感知製造產業為主，又可細分為感測器產業、RFID產業以及智慧儀器儀表產業[2]。感知端設備的高智慧化與嵌入式系統息息相關，設備的高精密化離不開集成電路、嵌入式系統、微納器件、新材料、微能源等基礎產業的支持。部分電腦設備、網路通訊設備也是物聯網製造業的組成部分。物聯網服務業則以網路服務業和應用服務業為主，其中網路服務業又可細分為機器對機器通訊服務、行業專網通訊服務以及其他網路通訊服務，而應用服務業又可分為行業服務、公共服務和支撐性服務。由網路服務業和應用服務業衍生出來應用基礎設施服務業和軟體開發與集成服務，其中應用基礎設施服務主要包括雲計算服務、儲存服務等，而軟體開發與集成服務可細分為基礎軟體服務、中間件服務、應用軟體服務、智慧資訊處理服務以及系統集成服務。

　　中國的物聯網產業發展具有政策和資源兩方面優勢。政策方面，目前的政策環境、產業布局為物聯網產業的發展奠定了良好的基礎，國家有關部門相繼從財政、信貸、稅收等方面對物聯網產業進行扶植，促進物聯網產業的規模化[72]。資源方面，中國是世界第二大經濟體，具備雄厚的實力扶持物聯網產業的發展：截至2017年年底，中國網路使用者總數高達7.72億人，網路普及率達55.8%[73]，行動M2M連接數達2.5億個，占全球總連接數的45%，中國巨大的網路市場為物聯網產業化提供了使用者基礎；中國的無線通訊網路已經覆蓋了城鄉，中國無線通訊網路和寬頻覆蓋率高，為物聯網的發展提供了網路基礎；RFID、無線感測網、微型感測器、行動基站等技術取得重大進展，為物聯網的發展奠定了技術基礎。

　　儘管中國的物聯網產業已經初具規模，但仍然存在若干瓶頸問題：

　　① 物聯網標準不統一，物聯網終端模塊互聯互通與跨行業應用受限；

　　② 物聯網技術創新能力不足，核心技術亟待突破，自主知識產權較少；

　　③ 終端標識需求量大，而IP地址資源稀缺，基於網路的大量物質資源標記和尋址能力有待擴展；

　　④ 商業模式創新實現規模化收益需要加強[72]；

　　⑤ 知識產權保護機制需要進一步加強；

　　⑥ 資訊安全形勢嚴峻，亟需建構新型的資訊安全體系。

2.6.2　物聯網創新體系

　　根據經濟學和管理學相關理論，技術創新具有不同的系統層次，在產業是產業創新系統，在區域是區域創新系統，在國家則是國家創新系統。其中，產業創新系統是指與產業相關的知識創新和技術創新的機構和組織構成的網路系統，產

業創新系統是國家創新系統的重要組成部分[74]。產業創新系統包括技術子系統、組織子系統、政策子系統三個部分以及系統環境，其中，技術子系統是核心，組織子系統是主體，政策子系統是保障[75]。

　　由此，可以定義物聯網產業創新系統為：以企業活動為中心，以知識發展為基礎，以市場需求為動力，以政策調控為導向，以良好的中國中國中國及國外環境為保障，以創新性技術供給為核心，以實現物聯網產業創新為目標的網路體系[76]。物聯網產業創新系統主要由產業創新技術子系統、產業創新政策子系統、產業創新環境子系統等組成。從中國物聯網產業發展來看，物聯網的產業創新首先由政府發起，透過制定相關的物聯網政策、法規，整合相關的物聯網企業形成企業群，而後根據市場環境和經濟環境的需求，開展相應的技術、組織、管理、服務等領域的創新，並將創新結果反饋給政府相關部門，調整政策導向，透過閉環的創新循環，實現產業競爭力的提升。物聯網的產業創新流程如圖 2-38 所示。

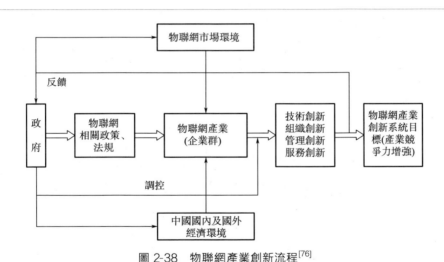

圖 2-38　物聯網產業創新流程[76]

　　物聯網產業創新系統的要素聯動包括兩個層次：一是各子系統內部要素之間發生的「聯繫」與「互動」；二是技術、市場、政策、環境等子系統之間的要素聯動。以中國物聯網產業發展為例，在國家「三網融合」（廣播電視網、電信網與網路）戰略和行動網路發展的推動下，在使用者、市場、制度以及經濟等外部環境的影響下，物聯網技術、產品、服務和管理等多個主體要素透過持續地互動傳遞知識和資金進行產業創新活動。物聯網產業創新系統模型如圖 2-39 所示。

　　物聯網產業技術創新是加速物聯網技術發展與應用、實現物聯網關鍵技術突

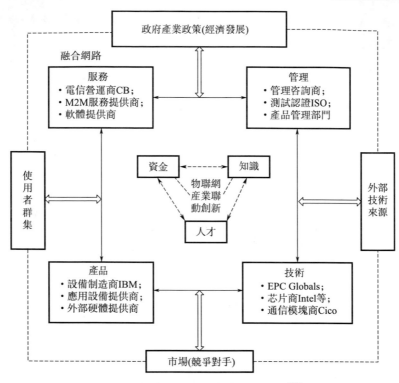

圖 2-39　物聯網產業創新系統模型[56]

破和共性技術開發的重要動力，而提高區域物聯網產業創新能力和實施物聯網發展戰略的基礎，是物聯網產業創新平臺。基於物聯網產業技術創新平臺，能夠從產業層面對物聯網資源進行戰略重組，解決物聯網產業技術發展的瓶頸問題；同時，以技術需求為導向、以物聯網市場為載體，開發核心技術和共性技術，透過政府、企業、研究機構等主體的合作創新與制度設計，實現技術供給和產業需求的高度對接，為技術研究發明和物聯網技術產業化提供強有力的支撐。

物聯網產業技術創新平臺，是實現產業創新資源共享、一體化、網路化的支撐體系，是區域物聯網產業發展的支撐平臺，具有主體多元性、動態開放性、知識與技術溢出性、資源共享性等特性[77]。物聯網產業技術創新平臺的體系架構包括三個層次：公共決策層、支撐平臺層、創新主體層，其中公共決策層是物聯網產業技術創新的基礎層，支撐平臺層是物聯網產業技術研究發明與應用的支援層，創新主體層是物聯網產業技術創新的主體層。各層次透過技術需求挖掘和技術成果擴散，在產業創新過程中產生委託關係，形成相互支撐、相互合作的有機整體。圖 2-40 描繪了物聯網產業技術創新平臺的體系架構。

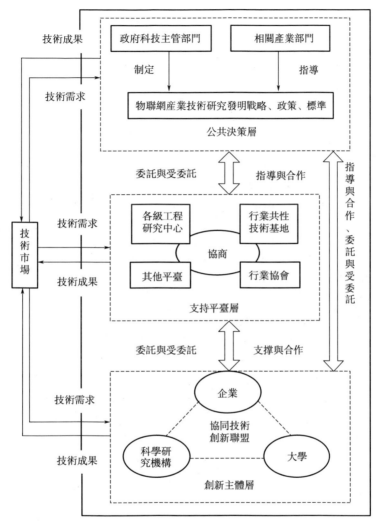

圖 2-40　物聯網產業技術創新平臺體系架構[77]

2.7　工業物聯網體系架構

2.7.1　工業物聯網系統構成

工業物聯網是物聯網面向工業領域的應用，但又不簡單等同於「工業＋物聯

網」，而是具有更為豐富的內涵：工業物聯網以工業控制系統為基礎，透過工業資源的網路互聯、數據互通和系統互操作，實現製造原料的靈活配置、製造過程的按需執行、製造工藝的合理優化和製造環境的快速適應，達到資源的高效利用，從而建構服務驅動型的新工業生態體系[78]。因此，工業物聯網是支撐智慧製造的一套使能技術體系。

工業物聯網包括工廠內部網路和工廠外部網路「兩大網路」：工廠內部網路用於連接在製品、感測器、智慧機器、工業控制系統、人等主體，包含工廠 IT 網路和工廠 OT（工業生產與控制）網路；工廠外部網路用於連接企業上下游、企業與智慧產品、企業與使用者等主體[78]。隨著智慧製造的發展，工廠內部數位化、網路化、智慧化及其與外部數據交換需求逐步增加，工廠內部網路呈現扁平化、IP 化、無線化及靈活組網的發展趨勢，而工廠外部網路需要具備高速率、高品質、低時延、安全可靠、靈活組網等能力，以推動個性化定制、遠程監控、智慧產品服務等全新的製造和服務模式。

面向智慧製造的工業物聯網呈現以三類企業主體、七類互聯主體、八種互聯類型為特點的互聯體系。三類企業主體包括工業製造企業、工業服務企業和網路企業，這三類企業的角色在不斷滲透、相互轉換。七類互聯主體包括在製品、智慧機器、工廠控制系統、工廠雲平臺（及管理軟體）、智慧產品、工業物聯網應用，工業物聯網將互聯主體從傳統的自動控制，進一步擴展為產品全生命週期的各個環節。八種互聯類型包括了七類互聯主體之間複雜多樣的互聯關係，成為連接設計能力、生產能力、商業能力以及使用者服務的複雜網路系統[78]。

鑒於上述工業物聯網的新特徵和新趨勢，有必要建構新型網路體系架構來解析工業物聯網的組成，進而指導工業物聯網的建設。下面闡述工業物聯網的複雜互聯模型——總體架構。

2.7.2　工業物聯網總體架構

工業物聯網體系架構是工業物聯網系統組成的抽象描述，為不同工業物聯網的結構設計提供參考。根據建模方法的不同，工業物聯網體系架構可以分為基於分層的體系架構和基於域的體系架構，下面分別介紹這兩種架構。

（1）分層體系架構

根據 ITU-T 建議的基於 USN 的物聯網體系架構，可以建立工業物聯網的分層體系架構，如圖 2-41 所示。該體系架構從功能分層的角度揭示了工業物聯網的構成。

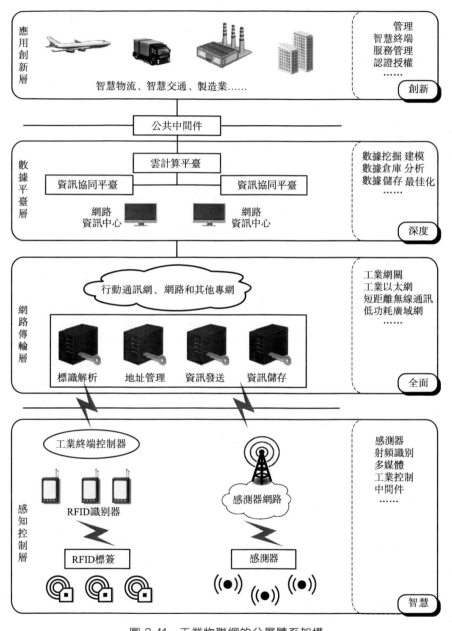

圖 2-41　工業物聯網的分層體系架構

　　工業物聯網從下至上依次分為感知控制層、網路傳輸層、數據平臺層、應用創新層四個層次。其中，感知控制層負責對工業環境與生產資源數據的實時採集，網路傳輸層執行感知數據的近距離接入與遠距離傳輸，數據平臺層對匯聚的

感知數據進行充分挖掘和利用，應用創新層負責應用集成與業務創新相關的事宜。四個層次的具體功能闡述如下。

• 感知控制層　工業物聯網的「肢體」，主要提供泛在化的物端智慧感知能力，由多樣化採集和控制模塊組成，包括物體標識、各種類型感測器、RFID 以及中短距離的感測器、無線感測網路等，實現工業物聯網的數據採集和設備控制的智慧化。

• 網路傳輸層　工業物聯網的「血管」和「神經」，實現物端設備對網路的接入與互聯互通。透過整合工業網關、短距離無線通訊、低功耗廣域網和 OPC UA（OLE for Process Control，Unified Architecture）等技術，合作融合無線通訊網、工業乙太網、行動通訊網路等異構網路，實現感知終端的泛在透明接入和感知數據的安全高效傳輸，實現服務模式創新及工業流程優化。

• 數據平臺層　工業物聯網的「大腦」，在深度解析工業大數據的基礎上實現基於知識的工業運行決策。結合大數據和雲計算技術，建構雲計算平臺和資訊合作平臺，實現異構多源數據的分布式儲存、建模、分析、挖掘、預測和優化，形成基於知識的決策優化系統，有效提高工業系統運行的決策執行能力。

• 應用創新層　工業物聯網的「行為」，負責工業物聯網的服務組合以及服務模式的創新，實現服務內容的按需定制。面向智慧工廠、智慧物流、工藝流程再造、環境監測、遠程維護、設備租賃等場景進行自適應的服務組合，對服務種類和服務內涵進行動態創新，全方位建構工業物聯網創新的服務模式生態圈，提升產業價值，優化服務資源[78]。

上述分層體系架構可以應用於單個企業內部，或者某一行業的多個企業之間，或者嵌套應用於多個行業之間，具體的應用模式還有待進一步深入研究。

（2）六域參考架構

依據 GB/T 33474—2016《物聯網參考體系結構》中的物聯網「六域」模型，建立工業物聯網的六域參考架構，如圖 2-42 所示[78,79]。該架構從系統要素交互的角度給出了工業物聯網系統各功能域中主要實體及實體之間的介面關係。

工業物聯網六域參考體系架構由使用者域、目標對象域、感知控制域、服務提供域、運維管控域和資源交換域組成，各個域的要素及其功能闡述如下。

• 目標對象域　包含原料、在製品、機器、作業工人、環境等多個要素，這些對象被感知控制域的感測器、標籤所感知、識別和控制，在其生產、加工、運輸、流通、銷售等各個環節的資訊被獲取。

• 感知控制域　採用各種感知識別設備對目標對象域管理的對象進行全面感知與控制，採集的數據透過無線網路或者有線網路進行可靠傳輸，最終透過工業物聯網網關傳送給服務提供域。

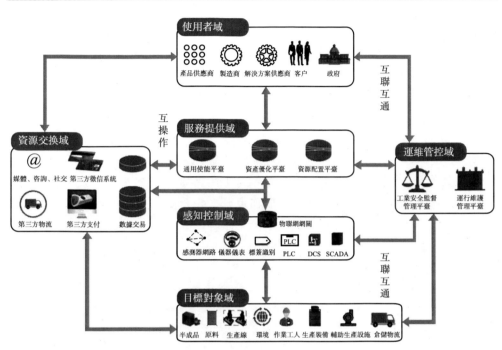

圖 2-42　工業物聯網的六域參考架構[78]

●　服務提供域　建構包括通用使能平臺、資源優化平臺和資源配置平臺在內的多個服務平臺，對感知控制域提供的數據進行深度解析與應用，為工業生產提供遠程監控、能源管理、生產決策、安全預警等服務。

●　運維管控域　從系統運行技術性管理和法律法規符合性管理兩方面保證工業物聯網其他域的穩定、可靠、安全運行等，主要包括工業安全監督管理平臺和運行維護管理平臺。

●　資源交換域　根據工業物聯網系統與其他相關系統的應用服務需求，提供不同系統之間的交互介面，實現資訊資源和市場資源在多個相關系統之間的交換與共享功能。

●　使用者域　支持使用者接入工業物聯網、適用物聯網服務介面系統，服務對象包括產品供應商、製造商、解決方案供應商、客戶和政府等，主要提供使用者鑑權、使用者資訊管理、使用者等級管理等操作。

相比分層體系架構，基於域的工業物聯網體系架構不僅對物聯網的資源與功能進行了模塊劃分，而且進一步解析了功能模塊的交互關係，因此更適合於建構複雜的工業物聯網系統。

2.7.3 工業物聯網技術體系

作為面向工業生產的專網，工業物聯網涉及的關鍵技術可以劃分為感知控制技術、網路通訊技術、資訊處理技術、應用服務技術和安全管理技術五大類，各類技術中既包含物聯網的通用共性技術，也包含工業物聯網的專用技術。其中，感知控制技術主要包括感測器、射頻識別、人機交互、工業控制等，是工業物聯網部署實施的核心；網路通訊技術主要包括工業乙太網、短距離無線通訊技術、低功耗廣域網等，是工業物聯網互聯互通的基礎；資訊處理技術主要包括數據清洗、數據分析、數據建模和數據儲存等，為工業物聯網的應用提供支撐；應用服務技術提供面向工業生產的各類資訊服務生產、組合、重構、更新等，是工業物聯網部署的關鍵；安全管理技術包括加密認證、防火牆、入侵檢測等，是工業物聯網部署的保障。詳見圖 2-43。

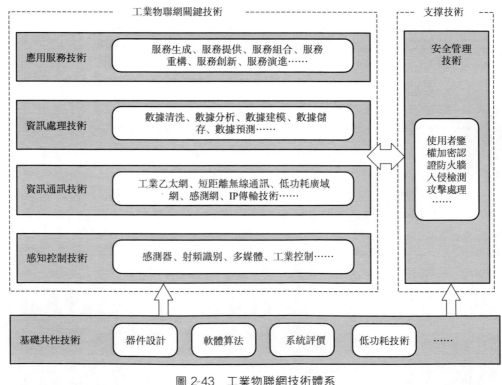

圖 2-43　工業物聯網技術體系

• 感知控制技術　工業感測器能夠測量或感知特定物體的狀態變化，並轉化為可傳輸、可處理、可儲存、可控制的電子訊號或其他形式的資訊，是實現工

業過程自動檢測和自動控制的首要環節。RFID 主要完成對目標物體的自動識別。工業控制系統包括監控和數據採集系統（SCADA）、分布式控制系統（DCS）、可編程邏輯控制器（PLC）等[80]。

- 資訊通訊技術　工業乙太網、工業現場總線、工業無線網路是目前工業通訊領域的三大主流技術。工業乙太網是指在工業環境自動控制及過程控制中應用乙太網的相關組件及技術。工業無線網路則是基於無線通訊進行感測器組網以及數據傳輸的技術，是無線技術在工業領域的延伸與應用，可以使工業感測器的布線成本大大降低，有利於感測器功能的擴展，其核心技術包括時間同步、確定性調度、跳頻道、路由和安全技術等。

- 資訊處理技術　包括大數據、雲計算、資訊融合、分布式計算、智慧決策等相關技術，主要完成對採集到的工業生產相關數據進行數據解析、格式轉換、元數據提取、數據清洗、建模預測等工作，再按照不同的數據類型與數據特點進行分類儲存、索引與應用，並以知識的形式參與生產運行決策。工業物聯網中的資訊處理趨於平臺化與邊緣化，雲數據中心、小型數據中心、邊緣控制器等將成為資訊處理的硬體平臺。

- 應用服務技術　工業物聯網的應用服務主要是面向行業或企業的生產、經營、銷售等活動提供資訊服務，包括服務生成、服務組合、服務重構、服務訪問等。工業領域現有的電子商務（E-commerce）系統、企業資源規劃系統（ERP）、產品生命週期管理系統（PLM）、供應鏈管理系統（SCM）、客戶關係管理系統（CRM）、辦公室自動化系統（OA）等[80]，可以視為特殊類型的服務。如何基於物聯網融合這些子系統實現智慧的生產營運管理，是亟待研究的一項重點技術。此外，人工智慧、工業雲、邊緣計算等新技術，是支援應用服務創新的關鍵技術。

- 安全管理技術　包括生產安全管理與營運安全管理兩個方面。生產安全管理，主要是透過分析實時採集的生產現場數據和生產流程數據，確保人、機器、原材料等生產要素的安全和產品生產品質的過程，包括多維度現場監控、環境安全分級告警、產品品質監控、運維管理等。營運安全管理，主要指確保企業資源規劃系統、產品生命週期管理系統、供應鏈管理系統、客戶關係管理系統、辦公室自動化系統等營運子系統的安全，包括預防非法入侵與病毒攻擊、檢測入侵行為、對入侵的快速響應等。

2.7.4　工業物聯網標準體系

工業物聯網標準可以分為基礎共性標準、關鍵技術標準和應用服務標準三類，其準體系結構如圖 2-44 所示。

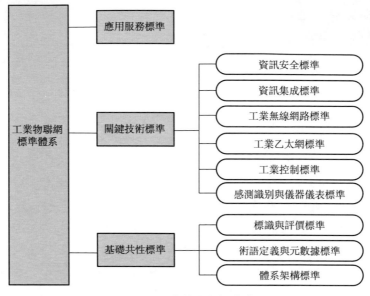

圖 2-44　工業物聯網標準體系

2.7.4.1　**基礎共性標準**

　　基礎共性標準是認識、理解以及實現工業物聯網的基礎，用於統一工業物聯網的相關術語、標識、數據格式以及參考模型等，為開展其他方面的標準研究提供支撐，包括體系架構、術語定義、元數據模型、對象標識以及性能評價等相關標準規範。

　　（1）體系架構標準

　　體系架構標準是指用於明確和界定工業物聯網的對象、邊界、各部分的層級關係和內在聯繫，以及通用分層模型、總體架構、核心功能的總體框架標準[81]。體系架構標準用於規範工業物聯網的規劃和建設，確保其滿足智慧製造的需求。

　　關於工業物聯網體系架構的標準研究剛剛起步。國際標準化組織（ISO）、國際電工技術委員會（IEC）等相關國際標準化尚未對工業物聯網體系結構提出明確的標準化建議。中國工業網路聯盟發布的《工業網路體系架構》[81]、中國電子技術標準化研究院發布的《工業物聯網白皮書（2017 版）》[78] 分別從分層和功能域的角度給出了不同的工業物聯網的參考架構。

　　（2）術語定義與元數據模型標準

　　術語定義標準用於統一物聯網相關概念，為其他各部分標準的制定提供支撐。元數據和數據字典標準用於規定智慧製造產品設計、生產、流通等環節涉及

的元數據命名規則、數據格式、數據模型、數據元素和註冊要求、數據字典建立方法，為智慧製造各環節產生的數據集成、交互共享奠定基礎[82]。

目前已經發布的工業物聯網相關術語標準包括 IEC TC65 制定的 GB/T 33905.3—2017《智慧感測器 第 3 部分：術語》、GB/T 25486—2010《網路化製造技術術語》、GB/T 22033—2008《資訊技術 嵌入式系統術語》等。元數據模型相關標準包括 ISO/IEC 11179（GB/T 18391.118391.6）《資訊技術 元數據註冊系統（MDR）》、IEC 61987（GB/T 20818）《工業過程測量和控制在過程設備目錄中的數據結構和元素》等。

（3）標識與評價標準

標識標準用於對物聯網中各類對象進行唯一標識與解析，建設既與已有的標識編碼系統兼容，又能滿足設備 IP 化、智慧化發展要求的物聯網標識體系[82]。評價標準主要包括指標體系、能力成熟度、評價方法、實施指南等四個部分：指標體系標準評估工業物聯網全系統或者各個子系統的運行性能；能力成熟度標準用於評價工業物聯網的發展狀態；評價方法標準用於規範評價過程；實施指南標準用於指導企業應用工業物聯網提升製造能力。

目前已經發布的標識與評價相關標準包括：GB/T 33901—2017《工業物聯網儀表身份標識協議》、GB/T 30269.501—2014《資訊技術 感測器網路 第 501 部分：標識：感測器節點標識符編碼規則》、IEC 61987（GB/T20818）《工業過程測量和控制在過程設備目錄中的數據結構和元素》、GB/T 34076—2017《現場設備工具（FDT）/設備類型管理器（DTM）和電子設備描述語言（EDDL）的互操作性規範》等。

2.7.4.2 關鍵技術標準

關鍵技術標準是規範工業物聯網的關鍵技術要素，用於指導工業物聯網的技術研究發明、數據管理、過程控制、系統測試、安全保障等行為的實施，包括感測識別及儀器儀表、工業控制技術、工業無線網路、工業乙太網、資訊集成技術、資訊安全技術、相關平臺等技術要求規範與標準。

（1）感測識別及儀器儀表標準

感測識別與儀器儀表標準是實現工業物聯網的物端基礎。感測識別與儀器儀表標準主要用於測量、分析、控制等工業生產過程以及非接觸式感知設備自動識別目標對象、採集並分析相關數據的過程，解決數據採集與交換過程中數據格式、程式介面不統一等問題，確保編碼的一致性。

感測識別及儀器儀表的國際標準化工作，主要由國際電工委員會 IEC 主導，其中 TC 104 主要制定電工儀器儀表標準，SC65B 針對智慧感測器、執行器開展相關標準制、修訂工作，SC65E 定義了設備屬性與功能的數位化表示。

中國在該領域的標準化工作主要集中在 SAC/TC124 工業過程測量控制、SAC/TC78 半導體器件、SAC/TC 103 光學和光學儀器、SAC/TC 104 電工測量儀器等領域，已經發布的相關標準包括：GB/T 33905.2—2017《智慧感測器第2 部分：物聯網應用行規》、GB/T 33899—2017《工業物聯網儀表互操作協議》、GB/T33904—2017《工業物聯網儀表服務協議》、GB/T 33901—2017《工業物聯網儀表身份標識協議》及 GB/T 33900—2017《工業物聯網儀表應用屬性協議》等[78]。

（2）控制類標準

控制類標準為工業物聯網實現互聯互通提供了支撐。控制類標準主要用於規範系統對設備、原材料、生產環境等的自動控制過程，以及人-機器、機器-機器之間的互操作過程。

目前工業領域中控制類標準主要集中在 PLC（可編程控制器）、DCS（分布式控制系統）等方面。針對 PLC 的標準化，國際電工委員會 IEC 的 SC65B（工業過程測量控制和自動化技術委員會測量和控制設備分技術委員會）制定了 IEC 61131-X《可編程式控制器》系列標準，已經發布了通用資訊、設備要求與試驗、編程語言、使用者導則、通訊、功能安全等 9 個部分的標準。中國對 IEC 61131 系列標準的前 8 部分進行了轉化，形成了國家標準 GB/T 15969 系列《可編程式控制器》。目前還沒有專門針對 DCS 的技術標準，有待制定 DCS 編程語言和介面方面的標準[78]。

（3）工業乙太網標準

工業乙太網標準為工業物聯網的互聯互通奠定了基礎。工業乙太網標準用於規範工廠內和工廠外乙太網的建設與組網、管理與優化等行為，主要包括網路拓撲、網聯技術、資源管理和網路設備等四個部分，重點標準為網聯技術。

早期的工業自動化系統採用現場總線進行設備連接與數據傳輸。為了平衡諸多公司和集團的商業利益，國際電工委員會制定了 IEC 61158 系列的多種現場總線標準，這些共存的標準限制了現場總線控制系統 FCS 的開放性與可互操性。鑒於工業乙太網易於與網際網路集成，在諸多場景中已經取代了工業現場總線。目前主流的工業乙太網協議有 Profinet、EtherCAT、Modbus TCP 等，但這些協議的高層不同，在實現互聯互通時仍然需要進行協議轉換。

（4）工業無線網路標準

工業無線網路標準增強了工業物聯網的連接泛在化。工業無線網路具有易部署等優點，在工業物聯網中具有廣闊的應用前景。工業無線網路標準使用者規範工業生產要素的無線組網與數據的無線傳輸過程。

目前，針對工業無線網路形成了以國際儀器儀表協會下屬工業無線委員會的 ISA100.11a，HART 基金會的 Wireless HART，中國 WIA 聯盟的 WIA-PA/FA 三大主流國際標準共存的局面[78]。新興的低功耗廣域網通訊技術對工業無線網路造成了巨大的衝擊和影響，分為兩類：一類是部署在授權頻段的技術，以 NB-IoT、eMTC 等為代表；另一類是部署在非授權頻段的技術，包括 LoRa、PRMA、Sigfox 等。業界正在積極探索低功耗廣域網技術在工業領域中的應用。

(5) 資訊集成標準

資訊集成標準是工業物聯網實現互聯互通的主線。資訊集成標準是工業物聯網實現自底向上全面集成與互聯的核心技術規範，包括現場設備集成和系統集成兩個層面的內容。

目前典型的現場設備集成標準有面向電子設備描述語言的 IEC 61804-3、面向現場設備工具的 IEC 62453 系列等。國際電工委員會 IEC 聯合 ISO/TC 184，針對企業控制系統集成制定了 IEC62264 系列標準，針對將設備與雲端直聯制定了 IEC 62541 系列標準。中國對 IEC 62541 系列標準進行了轉化，並於 2017 年 9 月發布 GB/T 33863.X—2017《OPC 統一架構》標準的前八部分。

(6) 資訊安全標準

資訊安全標準是工業物聯網實現的關鍵保障。資訊安全標準用於保障工業物聯網系統及其數據不被破壞、更改、洩露，從而確保系統能連續可靠地運行，包括軟體安全、設備資訊安全、網路資訊安全、數據安全、資訊安全防護等標準[62]。

中國資訊安全標準化技術委員會 SAC/TC260 已經發布了 GB/T 32919—2016《資訊安全技術工業控制系統安全控制應用指南》，正在制定工業控制系統的風險評估實施指南和漏洞檢測及測試評價方法、工業控制網路的安全隔離與資訊交換系統安全技術要求等技術規範。國家過程測量控制和自動化標準化技術委員會 SAC/TC124 於 2016 年發布了 GB/T 33009 系列 DCS 安全方面的標準，包括防護要求、管理要求、評估指南、風險與脆弱性檢測要求[78]。

2.7.4.3 應用服務標準

應用服務標準用於實現產品與服務的融合、分散化製造資源的有機整合和各自核心競爭力的高度合作，解決綜合利用企業內部和外部各類資源，提供各類規範、可靠的新型服務的問題。應用服務標準包括大規模個性化定制、運維服務和網路合作製造等三部分[82]，其中重點是大規模個性化定制標準和運維服務標準。

大規模個性化定制標準，用於指導企業實現以客戶需求為核心的大規模個性

化定制服務模式，實現柔性生產的過程，包括通用要求、需求交互規範、模塊化設計規範和生產規範等標準[82]。目前，國際上關於大規模個性化定制的標準極少；中國已經發布 GB/T 30095—2013《網路化製造環境中業務互操作協議與模型》等標準，正著手制定 20170988-T-604《工業機器人柔性控制通用技術要求》標準。

運維服務標準用於實現對複雜系統快速、及時、正確的診斷和維護，進而基於採集到的設備運行數據，全面分析設備現場實際使用運行狀況，為生產設計及製造工藝改進等後續產品的持續優化提供支撐。運維服務標準包括基礎通用、數據採集與處理、知識庫、狀態監測、故障診斷、壽命預測等標準[82]。已發布 ISO 13374（GB/T 22281.1～22281.2）《機器的狀態檢測和診斷：數據處理、通訊和表達》、GB/T 32827—2016《物流裝備管理監控系統功能體系》、IEC/TR 62541-2：2010（GB/T 33863.2-201）《OPC 統一架構　第 2 部分：安全模型 7》等相關標準。

總體來看，全球工業物聯網標準的研究尚處於起步階段，行業結構異質性、工業網路多樣性、生產環境複雜性等問題，以及工業物聯網本身的創新性和複雜性，均給工業物聯網的標準化工作帶來了極大挑戰，在網路的互聯互通、數據異構集成、服務化封裝、系統運行安全控制等方面，還需要開展大量標準化研究工作。

2.7.5　工業物聯網標識體系

工業物聯網中的標識體系包括標識和標識解析兩部分內容。工業物聯網中的標識，類似於網路中的域名，是識別和管理物品、資訊、機器的關鍵基礎資源[78]。工業物聯網中的標識解析系統，類似網路中的域名解析系統，用於實現對工業物聯網中所有物品標識的解析，即透過將工業網路標識翻譯為該物體的地址或其對應資訊伺服器的地址，找到該物體或其相關資訊[81]。標識解析是整個網路實現互聯互通的關鍵基礎設施。

工業物聯網的標識體系同樣包括物品標識、通訊標識和業務標識三大類。

• 物品標識方面，包括國際物品編碼協會（GS1）提出的一維條碼，自動識別和行動技術協會（AIM）制定的 PDF417（Portable Data File 417）碼、QR（Quick Response）碼、DM（Data Matrix）碼等二維碼，IEEE 提出的智慧感測器標識標準 IEEE 1451.2 和 1451.4，OneM2M 制定的 M2M 設備標識，ISO/IEC TC104 針對電工儀器儀表制定的相關工業物品屬性與功能標識，以及 ISO/IEC 和 GS1/EPCglobal 等組織制定的 RFID 標籤標識 UII（Unique Item Identifier）、TID（Tag ID）、OID（Object ID）、tag OID 以及 UID（Ubiquitous ID）

等。此外，還存在大量的應用範圍相對較小的地區和行業標準以及企業閉環應用標準[2]。

• 通訊標識方面，包括 IPv4、IPv6、E.164、IMSI、MAC 等。工業物聯網在通訊標識方面的需求與傳統網路有兩個方面的不同：一是末端通訊設備的大規模增加以及生產資源的物化聯網，帶來對 IP 地址、碼號等標識資源需求的大規模增加，IPv4 地址嚴重不足，IPv6 地址成為解決方案，它在解決工業網路地址需求的同時，為網內各設備提供全球唯一地址，為更好地進行數據交互和資訊整合提供了條件；二是以無線感測器網路為代表的智慧物體近距離無線通訊網路，對通訊標識提出了降低電源、頻寬、處理能力消耗的新要求，目前廣泛應用的短距離組網技術 ZigBee 在子網內部允許採用 16 位短地址，而傳統網路廠商在推動簡化 IPv6 協議，並成立了 IPSO（IP for Smart Objects，IPSO）推廣 IPv6 的使用，IETF 也立項了 6LowPAN、ROLL 等課題進行低功耗標識的相關標準化研究[2]。

• 業務標識方面，由於不同行業、不同企業的生產經營活動各具特點，因此標識編碼尚未統一，企業內部大量使用自定義的私有標識，而涉及流通環節的供應鏈管理、產品溯源等應用模式正在逐步嘗試跨企業的公共標識[78]。

標識解析體系按照是否基於 Domain Name System（DNS）可以分成兩大路徑：改良 DNS 路徑和變革 DNS 路徑。改良 DNS 路徑仍基於現有的網路 DNS 系統，對現有網路 DNS 系統進行適當改進來實現標識解析，其中以美國 GS1/EPCglobal 組織針對 EPC 編碼提出的 Object Name Service（ONS）解析系統相對成熟。中國相關研究單位也在積極探索基於 DNS 的其他改良方案，如中科院電腦網路資訊中心提出的物聯網異構標識解析 NIOT 方案，中國資訊通訊研究院提出的 CID 編碼體系等。變革路徑採用與 DNS 完全不同的標識解析技術，目前主要有數位對象名稱管理機構（DONA 基金會）提出的 Handle 方案，該方案採用平行根技術，各國共同管理和維護根區文件，現已在 ITU、美、德及中國設置了 4 個根伺服器，既可以獨立於 DNS，又能夠與現有 DNS 兼容。工信部電子科學技術情報研究所（簡稱「電子一所」）負責營運中國根[78]。

簡言之，基於 IPv6 建構工業物聯網標識體系，成為當前工業網路領域的研究熱點之一。鑒於工業應用的特殊性，尤其是工廠內網對安全性、可靠性等方面具有較高要求，因此 IPv6 與工業物聯網的結合技術以及 IPv6 地址在工業網路中分配和管理等問題需要深入研究。目前各種標識解析方案在中國均已啟動並形成一定規模布局，且不同方案之間已具備互通能力，可以互相兼容、互通和共存[78]。

參考文獻

［1］　陳海明，崔莉，謝開斌. 物聯網體系結構與實現方法的比較研究［J］. 電腦學報，2013，36（01）：168-188.

［2］　工業與資訊化部電信研究院. 物聯網白皮書（2011 年）［R］. 2011. 5.

［3］　PresserM, Barnaghi P M, Eurich M, Villalonga C. The SENSEI project: Integrating the physical world with the digital world of the network of the future[J]. Global Communications Newsletter, 2009, 47（4）：1-4.

［4］　Walewski J W. Initial architectural reference model for IoT[R]. EU FP7 Project, Deliverable Report: D1. 2, 2011.

［5］　Sarma S, Brock D I, Ashton K. The networked physical world: Proposals for engineering the next generation of computing, commerce & automatic identification［R］. MIT Auto-ID Center, White Paper: MIT-AUTOID-WH-001, 2010.

［6］　Koshizuka N, Sakamura K. Ubiquitous ID: Standards for ubiquitous computing and the Internet of Things[J]. IEEE Pervasive Computing, 2010, 9（4）：98-101.

［7］　Electronics and Telecommunication Research Institute（ETRI）of the Republic of Korea. Requirements for support of USN applications and services in NGN environment [C]//Proceedings of the ITU NGN Global Standards Initiative（NUNGSI）Rapporteur Group Meeting. Geneva, Switzerland, 2007: 11-21.

［8］　Vicaire P A, Xie Z, Hoque E, Stankovic J A. Physicalnet: A generic framework for managing and programming across pervasive computing networks［R］. University of Virginia, Charlottesville, USA: Technical Report CS-2008-2, 2008.

［9］　Pujolle G. An autonomic-oriented architecture for the Internet of Things[C]//Proceedings of the IEEE John Vincent Atana-soff 2006 International Symposium on Modern Computing（JVA）. Sofia, Bulgaria, 2006: 163-168.

［10］　ETSI. Machine-to-Machine（M2M）communications：Functional architecture[R], ETSI, Technical Specification: 102 690 V1. 1. 1, 2011.

［11］　Ning H, Wang Z. Future Internet of Things Architecture: Like Mankind Neural System or Social Organization Framework? [J]. IEEE Communications Letters, 2011, 15（4）：461-463.

［12］　唐賢衡. 物聯網產業層級架構與六域模型的比較[J]. 物流技術，2015，34（14）：43-46.

［13］　Armen F, Barthel H, Burstein L et al. The EPCglobal Architecture Framework [R]. EPCglobal, Standard Specification: Final Version 1. 3, 2009.

［14］　OASIS WS-DD Technical Committee. Devices Profile for Web Services [R]. OASIS, Standard: Version 1. 1, 2009.

［15］　Shelby Z. Embedded Web services[J]. IEEE Wireless Communications, 2010,

17（6）：52-57.

［16］ Atzori L, Iera A, Morabito G. The Internet of Things: A survey[J]. Computer Networks, 2010, 64（16）：2787-2806.

［17］ Wu M, Lu T, Ling F, Sun I, Du H. Research on the architecture of Internet of Things[C]//Proceedings of the 3rd International Conference on Advanced Computer Theory and Engineering（ICACTE）, Chengdu, Sichuan, 2010: 484-487.

［18］ 劉強, 崔莉, 陳海明. 物聯網關鍵技術與應用[J]. 電腦科學, 2010, 37（6）：1-10.

［19］ 孫其博, 劉傑, 黎養, 范春曉, 孫娟娟. 物聯網：概念、架構與關鍵技術研究綜述[J]. 北京郵電大學學報, 2010, 33（3）：1-9.

［20］ 沈蘇彬, 毛燕琴, 范曲立, 宗平, 黃維. 物聯網概念模型與體系結構[J]. 南京郵電大學學報（自然科學版）, 2010, 30（4）：1-8.

［21］ 李曉輝. 物聯網開放體系架構研究[J]. 中國電子科學研究院學報, 2016, 11（5）：478-483.

［22］ 孫昌愛, 金茂忠, 劉超. 軟體體系結構研究綜述[J]. 軟體學報, 2002, 13（7）：1228-1237.

［23］ Zhang S, Uoddard S. A software architecture and framework for Web-based distributed decision support systems[J]. Decision Support Systems, 2007, 43（4）：1133-1150.

［24］ La H J, Kim S D. A service-based approach to designing cyber physical systems[C]//Proceedings of the 9th IEEE/ACIS International Conference on Computer and Science and Information（ICIS 2010）. Yamagata, Japan, 2010: 895-900.

［25］ Fortino G, Uuerrieri G, Russo W. Agent-oriented smart objects development[C]//Proceedings of the 2012 IEEE 16th International Conference on Computer Supported Cooperative Work in Design（CSCWD 2012）. Wuhan, China, 2012: 907-912.

［26］ Final Version of the Conceptual Framework Version 1. 0. http: //www. smartproducts-project [R]. eu/media/stories/smartproducts/publications/Smart Products _ D2. 2. 1 _ Final, pdf, 2011. 2. 1.

［27］ 謝開斌, 陳海明, 崔莉. PMDA: 一種物理模型驅動的物聯網軟體體系結構[J]. 電腦研究與發展, 2013, 50（6）：1185-1197.

［28］ Duquennoy S, Uuinard G, Vandewalle J-J. The Web of things: Interconnecting devices with high usability and performance[C]//Proceedings of the International Conference on Embedded Software and Systems（ICESS 2009）. Hangzhou, China, 2009: 323-330.

［29］ Kansal A, Nath S, Liu J, Zhao F. SenseWeb: An infrastructure for shared sensing[J]. IEEE Multimedia, 2007, 14（4）：8-13.

［30］ Boas M, Percivall G, Reed C, Davidson J. OGC Sensor Web Enablement: Overview and High Level Architecture. OGC White Paper, Open Geospatial Consortium Inc. ,Wayland, USA, 2007.

［31］ Devices Profile for Web Services Version 1. 1, Standard, OASIS WS-DD Technical Committee, 2009.

［32］ Souza L, Spiess P, Guinard D, et al. SOCRADES: A Web service based shop floor integration infrastructure[C]//Proceedings of the 1st Internet of

Things Conference（IOT 2008）. Stockholm, Sweden, 2008: 50-67.

[33] Fielding R T, Taylor R N. Principled design of the modern Web architecture [J]. ACM Transactions on Internet Technology, 2002, 2（2）: 115-150.

[34] Luckenbach T, Gober P, Arbanowski S, et al. Tiny REST-A protocol for integrating sensor networks into the Internet[C]//Proceedings of the Workshop on Real World Wireless Sensor Network（REALWSN 2005）. Stockholm, Sweden, 2005: 1-5.

[35] Uuinard D, Trifa V, Wilde E. A resource oriented architecture for the Web of Things[C]//Proceedings of the 2nd Internet of Things Conference（IoT 2010）. Tokyo, Japan, 2010: 1-8.

[36] Drytkiewicz W, Radusch I, Arbanowski S, Popescu-ZeletinR, pREST: A REST-based protocol for pervasive systems[C]//Proceedings of the IEEE International Conference on Mobile Ad-hoc and Sensor Systems（MASS 2004）. Lauderdale, Florida, 2004: 340-348.

[37] IETF CORE Working Uroup. Constrained Application Protocol（CoAP）. IETF Internet Draft: draft-ietf-core-coap-04, 2004.

[38] IETF CoRE Working Uroup. Embedded Binary HTTP（EBHTTP）. IETF Internet Draft: draft-tolle-core-ebhttp-00, 2010.

[39] 唐雲凱. 物聯網資訊感知與交互技術研究[J]. 電腦知識與技術, 2015, 11（05）: 282-283.

[40] 工業與資訊化部電信研究院. 物聯網白皮書（2016）[R], 2016年.

[41] 趙磊, 李雨珊, 桂桐, 陳月, 胡燕. 近距離無線通訊技術現狀研究[J]. 科技視界, 2015（29）: 100, 180.

[42] 徐臻豪. 物聯網路由技術研究[J]. 科技資訊, 2010（05）: 87, 86.

[43] 朱永慶, 黃曉瑩, 張文強. 雲網合作時代營運商 IP 承載網發展[J]. 電信科學, 2017, 33（11）: 162-168.

[44] 張萌. 無線異構網路中共存、合作和融合問題的研究[D]. 北京郵電大學, 2017.

[45] 網路融合. http: //wiki. mbalib. com/wiki/%E7%BD%91%E7%BB%9C%E8%9E%8D%E5%90%88.

[46] 司強毅. 異構無線網路融合關鍵問題和發展趨勢[J]. 資訊與電腦（理論版）, 2017（17）: 196-197, 200.

[47] 劉兆元. 物聯網業務關鍵技術與模式探討[J]. 廣東通訊技術, 2009, 29（12）: 2-7.

[48] 李傲宇. 物聯網的應用與發展[J]. 現代工業經濟和資訊化, 2017, 7（19）: 51-53, 97.

[49] 邢曉江, 王建立, 李明棟. 物聯網的業務及關鍵技術[J]. 中興通訊技術, 2010, 16（02）: 27-30.

[50] 李海花, 劉榮朵, 杜加懂, 翁麗萍. 物聯網標準體系及國際標準化最新進展[J]. 電信網技術, 2013（08）: 65-70.

[51] 物聯網終端. https: //baike. baidu. com/item/物聯網終端/407370? fr= aladdin.

[52] 陳馨, 王一秋. 物聯網技術和營運初探[J]. 電信技術, 2010（08）: 37-39.

[53] 王書龍, 侯義斌, 高放, 歆榮. 基於本體的物聯網設備資源描述模型[J]. 北京工業大學學報, 2017, 43（05）: 762-769.

[54] 何廷潤. 物聯網頻譜需求的比較研究[J]. 行動通訊, 2010, 34（15）: 11-14.

[55] 姚海鵬, 張智江, 劉韵潔. 異構架構下物聯網頻譜規劃研究[J]. 電信技術, 2012（05）: 81-85.

[56] 孫震強，朱雪田，張光輝，趙冬. 蜂窩物聯網頻率使用與干擾分析[J]. 行動通訊，2017，41（03）：10-13.

[57] 楊潔. 中國物聯網頻譜資源規劃與分配策略研究[A]. 2013 年全國無線電應用與管理學術會議論文集[C]. 中國通訊學會，2013：6.

[58] 中國資訊通訊研究院. 物聯網標識白皮書[R]. 2013.

[59] 馬文靜，吳東亞，王靜，呂敏海，徐冬梅. 物聯網統一標識體系研究[J]. 資訊技術與標準化，2013（07）：52-56.

[60] 張衛榮，李航. 基於 REST 風格的 Web 服務在物聯網服務平臺的應用[J]. 黑龍江科技資訊，2015（10）：138.

[61] 陳海明，石海龍，李勐，崔莉. 物聯網服務中間件：挑戰與研究進展[J]. 電腦學報，2017，40（08）：1725-1749.

[62] Electronics and Telecommunication Research Institute（ETRI）of the Republic of Korea. Requirements for Support of USN Applications and Services in NGN Environment [R]. ITU NGN-GSI Rapporteur Group Meeting. Geneva, Switzerland, 2007: 11-21.

[63] 袁璞，艾中良，汪涵. 基於物聯網服務平臺的統一標識尋址研究設計[J]. 現代電子技術，2015，38（06）：59-62.

[64] 陳楊. 基於 SOA 的物聯網智慧服務系統的設計與實現 [D]. 南京郵電大學，2016.

[65] 楊庚，許建，陳偉，祁正華，王海勇. 物聯網安全特徵與關鍵技術[J]. 南京郵電大學學報（自然科學版），2010，30（04）：20-29.

[66] 劉宴兵，胡文平. 物聯網安全模型及關鍵技術[J]. 數位通訊，2010，37（04）：28-33.

[67] Medaglia C M, Serbanati A. An overview of privacy and security issues in the Internet of things [C]//Proceedings of the 20th Tyrrhenian Workshop on Digital Communications. Sardinia, Italv: SprinQer, 2010: 389-395.

[68] Leusse P, Periorellis P, Dimitrakos T. Self-managed security cell, a security model for the Internet of Things and services[C]//Proceedings of the 1st International Conference on Advances in Future Internet. Athens/Glyfada, Greece; IEEE, 2009: 47-52.

[69] 楊光，耿貴寧，都婧，劉照輝，韓鶴. 物聯網安全威脅與措施[J]. 清華大學學報（自然科學版），2011，51（10）：1335-1340.

[70] 張玉清，周威，彭安妮. 物聯網安全綜述[J]. 電腦研究與發展，2017，54（10）：2130-2143.

[71] 董新平. 物聯網產業成長研究[D]. 華中師範大學，2012.

[72] 劉勇燕，郭麗峰. 物聯網產業發展現狀及瓶頸研究 [J]. 中國科技論壇，2012（04）：66-71.

[73] 2017 年中國網路網路安全態勢報告.

[74] 張鳳，何傳啟. 國家創新系統——第二次現代化的發動機[M]. 北京：高等教育出版社，1999.

[75] 王明明等. 創業創新系統模型的建構研究——以中國石化產業創新系統模型為例[J]. 科學學研究，2009，（2）：295-301.

[76] 盧濤，周寄中. 中國物聯網產業的創新系統多要素聯動研究[J]. 中國軟科學，2011（03）：33-45.

[77] 錢吳永，李曉鐘，王育紅. 物聯網產業技術創新平臺架構與運行機制研究[J]. 科技進步與對策，2014，31（09）：66-70.

[78] 中國電子技術標準化研究院. 工業物聯網白皮書（2017 版）[R]. 2017. 09.

[79] 韓麗，李孟良，卓蘭，楊宏，張曉. 工

業物聯網白皮書（2017 版）解讀 [J].
資訊技術與標準化，2017（12）：
30-34.

[80]　工業物聯網與工業 4. 0 核心架構討論[J].
智慧工廠，2017（10）：19.

[81]　工業網路產業聯盟. 工業網路體系架構
（版本 1. 0）[R]. 2016. 08.

[82]　國家智慧製造標準體系建設指南（2018
年版）（徵求意見稿）.

第3章

傳感與識別技術

　　本章介紹物聯網的感測與識別技術，即感知技術。要實現物物互聯，感知技術極其關鍵，首先需要對人或物進行識別，進而進行資訊採集，並最終傳輸給上層做智慧決策。因此，物聯網的感知層包含自動識別功能和感測功能，其涉及自動識別技術、感測器和感測網。自動識別技術主要用於自動採集資訊，從而標識人或物體。感測器感受被測資訊，將被測資訊轉換成能夠進行傳輸、處理、儲存、顯示、記錄和控制的資訊輸出。感測器透過自組織的方式構成感測網，主要用於感知和收集目標領域的數據，處理數據，並將其傳至特定站點進行智慧決策。

3.1　自動識別技術

　　自動識別技術以電腦和通訊技術為基礎，對資訊數據進行自動採集和傳輸，可以對大量的數據資訊進行及時、準確的處理，並為物聯網技術的發展提供了重要的基礎。經過多年的發展，自動識別技術已日漸成熟，形成了一個完整、龐大且生機勃勃的自動識別產業，逐漸應用於服務行業、貨物銷售、後勤管理、生產企業、物流行業等諸多行業。

　　自動識別技術主要包括條形碼技術、光學符號識別（Optical Character Recognition，OCR）技術、生物識別技術、磁卡和 IC 卡技術、射頻識別（Radio Frequency Identification，RFID）技術等。自動識別系統主要包括數據採集技術和特徵提取技術兩大類，它們的特徵有：

　　① 識別準確度高，抗干擾性能好；
　　② 識別效率高，資訊可以進行實時交換與處理；
　　③ 兼容性好，可以與電腦系統或其他管理系統實現無縫連接。

3.1.1　條形碼技術

　　條形碼是一種二進制代碼，由一組規則排列的條、空以及相應的數位組成的識別系統，條和空的不同組合代表不同的符號，以供條形碼識別器讀出；其對應

字符是一組阿拉伯數位，人們可以直接識讀或透過鍵盤向電腦輸入數據使用。兩者表示的資訊相同。條形碼的編碼規則必須滿足唯一性、永久性和無含義。條形碼的編碼方法稱為碼制，常用的碼制有 EAN 條形碼、UPC（統一產品代碼）條形碼、二五條形碼、交叉二五條形碼（Interleaved 2/5 Bar Code）、庫德巴（Codabar）條形碼、三九條形碼和 128 條形碼等。

(1) EAN 碼

EAN 碼是商品中最常使用的條形碼，也是目前中國推行使用的條形碼，主要分為 EAN-13（標準版）和 EAN-8（縮短版）兩種。EAN-13 通用商品條形碼一般由前綴部分、製造廠商代碼、商品代碼和校驗碼組成。EAN-8 商品條形碼由 7 位數位表示的商品專案代碼和 1 位數位表示的校驗符組成。

(2) UPC 碼

UPC 碼有 A、B、C、D、E 五個版本，其中版本 A 包括 12 位數位，編碼方案為：①第 1 位是數位標識，已經由 UCC（統一代碼委員會）建立；②第 2～6 位是生產廠家的標識號（包括第一位）；③第 7～11 是唯一的廠家產品代碼；④第 12 位是校驗位。

(3) 交叉二五條形碼

交叉二五條形碼是連續性條形碼，所有條與空都表示代碼，第一個數位由條開始，第二個數位由空組成，空白區比窄條寬 10 倍。交叉二五條形碼的識讀率高，適用於固定掃描器可靠掃描，在所有一維條形碼中的密度最高。

(4) 三九條形碼

三九條形碼可以表示字母、數位和其他一些符號，共 43 個字符，長度可變，通常用「*」號作為起始、終止符，校驗碼不用，代碼密度介於 3～9.4 個字符/每英寸，空白區是窄條的 10 倍。三九條形碼多應用於工業、圖書以及票證自動化管理上。

(5) 庫德巴條形碼

庫德巴條形碼可以表示 0～9、$、+、-、a、b、c、d，其長度可變，沒有校驗位，其空白區域的寬度比窄條寬 10 倍，是一種非連續性條形碼，每個字符表示為 4 條 3 空。庫德巴條形碼多應用於圖書館、物料管理等領域中。

(6) Code 128

Code 128 表示高密度數據，字符串可變長，符號內含校驗碼，有 A、B、C 三種不同版本，可用 128 個字符分別在 A、B、C 三個字符串集合中。Code 128 常用於工業、倉庫、零售批發。

上述碼均為一維條形碼。一維條形碼就是只在一個方向（一般是水平方

向）表達資訊。一維條形碼是迄今為止最經濟、實用的一種自動識別技術，它具有輸入速度快、可靠性高、採集資訊量大、靈活實用、製作簡單等優點，故可以提高資訊錄入的速度，減少差錯率。但一維條形碼也存在一些不足，如數據容量較小，儲存數據類型比較單一，空間利用率較低，安全性能低，使用壽命短等。

因此，針對上述缺點，人們研究並開發了二維條形碼系統。二維條形碼是在水準和垂直方向的二維空間儲存資訊的條形碼。其碼制主要分為線性堆疊式二維碼、矩陣式二維碼和郵政碼。線性堆疊式二維碼是在一維條形碼編碼原理的基礎上，將多個一維碼在縱向堆疊而產生的；矩陣式二維碼是在一個矩形空間透過黑、白像素在矩陣中的不同分布進行編碼；郵政碼透過不同長度的條進行編碼，主要用於郵件編碼。二維條形碼的優點有：數據容量更大；數據類型增加，超越了字母和數位的限制；空間利用率高；保密性和抗損毀能力提高。

3.1.2　光學符號識別技術

OCR 技術是透過掃描等光學輸入方式，將各種票據、報刊、書籍、文稿及其他印刷品的文字及圖像轉換為電腦可識別的影像資訊，再利用圖像處理技術，將上述影像資訊轉化為可使用的文字[2]。其過程為：影像輸入、影像前處理、文字特徵抽取、比對識別、經人工校正後輸出結果。

按所處理的字符集劃分，OCR 系統可分為西文識別和中文識別，其中西文識別又包括數位、字母和符號。按識別文字的類型劃分，OCR 系統可分為單體印刷體識別、多體印刷體識別、手寫印刷體識別和自然手寫體識別。按採用的技術原理劃分，OCR 系統可分為相關匹配識別、概率判斷識別和模式識別。除此之外，OCR 技術還包括票據識別、筆跡鑒定、印章鑒別等。

OCR 系統的優點是資訊密度高，在緊急情況下可以用眼睛閱讀數據。但是OCR 技術的正確率就像是一個無窮趨近函數，知道其趨近值，卻只能靠近而無法達到，因此如何糾錯或利用輔助資訊提高識別正確率，是 OCR 最重要的課題。光學符號識別系統目前廣泛應用在生產、服務和管理領域，如票據識別、電腦錄入、信函分析和資料分析等。然而，由於光學符號識別系統價格昂貴，OCR 閱讀器較為複雜，故目前仍難以將其推廣。

3.1.3　生物特徵識別技術

生物特徵識別法是透過不會混淆的某種生物體特徵的比較來識別不同生物的方法。生物特徵識別技術根據識別的生物特徵，可以分為低級生物識別技術、高級生物識別技術和複雜生物識別技術。其優點是安全性好、保密好、方便、不易

遺忘、防偽特性高、難以複製。生物特徵分為身體特徵和行為特徵。身體特徵包括指紋、掌紋、虹膜或視網膜、面相、DNA 等，行為特徵包括語音、行走步態、擊打鍵盤力度、簽名等。其中面相、語音、簽名識別屬於低級生物識別技術；指紋、虹膜與視網膜屬於高級生物識別技術；血管紋理、DNA 鑒別則屬於複雜生物識別技術。以下對上述幾種識別技術進行簡要介紹。

（1）語音識別

語音識別技術是讓機器透過識別和理解過程，把語音訊號轉變為相應的文本或命令的技術。早期的聲碼器可被視作語音識別及合成的雛形，AT&T 貝爾實驗室開發的 Audrey 語音識別系統，是最早的基於電子電腦的語音識別系統，1950 年末，Denes 將語法概率加入語音識別中，60 年代初，人工神經網路被引入了語音識別。隨著語音識別技術的進一步發展，它將在越來越多的領域（如工業、通訊、醫療、汽車電子）中得到應用。

（2）指紋識別

指紋識別技術主要根據人體指紋的紋路、細節特徵等資訊，對操作或被操作者進行身份鑒定，因為每個人包括指紋在內的皮膚紋路在圖案、斷點和交叉點上各不相同，呈現唯一性且終生不變，所以可以將一個人的指紋和預先保存的指紋數據進行比較以驗證身份。指紋識別技術是目前生物檢測學中研究最深入、應用最廣泛的一種識別技術，已逐漸走入我們的生活。

（3）虹膜/視網膜識別

虹膜是位於眼睛黑色瞳孔和白色鞏膜之間的圓環狀部分，包含有很多相互交錯的細節特徵，一旦形成終生不變，故虹膜識別技術具有唯一性、穩定性、可採集性、非接觸性等優點。同時，虹膜識別技術也是各種生物識別技術中準確性最高的。視網膜識別技術要求激光照射眼球的背面，以獲得視網膜特徵的唯一性。視網膜識別具有高可靠性，但運用難度較大。進行視網膜識別時，需要被識別人反覆盯著一個小點幾秒不動，這會讓被識別人感覺不舒服，而且進行視網膜識別是否會給使用者帶來健康的損壞，需要進一步研究。除此之外，視網膜掃描設備受限於一定的圖像獲取機制，因此成本高。

3.1.4 磁卡與 IC 卡

常用的卡識別技術分為磁卡技術和 IC 卡技術兩種。其中，磁卡屬於磁儲存器識別技術，而 IC 卡則屬於電儲存器技術。

（1）磁卡識別技術

磁卡由磁性材料摻以黏合劑而製成，藉助於磁性材料的磁極趨向來實現數據

的讀寫操作。在乾燥之前要在磁場中加以處理，使磁性材料的磁極取向更適合於讀寫操作。資訊透過各種形式的讀卡器，從磁條中讀出或寫入磁條中；讀卡器中裝有磁頭，可在卡上寫入或讀出資訊。磁卡內部有數據儲存器，這克服了條形碼系統儲存量小、不易改寫的缺陷。磁卡識別技術的優點是數據可讀寫，數據儲存量能滿足大多數需求，便於使用，成本低廉，具有一定的數據安全性。但是，由於磁卡屬於接觸式識別系統，有靈活性太差的缺點。磁卡識別技術廣泛應用於信用卡、銀行卡、機票、公共汽車票等領域。

（2）IC 卡識別技術

IC 卡是一種數據儲存器系統。工作時，將 IC 卡插入閱讀器，閱讀器的接觸彈簧與 IC 卡的觸點產生電流接觸，閱讀器透過接觸點給 IC 卡提供能量和定時脈衝。IC 卡根據內部結構可分為儲存器卡和微處理器卡兩種，儲存器卡僅具有數據儲存能力，而微處理器卡除具有數據儲存能力之外，還具有一定的運算能力。CPU 卡的典型電路如圖 3-1 所示，它是一個微處理器，與一個分段儲存器（ROM 段、RAM 段和 EEPROM 段）相連接。ROM 中包含有微處理器的操作系統，EEP-ROM 中有應用數據和專用的程式代碼，而RAM 是微處理器的暫存器。

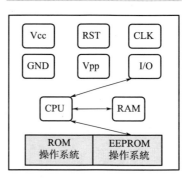

圖 3-1　CPU 卡的典型電路

IC 卡具有儲存容量大、安全性高、抗電磁干擾能力強、使用壽命長等優點，多應用於安全敏感領域，如 SIM 卡或電子現金卡。此外，CPU 卡的編程特性使其可以很快適應新開闢的應用領域。但接觸式 IC 卡的觸點對腐蝕和污染缺乏抵抗能力，閱讀器易發生故障，從而增加維護費用。

3.1.5　射頻識別系統

在日常生活中，人們常常使用具有觸點排的 IC 卡。然而在很多情況下，例如高溫或者腐蝕性的環境中，接觸是不可靠或者無法實行的，這就需要非接觸式數據傳輸。我們把非接觸式的識別系統稱為 RFID 系統。RFID 技術的優點是抗干擾能力強、資訊量大、非視覺範圍讀寫和壽命長等。隨著物聯網技術的發展和應用，RFID 技術給社會帶來了越來越多的便利與發展，推動著社會各個領域的進步。

（1）系統結構

典型的 RFID 系統結構包含閱讀器、應答器和應用系統部分，其結構如圖 3-2 所示。

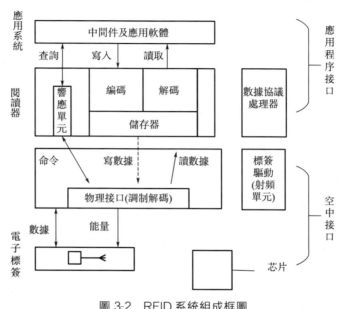

圖 3-2　RFID 系統組成框圖

閱讀器是非接觸式地讀取或寫入應答器資訊的設備，可以單獨實現數據讀寫、顯示和處理等功能，也可以與電腦或其他系統進行聯合，完成對射頻標籤的讀寫操作。它透過有線或無線方式與電腦系統進行通訊，從而完成對射頻標籤資訊的獲取、解碼、識別和數據管理。閱讀器可設計成便攜式或固定式。閱讀器的三個基本模塊為高頻介面、控制單元和天線，如圖 3-3 所示。

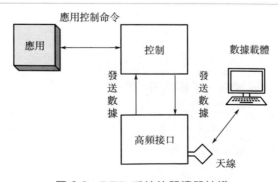

圖 3-3　RFID 系統的閱讀器結構

　　應答器也稱為射頻標籤，它是貼附在目標物上的數據載體，一般由耦合元件及芯片組成，每個芯片含有唯一的識別碼，一般保存有約定格式的電子數據。標籤含有內置天線，用於和閱讀器間進行通訊。應答器可分為以集成電路芯片為基礎的應答器和利用物理效應的應答器，而以集成電路為基礎的應答器又可分為具有簡單儲存功能的應答器和帶有微處理器的智慧應答器。利用物理效應的應答器包括 1bit 應答器和聲表面波應答器。具有儲存功能的應答器主要包括天線、高頻介面、儲存器以及地址和安全邏輯單元四個功能塊，其基本結構如圖 3-4 所示。具有微處理器的非接觸智慧卡包含有自己的操作系統。操作系統的任務是對應答器進行數據存取的操作、對命令序列的控制、文件管理以及執行加密算法，其命令處理過程如圖 3-5 所示。

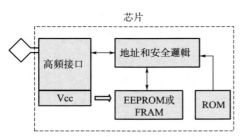

圖 3-4　具有儲存功能的應答器結構

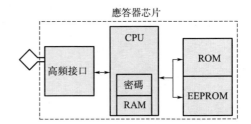

圖 3-5　帶有微處理器的應答器芯片結構

　　應用系統也稱為數據管理系統，其主要任務是完成數據資訊的儲存、管理以及對射頻標籤的讀寫控制。應用系統由硬體和軟體兩大部分構成，硬體部分通常為電腦，軟體部分則包括各種應用軟體及數據庫。射頻標籤和應用程式之間的中介稱為中間件，它是一種獨立的系統軟體或服務程式。應用程式藉助中間件提供的通用應用程式介面，可以連接到 RFID 系統的閱讀器，進而讀取射頻標籤中的數據。

（2）工作原理

　　RFID 技術的基本原理是利用射頻訊號或空間耦合（電感或電磁耦合）的傳輸特性，實現對物體或商品的自動識別。數據儲存在電子數據載體（稱應答器）之中，應答器的能量供應以及應答器與閱讀器之間的數據交換，不是透過電流的觸點接通，而是透過磁場或電磁場。

　　RFID 系統的基本工作流程如下：

　　① 閱讀器透過發射天線發送一定頻率的射頻訊號，當附著有射頻標籤的目標對象進入閱讀器的電磁訊號輻射區域時，會產生感應電流；

　　② 藉助感應電流或自身電源提供的能量，射頻標籤將自身編碼等資訊透過

內置天線發送出去;

③ 閱讀器天線接收來自射頻標籤的載波訊號,經天線調節器傳送到閱讀器的控制單元,進行解調和解碼後,送到應用系統進行相關處理;

④ 應用系統根據邏輯運算判斷該射頻標籤的合法性,並針對不同的應用做出相應的處理和控制,發出指令訊號並執行相應的應用操作。

根據應答器即電子標籤到閱讀器之間的能量傳輸方式,可將 RFID 系統分為電感耦合系統和電磁反向散射耦合系統。電感耦合和電磁反向散射耦合原理如圖 3-6 所示。電感耦合依據的是電磁感應定律,透過空間高頻交變磁場實現耦合,一般適用於中、低頻段的近距離 RFID 系統。電磁反向散射耦合利用發射出去的電磁波碰到目標後反射,在反射波中攜帶目標資訊,依據的是電磁波的空間傳播規律,一般適用於高頻和微波 RFID 系統[3]。

從數據的傳輸方式來看,在全雙工和半雙工 RFID 系統中,所有已知的數位調制方法都可用於從閱讀器到應答器的數據傳輸,與工作頻率或耦合方式無關。但從應答器到閱讀器的數據傳輸方法,因工作模式和能量傳輸方式的不同而不同,例如,在雙工或半雙工 RFID 系統中,數據傳輸有直接負載調制和使用副載波的負載調制;而在時序系統中,一個完整的閱讀週期是由充電階段和讀出階段兩個時段構成的[1]。

如果一個 RFID 應用系統要從一個非接觸的數據載體(應答器)中讀出數據,或者對一個非接觸的數據載體寫入數據,需要一個非接觸的閱讀器作為介面。對一個非接觸的應答器的讀/寫操作,是嚴格按照「主-從原則」進行的,即閱讀器和應答器的所有動作均由應用軟體來控制。RFID 系統的主從關係如圖 3-7 所示,應用軟體向閱讀器發出一條簡單的讀取命令,此時會在閱讀器和某個應答器之間觸發一系列的通訊步驟。閱讀器的基本任務就是啓動應答器,與這個應答器建立通訊,並且在應用軟體和一個非接觸的應答器之間傳送數據。

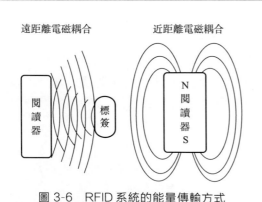

圖 3-6　RFID 系統的能量傳輸方式

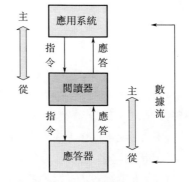

圖 3-7　RFID 系統的主從關係

（3）特徵與分類

射頻識別系統的特徵，包括工作方式、應答器儲存數據量、應答器讀寫方式、應答器能量供應方式、系統工作頻率和作用距離、應答器到閱讀器的數據傳輸方式等。根據這些特徵可以對射頻識別系統進行分類。

① 按工作方式分類　根據工作方式，可以將射頻識別系統分為全雙工、半雙工系統和時序系統，其工作原理如圖 3-8 所示。在全雙工和半雙工系統中，應答器的應答響應是在閱讀器接通高頻電磁場的情況下發送出去的。而在時序方法中，閱讀器的電磁場短時間週期性地斷開，這些間隔被應答器識別出來，並被用於從應答器到閱讀器的數據傳輸。

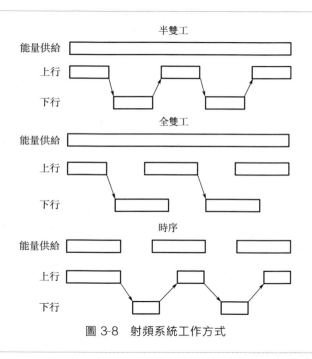

圖 3-8　射頻系統工作方式

② 按供電方式分類　根據供電方式，可以將射頻識別系統分為無源標籤和有源標籤。無源標籤需要靠外界提供能量才能正常工作，其產生電能的裝置是天線與線圈。無源標籤支援長時間的數據傳輸和永久性的數據儲存，但數據傳輸的距離要比有源標籤短。有源標籤內部自帶電池進行供電，故可靠性高、傳輸距離遠，但有源標籤的壽命受到電池壽命的限制，且隨著電池能量的消耗，傳輸距離會越來越小，從而影響系統的正常工作。除此之外，還有一種有源標籤，其電池只用於激活系統，系統激活後便進入無源模式，利用電磁場供電。

③ 按系統功能分類　系統功能包括數據載體（應答器）的數據儲存能力、應答器的讀寫方式、處理速度、應答器能量來源、密碼功能等。根據系統功能，可將 RFID 系統分為低階系統、中階系統和高階系統。其中，只讀系統構成低階系統的下端，只能讀數據，但不能重寫；許多帶有可寫數據儲存器構成的系統組成射頻識別系統的中階部分；具有密碼功能的系統為高階 RFID 系統。

④ 按工作頻率和作用距離分類　根據工作頻率，可將 RFID 系統分為低頻系統、高頻或射頻系統以及超高頻或微波系統。低頻系統的工作頻率為 30～300kHz，應答器為無源標籤，低頻標籤與閱讀器之間的作用距離通常小於 1m。高頻或射頻系統的工作頻率範圍為 3～30MHz，應答器也為無源標籤，系統的作用距離通常小於 1m。超高頻系統的工作頻率為 300MHz～3GHz，而微波系統的工作頻率大於 3GHz，應答器包括有源和無源，微波系統的作用距離一般大於 1m。

(4) 干擾抑制

RFID 系統是一種非接觸式無線通訊系統，訊號易受到干擾，從而引起傳輸錯誤。對於單系統，干擾主要來自於環境噪聲或其他電子設備，可能會導致閱讀器與應答器之間的數據傳輸出現錯誤，可使用的干擾抑制措施有：

① 透過應答器與閱讀器通訊的數據完整性方法，檢驗出受到干擾而出錯的數據；

② 透過數據編碼提高數據傳輸過程中的抗干擾能力，使得整個系統的抗干擾能力增強；

③ 透過數據編碼與數據完整性校驗，糾正數據傳輸過程中的某些差錯；

④ 透過重發和比較機制，剔除出錯的數據並保留判斷為正確的數據。

對於多系統，干擾來自於附近存在的其他同類 RFID 系統，這就會造成應答器之間或閱讀器之間的相互干擾，稱為碰撞。RFID 系統的防碰撞方法有空分多址法、頻分多址法和時分多址法。空分多址法是在分離的空間範圍內重新使用頻率資源；頻分多址法是把若干個不同載頻分別分配給不同使用者使用；而時分多址法則是把整個通訊時間分配給多個使用者使用。

(5) 中間件

RFID 中間件是應答器和應用系統之間的中介，是一種面向消息的軟體，資訊以消息的形式從一個程式傳輸到其他程式。RFID 系統中間件的功能有：

① 能夠為閱讀器提供不間斷介面標準的介面；

② 能夠進行數據過濾和傳輸；

③ 能夠管理 RFID 閱讀器和應答器；

④ 支援多個主平臺的 RFID 數據請求；

⑤ 支援現有的系統，即具有向下兼容性。

由於在 RFID 系統中，中間件需要與現有流程數據整合，並處理系統數據，故其設計必須滿足：

① 中間件具有協調性，可以提供一致的介面給不同廠商的應用系統；

② 提供一個開放且具有彈性的中間件構架；

③ 規定閱讀器的標準功能介面；

④ 在完成中間件基本功能的基礎上，強化對多個閱讀器介面功能以及對其他系統的數據安全保護。

(6) 工作頻段與適用協議

RFID 系統屬於無線電系統，故它需要顧及其他的無線電服務，這在很大程度上限制了適用於射頻識別系統的工作頻率的選擇。通常，RFID 系統只能使用特別為工業、科學和醫療應用而保留的頻率範圍，這些頻率位於全世界範圍內被分類的 ISM 頻段內。除此之外，RFID 系統也可以使用 135kHz 以下的頻率範圍。但其最主要的頻段是 0～135kHz，以及 ISM 頻率 6.78MHz、13.56MHz、27.125MHz、40.68MHz、433.92MHz、869.0MHz、915.0MHz、2.45GHz、5.8GHz 和 24.125GHz。

RFID 標準化的主要目標在於透過制定、發布和實施標準，解決編碼、通訊、空中介面和數據共享等問題，最大程度地促進 RFID 及相關系統的發展，保證射頻標籤能夠在全世界範圍跨地域、跨行業、跨平臺使用。RFID 標準體系基本結構如圖 3-9 所示，主要包括技術標準、數據內容標準、性能標準和應用標準。

RFID 標準體系
- 技術標準：通訊協議、基本術語、物理參數、相關設備
- 數據內容標準：語法標準、數據對象、數據符號、數據結構、數據安全、編碼格式
- 性能標準：設計工藝、試驗流程、測試規範、印製品質
- 應用標準：物流配送、交通運輸、工業製造、資訊管理、倉儲管理、動物識別、礦井安全、休閒娛樂

圖 3-9　RFID 標準體系基本結構

3.1.6　自動識別系統比較

以上介紹的幾種自動識別系統各有其優缺點，其比較結果見表 3-1。

表 3-1　自動識別系統比較

專案	儲存數據量/字節	機器閱讀的可讀性	受污染/濕度影響	磨損	設備成本	修改/複製
條碼型	1～100	高	很嚴重	易磨損	很少	容易
光學符號識別	1～100	高	很嚴重	有條件的	一般	容易
語音識別	—	低	—	—	很高	可能
生物統計測量法	—	低	—	—	很高	不可能
IC 卡	16～64K	高	可能嚴重（接觸時）	不易磨損	很少	不可能
射頻識別	16～64K	高	沒有影響	不易磨損	一般	不可能

　　條形碼技術成本低，但其儲存的數據量小，較易磨損，故適用於需求量大且數據不必更新的場合。光學符號識別系統成本高且較複雜，故多應用於有一定保密要求的領域。生物特徵識別技術具有不易遺忘、防偽性能好、不易偽造或被盜、隨身「攜帶」和隨時隨地可用等優點，但缺點是成本高。磁卡和 IC 卡的成本相對較低，但易磨損，且儲存數據量小，其中 IC 卡儲存量較大，但觸點暴露在外面，易損壞。而射頻識別技術的儲存數據量較大、機器識別性高、環境敏感度低、生產成本較低，故在所述的幾種自動識別系統中占有絕對優勢。

3.2　感測器

　　感測技術廣義上的含義為資訊採集技術，是資訊技術的基礎。感測器是一種能把特定的被測量資訊（包括物理量、化學量、生物量等），按一定規律轉換成便於處理、傳輸、儲存、顯示、記錄和控制的訊號輸出的器件或裝置[4]。

3.2.1　感測器構成

　　如圖 3-10 所示，感測器一般由敏感元件、感測元件、測量電路和輔助電源四部分構成。其中，敏感元件指感測器中能直接感受被測非電量訊號，並將非電量訊號按一定的對應關係轉換成易於轉換為電訊號的另一種非電量訊號的元件；感測元件是能將敏感元件輸出的非電訊號或直接將被測非電訊號轉換成電訊號輸出的元件，又稱為轉換元件或變換器。測量電路是能將感測元件輸出的電訊號轉換為便於顯示、記錄、處理和控制的有用電訊號的電路，又稱為轉換電路。輔助電源為感測元件和測量電路提供能量。

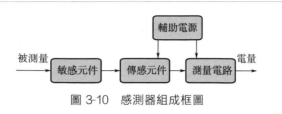

圖 3-10 感測器組成框圖

3.2.2 光資訊採集器

光資訊採集系統主要是透過採集與被測量變化相關的光訊號,將其轉換為某種易於識別與處理的物理訊號(如電訊號),然後對訊號加以分析並輸出的系統。光探測器廣泛應用於測距、通訊、定位、制導、遙感、工農業生產和科學研究中,以進行各種測量和控制。光資訊採集設備主要包括光電感測器、激光感測器以及紅外感測器。

(1)光電感測器

光電感測器是以光訊號為測量媒介、以光電器件為轉換元件的感測器,具有非接觸、響應快、靈敏度高、性能可靠、可以進行三維探測等特點。

光電感測器由光源、光通路、光電元件和測量電路四部分構成,如圖 3-11 所示。光源是光電感測器的一個重要組成部分,根據被測量對光源的不同控制方式,可以將光電感測器分為自源式和外源式兩種,自源式光電感測器的輸入光訊號由被測量本身提供,外源式光電感測器的輸入光訊號來自外部光源,被測量透過控制光源的變化來傳遞自身狀態的變化。光通路是光源進入光電轉換元件的通道。對於外源式光電感測器,待測量將在此處進入,透過自身的變化來引發外部光源的變化,從而實現對光源的控制。光電元件是光電轉換的核心,它基於光輻射與物質相互作用所產生的光電效應和熱電效應,把光訊號按一定的對應關係映射為電訊號。測量電路對光電元件輸出的訊號進行再處理,以進行儲存、傳輸或顯示等工作。光電感測器可應用於煙塵濁度監測儀中,選取可見光作光源,來獲取隨濁度變化的相應電訊號。條形碼系統中對商品資訊的檢測也是藉助光電掃描來實現數據識別的。

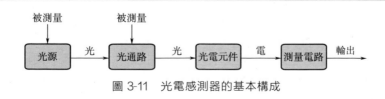

圖 3-11 光電感測器的基本構成

(2) 激光感測器

激光感測器是以激光作為光源，配以相應的光敏元件而構成的光電轉換裝置。它具有精度高、測量範圍大、檢測時間短、非接觸式等優點。能產生激光的設備為激光器，按激勵物質分類，激光器可以分為固體激光器、液體激光器、氣體激光器和半導體激光器。其中，固體激光器具有體積小、功率大的優點；液體激光器發出的激光波長在一定範圍內連續可調；氣體激光器的光學均勻性、單色性、相干性、穩定性都很好，且能連續工作，但輸出功率比固體激光器低；半導體激光器的效率高、體積小、重量輕、結構簡單，但輸出功率低。激光感測器常用於測量長度、位移、速度、振動等參數。

(3) 紅外感測器

紅外感測器是能將紅外光輻射量的變化轉化為電量變化的裝置，是紅外輻射技術的重要工具。紅外感測器可以分為紅外光電感測器和熱釋電紅外感測器兩大類。紅外光電感測器一般由光學系統、敏感元件、前置放大器和訊號調制器組成。光學系統是由根據光電效應製成的光電元件構成的光電轉換系統，其基本電路如圖 3-12 所示，其中 M 負責控制紅外光照射到光敏電阻上的時間和頻率；R_1 為光敏電阻，光照越強，阻值越低，測量光敏電阻兩端的電壓，即可知道紅外輻射光的功率大小。

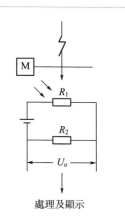

圖 3-12　紅外光電感測器電路

紅外感測器應用廣泛，例如，常應用於紅外測溫。紅外測溫具有非接觸式、響應速度快、靈敏度高、準確度高、應用範圍廣等諸多優點。此外，還可以應用於紅外氣體分析，該方法靈敏度高、響應速度快、精度高，並且可以連續分析和長期觀察氣體濃度的瞬時變化。

3.2.3　聲波資訊採集器

聲音是感知外界的重要媒介，透過聲音可以感知不同的事物。按頻率劃分，聲波可分為聲波、次聲波、超聲波和特超聲波。按聲源在介質中的施力方向與波在介質中的傳播方向，聲波可分為縱波、橫波和表面波。聲波具有多普勒效應、聲電效應和聲光效應。聲波資訊採集設備正是利用聲波的這三種效應製成的。聲波資訊採集器包括音響感測器、超聲波感測器、微波感測器和聲表面波感測器。

（1）音響感測器

音響感測器是能將氣體、液體和固體中傳播的機械振動變換成電訊號的器件或裝置。其種類繁多，廣泛應用於通訊領域，如電話話筒、錄音機和錄音話筒，以及醫用領域，如普通心音感測器和光纖心音感測器等。

（2）超聲波感測器

超聲波技術是透過超聲波產生、傳播及接收的物理過程完成的。超聲波具有聚束、定向及反射、透射等特點。超聲波感測器是實現聲電轉換的裝置，分為發射換能器和接收換能器，其中發射換能器是把其他形式的能量轉換為超聲波的能量，而接收換能器是把超聲波的能量轉換成易於檢測的電能量，故一個超聲波換能器既能發射超聲波，又能接收發射出去的超聲波回波。超聲波的應用分為透射式、分離反射式和反射式。其中，透射式用於遙控器、防盜報警器、自動門等；分離反射式用於測距、測量液位或料位等；反射式用於材料探傷、測厚檢測等。超聲波技術廣泛應用於冶金、船舶、機械、醫療等工業部門的超聲清洗、超聲焊接、超聲加工、超聲檢測和超聲醫療等方面。

（3）微波感測器

微波是頻率為 $300MHz\sim300GHz$ 的電磁波，其具有傳輸特性好、可定向輻射、介質對微波的吸收與介電常數成比例等特點。微波感測器是利用微波的反射或吸收特性制成的感測器件。首先，發射微波，當微波遇到被測物體時會被吸收或反射，因此微波的功率會發生變化，再由接收天線接收反射回來的微波，將其轉換為電訊號，經處理，即可顯示出測量資訊。微波感測器根據接收訊號的來源，可分為反射式和遮斷式。其中，反射式微波感測器是根據反射回的微波功率或收發時間差進行測量的，而遮斷式微波感測器是透過檢測收到的訊號功率大小來判斷被測物的資訊。微波感測器的應用有微波含水量檢測計、微波物位計等。

（4）聲表面波感測器

聲表面波是泛指沿表面或界面傳播的各種模式的波，不同的邊界條件和傳播介質可以激發不同模式的聲表面波。聲表面波感測器包括聲表面波振盪器電路與訊號檢測與處理電路，其中聲表面波振盪器電路是核心。透過測量振盪器頻率的變化，可以實現各種物理及化學量的測量。聲表面波感測器已廣泛應用於物理、化學、生物等訊號量的測量，如壓力、流速、位移、氣體、溫度、液體成分識別等。

3.2.4　圖像資訊採集器

圖像資訊採集器是利用光電器件的光-電轉化功能，將其感光面上的光訊號轉換為與光訊號成對應比例關係的電訊號「圖像」的一種功能器件。圖像資訊採

集器包括固態圖像感測器、紅外圖像感測器以及超導圖像感測器等。

（1）固態圖像感測器

固態圖像感測器是在同一半導體襯底上布設光敏元件陣列和電荷轉移器件而構成的集成化、功能化的光電器件，利用光敏元件的光電轉換功能，將投射到光敏單元上的光學圖像轉換成電訊號「圖像」，其核心是電荷轉移器件 CTD。固態圖像感測器一般包括光敏單元和電荷暫存器兩個部分。根據光敏元件排列形式不同，可將固態圖像感測器分為線型圖像感測器和面型圖像感測器。固態圖像感測器還具有體積小、重量輕、堅固耐用、抗衝擊、抗振動、抗電磁干擾能力強、耗電少、成本低以及再生圖像失真度極小等優點。但是，固態圖像感測器的解析度和圖像品質不高，且光譜響應範圍小。

（2）紅外圖像感測器

由於遙感技術多應用於 $5 \sim 10 \mu m$ 的紅外波段，但基於 MOS 器件的圖像感測器和 CCD 圖像感測器無法在這一波段工作，因此需要紅外圖像感測技術。紅外 CCD 圖像感測器，包括集成紅外圖像感測器和混合式紅外圖像感測器兩種。其中，集成紅外 CCD 固態圖像感測器是在一塊襯底上同時集成光敏元件和電荷轉移部件而構成的，整個片體要進行冷卻。而混合式紅外 CCD 圖像感測器的感光單元與電荷轉移部件相分離，工作時，紅外光敏單元處於冷卻狀態，Si-CCD 的電荷轉移部件工作於室溫條件。

（3）超導圖像感測器

超導感測器包括超導紅外感測器、超導可見光感測器、超導微波感測器、超導磁場感測器等。超導圖像感測器使用時要配以準光學結構組成的測量系統，來自電磁喇曼的被測波圖像通常用光學透鏡聚光，然後在感測器上成像。因此，在水平和垂直方向上微動感測器總是能夠探測空間的圖像。超導感測器的噪聲小，小到接近量子效應的極限，因此靈敏度極高。

3.2.5　化學資訊採集器

化學資訊採集器是將各種化學物質特性（如氣體濃度、空氣濕度、電解質濃度等）的變化，定性或定量地轉換成電訊號的感測器，廣泛應用於生物、工業、醫學、地質、海洋、氣象、國防、宇航、環境監測等領域。化學資訊採集器按檢測對象，可分為氣體感測器、濕度感測器和離子感測器。其中氣體和濕度感測器應用最為廣泛。

（1）氣體感測器

氣體感測器是用來測量氣體的類別、濃度和成分的感測器。由於氣體種類繁多，故氣體感測器的種類也很多。氣體感測器從結構上可以分為乾式和濕式兩大

類，利用固體材料構成的感測器為乾式氣體感測器，利用水溶液或電解質與電極感知待測氣體的都稱為濕式氣體感測器。半導體氣敏感測器屬於乾式氣體感測器，當氣體吸附於半導體表面時，引起半導體材料的總電導率發生變化，使得感測器的電阻隨氣體濃度的改變而變化。半導體氣敏感測器主用用來檢測氣體的成分和濃度。固定電位電解質氣敏感測器是由濕式氣敏元件構成的，當被測氣體透過隔膜擴散到電解液中後，不同氣體會在不同固定電壓作用下發生電解，透過測量電流的大小即可測得被測氣體的參數。

氣體感測器的特點：

① 能檢測到易爆氣體、有害氣體的允許濃度，並及時報警；

② 對其他氣體或物質不敏感；

③ 具有長期穩定性與可重複性；

④ 響應迅速，動態特性好；

⑤ 性價比高，使用方便，易於維護。

(2) 濕度感測器

濕度是指大氣中的水蒸氣含量，包括絕對濕度和相對濕度。絕對濕度指單位空間內水蒸氣的絕對含量，相對濕度指被測氣體中的水蒸氣壓和該氣體在相同溫度下飽和水蒸氣壓的百分比。濕度感測器是基於濕度敏感材料發生與濕度有關的物理或化學反應的原理制成的，它能夠將濕度量轉化為電訊號。濕度感測器的特徵參數主要有濕度量程、感濕特性曲線、靈敏度、溫度係數、響應時間、濕滯回線和濕滯溫差等。濕度感測器可以分為水分子親和力型和非水分子親和力型。其中，水分子親和力型主要包括電解質式濕度感測器、半導體陶瓷濕敏感測器和高分子濕敏感測器；非水分子親和力型包括微波濕度感測器、紅外濕度感測器等，它們能夠克服水分子親和力型濕敏感測器的響應速度慢、可靠性較差等缺點。

(3) 電子鼻

電子鼻是由多個性能彼此重疊的氣敏感測器和適當的模式分類方法組成的具有識別單一或複雜氣味能力的裝置，利用氣體感測器陣列的響應圖像來識別氣味。電子鼻主要由氣味取樣操作器、氣體感測器陣列和訊號處理系統三部分組成，其結構如圖 3-13 所示。其中，氣味感測陣列中的每個感測器對被測氣體都有不同的靈敏度，從而實現對不同氣味的識別。

圖 3-13　電子鼻結構

3.2.6　生物資訊採集器

生物資訊採集器就是以生物活性物質為敏感材料做成的感測器。這種感測器以生物分子去識別被測目標，然後將生物分子所發生的物理或化學變化轉變為相應的電訊號，予以放大輸出，從而得到檢測結果。生物資訊採集器[5]根據所用生物活性物質不同，可分為酶感測器、微生物感測器、免疫感測器、組織感測器、基因感測器、細胞感測器和生物芯片技術等。

（1）酶感測器

酶感測器是將酶作為生物敏感基元，透過各種物理、化學訊號轉換器，捕捉目標物與敏感基元之間反應所產生的與目標物濃度成比例關係的可測訊號，實現對目標物定量測定的分析儀器。酶感測器按照輸出訊號的不同可分為電流型和電位型，其中，電流型酶感測器的輸出訊號為電流訊號，而電位型酶感測器輸出的訊號為電位訊號。酶感測器的應用有葡萄糖感測器、氨基酸感測器以及尿素感測器等。酶作為生物感測器的敏感材料，已經有許多應用，但是由於酶的價格比較昂貴並且不夠穩定，因此應用受到了一定的限制。

（2）微生物感測器

微生物感測器是以活的微生物作為敏感材料，利用其體內的各種酶及代謝系統來測定和識別相應底物，通常使用的微生物為細菌和酵母菌。與酶相比，微生物感測器構造簡單，更經濟，且耐久性也很好。微生物感測器包括固定的微生物膜和電化學裝置。微生物的主要固定方法有吸附法、包埋法、共價交聯法等。

（3）免疫感測器

免疫感測器就是利用固定化抗體（或抗原）膜與相應的抗原（或抗體）的特異反應來測定物質的檢測裝置。免疫感測器由生物敏感元件、換能器和訊號數據處理器三部分組成。其中，生物敏感元件是固定抗原或抗體的分子層；換能器用於識別分子膜上進行的生化反應轉化成光/電訊號；訊號處理器將電訊號放大、處理、顯示或記錄下來。與傳統的生物感測器相比，免疫感測器的優點：靈敏度高、不易受干擾、檢測時間短、成本低、方便輕巧、操作簡單等。

（4）基因感測器

基因感測器的基本原理是，透過固定在感測器表面上的已知核苷酸序列的單鏈 DNA 分子和另一條互補的 ssDNA 分子雜交形成雙鏈 DNA，從而產生一定的物理訊號，由換能器反映出。根據資訊轉換手段，可將基因感測器分為電化學式、壓電式、石英晶體振盪器品質式、場效應管式、光尋址式及表面等離子諧振光學式 DNA 感測器。基因感測器大大縮短了對目的 DNA 的測量時間，避免了

放射性標記的危險，節約了電泳操作時間，具有操作簡單、無污染、靈敏度高、選擇性好，且既可定性又可定量等優點。因此，基因感測器的應用前景好，如應用於病毒感染類疾病的診斷和基因遺傳病的診斷。

（5）生物芯片技術

生物芯片技術就是利用核酸分子雜交、蛋白親和原理，透過螢光標記技術檢測雜交或親和與否，迅速獲得所需資訊，其本質是生物訊號的平行分析。生物芯片分為 DNA 芯片、蛋白質芯片以及芯片實驗室。DNA 芯片是用螢光標記的待測樣品與有規律地固定在芯片片基上的大量探針，按碱基配對原理進行雜交，透過激光共聚焦螢光檢測系統對芯片進行掃描，使用電腦進行螢光訊號強度的比較和檢測。蛋白質芯片技術是利用蛋白質分子間的親和作用，檢測樣品中存在的特異蛋白。芯片實驗室是一種最理想的生物芯片，它包含了運算電路、顯示器、檢測以及控制系統，因此是一個微型化、無污染、全功能的「實驗室」，在該「實驗室」內可以一次性地完成芯片製備、樣品處理、靶分子和探針分子的雜交，以及訊號的檢測、分析。芯片實驗室具有體積小、易攜帶、防污染等優點。

3.2.7 智慧感測器

智慧感測器[6] 就是帶微處理器、兼有資訊檢測和資訊處理功能的感測器，是透過模擬人的感官和大腦的協調動作，結合長期以來測試技術的研究和實際經驗而提出來的，是一個相對獨立的智慧單元。智慧感測器一般由主感測器、微處理器和訊號調理電路三部分組成。其中，微處理器是核心，對測量數據進行計算、儲存、處理，同時，還可以透過反饋回路對感測器進行調節。主感測器將被測量轉換成相應的電訊號。而訊號調理電路對物理量轉換成的電訊號進行濾波、放大、轉換，然後送入微處理器中進行處理。

智慧感測器既具有「感知」能力，又具有「認識」能力，其主要功能有：

① 數據處理功能　根據已知參數求出未知參數，放大訊號，將訊號數位化，從而實現自動調零、自動平衡、自動補償、自選量程；

② 自動診斷功能　可對感測器進行自檢，及時發現故障，並給予操作提示；

③ 軟體組態功能　使用者可以透過微處理器頒布指令，改變智慧感測器硬體模塊和軟體模塊的組合狀態完成不同的功能，從而實現不同的應用；

④ 介面功能　智慧感測器採用標準化介面，由遠距離中央控制電腦來控制整個系統工作；

⑤ 人機對話功能　將電腦、智慧感測器、檢測儀表組合在一起，再加上顯示裝置和輸入鍵盤，從而使系統能夠進行人機對話；

⑥ 資訊儲存和記憶功能　能把測量參數、狀態參數透過 MM 和 EEPROM

進行儲存，同時配有備用電源，防止數據丟失。

智慧感測器系統的層次結構如 3-14 所示。

圖 3-14 智慧感測器系統的層次結構

其中，底層的各類感測器組從外部目標收集資訊，其功能為感測與訊號規範化、分布並行過程；中間層實現訊號的中間處理功能，如合成來自於底層的多重感測器訊號以及調整感測器的參數，從而優化整個系統的性能；頂層實現最高級的智慧資訊處理，實現整體控制中央集中處理。智慧感測器系統的實現方式有三種：非集成化實現、集成化實現和混合實現。其中，非集成化智慧感測器是將傳統的經典感測器、訊號調理電路、帶數位總線介面的微處理器組合為一整體而構成的一個智慧感測器；集成化實現利用硅作為基本材料來製作敏感元件訊號調理電路、微處理器單元，並把它們集成在一塊芯片上；而混合實現則根據需要將系統各個集成化環節以不同的組合方式集成在兩塊或三塊芯片上，並裝在一個外殼裏。

典型的智慧感測器有網路化智慧感測器，它將通訊技術、感測器技術和電腦技術融合，從而實現資訊的採集、傳輸和處理的統一。智慧微塵感測器的每一粒微塵都是由感測器、微處理器、通訊系統和電池組成，自由組網，相互定位，收集數據和傳遞資訊，廣泛應用於軍事、防災、建築物安全檢測等領域。多路光譜分析感測器可裝在人造衛星上對地面進行多路光譜分析、數據測量，再由 CPU 直接進行分析和統計處理，最後輸出有關被測物的情報。

3.3 感測網

無線感測器網路 （Wireless Sensor Network，WSN） 是由感測器節點，透過無線通訊技術自組織構成的網路。WSN 是通用的，無論它們是由固定還是行動感測器節點組成，都可以部署在許多不同的情況下支援各種各樣的應用。這些感測器的部署方式取決於應用的性質。例如，在環境監測應用中，感測器節點通常以自組織方式部署，這樣就能覆蓋需要監視的特定區域（例如 C1WSN）。在與醫療保健相關的應用中，智慧可穿戴無線設備和生物兼容感測器可以連接到或植入人體內，以監測受監視患者的生命體徵。感測器節點一旦部署，便自動組織成一個自治的無線自組織網路，該網路幾乎不需要維護。然後，感測器節點合作

執行它們所部署的應用的任務。

儘管感測器應用的目標不一致，但無線感測器節點的主要任務是感知和收集目標領域的數據，處理數據，並將資訊傳回底層應用所在的特定站點。若要有效地完成這一任務，則需要開發一種節能路由協議，以便在感測器節點和數據接收器之間建立路徑。路徑選擇必須使網路的生命週期最大化。感測器節點通常運行的環境特性，加上嚴重的資源和能量限制，使得路由問題非常具有挑戰性。

WSN 中面臨的挑戰如下。

（1）能量限制

與感測器網路設計相關的最常見的約束，是感測器節點在有限的能量預算中運行。通常，它們透過電池供電，電池在耗盡時必須更換或充電（如使用太陽能發電）。對於某些節點，這兩個選擇都不合適，也就是說，一旦能量耗盡，它們將直接被丟棄。電池能否充電，對能量消耗策略影響很大。對於不可充電的電池，感測器節點應該運行到任務結束或者可以更換電池之時。任務時間的長度取決於應用的類型，例如，監測冰川運動的科學家可能需要運行數年的感測器，而戰場情景中的感測器也許只需要運行幾個小時或幾天，因此，WSN 的第一個也是最重要的設計挑戰是能量效率。

（2）計算能力和儲存能力限制

網路節點的微型化在嚴重的能量限制下，感測器節點的計算、儲存和通訊能力有限。同時，設計感測器節點需要以最小的複雜度進行大規模部署來降低成本，從而導致可用邏輯門、隨機訪問儲存器、只讀儲存器數量的減少，微處理器時鐘頻率的降低以及可用並行處理器的縮減。

（3）安全性限制

許多 WSN 收集敏感資訊，感測器節點的遠程和無人操作，增加了惡意入侵和攻擊的風險。此外，無線通訊使攻擊者很容易竊聽感測器傳輸。最具挑戰性的安全威脅之一，是拒絕服務攻擊，其目標是破壞感測器網路的正確操作。這可以透過多種攻擊來實現，其中包括干擾攻擊，即用高功率無線訊號來阻止感測器的成功通訊，後果可能很嚴重，並且取決於感測器網路應用程式的類型。儘管分布式系統有許多技術和解決方案用於防止攻擊或控制此類攻擊的範圍和破壞，但有很多會引發大量的計算、通訊和儲存需求，而這些需求通常不能在資源受限的感測器節點中得到滿足。因此，感測器網路需要新的解決方案，用於密鑰建立和分發、節點認證以及保密。

（4）網路拓撲經常變化

感測器節點常分布在地理環境惡劣的區域，易受到風、雨、雷、電等自然環境的影響，造成部分節點的失效。因此，需要安排冗餘節點提高可靠性，或者隨

時加入新節點代替故障節點，保證感測器網路持續精確地工作。節點的失效、加入、行動都會改變網路拓撲，故網路必須能自組織，以保持持續工作以及動態響應變化的網路環境。

3.3.1　節點結構

WSN 節點通常由感測子系統、處理子系統、通訊子系統和電源子系統四部分組成。其中，感測子系統負責對感知對象的資訊進行採集和數據轉換；處理子系統用於儲存、處理感測到的數據以及感測器其他節點發來的數據，包括微控制器、數位訊號處理器、專用集成電路和現場可編程門陣列；通訊子系統負責實現感測器節點之間以及感測器節點與使用者節點之間的通訊；電源子系統為所有其他子系統提供直流電源以偏置其有源元件（如晶體振盪器、放大器、暫存器和計數器）。此外，電源子系統還提供直流轉換器，使每個子系統都能獲得適量的偏置電壓。以下對前三個部分進行詳細介紹。

（1）感測子系統

感測子系統集成了一個或多個物理感測器，並提供一個或多個模數轉換器以及多路複用機制來共享它們。感測器將虛擬世界與物質世界連接在一起。感知物理現象並不是什麼新鮮事，中國天文學家張衡在西元 132 年就發明了候風地動儀，它是用來測量季風的大小和地球的運動，同樣，磁力計的使用也已超過 2000 年。但是微機電系統的出現使得感測器變得普通，如今，有很多能以低廉的價格測量和量化物理屬性的感測器。

一個物理感測器包含一個轉換器，它將一種形式的能量轉換為另一種形式，通常轉換為電能（電壓）。該轉換器的輸出是一個模擬訊號，作為時間函數，它具有連續的幅值。因此，需要一個模數轉換器來連接感測子系統和數位處理器。

模數轉換器將感測器的輸出（一個連續模擬訊號）轉換為數位訊號。此過程需要兩步。

① 量化模擬訊號（即將連續值訊號轉換為在時間和幅度上都是離散的離散值訊號）。在這個階段，最重要的決策是確定離散值的個數。這一決策又受兩個因素的影響：（a）訊號的頻率和幅度；（b）可用的處理和儲存資源。

② 採樣頻率。在通訊工程和數位訊號處理中，該頻率由奈奎斯特率決定。然而在 WSN 中，光有奈奎斯特速率是不夠的，由於噪聲的緣故，需要進行過採樣。

第一步產生的主要後果是量化誤差，第二步則是混疊。

在其他方面，模數轉換器是根據其解析度指定的，該解析度表示可以用來編碼數位輸出的位數。例如，解析度為 24 位的模數轉換器可以表示 16 777 216 個

不同的離散值。由於大多數微機電系統感測器的輸出都是模擬電壓，故模數轉換器的解析度也可以用電壓表示。模數轉換器的電壓解析度等於其總電壓的測量範圍除以離散間隔數，也就是：

$$Q = \frac{E_{PP}}{2^M} \tag{3-1}$$

其中，Q 是每級電壓的解析度（伏特/輸出碼）；E_{PP} 是峰間值模擬電壓；M 是模數轉換器的解析度位數。這裏的 Q 表明離散值之間的間隔是均勻的，但實際上並非如此，在大多數模數轉換器中，最低有效位以 0.5 倍 Q 的函數變化，最高有效位以 1.5 倍 Q 的函數變化，而中間位的解析度則為 Q。

在選擇模數轉換器時，對所監控的過程或活動有所了解很重要。對於一個工業過程，其熱性能範圍為－20～＋80℃。物理感測器以及模數轉換器的選擇取決於所需的熱變化類型，例如，如果需要 0.5℃ 的變化，則解析度為 8 位的模數轉換器就足夠了；如果需要 0.0625℃ 的變化，則模數轉換器的解析度應為 11 位。

（2）處理器子系統

處理器子系統匯集了所有其他子系統和一些額外的外圍設備，其主要目的是處理（執行）有關感知、通訊和自組織的指令。它包括處理器芯片、用於儲存程式指令的非易失性儲存器（通常是內部快閃記憶體）、用於臨時儲存感測數據的有效內存以及內部時鐘等。

儘管現有的多種處理器可用於建構無線感測器節點，但是必須謹慎選擇，因為它會影響節點的成本、靈活性、性能和能耗。如果從一開始就定義好了感測任務，並且隨著時間的推移不改變，設計者便可以選擇現場可編程門陣列或數位訊號處理器。這些處理器在能耗方面非常高效，並且對於大多數簡單的感測任務，它們是足夠的。然而，由於這些不是通用的處理器，因此設計和實現過程可能會複雜且代價高。在許多實際情況下，感測目標會改變或者需要進行修正。此外，運行在無線感測器節點上的軟體，可能需要偶爾更新或遠程調試，這些任務在運行時需要大量的計算和處理空間。在這種情況下，特殊用途的節能處理器並不合適。目前大多數感測器節點都使用微控制器。除了剛才所提到的一些理由外，還因為無線感測器網路是新興技術，研究團隊仍在積極研究發明節能通訊協議和訊號處理算法，而這需要動態代碼的安裝和更新，故微控制器是最好的選擇。資源受限處理器的一個主要問題是算法的有效執行，因為這需要從內存中傳輸資訊，包括程式指令和需要處理或操作的數據。例如，在無線感測網路中，數據來源於物理感測器，程式指令與通訊、自組織、數據壓縮和聚合算法有關。

處理器子系統可以採用三種基本的電腦體系結構中的一種來設計：馮·諾依曼、哈佛和超哈佛。馮·諾依曼體系結構有供程式指令和數據使用的單個內存空

間，它提供了一條總線，用於在處理器和內存之間傳輸數據。這種體系結構的處理速度相對較慢，因為每次數據傳輸都需要單獨的時鐘。圖 3-15 為馮諾依曼體系結構的簡化視圖。

哈佛體系結構為程式指令和數據的儲存提供了獨立的內存空間，從而修改了馮·諾依曼體系結構。每個內存空間用一個單獨的數據總線與處理器交互，便可以同時訪問程式指令和數據。除此之外，該結構還支援特殊的單指令多數據流操作、特殊算術運算和位反向尋址。它可以輕鬆支援多任務操作系統，但沒有虛擬內存或內存保護。圖 3-16 為哈佛架構。

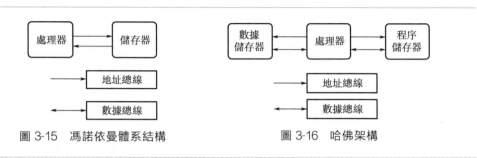

圖 3-15　馮諾依曼體系結構　　　　圖 3-16　哈佛架構

下一代處理器結構是超哈佛體系結構，其中最著名的是 SHARC。超哈佛體系結構是哈佛系統的延伸，增加了兩個基本組件，並在處理器子系統中提供了訪問 I/O 設備的其他方式。其中一個組件是內部指令緩存，可以增強處理器單元的性能。它可以用來臨時儲存經常使用的指令，從而減少了反覆從程式內存中提取指令的需要。此外，該架構還允許使用未充分利用的程式內存作為數據的臨時遷移位置。在 SHARC 中，外部 I/O 設備可以透過 I/O 控制器直接與儲存器單元連接。該配置使得數據能夠直接從外部硬體傳輸到數據儲存器中，而不需要涉及微控制器，稱為直接儲存器訪問。直接儲存器訪問是可取的，有兩個原因：

① 昂貴的 CPU 週期可以投入到不同的任務中；

② 可以從芯片外部訪問程式儲存器總線和數據儲存器總線，為片外儲存器和外設提供了額外的介面。

圖 3-17 為 SHARC 架構。

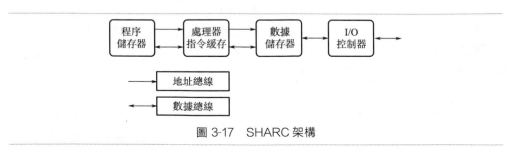

圖 3-17　SHARC 架構

　　微控制器是單個集成電路上的電腦，由相對簡單的中央處理單元和附加組件，如高速總線、儲存單元、看門狗定時器、外部時鐘組成。微控制器集成在許多產品和嵌入式設備中。如今，電梯、通風機、辦公設備、家用電器、電動工具和玩具等簡單的系統，普遍使用微控制器。微控制器的組件包括：

　　① 一個 CPU 內核，範圍從 4 位到 32 位或 64 位；

　　② 用於數據儲存的易失性儲存器；

　　③ 用於儲存相對簡單的指令程式代碼的 ROM、EPROM、EEPROM 或快閃記憶體；

　　④ 並行 I/O 介面；

　　⑤ 離散輸入和輸出位，允許控制或檢測單個封裝引腳的邏輯狀態；

　　⑥ 時鐘發生器，通常是一個具有石英定時晶體的振盪器；

　　⑦ 一個或多個內部模數轉換器；

　　⑧ 串行通訊介面，例如串行外設介面和用於互連系統外設的控制器局域網（如事件計數器、定時器和監視器）。

　　由於微控制器具有編程靈活性，所以可以在其他類型的小規模處理器上使用。其結構緊湊，體積小，功耗低，成本低，適合建構計算量小、獨立的應用。大多數商用的微控制器都可以使用匯編語言和 C 程式設計語言進行編程。使用高級的編程語言，可以提高編程速度並簡化調試。在開發環境中，可以抽象出微控制器的所有功能，這使得應用程式開發人員不需要對硬體有較高的了解，就可以編程微控制器。然而，微控制器並沒有像數位訊號處理器和現場可編程門陣列這樣的定制處理器一樣強大和高效。此外，對於感知任務簡單但是需要大規模部署的應用（如精細農業和活火山監測），人們可能更喜歡使用結構簡單但能量和成本效益高的處理器，如專用集成電路。

　　數位訊號處理使用數位濾波器處理離散訊號。這些濾波器將噪聲對訊號的影響減至最小，或者選擇性地增強或修改訊號的頻譜特性。數位訊號處理主要需要簡單的加法器、乘法器和延遲組件。數位訊號處理器是一種專用的微處理器，以極高的效率執行複雜的數學運算，每秒處理數億個採樣，並具有實時性。大多數商用數位訊號處理器都是採用哈佛體系結構設計的。強大而複雜的數位濾波器可以用普通的數位訊號處理器實現，這些濾波器在訊號檢測和估計方面表現非常好，兩方面都需要大量的數值計算。數位訊號處理器對於那些需要在惡劣物理環境中部署節點的應用程式也很有用，因為在這種環境中，訊號傳輸可能會因噪聲和干擾而遭受破壞。

　　專用集成電路（Application-Specific Integrated Circuit，ASIC）是為特定應用而定制的集成電路，有兩種設計方法：全定制和半定制。ASIC 結構由單元和

金屬互連而成。單元是邏輯功能的抽象，而邏輯功能由有源組件（晶體管）物理實現。當其中幾個單元由金屬相互連接時，它們便構成了專用集成電路。單元的製造已經成熟，有一個由低級邏輯功能集合組成的標準單元庫，包括基本的門（和、或、反）、數據多工器、加法器和觸發器。由於標準單元大小相同，因此可以將它們排列成行來簡化自動數位布局的過程。使用單元庫中預定義的單元使得 ASIC 設計過程更加容易。在全定制的集成電路中，一些（可能全部）邏輯單元、電路或布局都是定制的，旨在優化單元性能（如執行速度）並包羅標準單元庫未定義或支援的特性。全定制 ASIC 價格昂貴且設計時間長，而半定制 ASIC 則是採用標準庫中可用的邏輯單元建構的。與微控制器不同，ASIC 可以很容易地設計和優化以滿足特定的客户需求。即使是半定制設計，也可以在單個單元中設計多個微處理器內核和嵌入式軟體。此外，既然全定制的 ASIC 成本高，開發人員也可以採用混合方法（全定制和標準單元設計）來控制大小和執行速度，因此，有可能設計出最佳的性能和成本。典型的缺點包括設計困難、可重構性不足、開發成本通常較高。ASIC 在 WSN 中最合適的角色不是替代控制器或者數位訊號處理器，而是對它們進行補充。一些子系統可以集成定制的處理器來處理初級和低級任務，並將這些任務與主處理子系統分離。例如，一些通訊子系統用嵌入式處理器內核傳輸，以提高接收訊號的品質、消除噪聲和執行循環冗餘校驗。這些類型的專用處理器可以透過 ASIC 來有效實現。

現場可編程門陣列（Field Programmable Gate Arrays，FPGAs）和 ASIC 的基本結構基本相同，但 FPGA 在設計上更為複雜，編程更靈活。以（重新）編程和可重構性方面為重點，FPGA 的典型特徵總結如下：

① 在 FPGA 中，沒有定制的防護層；

② FPGA 包括一些可編程邏輯組件或邏輯塊，如四輸入查找表、觸發器和輸出塊；

③ 有明確的方法來編寫基本的邏輯單元和互連；

④ 在生成配置實例的基本邏輯單元周圍有一個可編程互連矩陣；

⑤ 在核心周圍有可編程的 I/O 單元。

FPGA 透過修改封裝的部件進行電氣編程，該過程可能需要幾毫秒到幾分鐘，這取決於編程技術和部件的大小。編程是在電路圖和硬體描述語言的支援下完成的，如 VHDL 和 Verilog。與 DSP 相比，FPGA 具有更高的頻寬，應用更加靈活，可以支援並行處理。DSP 和微控制器可以合成內部模數轉換器，但 FPGA 並不能。與 DSP 類似，FPGA 能夠進行浮點運算。此外，FPGA 將其處理速度暴露給應用程式開發人員，從而使其具有更大的控制靈活性。但另一方面，FPGA 很複雜，且設計和實現過程代價高昂。

如果設計目標是實現靈活性，那麼微控制器是使用首選。如果註重能耗和計算效率，則應優先使用其他方法。雖然微控制器內存有限，但內存容量正在穩步提高。相比之下，數位訊號處理器價格昂貴，體積大，靈活性差。FPGA 比微控制器和數位訊號處理器都快，並支援並行計算。在 WSN 中，由於感應、處理和通訊應該同時進行，所以 FPGS 很有用處。然而，它們的生產成本和編程難度使其不太可取。ASIC 具有更高的頻寬，尺寸最小，性能更好，消耗的功率比任何其他處理類型都少。主要缺點是設計過程複雜導致生產成本高，通常生產量較低且可重用性降低。在多個應用程式可以並行運行的多核系統的應用中，性能可以得到提高，故將 ASIC 集成到其他子系統中，當主處理器子系統空閒被關閉時，基本的任務可以由更高效的 ASIC 執行。

（3）通訊介面

由於選擇正確類型的處理器對於無線感測器節點的性能和能量消耗至關重要，因此子組件與處理器子系統互連的方式也至關重要。

在無線感測器節點的子系統之間，快速高效的數據傳輸，對於它所建立的網路的整體效率至關重要。然而，節點的實際大小限制了系統總線。雖然並行總線的通訊速度要比串行總線快，但是並行總線需要更多的空間。再者，並行總線需要為同時傳輸的每一位提供一條專用線，而串行總線只需要一條數據線。並且，由於節點的大小，節點設計中不支援並行總線。因此，通常選擇串行介面，如串行外設介面、通用輸入/輸出、安全數據輸入/輸出、內部集成電路和通用串行總線。其中最常用的總線是串行外設介面（Serial Peripheral Interface，SPI）和內部集成電路（Inter-Integrated Circuit，I^2C）。

SPI 是一條高速、全雙工、同步串行總線。SPI 總線定義了 4 個引腳：MOSI、MISO、SCLK 和 CS。有些製造商將 MOSI 稱為 SIMO，將 MISO 稱為 SOMI，但語義相同。同樣，CS 有時被稱為 $\overline{SS}$。顧名思義，當設備配置為主機時，MOSI 用於將數據從主機傳輸到從機。當設備配置為從機時，該端口用於接收來自相應主機的數據。MISO 端口的語義與之相反。主機使用 SCLK 發送同步傳輸所需的時鐘訊號，並由從機讀取此訊號。每次通訊都是由主機發起，主設備透過 CS 端口發訊號，通知其要通訊的從機。由於 SPI 是一個單一的主總線，所以微控制器被默認為無線感測器節點中的主設備，因此，組件不能直接相互通訊，而只能透過微控制器進行通訊——例如，透過該配置，模數轉換器不能直接向 RAM 發送採樣數據。

主機和從設備都有移位暫存器，在大多數情況下，這些是 8 位暫存器，但是也允許有不同的大小。這些暫存器通常在一個環形 16 位移位暫存器中連接。假設首先傳輸 MSB，在傳輸週期內，主機發送的 MSB 被插入到從機的 LSB 暫存器中，而在同一週期中，從機的 MSB 被轉移到主機的 LSB 中。在發送所有字節

後，從機的暫存器包含主機的字，而主機擁有從機的字。

由於主、從機構成了一個常用的移位暫存器，故每次傳輸中的每個設備都必須讀取和發送數據。對於不提供反饋的設備（例如 LC 顯示器不提供狀態或錯誤消息）或者不需要輸入數據的設備（某些設備根本不接受任何命令），需要將偽字節添加到移位暫存器中。

SPI 支援同步通訊協議，因此，主機和從機必須在時間上達成一致。為此，主機根據從機的最大時鐘速度設置時鐘——用主機的波特率發生器讀取從機的時鐘，並透過將讀取速度除以內部定義的值來計算主機的時鐘。除此之外，主、從機還應就兩個附加參數達成一致，即時鐘極性和時鐘相位。時鐘極性定義了是否在高或低的活動模式下使用一個時鐘，時鐘相位確定了暫存器中的數據允許改變的時間以及寫入的數據可以被讀取的時間。

I^2C 是一條多主機半雙工同步串行總線（圖 3-18）。I^2C 只使用兩條雙向線路（不同於 SPI 使用 4 條線路），其目的是透過適應較低的傳輸速度來最大限度地降低系統內連接設備的成本。I^2C 定義了兩種速度模式：快速模式，位元速率高達 400Kbps；高速模式（簡稱 Hs 模式），支援高達 3.4Mbps 的傳輸速率。

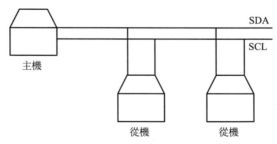

圖 3-18　I^2C 串行總線與設備連接

由於標準沒有指定 CS 或 $\overline{SS}$ 端口，所以使用 I^2C 的每個設備類型都必須具有唯一的地址，該地址將用於與設備通訊。在早期版本中，使用了 7 位地址，能夠對 112 個設備進行尋址（保留 4 位），但隨著設備數量的增加，該地址空間已經不足。目前 I^2C 使用 10 位尋址。在舊協議中，主設備標示起始狀態併發送從機的 7 位地址，然後主機表達讀寫意願，從機發送確認，之後，數據發送器發送一個 1 字節（8 位）的數據，由接收器確認。如果仍然有要發送的數據，則發送器繼續發送，接收器繼續進行確認。最後，主機提出停止標誌（停止狀態）來表示通訊的結束。在新協議中，引入了以 11110 開頭的 10 位尋址方案。第一個字節的最後兩個地址位與第二個字節的 8 位連接起來，構成了 10 位地址。僅使用

7 位尋址的設備只需忽略帶有前導 11110 的資訊。

正如前面所述，I^{2}C 提供了兩條線路：串行時鐘和串行數據分析器。Hs 模式設備有額外的端口，它們是 SDAH 和 SCLH。由於每個主機都會生成自己的時鐘訊號，所以通訊設備必須同步它們的時鐘速度。如果沒有，則較慢的從設備可能會錯誤地檢測其在串行數據分析器線上的地址，而較快的主設備將數據發送到第三個設備。除了時鐘同步之外，I^{2}C 同時還要對需要收發數據的主設備進行仲裁。I^{2}C 沒有明確定義任何公平的仲裁算法，而只要哪個主機能夠保持串行數據分析器低電平的時間最長，則可以獲得對總線的控制權。此外，I^{2}C 使設備能夠以字節級讀取數據，以實現快速通訊。然而，這可能需要更多時間來儲存接收的字節，在這種情況下，設備可以保持串行時鐘低位，直到它完成讀取或發送下一個字節。這種類型的時鐘同步稱為握手。

總線是在處理器子系統和其他子系統之間傳輸數據的基本路線。由於大小問題，無線感測器節點只使用串行總線，這些總線需要高時鐘速度才能獲得與並行總線相同的吞吐量。然而，總線也可能是瓶頸，尤其是在馮·諾依曼體系結構中，因為同一總線既用於數據也用於指令。而且，隨著處理器速度的成長，總線也不能很好地擴展，例如，其最新版本的 I^{2}C 限制在 3.4MHz，而最常用的微控制器系列 TI MSP430x1xx 系列的時鐘頻率為 8MHz。如果某些設備行為不公正，並且占用總線，那麼因爭奪總線而產生的延遲便成為關鍵。例如，如果 I^{2}C 被認為適合「分組」通訊，並且優先考慮需要交換時間關鍵數據的組件，那麼它便允許從設備延長時鐘訊號。

3.3.2 網路結構

WSN 通常包括無線感測器節點、網路協調器和中央控制點。感測器節點將監測的數據沿著其他感測器節點逐跳地與目的地進行傳輸，在傳輸過程中這些數據可能被別的節點處理以提高傳輸效率。數據經過多跳後被路由到網路協調器，最後到達中央控制點，在中央控制點數據被處理並為不同的使用者提供服務。無線感測器不僅具有感測元件，還具有機載處理、通訊和儲存能力。因此，一個感測器節點常常不僅負責數據收集，還負責網路內分析、相關和融合其自身的感測器數據以及來自其他感測器節點的數據。當許多感測器合作監測大範圍的物理環境時，它們構成的 WSN 節點不僅彼此通訊，還使用無線電與基站進行通訊，將它們的感測器數據傳播到遠程處理、可視化、分析和儲存系統。例如，圖 3-19 顯示了兩個感測器部署區域，它們分別監測了兩個不同的地理區域並使用其基站連接到網路。

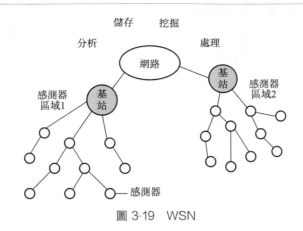

圖 3-19　WSN

　　網路結構有三種：星狀網、網狀網及混合網。無線感測器與基站進行通訊的方式有單跳和多跳。如圖 3-20 所示，這是一個星狀拓撲結構，在該拓撲中，每個感測器節點使用單跳與基站直接通訊。基站除了向各節點傳輸數據和命令外，還與網際網路等更高層系統之間傳輸數據。各節點將基站作為一個中間點，相互之間並不傳輸數據或命令。星狀網整體功耗最低，但節點與基站間的傳輸距離有限，通常只有 10～30m。

　　然而，感測器網路往往覆蓋大的地理區域，因此，多跳通訊是感測器網路中比較常見的情況。圖 3-21 所示是一種網狀拓撲結構，在該拓撲中，所有無線感測器節點都相同，而且直接互相通訊，與基站進行數據傳輸和相互傳輸命令，也就是說，感測器節點不僅要獲取和傳播自己的數據，還要充當其他感測器節點的中繼。因此，它的容故障能力較強，傳輸距離遠，但功耗也更大，因為節點必須一直「監聽」網路中某些路徑上的資訊和變化。

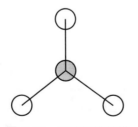

圖 3-20　星狀拓撲結構

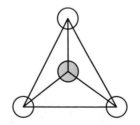

圖 3-21　網狀拓撲結構

　　混合網將星狀網與網狀網相結合，使得其兼具星狀網的簡潔和低功耗以及網狀網的長傳輸距離和自愈性等優點，如圖 3-22 所示。在該網路拓撲中，路由器

和中繼器組成網狀結構，感測器節點分布在它們的周圍形成星狀結構。中繼器延長了網路傳輸的距離，並提供了容故障能力，而感測器節點的星狀分布則降低了能耗。

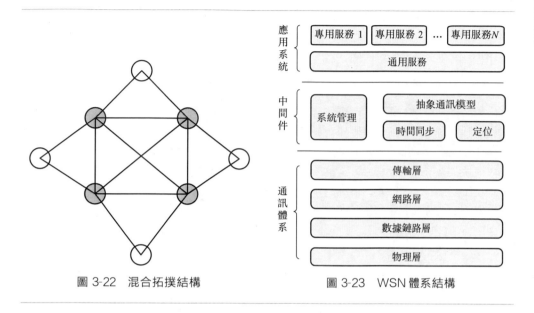

圖 3-22　混合拓撲結構　　　　　圖 3-23　WSN 體系結構

3.3.3　體系結構

　　WSN 的體系結構按功能可以劃分為通訊體系、中間件和應用系統，如 3-23 所示。其中，通訊體系主要用於組網與通訊，包括 OSI 模型中的物理層、數據鏈路層、網路層和傳輸層。中間件的功能包括時間同步、定位、系統管理和抽象的通訊模型等，主要用於提供低通訊開銷、低成本、動態可擴展的核心服務。應用系統用於提供節點與網路的服務介面。面向通用系統提供一套通用的服務介面，而面向專用系統則提供不同的專用服務。下面將對物理層、數據鏈路層、網路層、傳輸層和中間件技術進行詳細介紹。

3.3.4　物理層

　　物理層的主要工作是負責頻段的選擇、載頻生成、訊號檢測、訊號的調制以及數據的加密，並且比較延遲、散布、遮擋、反射、繞射、多路徑和衰減等頻道參數，為路由及重構提供依據。在設計物理層時，降低能耗是最重要的一個問題。為了降低能耗，感測器網路應該採用收發功耗極低的無線設備，同時利用多跳方式來進行長距離傳輸。因為在端對端距離相同的情況下，如果每個鏈路採用

有限的傳輸功率，則採用多鏈路傳輸所產生的功耗比直接在一個長鏈路中傳輸資訊的所需的能量低。ZigBee 技術是為低速率感測器和控制網路設計的標準無線網路協議棧，最符合 WSN 的標準。除此之外，單個節點的占空比的降低會直接影響網路性能，因此，這也是物理層設計需要考慮到的問題。

3.3.5　數據鏈路層

OSI 參考模型的第二層為數據鏈路層。在 WSN 中，數據鏈路層用於建構底層的基礎網路結構，控制無線頻道的合理使用，通常提供的主要服務有介質訪問控制（medium access control，MAC）、錯誤控制、數據流選通、數據幀檢測以及確保可靠的點到點或點到多點連接。數據鏈路層又分為邏輯鏈路控制層和介質訪問控制（medium access control，MAC）層。MAC 層直接在物理層的頂部運行，從而完全控制介質，它的主要功能是判定節點何時訪問共享介質，並解決競爭節點之間的所有潛在衝突。MAC 層還負責糾正物理層上的通訊錯誤，以及執行其他活動，如傳輸數據包、尋址和流量控制。

現有的 MAC 協議可以根據控制介質訪問的方式進行分類。圖 3-24 顯示了這樣一個分類的示例。大多數 MAC 協議屬於無競爭或基於競爭的協議類別。在第一類中，MAC 協議提供了一種介質共享方法，確保在任何給定時間內只有一個設備訪問無線介質。該類別可以進一步分為固定分配和動態分配，指示時隙預留是固定的還是按需的。與無競爭技術相比，基於競爭的協議允許節點同時訪問

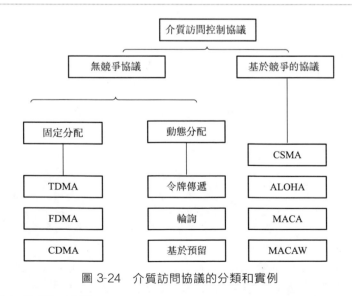

圖 3-24　介質訪問協議的分類和實例

介質，但是提供了減少衝突數量並從這種衝突中恢復的機制。一些 MAC 協議不適合這種分類，因為它們同時具有了無競爭和基於競爭的技術的特徵。這些混合方法通常旨在繼承這些主要類別的優點，同時最大限度地減少其弱點。

對於無競爭介質訪問，衝突可以透過將資源分配給節點來避免，這樣每個節點就可以單獨使用自己的資源。例如，頻分多址（frequency division multiple access，FDMA）協議就是共享通訊介質最古老的方法之一。在 FDMA 中，頻帶分成若干個較小的頻段，用於兩個節點之間的數據傳輸，而其他可能干擾該傳輸的節點則使用不同的頻段。類似地，時分多址（time division multiple access，TDMA）協議允許多個設備使用相同的頻帶，但是它使用由固定數量的傳輸時隙組成的週期性時間窗（稱為幀）來分離不同設備的介質訪問。時間調度指示哪一個節點可以在某一時隙內傳輸數據，即每個時隙最多分配給一個節點。TDMA 的主要優點在於節點不必競爭訪問介質，從而避免了衝突。TDMA 的缺點是，網路拓撲一旦變化，就需要更改時隙分配。此外，當時隙具有固定大小（分組大小可以不同），並且在每個幀迭代中不使用分配給節點的時隙時，TDMA 協議的頻寬利用率低。第三類 MAC 協議基於碼分多址（code division multiple access，CDMA），使用不同的編碼來支援無線介質的同時訪問。如果這些編碼是正交的，則可以在同一頻帶上進行多個通訊，其中接收機的前向糾錯用於從這些同步通訊的干擾中恢復資訊。

固定分配策略有可能是無效的，因為如果不是每個幀都需要，通常不可能將屬於一個設備的時隙重新分配給其他設備。此外，為整個網路（尤其是大規模 WSN）生成調度表可能是一項艱巨的任務，每次網路中的網路拓撲或流量特性改變時，這些調度可能都需要修改。因此，動態分配策略透過允許節點按需訪問介質來避免這種死板的分配。例如，在基於輪詢的協議中，控制器（如在基於基礎設施的無線網路的情況下的基站）以循環方式發出小的輪詢幀，詢問每個站是否有需要發送的數據。如果一個基站沒有要發送的數據，則控制器輪詢下一個基站。這種方法的一個變體是令牌傳遞，基站使用一個稱為令牌的特殊幀，將輪詢請求傳遞給彼此（再次以循環方式）。只有當基站持有令牌時，才允許傳輸數據。最後，基於預留的協議使用靜態時隙來允許節點根據需求保留對介質的未來訪問。例如，節點可以透過在一個固定位置尋找一個預留位來表達其發送數據的願望。這些複雜的協議確保其他潛在的衝突節點注意到這樣的預留，從而避免了衝突。

與無競爭技術相比，基於競爭的協議允許節點同時競爭訪問介質，但是提供了減少衝突數量並從這種衝突中恢復的機制。例如，ALOHA[7] 協議會使用確認訊號來確認廣播數據傳輸成功。ALOHA 允許節點立即訪問介質，但是透過諸如指數退避的方法來解決衝突，以增加傳輸成功的可能性。時隙 ALOHA 協

議試圖透過要求站點只在預定時間（時隙的開始）點上開始傳輸來減少衝突的概率。雖然時隙 ALOHA 提高了 ALOHA 的效率，但需要節點間同步。

一種流行的基於爭用的 MAC 方案是載波偵聽多路訪問方法，包括其變體衝突檢測（CSMA/CD）和碰撞避免（CSMA/CA）。在基於 CSMA/CD 的方案中，發送方首先感測介質以確定它是空閒還是忙碌：如果忙碌，發送端不發送數據包；如果空閒，發送端可以開始傳輸數據。在有線系統中，發送端繼續監聽介質，以檢測其自身數據與其他傳輸的衝突。然而，在無線系統中，衝突發生在接收端上，因此發送端將不會察覺到衝突。當兩個發送設備 A 和 C 能夠到達接收設備 B 但是不能聽到彼此的訊號時（參見圖 3-25，其中圓表示節點的傳輸和干擾範圍），就會發生隱藏終端問題。因此，A 和 C 可能同時向 B 發送數據，導致 B 處發生衝突而不能直接檢測到該衝突。另一個相關的問題是暴露終端問題，其中 C 想要向第四個節點 D 發送數據，但是由於它無意聽到 B 正在傳輸數據給 A，所以決定等待。然而，由於 D 在 B 的傳輸範圍之外，B 的傳輸不會干擾 D 的數據接收，結果，節點 C 的等待決定導致了不必要的傳輸延遲。許多用於 WSN 的 MAC 協議都試圖解決這兩個問題。

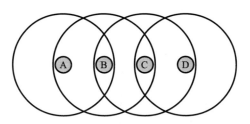

圖 3-25　隱藏和暴露終端問題

大多數 MAC 協議都是具有公平性的，也就是說，每個人都應該獲得同等數量的資源（對無線介質的訪問），沒有人應該得到特殊待遇。

MAC 協議的主要特點介紹如下。

（1）能量效率

因為感測器節點能夠使用的能源有限，所以 MAC 協議必須是節能的。由於 MAC 協議對無線電臺是全面控制的，因此它們的設計對感測器節點的總體能量需求有很大影響。一種常見的保存能量的技術稱為動態功率管理，在這種技術中，資源可以在不同的運行模式（如活動、空閒和休眠）之間調配。對於諸如網路這樣的資源，活動模式可以將多種不同的模式組合在一起，例如發送和接收。在沒有電源管理的情況下，大多數收發器在發送、接收和空閒模式之間切換，而接收和空閒模式的功耗通常相似。可以透過將設備置於低功率睡眠模式來節省大

量的能量。週期性的流量模型對於感測器網路（如環境監測）來說非常普遍，且 MAC 方案對於許多網路都很有利，該方案不需要節點一直處於活動狀態。相反，它們讓節點週期性訪問介質以傳輸數據，並且在週期性傳輸之間，將無線電臺置於低功耗的睡眠模式。感測器節點在活動模式下花費的時間被稱為占空比，由於大多數感測器網路中數據傳輸不頻繁且簡短，因此占空比通常很小。

表 3-2 比較了幾個廣泛部署的感測器節點中無線電臺的能量需求。該表顯示了每個無線電臺的最大數據速率和用於發送、接收、空閒和備用操作的當前消耗。Mica 和 Mica2 motes 採用了 Atmel ATmega 128L 單片機（8 位 RISC 處理器，128KB 快閃記憶體，4KB SRAM）和 RFM TR1000/TR3000 收發模塊（Mica）或 Chipcon CC1000 收發模塊（Mica2）。CC1000 無線電臺顯示的值用於 868MHz 模式。除待機模式外，飛思卡爾 MC13202 收發模塊還分別支援 $6\mu A$ 和 $1\mu A$ 的「休眠」和「睡眠」模式。最後，CC2420 收發器模塊由 XYZ 感測器節點和英特爾的 Imote 使用。

表 3-2　最新感測器節點使用的典型無線電特性

參數	RFM TR1000	RFM TR3000	MC13202	CC1000	CC2420
數據速率/Kbps	115.2	115.2	250	76.8	250
發射電流/mA	12	7.5	35	16.5	17.4
接收電流/mA	3.8	3.8	42	9.6	18.8
空載電流/mA	3.8	3.8	$800\mu A$	9.6	18.8
待機電流/μA	0.7	0.7	102	96	426

除了「空閒監聽」（即一個設備處於不必要的空閒模式）之外，低效的協議設計（如大分組報頭）、可靠性特徵（如需要重傳或其他差錯控制機制的衝突）以及用於處理隱藏終端問題的控制資訊也會導致開銷。調制方案和傳輸速率的選擇，進一步影響了感測器節點的資源和能量需求。大多數現代無線電都可以調整其發射功率，從而適應通訊範圍和能量消耗的需求。「過度發射」就是發射功率比所需要的大，它是感測器節點上能量消耗過多的另一個原因。

(2) 可擴展性

許多無線 MAC 協議都是為基礎設施網路的使用而設計的，接入點或控制器節點對頻道的接入進行仲裁，或執行一些其他的集中協調管理功能。大多數的 WSN 都依賴於多跳和點對點通訊而不需要集中的協調器，它們可以由成千上萬個節點組成。因此，MAC 協議必須能夠有效地利用資源，不能產生極大的開銷，尤其是在非常大的網路當中。例如，集中式協議會因介質訪問調度的分配產生巨大的開銷，因此它不適用於許多 WSN。基於 CDMA 的 MAC 協議可能需要緩存大量的代碼，這對於資源受限的感測器設備而言是不切實際的。一般來說，

無線感測器節點不僅在能量資源上受到限制，在處理和儲存能力方面也受到限制。因此，協議不能對其施加過多的計算負擔，或者需要太多的內存來保存狀態資訊。

（3）適應性

WSN 的一個關鍵特徵是它能夠進行自我管理，也就是說，它能夠適應網路的變化（包括拓撲結構、網路規模、密度和流量特性的變化）。WSN 的 MAC 協議應在沒有巨大開銷的前提下適應這種變化，這種要求通常支援本質上是動態的協議，即基於當前需求和網路狀態做出介質訪問決策的協議。具有固定分配的協議（如具有固定大小的幀和時隙的 TDMA）可能會產生較大的開銷，因為適應這種分配會對網路中的許多甚至所有節點產生影響。

（4）低延遲和可預測性

許多 WSN 應用都具有及時性要求，也就是說，感測器數據必須在一定的延遲限制或截止日期內收集、聚合和傳遞。例如，在監測野火蔓延的網路中，感測器數據必須及時傳送到監控站，以確保準確的資訊和及時的響應。許多網路活動、協議和機制（包括 MAC 協議）會導致此類數據的延遲，例如，在基於 TDMA 的協議中分配給節點的少量的大尺寸時隙，會導致在無線介質上傳輸關鍵數據之前出現潛在的延遲。在基於競爭的協議中，節點可以更快地訪問無線介質，但是衝突和由此產生的重傳會引發延遲。MAC 協議的選擇也會影響延遲的可預測性，例如，表示為上延遲界。即使在具有固定時隙分配的無競爭協議中平均延遲時間很長，也可以很容易地確定傳輸所能經歷的最大延遲。而基於競爭協議的平均延遲雖然較小，但較難確定確切的上延遲邊界。甚至一些基於競爭的 MAC 協議理論上可能會出現飢餓，即關鍵數據的傳輸可能會被其他節點的傳輸給延遲或干擾。

（5）可靠性

可靠性是大多數通訊網路的常見要求。MAC 協議的設計，可以透過檢測和恢復傳輸錯誤和衝突（例如，使用確認和重傳）來增強可靠性。特別是在節點故障和頻道錯誤較為常見的 WSN 中，可靠性是許多鏈路層協議的關鍵問題。

由上可知，MAC 協議主要包括無競爭 MAC 協議和基於競爭的 MAC 協議。除了這兩種協議之外，還有一些 MAC 協議不單獨屬於無競爭或基於競爭的類別，而是同時具有兩個類別的特徵，例如，它們會利用基於週期性無競爭介質訪問協議中的特徵來減少衝突數，同時也會利用基於競爭的協議的靈活性和低複雜性，稱之為混合 MAC 協議。以下對這三種協議進行詳細的介紹。

3.3.5.1 無競爭 MAC 協議

無競爭或基於調度的 MAC 協議的想法是，在任何給定的時間內只允許一個

感測器節點訪問頻道，從而避免衝突和消息重傳。然而，這只是假定了一個理想的介質和環境，沒有其他的競爭網路或不正常的設備，否則可能會導致衝突甚至堵塞頻道。

無競爭協議將資源分配給各個節點，以確保每個節點能夠獨自使用自己的資源（例如訪問無線介質）。這種方法消除了感測器節點之間的衝突，顯示出了許多好的特性。首先，固定的時隙分配，使得節點能夠精確地確定何時需要激活它們的無線電來傳輸或接收數據，在其他時隙期間，無線電（甚至整個感測器節點）都可以切換成低功耗的睡眠模式。因此，典型的無競爭協議在能效方面具有優勢。在可預測性方面，固定的時隙分配會對數據可能在節點上發生的延遲施加上限，從而進行延遲有限的數據傳遞。

雖然這些優勢使得無競爭協議成為節能網路的理想選擇，但它們也有一些缺點。儘管感測器網路的可擴展性取決於多種因素，但是 MAC 協議的設計會影響到資源在大型網路中的使用情況。具有固定時隙分配的無競爭協議可能會帶來重大的設計挑戰，也就是說，當所有節點的幀和時隙大小相同時，很難為所有節點設計調度來有效地利用可用頻寬。當網路的拓撲、密度、大小或流量特性發生變化時，這就變得更加明顯，可能需要重新分配時隙，甚至需要重新調整幀和時隙的大小。在頻繁變化的網路中，這些缺點會導致禁止使用帶有固定調度的協議。

無競爭 MAC 協議主要有流量自適應介質訪問、Y-MAC 和低功耗自適應集簇分層協議。

(1) 流量自適應介質訪問 (Traffic-Adaptive Medium Access, TRAMA) 協議

與傳統的 TDMA 和基於競爭的方案相比，TRAMA 協議[8] 是一種無競爭的 MAC 協議，其目的是提高網路吞吐量和能源效率。它使用一個分布式的選取方案，該方案根據每個節點的流量資訊來決定何時允許節點傳輸。這有助於避免將時隙分配給沒有發送流量的節點（導致吞吐量增加），並能夠讓節點確定何時可以空閒，而不必監聽頻道（提高能量效率）。

TRAMA 假設了這樣一個時隙頻道，它的時間被分為週期性隨機訪問間隔（信令時隙）和調度訪問間隔（傳輸時隙）。在隨機訪問間隔期間，使用鄰居協議在相鄰節點之間傳播一跳的鄰居資訊，從而使節點獲得一致的兩跳拓撲資訊，節點透過在隨機選擇的時隙中傳輸來加入網路。在這些時隙中發送的數據包，透過攜帶一組添加和刪除的鄰居集合來收集相鄰資訊。如果沒有發生變化，這些數據包將作為「保持活動」信標。透過收集這樣的更新資訊，節點知道其單跳鄰居的單跳鄰居，從而獲得其兩跳鄰居的資訊。

另一種協議叫做調度交換協議，用於建立和傳播實際調度，即將時隙分配給節點。每個節點計算持續時間 SCHEDULE _ INTERVAL，它表示節點可以向

其相鄰節點通知其調度的時隙數，該持續時間取決於節點應用生成數據包的速率。在 t 時刻，節點計算 $[t，t＋\text{SCHEDULE\_INTERVAL}]$ 內的時隙數，因為在兩跳鄰居中它的優先級最高。節點使用調度包來通知所選擇的時隙和目標接收機，當前調度中的最後一個時隙用於通知下一個間隔中的調度。例如，如果節點的 SCHEDULE_INTERVAL 為 100 個時隙，並且當前時間為 1000（時隙數），那麼該節點在間隔 $[1000，1100]$ 內的可能時隙選擇為 1011、1021、1049、1050 和 1093，在時隙 1093 中，節點廣播其新的調度間隔 $[1093，1193]$。

調度包中目標接收器的列表用作位圖，其長度等於一跳鄰居的數目。位圖中的每一位對應於一個按其標識所排序的特定接收器。由於每個節點都知道其兩跳鄰域內的拓撲結構，因此可以根據位圖及其鄰居列表來確定接收器地址。

時隙的選擇是基於節點在時間 t 的優先級，利用了節點標識 i 和 t 的級聯的偽隨機散列：

$$\text{prio}(i,t)＝\text{hash}(i \oplus t) \tag{3-2}$$

如果節點不需要用到所有時隙，那麼它可以指示要放棄哪些時隙（使用調度分組中的位圖），讓其他節點去聲明這些未使用的時隙。一個節點可以根據其兩跳鄰域資訊和公布的調度來確定任何給定時隙 t 下的狀態。若節點 i 具有最高優先級並且需要發送數據，則 i 處於發送狀態。若節點 i 在時隙 t 中作為目標接收器，則 i 處於接收狀態。否則，節點切換到睡眠狀態。

總之，與基於 CSMA 的協議相比，TRAMA 降低了衝突的概率並增加了睡眠時間（和節能）。與標準 TDMA 方法不同，TRAMA 將時間劃分為隨機訪問間隔和調度訪問間隔。在隨機訪問間隔期間，節點被喚醒，用於發送或接收拓撲資訊，也就是說，隨機訪問間隔的長度（相對於調度訪問間隔）影響了節點的總占空比和可節省的能量。

(2) Y-MAC 協議

Y-MAC[9] 是一種基於 TDMA 的介質訪問協議，是多頻道的。與 TDMA 類似，Y-MAC 將時間劃分為幀和時隙，其中每幀包含一個廣播週期和一個單播週期。在廣播週期的剛開始時刻，每個節點都需要被喚醒，並在此期間一起競爭訪問介質。如果沒有廣播消息傳入，則在單播週期中，每個節點會關閉無線電以等待第一個分配時隙的到來。單播週期中的每個時隙都只分配給一個節點用以接收數據。在通訊業務清閒的條件下，這種接收端驅動的模型更節能，因為每個節點只在其自己的接收時隙中對介質進行採樣。這對於接收的能量成本大於發送的能量成本（如因複雜的解擴和糾錯技術）的無線電收發器而言尤為重要。

在 Y-MAC 中，介質訪問是基於同步低功耗監聽的。多個發送端之間的衝突在競爭窗口中得以解決，該窗口位於每個時隙的開頭。想要發送數據的節點，在

競爭窗口內設置隨機等待時間（退避值），當等待時間過去後，節點被喚醒並感測特定時間內的活動介質。如果介質是空閒的，節點就發送一個前導碼直到競爭窗口結束，以抑制競爭傳輸。接收端在競爭窗口結束時被喚醒，用以在其所分配到的時隙中接收數據包。如果接收端沒有收到任何相鄰節點的訊號，它就會關閉無線電並返回睡眠模式。

在單播期間，資訊首先在基本頻道上進行交換。在接收時隙的一開始，接收端便將其頻率切換到基本頻道上。獲得介質的節點也用基本頻道來傳輸它的數據包。如果數據包中設置了確認請求標誌，則接收端確認該數據包。同樣，在廣播期間，每個節點都調諧到基本頻道上，潛在的發送方都參與上述的爭用過程。

每個節點只在廣播時隙和自己的單播接收時隙中訪問介質，這樣更加節能。但是，在繁忙的通訊情況下，許多單播消息可能不得不在消息隊列中等待，或者由於為接收節點保留的頻寬有限而被丟棄。因此，Y-MAC 採用一種頻道跳轉機制來減少數據包的傳輸延遲。圖 3-26 顯示了一個有 4 個頻道的例子，在基本頻道的時隙中接收到分組後，接收節點跳到下一個頻道併發送可以繼續在第二頻道上接收分組的通知。第二頻道中的介質的爭用如前所述。在該時隙的結尾，接收節點可以再次跳到另一個頻道，直到達到最後一個頻道或不再接收數據為止。可用頻道中的實際跳頻序列由跳頻序列生成算法確定，該算法應保證任何特定頻道上的一跳鄰居中只有一個接收器。

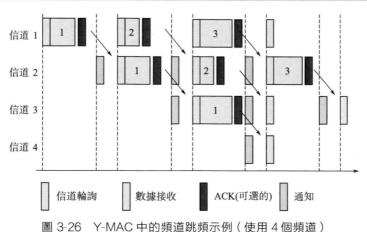

圖 3-26　Y-MAC 中的頻道跳頻示例（使用 4 個頻道）

綜上所述，Y-MAC 採用諸如 TDMA 之類的時隙分配，但是為確保低能量消耗，通訊是由接收端驅動的（即接收器在其時隙中對介質進行簡單的採樣，如果沒有數據包到達，就返回到睡眠模式）。它還使用多個頻道來增加可實現的吞吐量並減少傳送延遲。Y-MAC 方法的主要缺點是，它的靈活性和可擴展性與

TDMA 的問題相同（即固定時隙分配），並且它還需要具有多個無線電頻道的感測器節點。

（3）低功耗自適應集簇分層（Low-Energy Adaptive Clustering Hierarchy, LEACH）協議

LEACH[10] 協議將 TDMA 式的無競爭通訊與 WSN 的聚類算法相結合。一個簇由單個簇頭和任意數量的簇成員組成，簇成員只與簇頭通訊。聚類是感測器網路的流行方法，因為它有助於簇頭的數據聚合和網路內處理，從而減少了需要傳輸到基站的數據量。LEACH 由兩個階段組成：設置階段和穩態階段（圖 3-27），下面是對這兩個階段的描述。

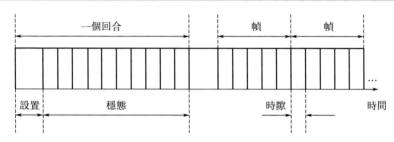

圖 3-27　LEACH 的操作和通訊結構

在設置階段，需要確定簇頭，並在每個簇中建立通訊調度。由於簇頭負責協調簇活動並將數據轉發給基站，故其能量需求將比其他感測器節點大得多。因此，LEACH 在感測器節點之間輪流安排簇頭任務，以均勻分配能量負載。具體地說，在一個回合開始時，每個感測器 i 成為簇頭的概率為 $P_i(t)$。在有 n 個節點和 k 個簇頭數目的網路中，概率應該滿足：

$$\sum_{i=1}^{N} P_i(t) = k \tag{3-3}$$

有多種選擇 $P_i(t)$ 的方法，例如：

$$P_i(t) = \begin{cases} \dfrac{k}{N - k * (r \bmod N/k)}, & C_i(t) = 1 \\ 0, & C_i(t) = 0 \end{cases} \tag{3-4}$$

該方法使用了一個指示函數 $C_i(t)$ 來確定節點 i 在 $r \bmod (N/k)$ 前幾輪中是否已經是一個簇頭，只有最近沒有成為過簇頭的節點才是簇頭的候選者。這種選擇簇頭的方法旨在均勻地分配簇頭的責任，因此能量開銷也分配在所有感測器節點之間。但是，這種方法並沒有考慮到每個節點可用的實際能量，所以可以用另一種方法來計算成為簇頭的概率：

$$P_i(t) = \min\left\{\frac{E_i(t)}{E_{\text{total}}(t)}k, 1\right\} \tag{3-5}$$

式中，$E_i(t)$ 是節點 i 的當前實際能量；$E_{\text{total}}(t)$ 是所有節點的能級之和。這種方法的一個缺點是每個節點都必須知道（或估計出）$E_{\text{total}}(t)$。

一旦一個感測器節點確定將作為下一輪的簇頭，那麼它便透過使用非堅持型 CSMA 協議廣播廣告消息，向其他感測器節點通知其新角色。每個感測器節點都可以透過選擇使用最小發送能量便能到達的簇頭（基於接收到的來自簇頭的廣告消息的訊號強度），以及向所選的簇頭發送請求加入的資訊（再次使用 CSMA）來加入一個簇。該簇頭為其所在的簇建立了一個傳輸調度，並把這個調度傳送給簇中的每一個節點。

在穩態階段，感測器節點只與簇頭通訊，並且只在來自簇頭的調度所分配的時隙裏傳輸數據，簇頭負責將感測器數據從節點轉發到基站。為了保存能量，每個簇成員都使用所需的最小發射功率到達簇頭，並在沒有指定時隙的時候關閉無線電臺。但是簇頭必須始終處於清醒狀態，用於接收來自簇成員的感測器數據以及和基站進行通訊。

雖然簇內通訊因使用 TDMA 式的幀和時隙而不需要競爭，但是一個簇中的通訊仍然可能干擾到另一個簇中的通訊。因此，感測器節點使用直接序列擴頻技術來限制簇間的干擾，也就是說，每個簇使用一個與相鄰簇中的擴頻序列不同的擴頻序列。另一個保留序列用於簇頭與基站之間的通訊。簇頭與基站之間的通訊是基於這種固定擴頻碼和 CSMA 的。簇頭在發送數據之前，首先檢測頻道中是否正有使用相同擴頻碼的傳輸。

該協議有一個變種，叫做 LEACH-C，它依靠基站來確定簇頭。在設置階段，每個感測器節點將其位置和能級傳輸到基站。根據此資訊，基站確定簇頭，並通知簇頭其新角色。然後，其他感測器節點可以使用原始 LEACH 協議中描述的加入資訊來加入簇。

總之，LEACH 利用各種技術來降低能量消耗（最小發射能量、避免簇成員的空閒偵聽）和獲得無競爭通訊（基於調度通訊、直接序列擴頻）。雖然簇內通訊是無競爭的，簇之間的干擾是可以避免的，但是簇頭與基站之間的通訊仍然是基於 CSMA 的。再者，LEACH 假設了所有節點都能夠到達基站，這影響了該協議的可擴展性。不過這可以透過在基站和所有簇頭之間添加多跳路，由支援或實施分層聚類方法來解決。在分層聚類方法中，一些簇頭負責從其他簇頭收集數據。

3.3.5.2 基於競爭的 MAC 協議

基於競爭的 MAC 協議不依賴於傳輸調度，而是依賴於其他機制來解決衝突問題。基於競爭的技術的主要優點是它們比大多數基於調度的技術簡單。例如，

基於調度的 MAC 協議必須保存和維護指示傳輸順序的調度或表格，而大多數基於競爭的協議不需要保存、維護或共享狀態資訊，這使得基於競爭的協議能夠快速適應網路拓撲或流量特性的變化。然而，基於競爭的 MAC 協議，通常會由於空閒偵聽和串擾而導致更高的衝突率和能量消耗。基於競爭的技術也可能會面臨公平性問題，也就是說，一些節點可能會獲得比其他節點更頻繁的頻道訪問。

基於競爭的 MAC 協議主要包括 Sensor MAC、Data-Gathering MAC 和 Receiver-Initiated MAC。

（1）Sensor MAC 協議

SensorMAC（S-MAC）協議[11] 的目標是減少不必要的能量消耗，同時提供良好的可擴展性以及避免碰撞。S-MAC 採用占空比方法，即節點在監聽狀態和睡眠狀態之間週期性地轉換。儘管節點們需要同步它們的監聽和睡眠時間，但每個節點自己決定如何調度時間。這樣，使用相同調度的節點被認為屬於同一個虛擬簇，但不會真正地群集，所有的節點都可以與簇之外的節點進行自由通訊。節點使用 SYNC 資訊定期與相鄰節點交換它們的調度，也就是說，每個節點都知道它的相鄰節點何時會被喚醒。如果節點 A 想與使用不同調度的相鄰節點 B 進行通訊，則 A 需要等到 B 處於偵聽狀態，然後再開始傳輸數據。使用 RTS/CTS 方案來解決介質爭用問題。

為了選擇調度，節點最初會在一定的時間內偵聽介質。如果此節點從相鄰節點接收到一個調度，則它會將此選作自己的調度，並與相鄰節點保持同步。節點在隨機延遲 t_d 之後廣播它的新調度（以將多個新的跟隨者之間的衝突可能性降到最小）。節點可以採用多個調度，也就是說，如果一個節點在廣播了自己的調度後接收到不同的調度，那麼這兩個調度都可以使用。此外，如果一個節點沒有收到來自另一個節點的調度，它將確定自己的調度，並將其廣播給所有潛在的鄰居，該節點成為一個同步器，其他節點將開始與之同步。

S-MAC 將節點的監聽間隔，進一步劃分為用於接收 SYNC 包和接收 RTS 消息的兩部分。其中每一部分又被劃分為小的時隙，便於載波偵聽。想要發送 SYNC 或 RTS 消息的節點隨機選擇一個時隙（分別在該間隔的 SYNC 或 RTS 部分內），當接收方開始偵聽所選時隙時，節點開始監測載波活動。如果沒有檢測到活動，節點便獲得介質進行傳輸。S-MAC 採用了一種基於競爭的方法，該方法利用基於 RTS/CTS 握手的衝突避免來解決介質的爭用問題。當節點聽到 RTS 或 CTS，得知它不能同時發送或接收時，節點可以進入睡眠狀態，透過偵聽來避免能量的浪費（一個節點只能偵聽到簡短的控制消息，而不是通常較長的數據消息）。

綜上所述，S-MAC 是一種基於競爭的協議，它利用無線電臺的睡眠模式來

換取能量以供往返和延遲。衝突的避免是基於 RTS/CTS 的，RTS/CTS 不是透過廣播數據包來使用的，因此衝突的概率會增加。占空比參數（睡眠和偵聽時間）是事先決定好的，並且它可能對網路中的實際流量特性無效。

（2）Data-Gathering MAC 協議

Data-GatheringMAC（DMAC）[12] 協議，利用了許多 WSN 將匯聚傳輸作為通訊模式這一實際情況，也就是說，感測器節點的數據在數據收集樹的中心節點處被收集。DMAC 的目標是沿著數據收集樹，低延遲和高能效地傳遞數據。

在 DMAC 中，沿著多跳路徑到中心節點的節點工作週期是「交錯的」，節點像鏈式反應一樣相繼醒來。圖 3-28 說明了一個數據收集樹和交錯喚醒方案的示例。節點在發送、接收和睡眠狀態之間切換。在發送狀態期間，節點向路由上的下一跳節點發送一個數據包，並等待確認。同時，下一跳節點處於接收狀態，緊接著立即切換為發送狀態（除非該節點是數據包的目的地），將接收到的數據包轉發給下一跳節點。在接收和發送數據包的間隔期間，節點進入睡眠狀態，此時它可以關閉其無線電以維持能量。

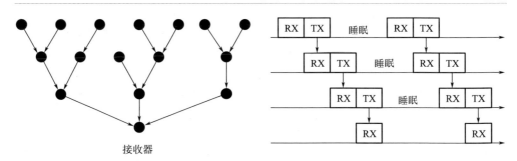

圖 3-28　DMAC 中的數據收集樹和匯聚廣播通訊

發送和接收間隔很大，可以容納一個數據包。由於沒有排隊延遲，數據收集樹中深度 d 處的節點，可以在 d 間隔內向中心節點傳遞一個數據包。儘管限制節點的活動以縮短發送和接收間隔這一舉措減少了爭用，但衝突仍然會發生，尤其是樹中具有相同深度的節點將有同步的調度。在 DMAC 中，如果發送方沒有收到確認，則會將數據包排隊到下一個發送間隔。如果三次重傳都失敗，數據包就會被丟棄。為了減少衝突，節點在發送時隙的開始處不會立即發送，而是在競爭窗口內有一個退避時間和隨機時間。

當一個節點在發送時隙中有多個數據包要發送時，它可以增大自己的占空比，並請求其到中心節點路徑上的其他節點也增大占空比。這是透過在 MAC 報頭中使用一個多數據標誌的時隙更新機制來實現的。接收器對該標誌進行檢查，

如果設置了，則返回一個同樣具有多數據標誌的確認訊號。然後接收器保持清醒狀態，用於接收和轉發一個額外的數據包。

總而言之，DMAC 技術實現了非常低的延遲，並且節點只需在短暫的接收和發送間隔內保持清醒狀態。但是，由於數據採集樹中的許多節點共享相同的調度，所以會發生衝突，且 DMAC 只採用了有限的衝突避免方法。DMAC 最適用於傳輸路徑和速率都眾所周知且不會隨時間而改變的網路。

(3) Receiver-Initiated MAC 協議

另一個基於競爭的方案是 Receiver-Initiated MAC（RI-MAC）協議[14]。在該協議中，傳輸總是由數據的接收端發起。每個節點都會週期性地喚醒，以檢查是否有傳入的數據包。也就是說，在開啟無線電之後，節點開始檢查是否有介質空閒，如果有，則廣播信標資訊，宣布節點已醒，並準備接收數據。具有待發送數據的節點保持清醒狀態，並偵聽想要傳輸數據的接收端的信標。一旦接收到該信標，發送端立即發送數據，收到數據後的接收端發送另一個信標表示確認（見圖 3-28 中的左圖）。也就是說，信標有兩個用途：邀請新的數據傳輸和確認先前的傳輸。如果信標廣播後的一定時間內沒有數據包傳入，則節點在等待一段時間後便返回睡眠狀態。

如果有多個發送端競爭傳輸數據給一個接收端，則接收端使用其信標幀來協調傳輸。信標中有一個字段叫做退避窗口大小，它用來指定選擇退避值所在的窗口。如果信標不包含退避窗口（醒來後發送的第一個信標不包含退避窗口），則發送者立即開始傳輸。否則，每個發送方都需要在退避窗口中隨機選擇一個退避值，當接收端檢測到衝突時，便會增大下一個信標中的退避值。

在 RI-MAC 中，接收端控制何時接收數據，並負責檢測衝突和恢復丟失的數據。因為傳輸是由信標觸發的，接收端不需要一直偵聽，故而開銷很小。但是另一方面，發送端必須等到接收端的信標才能發送數據包，這可能導致很大的竊聽成本。除此之外，當數據包發生衝突時，發送端將重新發送直到接收端放棄，這可能導致網路中更多的衝突以及數據傳輸延遲的增加。

3.3.5.3　混合 MAC 協議

Mobility Adaptive Hybrid MAC（MH-MAC）[13] 協議是混合 MAC 協議的典型示例。MH-MAC 提出了一種混合解決方案，其中將基於調度的方法用於靜態節點，而將基於競爭的方法用於動態節點。雖然確定靜態節點的 TDMA 調度很簡單，但對於動態節點來說卻不是這樣。因此，MH-MAC 讓進入相鄰區域的動態節點使用一種基於競爭的方法，以避免延遲。

在 MH-MAC 中，幀的時隙分為兩種：靜態時隙或動態時隙。每個節點都使用行動性估計算法來確定其行動性以及節點應該使用的時隙類型。行動性估計基

於週期性的問候消息和接收的訊號強度。問候消息總是以相同的發送功率發送，接收節點比較連續的消息訊號強度，以估計其自身與其每個相鄰節點之間的相對位置偏移。在幀的開始處提供行動性信標間隔，以向相鄰節點分發行動性資訊。

靜態時隙有兩個部分：控制部分和數據部分。控制部分用於指示鄰域中的時隙分配資訊，並且所有靜態節點都必須偵聽這部分靜態時隙。但在數據部分，只有發射端和接收端需要保持清醒，其他所有節點都可以關閉其無線電臺。

對於動態時隙，節點有兩個階段是對介質進行爭用。第一階段發送喚醒音，第二階段發送數據。為了減少競爭，LMAC 根據節點地址，在動態節點間進行優先級排序。

由於網路中靜態節點和動態節點之間的比例可能不同，故 MH-MAC 提供了一種機制，根據觀察到的行動性來動態調整靜態和動態時隙之間的比例。每個節點都要估計自身的行動性，並在先前提到的幀的剛開始時的信標時隙中廣播此資訊。每個節點根據這個行動性資訊計算網路的行動性參數，決定靜態和動態時隙的比例。

綜上所述，MH-MAC 結合了應用於靜態節點的 LMAC 協議的特性和應用於動態節點的基於競爭的協議的特性，因此，行動節點可以快速加一個入網路，而不需要長時間設置或適應延遲。與 LMAC 相比，MH-MAC 允許節點在一個幀中擁有多個時隙，從而增加了頻寬利用率，並降低了延遲時間。

3.3.6 網路層

在感測器網路中，網路層路由協議非常重要，主要負責路由查找和數據包傳送，尋找用於感測器網路的高能效的路由建立方法和可靠的數據傳輸方法，從而延長網路壽命。WSN 路由協議的設計，必須考慮網路節點的功率和資源限制、無線頻道的時變性，以及丟包和延遲的可能性。為了滿足這些設計要求，提出了幾種針對 WSN 的路由策略。一類路由協議採用扁平化網路結構，其中所有節點都被認為是對等的。扁平化網路結構有幾個優點，包括維護基礎設施的開銷最小，以及能夠在通訊節點間發現多條路由以容錯。第二種路由協議在網路上施加一個結構，以實現能源效率、穩定性和可擴展性。在這類協議中，網路節點以簇的形式組織，其中有一個節點具有較高的殘餘能量，它就是簇頭。簇頭負責協調簇內的活動並在簇間轉發資訊。集群能夠降低能量消耗並延長網路壽命。第三類路由協議採用以數據為中心的方法在網路中傳播興趣。該方法使用基於屬性的命名，因此是源節點查詢現象的屬性而不是單個感測器節點。興趣傳播是透過將任務分配給感測器節點來實現的。可以使用不同的策略將興趣傳給感測器節點，包括廣播、基於屬性的多播和選播。第四類路由協議利用定位來尋址感測器節點。

在網路地理覆蓋範圍內的節點的位置與源節點發出的查詢有關的應用中，基於位置的路由非常有用。該查詢可以指定網路環境中的一個特定的區域（在該區域內可能出現感興趣的現象）或某一特定點的附近區域。

以下將對 WSN 中用於數據傳播的幾種路由算法進行討論。

(1) 泛洪法及其變體

在有線和無線自組織網路中，泛洪法是一種常用的路徑發現和資訊傳播技術。該路由策略很簡單，不依賴昂貴的網路拓撲維護和複雜的路由發現算法。泛洪法採用一種被動的方法，即每個收到數據或控制包的節點都將數據包發送給其所有的鄰居。除非網路斷開連接，否則數據包將遵循所有可能的路徑，最終將到達目的地。此外，網路拓撲的變化會導致分組傳輸遵循新的路由。圖 3-29 說明瞭數據通訊網路中泛洪的概念。如圖所示，泛洪最簡單的形式可能會導致網路節點無限複製數據包。

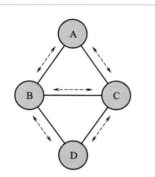

圖 3-29　數據通訊網路中的泛洪

為防止數據包在網路中無限循環，數據包通常包含一個跳躍計數位段。最初，跳數設置為近似於網路的直徑。當數據包在整個網路中傳輸時，每跳一次，跳數便會減少一次。當跳數減到零時，數據包便會被丟棄。使用生存時間字段也可以產生類似的效果，該字段記錄了允許數據包在網路內生存的時間單位數，當時間到期時，便不再轉發數據包。可以透過記錄轉發的數據包，迫使每個網路節點丟棄它已經轉發的所有數據包來增強泛洪。這種策略需要至少保存最近的流量歷史，以追蹤哪些數據包已經被轉發。

雖然這種策略的轉發規則很簡單，且所需的維護成本相對較低，但在 WSN 中採用泛洪法仍存在一些不足。第一個缺點是易受流量內爆的影響。這種不良影響是由重複的控制或者將數據包重複發送給同一個節點引起的。第二個缺點是會產生重疊問題。當覆蓋同一區域的兩個節點向同一節點發送包含相似資訊的數據包時，就會發生重疊。第三個也是最嚴重的缺點就是資源盲點。泛洪法用於路由分組的簡單轉發規則沒有考慮到感測器節點的能量限制，因此，節點的能量可能會迅速耗盡，從而大大縮短了網路的使用壽命。

為了解決泛洪法的缺點，提出了一種衍生的方法，稱為閒聊法[14,15]。與泛洪法類似，閒聊法利用了簡單的轉發規則，且不需要昂貴的拓撲維護或複雜的路由發現算法。但與泛洪法將數據包廣播給所有相鄰節點不同，閒聊法要求每個節點將傳入的數據包發送給隨機選擇的鄰居。鄰居收到數據包後再次選擇它的一個鄰居，然後向其轉發數據包，此過程一直迭代，直到數據包到達其預定目的地或

者超出最大跳數。間聊法透過限制每個節點發送給其鄰居的數據包的數量，來避免爆炸問題。數據包在到達目的地的途中可能會遭受很大的延遲，尤其是在大型網路中，這主要是由協議的隨機性引起的，其本質上就是一次探索一條路徑。

（2）透過協商獲取資訊的感測器協議

Sensor protocols for information via negotiation（SPIN）是一種以數據為中心的基於協商的 WSN 資訊分發協議[16]。這些協議的主要目標是有效地將單個感測器節點收集到的觀測資訊，傳播給網路中的所有感測器節點。

SPIN 及其相關同類協議的主要目標，是解決傳統資訊傳播協議的缺點，克服它們的性能缺陷。這類協議的基本原理是數據協商和資源適配。基於語義的數據協商要求，在網路節點傳輸數據之前，使用 SPIN 協議的節點必須「學習」數據的內容。SPIN 利用數據命名，即節點將元數據與所生產的數據關聯起來，並在傳輸實際數據之前使用這些描述性數據進行協商，對數據內容感興趣的接收器可以發送請求以獲取數據。這種協商方式確保數據只發送給對其感興趣的節點，從而消除了流量內爆，大大減少了整個網路中冗餘數據的傳輸。此外，元數據描述符的使用，消除了重疊的可能性，因為節點可以只請求它們感興趣的數據。

資源適配允許感測器節點運行 SPIN，使其活動適合其能源的當前狀態。網路中的每個節點都可以探測其相關資源管理器，以便在發送或處理數據之前記錄其資源消耗。當能量水準降低時，節點可能會減少或完全取消某些活動，例如轉發第三方元數據和數據包。SPIN 的資源適配特性，能夠延長節點的壽命，從而延長網路的壽命。

為了進行協商和數據傳輸，運行 SPIN 的節點使用了三種類型的消息。第一種消息類型 ADV 用於在節點之間廣播新數據，網路中想要與其他節點共享數據的節點，可以透過先傳輸包含元數據（用於描述數據）的 ADV 資訊來廣播其數據。第二種消息類型是 REQ，用於請求感興趣的廣播數據。一旦接收到包含元數據的 ADV，想要接收這些數據的網路節點便會發送一個 REQ 資訊給源廣告節點，然後源節點傳送所請求的數據。第三種消息類型 DATA，包含感測器收集的實際數據以及元數據標頭。該數據資訊通常比 ADV 和 REQ 要大，後者只包含比相應的數據資訊小得多的元數據。使用基於語義的協商來限制數據消息的冗餘傳輸，可以顯著降低能耗。

SPIN 的基本行為如圖 3-30 所示。在該圖中，數據源即感測器節點 A 透過發送一個包含元數據（用於描述數據）的 ADV 資訊來發送數據給其最鄰近的節點，即感測器節點 B。節點 B 表示對廣播的數據感興趣，併發送一個 REQ 消息以獲得數據。節點 B 一旦接收到消息便會發送一個 ADV 資訊，以向其鄰近節點廣播新接收到的數據。這些鄰居中只有節點 C 和 E 表示對數據感興趣。這兩個節點向節點 B 發出 REQ 消息，最終節點 B 將數據傳遞給每個請求節點。

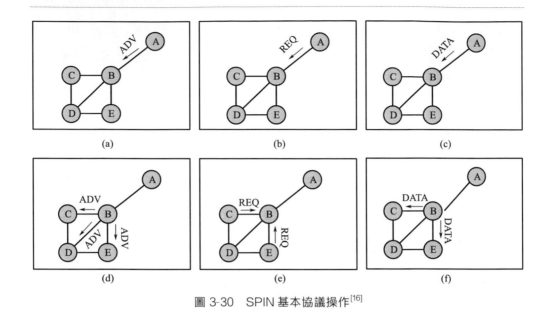

圖 3-30　SPIN 基本協議操作[16]

　　SPIN 最簡單的版本叫做 SPIN-PP，用於點對點通訊網路。SPIN-PP 使用三步握手協議：第一步，擁有數據的節點 A 發送一個廣播包；第二步，節點發送一個數據請求，表示想要接收數據；第三步，節點 A 響應該請求並向節點 B 發送數據包。這便是三步握手過程。SPIN-PP 透過協商來克服傳統泛洪法和閒聊法協議的內爆和重疊問題。基於仿真的 SPIN-1 性能研究表明，該協議的能耗比泛洪法少了 3.5 倍。同時，該協議還實現瞭高速率數據傳輸，接近理論最優。

　　SPIN-EC 是該基本協議的擴展，它有一個基於閾值的資源意識機制，用於進行數據協商。當其能量水準接近低閾值時，運行 SPIN-EC 的節點便會減少它在協議運行中的參與度。具體而言，只有當一個節點推斷出它能夠完成協議操作的所有階段而不會使其能量級降低到閾值以下時，它才參與協議操作，因此，當節點收到廣播時，如果它確定其能源資源不夠用於發送 REQ 消息，並接收相應的數據資訊，則該節點不會發送 REQ 消息。該協議的仿真結果表明，每用一單位的能量，SPIN-EC 傳播的數據就比泛洪法多 60%。此外，數據顯示，SPIN-EC 非常接近每單位能量可傳播的理想數據量。

　　SPIN-PP 和 SPIN-EC 都是為點對點通訊而設計的。SPIN 家族的第三個成員 SPIN-BC 專為廣播網路而設計。在廣播網路中，節點共享一個通訊頻道，當一個節點在廣播頻道上發送數據包時，數據包會被發送節點所在的一定範圍內的所有其他節點接收。SPIN-BC 協議利用了頻道的廣播能力，並讓收到 ADV 資訊的節點不要立即響應 REQ 資訊。節點等待一段時間，在此期間它會監視通訊頻

道。如果節點監聽到另一個節點發送了 REQ 資訊想要接收數據，則該節點會取消自己的請求，從而消除對相同資訊的冗餘請求。此外，在接收到 REQ 消息後，即使接收到對同一資訊的多個請求，廣播節點也只發送一次數據資訊。

　　SPIN-BC 協議的基本操作如圖 3-31 所示。在此配置中，保存數據的節點 A 發送一個 ADV 數據包，將數據廣播給它的相鄰節點。所有節點都聽到了通告，但是節點 C 第一個向節點 A 發出 REQ 包。節點 B 和節點 D 聽到了節點 C 的廣播請求，故沒有發送自己的 REQ 包。節點 E 和節點 F 要麼對所發布的數據不感興趣，要麼有意推遲它們的請求。在聽到節點 C 的請求後，節點 A 發送數據包。節點 A 的傳輸範圍內的所有節點都會接收到數據包，包括節點 E 和 F。在廣播環境中，SPIN-BC 可以透過消除數據請求和響應的冗餘交換來降低能耗。

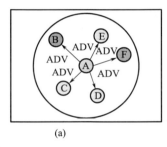 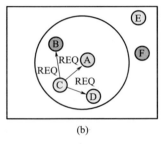 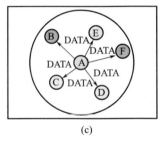

(a)　　　　　　　　　　　(b)　　　　　　　　　　　(c)

圖 3-31　SPIN-BC 協議的基本操作

　　SPIN 系列的最後一個協議是 SPIN-RL，它擴展了 SPIN-BC 的功能，以提高其可靠性和克服因頻道損耗而造成的傳輸錯誤。可靠性是透過定期廣播 ADV 和 REQ 消息來提高的。SPIN-BC 中的每個節點都追蹤它所聽到的廣播以及這些廣播源自的節點，如果一個節點在一定時間內沒有收到它所請求的數據，則該節點會再發送一次請求。再者，可靠性可以透過週期性地反覆廣播元數據來改善。除此之外，SPIN-RL 節點會限制重發數據資訊的頻率。當發送過一個數據資訊後，節點會等待一段時間，然後再響應同一數據的其他請求。

　　SPIN 協議解決了泛洪法和閒聊法的主要缺點。仿真結果表明，SPIN 比泛洪法或閒聊法更節能，且 SPIN 的傳播速率大於或等於它們中的任何一個。SPIN 是透過將拓撲變化局部化和利用語義協商消除冗餘資訊的傳播來實現這些效益的。但值得註意的是，局部協商可能不能覆蓋整個網路，也不能確保所有想要接收數據的節點都接收到數據廣告並最終獲取數據，因為中間節點可能對數據不感興趣，在接收到相應 ADV 消息時會將其丟棄。這一缺陷可能會妨礙對特定應用的使用，如對入侵檢測監控和關鍵基礎設施的保護。

(3) 低功耗自適應集簇分層型協議

Low-energy adaptive clustering hierarchy（LEACH）是一種路由算法，用於收集和傳送數據到數據接收器（通常是基站）[17]。LEACH 的主要目標是：

① 延長網路的使用壽命；

② 降低每個網路感測器節點的能耗；

③ 使用數據聚合來減少通訊資訊的數量。

為了實現這些目標，LEACH 採用分層的方法將網路組織成一簇。每個簇由選定的簇頭進行管理。簇頭負責執行多個任務。第一個任務是定期收集簇成員的數據，簇頭會將收集到的數據聚合起來，以消除相關值之間的冗餘[17,18]。第二個主要任務是將聚合的數據直接發送到基站。聚合數據的傳輸是透過單跳實現的。LEACH 使用的網路模型如圖 3-32 所示。第三個主要任務是創建一個基於 TDMA 的調度，簇中的每一個節點都會分到一個時隙用於傳輸。簇頭透過廣播向其簇成員發布調度。為了減少簇內外感測器之間發生衝突的可能性，LEACH 節點使用了基於碼分多址的通訊方案。

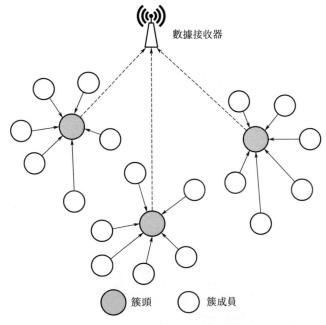

圖 3-32　LEACH 網路模型

LEACH 的基本操作分為兩個階段。第一階段是設置階段，包括簇頭選擇和簇形成；第二階段是穩態階段，包括數據收集、聚合和向基站傳輸，設置的時間

相對短於穩態階段的時間，以盡量減少協議開銷。

在設置階段的開始，選擇簇頭。輪流選擇節點作為簇頭，這樣才能保證網路中的所有節點平攤能耗。一個節點 n 為了確定自己是否成為一個簇頭，會生成一個 0 到 1 之間的隨機數 v，並將其與簇頭選擇閾值 $T(n)$ 相比較。若 v 小於 $T(n)$，則節點成為簇頭。簇頭選擇閾值是為了保證在每一輪中，預定節點 P 能有很大概率被選為簇頭。此外，簇頭選擇閾值還保證了在最近 $1/P$ 輪中當過簇頭的節點不會再被選為簇頭。

為了滿足這些要求，競爭節點 n 的閾值 $T(n)$ 可以表示如下：

$$T(n) = \begin{cases} 0 & , n \notin G \\ \dfrac{P}{1 - P[r \bmod (1/P)]} & , \forall n \in G \end{cases} \tag{3-6}$$

變量 G 表示在最後 $1/P$ 輪中沒有被選中成為簇頭的節點集，r 表示當前為第幾輪。預定義的參數 P 代表簇頭概率。很明顯，如果一個節點在最近的 $1/P$ 輪中當過簇頭，那麼它在本輪中將不會被選為簇頭。

當選擇好簇頭後，被選為簇頭的節點向網路中的其他節點廣播其新角色。在收到簇頭通告後，剩下的節點選擇加入一個簇。選擇標準可以基於接收到的訊號強度以及其他因素，然後節點通知它們所選擇的簇頭，表示它們想成為簇成員。

當簇形成後，每一個簇頭會創建並分發 TDMA 調度，該調度指定了分配給每個簇成員的時隙。每個簇頭還選擇一個 CDMA 碼，然後將其分發給所有簇成員。為了減少簇間干擾，需要謹慎選擇該代碼。設置階段的完成標誌著穩態階段的開始。在穩態階段，節點週期性地收集資訊，並利用它們被分配到的時隙，將收集到的數據傳給簇頭。

仿真結果表明，LEACH 節省了大量能源。這些節省主要取決於簇頭實現的數據聚合率。然而，LEACH 也有幾個缺點。所有節點能夠以一跳到達基站的假設是不現實的，因為節點的能力和能量儲備可能因節點而異。此外，穩態週期的長度對於節能是很重要的，這可以抵消簇選擇過程所引起的開銷。短的穩態週期會增加協議的開銷，而長的穩態週期可能導致簇頭能量的耗盡。已經提出了幾種算法來解決這些缺點。LEACH 的擴展協議（XLEACH）在簇頭選擇過程中考慮到了節點的能量水平。由此，節點 n 用於確定它在本輪中是否會成為一個簇頭的簇頭選擇閾值 $T(n)$ 的定義是：

$$T(n) = \frac{P}{1 - P[r \bmod (1/P)]} \left[\frac{E_{n,\text{current}}}{E_{n,\text{max}}} + \left(r_{n,s} \operatorname{div} \frac{1}{P} \right) \left(1 - \frac{E_{n,\text{current}}}{E_{n,\text{max}}} \right) \right] \tag{3-7}$$

式中，$E_{n,\text{current}}$ 是當前能量；$E_{n,\text{max}}$ 是感測器節點的初始能量，變量 $r_{n,s}$ 是一個節點沒有成為簇頭的連續輪數。另外，當節點成為簇頭時，將 $r_{n,s}$ 設置

為 0。

LEACH 協議能夠降低能耗。LEACH 中的能量需求分布在所有感測器節點上，節點基於其剩餘能量以循環方式假定簇頭。LEACH 是一種完全分布式的算法，不需要來自基站的控制資訊。簇管理是在局部實現的，這就消除了對全局網路知識的需求。此外，簇的數據聚合也大大有助於節約能源，因為節點不再需要直接將資訊發送到接收器。仿真結果表明，LEACH 優於傳統的路由協議，包括直接傳輸和多跳路由、最小傳輸能量路由和基於靜態簇的路由算法。

(4) 感測器資訊系統中高效的收集

Power-efficient gathering in sensor information systems（PEGASIS）及其擴展（分層 PEGASIS），是 WSN 的路由和資訊收集協議簇[19]。PEGASIS 的主要目標有兩個：第一，透過在所有網路節點上實現高能量效率和均勻的能量消耗，來延長網路的壽命；第二，減少數據到達接收器的延遲。

PEGASIS 設計的網路模型假設在一個地理區域內部署了同類節點群。假定節點具有關於其他感測器位置的全局知識，且它們能夠任意控制其覆蓋範圍。這些節點可能還配備有 CDMA 的無線電收發器。節點的任務是收集數據並將數據發送到接收器（通常是無線基站）。其目標是開發一種路由結構和聚合方案，以減少能量消耗，並以最小的延遲將聚合數據傳送到基站，同時平衡感測器節點之間的能量消耗。與其他依賴於樹狀結構或基於簇的分層網路組織來進行數據收集和傳播的協議不同，PEGASIS 採用鏈式結構。

在這種結構的基礎上，節點與它們的最鄰近節點進行通訊。從離接收器最遠的節點開始建構鏈，逐步將網路節點添加到鏈中。從當前鏈中頂部節點的最近鄰居開始，鏈外的節點以貪婪的方式添加到鏈中，直到鏈包含所有節點為止。為了確定最近鄰節點，使用訊號強度來測量到所有鄰近節點的距離。利用這些資訊，節點可以調整訊號強度，以便只聽到最近的節點。

選擇鏈內的一個節點作為鏈頭，用於將聚合數據傳輸到基站。每一輪鏈頭的位置都會變化。數據接收器可以管理輪次，並且從一輪到下一輪的轉換，可以由數據接收器發出的大功率信標觸發。鏈節點之間輪流擔任鏈頭，可以保證所有網路節點之間的能量消耗均衡。然而，值得註意的是，作為鏈頭的節點，它與數據接收器的距離是任意的，因此，該節點可能會高功率傳輸以到達基站。

PEGASIS 中的數據聚合是沿著鏈條實現的。在最簡單的形式中，聚合過程可以按如下順序執行。首先，鏈頭向鏈右端的最後一個節點發出一個令牌。接收到令牌後，終端節點將其數據發送到鏈中的下游鄰居來傳給鏈頭。鄰節點聚合數據並將其傳輸到它們的下游鄰居，如此反覆，直到數據到達鏈頭。當從鏈的右端接收到數據後，鏈頭再向鏈的左端發出令牌，並且執行相同的聚合過程，直到左端的數據到達鏈頭。鏈頭接收到來自兩端的數據後，便聚集數據並將其發送給數

據接收器。雖然簡單，但是在聚集數據送到基站之前，按序聚合的方案可能會導致較長的延遲。然而，如果不能無干擾地進行任意近距離的同時傳輸，那麼這種順序方案可能是必要的。

沿鏈使用並行數據聚合，可以減少將聚合數據傳送到接收器所需的延遲。如果感測器節點配備有 CDMA 功能的收發器，則可以實現高度的並行性。無干擾任意近距離傳輸的能力，可以用於「覆蓋」鏈上的層次結構，並且使用嵌入式結構進行數據聚合。每一輪中，給定層的節點會向其上一層相鄰節點傳輸數據，一直持續到聚合數據到達層次結構頂層的中心節點，然後中心節點將最終數據聚合，並傳送給基站。

透過圖 3-33 所示來說明基於鏈的方法。本例假設所有的節點都有網路的全局知識，並且採用貪婪算法來構造鏈，還假設節點輪流發送數據給基站，因此節點 $i \bmod N$（其中 N 表示節點總數）負責在第 i 輪將聚合數據傳送給基站。根據這個分配，節點 3 位於鏈中的位置 3，是第 3 輪的中心節點。所有處於偶數位置的節點都必須將其數據發送給右邊的鄰居。在下一級，節點 3 仍處於奇數位置，因此，所有處於偶數位置的節點都會聚合數據，並將數據傳輸給右邊的鄰居。在第三級，節點 3 不再處於奇數位置，節點 7 是節點 3 旁邊唯一上升到該級的節點，節點 7 聚合數據並將數據傳輸給節點 3。節點 3 依次將接收到的數據與自己的數據聚合，並將它們發送到基站。

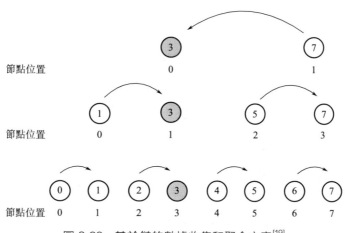

圖 3-33　基於鏈的數據收集和聚合方案[19]

由於節點以高度平行的方式運行，所以基於鏈的二進制方法會導致能量的大幅度減少。此外，由於分層的樹狀結構是平衡的，所以該方案保證在 $\log_2 N$ 步驟後，聚合數據到達中心節點。基於鏈的二進制聚合方案已經在 PEGASIS 中用作實現高度並行性的替代方案。對於具有 CDMA 能力的感測器節點，已經證明該

方案具有最佳的能量延遲積（一個平衡能量和延遲成本的指標）。

順序方案和基於 CDMA 的全並行方案構成了設計譜的兩個端點。第三種方案不需要節點收發器具備 CDMA 功能，它能夠在兩種極端方案之間取得平衡，並達到某種程度的並行性。該方案的基本思想是空間分離的節點同時傳輸數據。根據該限制，分層 PEGASIS 創建了一個三級層次結構，其中將網路節點分成三組。每組內數據同時聚合，並在組間交換。聚合的數據最終到達中心節點，中心節點再將數據傳送給接收器。值得註意的是，必須仔細安排同步傳輸，以避免干擾。此外，必須適當調整三級層次結構，讓節點能夠輪流做中心節點。

對 PEGASIS 分層擴展的仿真結果表明，在 LEACH 等方案上有相當大的改進。此外，已證明分層方案優於原 PEGASIS 算法 60 倍。

(5) 定向擴散

定向擴散是一種以數據為中心的路由協議，用於 WSN 中的資訊收集和傳播。該協議的主要目的是大幅度節約能源，從而延長網路的壽命。為了實現這一目標，用定向擴散保持節點之間的交互，而資訊交換則局限在有限的網路附近。透過局部相互作用，直接擴散仍可以實現強大的多徑傳輸，並適應網路路徑的最小子集。該協議的這一特性再加上節點對查詢響應的聚合能力，可大幅度節約能源。

直接擴散的主要元素包括興趣、數據資訊、梯度等。定向擴散使用發布-訂閱資訊模型，其中查詢者使用屬性-值表達興趣。可以將興趣看作一個詢問，它指定了查詢者想要的東西。

對於每個主動感測任務，數據接收器週期性地向每個鄰居廣播一個興趣消息。該消息作為指定數據的興趣在整個感測器網路中傳播。這一試探性興趣資訊的主要目的，是確定是否存在可以服務所需的興趣的感測器節點。所有感測器節點都維護一個興趣緩存。興趣緩存的每項對應不同的興趣。緩存項包含幾個字段，包括時間戳字段、每個鄰居的多個梯度字段和持續時間字段。時間戳字段包含接收到的最後收到的匹配興趣的時間戳。每個梯度字段都指定數據發送的速率和方向。數據速率的值來源於興趣的區間屬性。持續時間字段表示了興趣的大致壽命。持續時間的值來自於該屬性的時間戳。

梯度可以看成指向興趣傳輸方向上相鄰節點的回復鏈接。整個網路中興趣的擴散以及網路節點上梯度的建立，使得在對指定數據感興趣的數據接收器和用於服務數據的節點之間發現和建立路徑。檢測事件的感測器節點會搜索其興趣緩存，以查找與興趣匹配的項。如果找出，則節點會首先計算所有輸出梯度中請求的最高事件速率，然後設置其感測器子系統，以最高速率採樣事件。其次，節點向梯度下降方向的鄰居發送一個事件描述。接收數據的相鄰節點，在其緩存中搜索匹配的興趣項。如果沒有找到匹配項，則節點丟棄數據消息且不繼續操作。如

果存在匹配項，但接收到的數據資訊沒有相匹配的數據緩存項，則節點將資訊加到數據緩存中，並且把數據資訊傳送給相鄰節點。

當接收到興趣時，節點檢查其興趣緩存以確定其緩存中是否存在此興趣項。如果不存在該項，則接收節點會創建出一個新的緩存項，然後使用興趣中包含的資訊例示出新創建的興趣字段的參數。此外，該項包含一個單梯度場，該梯度場有指定的事件速率，並指向發送興趣的鄰節點。如果接收到的興趣與緩存項相匹配，則節點將更新匹配項的時間戳和持續時間字段。如果項中不包含興趣發送方的梯度，則節點將添加一個梯度，該梯度的值是由興趣資訊指定的。如果匹配的興趣項包含興趣發送方的梯度，則節點只需更新時間戳和持續時間字段。梯度過期後便將其從興趣中移除。

在梯度設置階段，接收器建立多條路徑。接收器可以透過提高數據率來利用這些路徑進行高品質的活動，這是透過路徑強化過程實現的。接收器可以選擇加強一個或幾個特定的鄰居，為此，接收器以更高的數據速率在所選擇的路徑上重新發送原始興趣消息，從而使得路徑上的源節點以更高的頻率發送數據。然後保留最常執行的路徑，負強化其他路徑。除了那些明確加強的網路外，其他網路都可以透過排除高數據速率的梯度來實現負強化。

因環境因素對通訊頻道的影響而導致的鏈路故障，以及節點能量耗散或完全耗盡引起的節點失效或性能退化，都可以在定向擴散中修復。這些故障通常是透過降低的速率或數據丟失檢測出來的。當感測器節點和數據接收器之間的路徑發生故障時，可以利用並增強另一種以較低速率發送的替代路徑。有損鏈接也可以透過以試探性數據速率發送興趣或簡單地讓鄰居的緩存隨著時間的推移而失效來負強化。

定向擴散能夠大大節約能源，其局部的相互作用，使其可以在未經優化的路徑上獲得較高的性能。此外，所得到的擴散機制在一定的網路動力學範圍內是穩定的，並且以數據為中心的方法消除了節點尋址的需要。然而，定向擴散範式緊密耦合在語義驅動的按需查詢的數據模型中，所以這可能會將其使用限制在適合這種數據模型的應用中，在這種模型中，可以有效而明確地實現興趣匹配過程。

(6) 地理路由

地理路由的主要目標是利用位置資訊來制定出一個到目的地的有效路由搜索，它非常適合於感測器網路。在感測器網路中，數據聚合能夠透過消除來自不同源的數據包之間的冗餘，將向基站傳輸的數量降到最小。用聚集數據來減少能耗這一需求，將感測器網路中的計算和通訊模型，從傳統的以地址為中心的範式（在通訊的兩個可尋址端點之間的交互）轉變為以數據為中心的範式（數據的內容比收集數據的節點的身份更重要）。在這種新的範例中，應用可能會發出一個詢問來查詢特定物理區域內或靠近地標附近的現象。例如，分析交通流模式的科

學家，可能對在特定路段行駛的車輛的平均數量、大小和速度感興趣，而在高速公路的特定路段收集和傳播交通流資訊的感測器的身份並不像數據內容那麼重要。此外，在高速公路的目標區域內的多個節點可以收集和聚合數據，以響應查詢。傳統的路由方法通常用於發現兩個可尋址端點之間的路徑，但不太適合處理地理上特定的多維查詢。而地理路由利用位置資訊到達目的地，並將每個節點的位置用作地址。

除了與以數據為中心的應用兼容之外，地理路由的計算和通訊開銷也較低。在傳統的路由方法中，例如用於有線網路的分布式最短路徑路由協議的路由方法，路由器可能需要知道或者總結整個網路拓撲結構，以計算到每個目的地的最短路徑。此外，為了保證到達所有目的地的路徑正確，當鏈路發生故障時，路由器需要週期性地更新描述當前拓撲結構的狀態。不斷更新拓撲狀態可能會導致大量開銷，該開銷與路由器的數量和網路中的拓撲變化率的乘積成正比。

另一方面，地理路由不需要在路由器上保持一個「重」狀態，以追蹤拓撲的當前狀態。它只需要傳播單跳拓撲資訊，如「最佳」鄰居的位置，就可以做出正確的轉發決策。地理路由的自我描述性，以及其局部化決策方法，消除了維護內部數據結構（如路由表）的需要。因此，控制開銷大大降低，從而增強了其在大型網路中的可擴展性。這些屬性使地理路由成為資源受限感測器網路中路由的可行解決方案。

路由策略　地理路由的目標是使用位置資訊來制定一個更有效的路由策略，該策略不需要在整個網路中發送請求包。為了實現這一目標，將數據包發送到位於指定轉發區域內的節點。在該方案中（也稱為地域群播），只有位於指定轉發區內的節點才能轉發數據包。轉發區域可以由源節點靜態定義，也可以由中間節點動態建構，以排除轉發數據包時可能引起繞行的節點。如果節點沒有關於目的地的資訊，則可以以完全定向廣播開始路由搜索。如果中心節點對目的地有更好的了解，則可以限制轉發區域以便將傳輸流量引到目的地。將數據包傳播的範圍限制在指定區域的想法與感測器網路以數據為中心的屬性相一致，即對數據內容（而不是感測器本身）感興趣。策略的有效性在很大程度上取決於當數據傳送到目的地時指定轉發的定義和更新方式，也取決於指定區域內節點的連通性。

地理路由中使用的第二種策略稱為基於位置的路由，它只需節點知道其直接鄰居的位置資訊，然後採用貪婪轉發機制，每個節點將數據包轉發給最靠近目的地的相鄰節點。已經提出了幾個度量來定義緊密度的概念，如歐幾里得距離。

基於位置的路由協議有可能減少控制開銷並降低能耗，因為用於節點發現和狀態傳播的泛洪只局限於一個單跳。但是，該方案的效率不僅取決於網路密度和節點的精確定位，更取決於用於將數據流量行動到目的地的轉發規則。下節將描述基於位置的路由中常用的各種轉發規則，以及用於克服位置資訊缺失和障礙的

基本技術。

　　轉發方法　　地理路由的一個重要方面是用於向最終目的地發送資訊的規則。在基於位置的路由中，每個節點根據自己的位置、相鄰節點的位置和目的地節點決定下一跳。決策的品質顯然取決於節點對全局拓撲結構的了解程度。拓撲結構的局部知識可能會導致次優路徑，這是因為當前持有數據包的節點僅根據局部拓撲知識進行轉發決策。尋找最佳路徑需要全局的拓撲知識，然而，在資源受限的 WSN 中，拓撲全局知識所帶來的開銷卻令人望而卻步。為了克服這一問題，已提出了多種轉發策略。

　　貪婪路由方案在其鄰居中選擇最接近目的地的節點。在圖 3-34 中，當前持有消息的節點 MH 選擇節點 GRS 作為轉發消息的下一跳。值得註意的是，此方案中使用的選擇過程，只考慮比當前消息持有者更接近目的地的節點集。如果該集合是空的，則此方案就不能繼續進行。

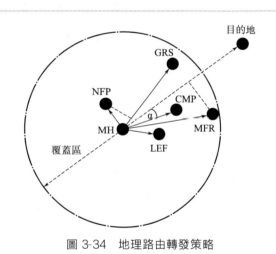

圖 3-34　地理路由轉發策略

　　在 Most-forward-within-R（MFR）中，R 表示傳輸範圍，節點將其數據包傳送給其鄰域內最靠前的節點，從而傳給目的地。基於此方法，MH 轉發的下一跳是節點 MFR。這種貪婪的方法是短視的，並不一定會將到目的地的剩餘距離降到最小。在 Nearest-forward-progress 方案中，其選擇最近的節點前進。基於這個方案，MH 選擇節點 NFP 將消息轉發到目的地。指南針路由方案是選擇節點和目的地連線與相鄰節點和目的地連線之間的夾角最小。在圖 3-34 中，將選擇節點 CMP 作為下一跳，以將流量轉發給目的地。低能量轉發方案所選擇的節點能夠局部地將能量需求降到最小，單位為焦耳/公尺。在圖 3-34 所示的網路配置中，MH 選擇節點 LEF，以將流量轉發給目的地。

　　如前所述，地理路由的可擴展性和以數據為中心的屬性，使得它成為 WSN

中可行的路由選擇，然而，這是以資訊持有者已知所有相鄰節點或至少一個子集的地理位置為前提。有關節點地理位置的準確資訊通常可以從 GPS 設備獲得。在某些設置中，感測節點可能配備了 GPS 設備，然而，在大多數情況下，感測器節點的資源和能量限制禁止使用 GPS 設備。已提出一些策略來解決這一缺點。在該策略中，只有 GPS 增強邊界節點能夠訪問精確位置資訊。沒有 GPS 設備的節點，可以使用多種三角化算法來確定它們的位置和鄰近節點的位置。

其他策略假定感測器節點不需要具有知道其位置坐標的能力，它們使用虛擬的而不是物理的坐標係。例如，使用一個虛擬極坐標系統，可以將標記圖嵌入到原始網路拓撲中。在這個系統中，每個節點被賦予一個標籤，這個標籤就是在原始網路拓撲結構中以半徑和角度從中心位置對節點的位置進行編碼。這些虛擬坐標不依賴於物理坐標，因此可以透過僅使用節點標籤，在地理路由中有效地使用這些坐標。值得一提的是，基於虛擬坐標感測器節點的方案可能需要知道到某些參考點的跳數距離，這又可能需要透過週期性地在感測器節點和參考點之間交換資訊。

儘管很簡單，甚至有路由存在，但貪婪的地理路由方法也有可能無法找到路徑或者產生低效路由。這通常發生在沒有相鄰節點比當前數據持有節點更靠近目的地的時候。

在 WSN 環境中，感測器通常嵌入環境中或部署在不可到達的區域，可能會出現空洞。為了避免空洞，提出了眾所周知的圖遍歷規則，稱之為右手法則。該規則規定，當分組從節點 N_j 到達給定節點 N_i 時，遍歷的下一跳是從節點 N_i 關於（N_i，N_j）邊緣的逆時針方向的節點。在邊緣交叉圖（即非平面圖）上，右手法則可能不能遍歷一個封閉面邊界。為了在不分割圖的情況下去除交叉邊，需要將與 WSN 對應的廣播圖變換成消除了所有交叉邊的平面子圖，然後進行邊界遍歷，即數據包沿著空洞的周圍路由，也稱為面遍歷。

結合貪婪遍歷和邊界遍歷，路由算法可以操作如下。路由算法以貪婪模式開始，使用完整的圖形。當貪婪方法失敗後，節點記錄其在數據包中的位置，並將該包記為邊界模式。然後邊界模式的數據包遵循簡單的平面圖遍歷。在該模式下，數據包依次遍歷整個無線網路連通圖的平面子圖的近距離面，該面是不被圖的任何邊緣切割的平面的最大可能區域。當數據包到達接近目的地的節點時，恢復為貪婪模式。

在 WSN 中，地理路由因其低開銷和局部交互而極具吸引力。不對稱鏈接、網路分區和交叉鏈接大大增加了該方法的複雜性，可能需要更好的平面圖。

3.3.7 傳輸層

傳輸控制協議的設計包括兩個主要功能：擁塞控制和丟失恢復。對於擁塞控

制，需要檢測擁塞的發生，並確定擁塞發生的時間和地點。例如，可以透過監視節點緩衝區占用率或鏈路負載（如無線頻道）來檢測擁塞。在傳統的網路中，控制擁塞的方法包括在擁塞點的選擇性丟棄數據包（如用於主動隊列管理方案）、在源節點處調整速率（如 TCP 中增加加法、減少乘法的技術）以及使用路由技術。WSN 中的數據包丟失，通常是由於無線頻道的品質、感測器的故障或擁塞造成的。WSN 必須透過丟包恢復，保證數據包或應用層的一定可靠性，才能正確傳遞資訊。某些重要的應用需要可靠地傳輸每一個數據包，因此包級可靠性很重要。而其他應用只需要可靠地傳輸一定比例的數據包，因此應用可靠性比包級可靠性更重要。用於分組交換網路的傳統方法，也可以用來檢測 WSN 的丟包。例如，每一個包都可以攜帶一個序列號，而接收方可以透過序列號來檢測數據包丟失。在檢測到丟包後，可以基於端到端或逐跳控制使用 ACK 或 NACK 來恢復丟失數據包。在能源方面，如果傳輸的數據包很少且很少重傳，就能保證能源的效率。有效的擁塞控制，可以減少傳輸過程中的數據包，一個有效的恢復方法可以減少重傳。總之，感測器網路的傳輸控制協議問題，都歸結為能量的有效利用。

WSN 傳輸協議的設計應考慮以下因素。

① 執行擁塞控制和可靠的數據傳輸。由於大多數數據都是從感測器節點到接收器，因此可能會在接收器附近發生擁塞。雖然 MAC 協議可以恢復由於誤碼造成的丟包，但是它無法處理由緩存溢出造成的丟包。WSN 需要一種丟包恢復機制，如 TCP 中使用的 ACK 和選擇性 ACK[20]。而且，WSN 中的可靠傳遞可能與傳統網路有著不同的含義，傳統網路的可靠傳遞是保證每個數據包都能正確傳輸。對於某些感測器應用，WSN 只需要正確接收來自該區域的一小部分感測器的數據包，而不需要正確接收該區域中每個節點的數據包。這一觀察結果，可以為 WSN 傳輸協議的設計提供重要的線索。此外，使用逐跳法控制擁塞和恢復丟失數據包可能會更有效，因為逐跳法可以減少數據包丟失，從而節約能源。逐跳機制還可以降低中間節點的緩衝區需求。

② WSN 的傳輸協議應該簡化初始的連接建立過程，或者使用無連接協議來加快連接進程，提高吞吐量，降低傳輸延遲。WSN 中的大多數應用都是被動的，這就意味著它們在將數據發送給接收器之間，是被動地監視且等待著事件的發生。這些應用可能只發送幾個數據包作為一個事件的結果。

③ WSN 的傳輸協議應該盡可能避免丟包，因為丟包會導致能量浪費。為了避免數據包丟失，傳輸協議應該採用主動擁塞控制（active congestion control，ACC），但要以略微地降低鏈路利用率為代價。ACC 在擁塞實際發生之前觸發擁塞避免，當下游鄰居的緩衝區大小超過某個閾值時，發送方（或中間節點）可能會減少發送（或轉發）速率。

④ 傳輸控制協議應該保證各種感測器節點的公平性。

⑤ 如果可能的話，應該設計一個跨層優化的傳輸協議。例如，如果路由算法告訴路由協議路由失敗了，則路由協議可以推斷出丟包的原因不是擁塞而是路由失敗。在這種情況下，發送方可以保持當前的速率。

3.3.7.1　現有傳輸控制協議的示例

現有的 WSN 傳輸協議大多分為四類：上游擁塞控制、下游擁塞控制、上游可靠性保證和下游可靠性保證。

(1) CODA

Congestion Detection and Avoidance (CODA)[21] 是一種上游擁塞控制技術，它由三個要素組成：擁塞檢測、開環逐跳反壓和端到端的多源閉環調節。CODA 透過監測當前緩衝區占用率和無線頻道負載來檢測擁塞。如果緩衝區占用率或無線頻道負載超過閾值，就會發生擁塞。檢測到擁塞的節點，將會使用開環逐跳反壓通知其上游鄰居降低其速率，上游的相鄰節點透過諸如 AIMD 這樣的方法降低它們的輸出速率。最後，CODA 透過一個端到端的閉環方法來調節多源率：

① 當感測器節點超過其理論速率時，節點便在「事件」包中設置一個「調節」位；

② 如果接收器接收到的事件包中已經設置了「調節」位，則接收器向感測器節點發送一個 ACK 消息，並通知它們降低速率；

③ 如果擁塞被清除，接收器將會向感測器節點發送一個立即 ACK 控制消息，通知節點可以增加它們的速率。

CODA 的缺點是：

① 單向控制，只能從感測器到接收器；

② 沒有考慮可靠性；

③ 因為接收器發出的 ACK 可能會丟失，所以在擁塞嚴重時，其閉環多源控制的響應時間會延長。

(2) ESRT

Event-to-Sink Reliable Transport (ESRT) 屬於上游可靠性保證組，它提供了可靠性和擁塞控制。ESRT 週期性地計算出可靠性值 r，表示在給定的時間間隔內成功接收的數據包的速率。然後，ESRT 利用表達式如 $f = G(r)$，從可靠性值 r 中推算出所需的感測器報告頻率 f。最後，ESRT 透過高功率的假設頻道，向所有的感測器通知 f 的值。ESRT 採用端到端的方法，透過調整感測器的報告頻率，保證所需的可靠性。ESRT 不僅為應用提供了整體可靠性，還透過

控制報告頻率節約了能源。但缺點是，它向所有感測器都通告相同的報告頻率（因為不同的節點可能對擁塞有不同的影響，所以應用不同的頻率會更合適），且主要將可靠性和節能作為其性能指標。

（3）RMST

Reliable Multisegment Transport（RMST）[22] 保證了數據包在上遊方向的成功傳輸。中間節點緩存每個數據包以實現逐跳恢復，或在非緩存模式下運行。在該模式中，只有終端主機能夠緩存傳輸的數據包以實現端到端恢復。RMST 既支援緩存模式，也支援非緩存模式。此外，RMST 使用選擇性 NACK 和定時器驅動機制進行丟失的檢測和通知。在緩存模式下，丟失的數據包透過中間感測器節點進行逐跳恢復。如果中間節點未能找到丟失的數據包，或者工作在非緩存模式下，那麼它將把 NACK 向上轉發給源節點。RMTS 運行於定向擴散，這是一種路由協議，為應用提供了可靠保證。RMST 的問題是缺乏擁塞控制、能源效率和應用層可靠性。

（4）PSFQ

Pump Slowly，Fetch Quickly（PSFQ）[23] 將數據速率調到一個相對較低的值，但允許丟失數據的節點從近鄰中恢復丟失部分，從而將數據從接收器分發到感測器中。該方法屬於下游可靠性保障組。其目的是實現寬鬆的延遲邊界，同時透過將數據恢復局限於近鄰，從而將數據恢復最小化。PSFQ 的工作原理是：接收器每過 T 時間單位向其鄰居廣播一個數據包，直到發出所有數據片段；一旦檢測到序列號缺口，感測器節點便進入讀取模式，並在反向路徑中發出一個 NACK，以恢復缺失的片段；除非發送 NACK 的次數超過預定義的閾值[23]，否則相鄰節點將不會轉發 NACK；最後，接收器可以透過簡單的可擴展的逐跳報告機制，要求感測器為其提供數據傳輸狀態資訊。PSFQ 的主要缺點：

① 無法檢測到單包傳輸的丟包；

② 利用緩存進行的逐跳恢復需要更大的緩衝區。

（5）GARUDA

GARUDA[24] 位於下游可靠性組，它基於兩層節點架構，選擇距離接收器 $3i$ 跳的節點作為核心感測器節點（i 是整數），其餘節點（非核心）稱為二級節點。每一個非核心感測器節點都選擇一個附近的核心節點作為其核心節點，並利用相應的核心節點恢復丟失的數據包。GARUDA 使用一個 NACK 消息來檢測和通知丟失。丟失恢復分為兩類：核心感測器節點之間的丟失恢復[24]，以及非核心感測器節點與其核心節點之間的丟失恢復。因此，為了恢復丟包而進行的重傳，看起來像是純逐跳和端到端的一個混合方案。GARUDA 設計了一種重複等待第一個數據包的脈衝傳輸，以保證單包或第一次數據包傳遞的成功。此外，脈

衝傳輸不僅用於計算跳數，還用於為建構一個兩層的節點架構選擇核心感測器節點。GARUDA 的缺點包括在上遊方向缺乏可靠性，缺乏擁塞控制。

(6) ATP

Ad Hoc Transport Protocol（ATP）[25] 基於接收器和網路輔助端到端的反饋控制算法，使用選擇性 ACK 進行丟包恢復。在 ATP 中，中間網路節點計算指數分布的數據包排隊和傳輸延遲的總和，稱為 D，所需的端到端速率被設置為 D 的倒數。在遍歷給定感測器節點的所有數據包上計算 D 的值，若 D 的值超出每個輸出包所攜帶的值，則它會在轉發數據包之前更新域。接收方計算所需的端到端速率（D 的倒數）並將其反饋給發送方，發送方可以根據接收到的值來智慧地調整其發送速率。為了保證可靠性，ATP 使用選擇性的 ACK 作為一個端到端的機制來檢測丟包。ATP 將擁塞控制與可靠性分離開來，從而實現比 TCP 更好的公平性和更高的吞吐量。然而，該設計沒有考慮到能源，這就引起了端到端控制方案的 ATP 最優化問題。

3.3.7.2　傳輸控制協議存在的問題

在協議的設計中，需要仔細考慮到 WSN 傳輸協議的主要功能有擁塞控制、可靠性保證和節能。文獻中現有的大多數協議都保證上游或下游的擁塞或可靠性（兩者只有其一），但 WSN 中的某些應用需要在兩個方向上都有，例如重分配和關鍵時間敏感的監測操作。現有的 WSN 傳輸協議的另一個問題是，它們只能控制端到端或者逐跳中的一個擁塞。雖然在 CODA 中，同時擁有用於擁塞控制的端到端和逐跳機制，但 CODA 同時使用它們而不是自適應地選擇某一個使用。將端到端和逐跳機制相結合的自適應擁塞控制方法，對不同應用的 WSN 有較大的幫助，同時由於感測器節點操作的節能和簡化，該方法更有用。

目前研究的傳輸協議要麼提供了數據包級可靠性，要麼提供了應用層的可靠性（如果有可靠性的話）。如果一個感測器網路支援兩個應用，一個需要數據包級可靠性，另一個需要應用層可靠性，那麼現有的傳輸控制協議將面臨困難。因此，需要一種自適應恢復機制，來支援數據包級和應用級可靠性以及能量效率。

3.3.7.3　傳輸控制協議的性能

(1) 擁塞

兩種通用的擁塞控制方法是端到端和逐跳法。在一個諸如傳統 TCP 的端到端方法中，源節點的任務是在接收器輔助模式（基於 ACK 的損失檢測）或網路輔助模式（使用明確的擁塞通知）下檢測擁塞，因此，只在源節點調整速率。在逐跳擁塞控制中，中間節點檢測擁塞並通知始發鏈路節點。逐跳控制法比端到端法更快地消除擁塞，還能夠降低感測器節點中的丟包和能耗。

這裏提供了一個簡單的模型來幫助理解擁塞控制對能源效率的影響。假設如下：

① 在源節點和接收節點之間有 $h>1$ 跳，每條引入一個延遲 d，鏈路容量為 C；

② 擁塞在網路中均勻發生，擁塞發生的頻率是 f，這取決於網路拓撲、流量特性和緩衝區大小；

③ 當源傳輸總速率超過 $C(1+a)$ 時，將檢測到擁塞；

④ e 是在每個鏈路上發送或接收數據包所消耗的平均能量。

在端到端的方法中，通知源節點擁塞發生平均需要 $1.5hd$。在該時間間隔內（擁塞發生到源節點收到通知），除了擁塞鏈路上的節點 ［流量不能超過 $C(1.5hd)$］，其他節點都可以發送多達 $C(1+a)(1.5hd)$ 個數據包。故因擁塞而丟失的數據包數可以估算為 $n_e=aC(1.5hd)$。

在逐跳方法中，觸發擁塞控制所需的時間等於一跳延遲 (d)，因此，在控制擁塞之前丟失的數據包大約有 $n_b=aCd$。

令 $N_s(T)$ 為在擁塞鏈路上成功傳輸的數據包的數量，$N_d(T)$ 為在時間間隔 T 內因擁塞而丟失的數據包數量。每個丟失的數據包都平均經過 $0.5H$ 跳。擁塞控制機制的能量效率的定義為：

$$E_c=\frac{N_s(T)He}{N_s(T)He+N_d(T)(0.5H)e}=\frac{N_s(T)}{N_s(T)+0.5N_d(T)} \tag{3-8}$$

其中，E_c 是成功發送一個數據包所需的平均能量比。在理想情況下，即沒有擁塞時，E_c 是1。因此，對於端到端的擁塞控制：

$$E_c=\frac{N_s(T)}{N_s(T)+0.5N_d(T)}=\frac{TC}{TC+0.5fTn_e}=\frac{4}{4+3fahd} \tag{3-9}$$

對於逐跳控制：

$$E_c=\frac{N_s(T)}{N_s(T)+0.5N_d(T)}=\frac{TC}{TC+0.5fTn_h}=\frac{2}{2+fad} \tag{3-10}$$

從式（3-9）和式（3-10）可以看出，端到端機制的能量效率取決於路徑長度 H，而逐跳控制的能量效率與路徑長度無關，因此效率比更高。

CODA 將能量效率定義為感測器網路中丟失的數據包的總數與經過逐跳擁塞控制後接收器接收到的數據包的總數之比。因此，比值越低，能量效率越高。

（2）丟包恢復

恢復丟失的數據包一般有兩種方法：緩存恢復和非緩存恢復。非緩存恢復是一個類似於傳統 TCP 的端到端的 ARQ（自動重複請求）。基於緩存的恢復使用逐跳方法，並依靠中間節點的緩存，在兩個相鄰節點之間進行重傳。而在非緩存的情況下，h 跳中可能會發生重傳，因此需要更多的總能量。緩存點的定義是在

一定時間內，局部複製傳輸數據包的節點；丟包點的定義為因擁塞而丟失數據包的節點。重傳路徑長度 l_p 的定義為從緩存節點到丟包節點的跳數。因此，在非緩存情況下，$l_p = h_1$，其中 h_1 是從丟包點到源節點；在緩存情況下，如果相鄰節點發生丟包，則 l_p 可能為 1。因為感測器節點的緩衝區空間有限，所以數據包副本只能儲存一段時間。故在緩存情況下，l_p 可能大於 1，但永遠小於 $h_1(1 < l_p < h_1)$。在基於緩存的恢復中，不同的算法可能具有不同的重傳路徑長度 l_p，並引入不同的能量效率。

在基於緩存的恢復中，每個數據包都儲存在它訪問的每個中間節點中，直到相鄰節點成功地接收數據包，或者出現超時（以較早者為準）。在該情況下，l_p 很有可能接近於 1。另一種情況是分布式緩存，數據包的副本分布在中間節點中，每個數據包都只儲存在一個或幾個中間節點中。分布式緩存可能比常規緩存具有更長的 l_p（但仍比非緩存時小），且需要更少的緩衝空間。

3.3.8 中間件技術

中間件通常位於應用層之下，操作系統和網路協議之上，管理應用需求，隱藏底層細節，便於應用的開發部署和管理。由於 WSN 與傳統的網路或分布式計算系統有很大的不同，故它這方面有特殊的要求。

WSN 中間件設計面臨的挑戰[26]：

① 拓撲控制，將感測器節點重新配置為連通網路；

② 能量感知以數據為中心的計算；

③ 專用集成，因為將應用資訊集成到網路協議中可以提高性能並節省能量；

④ 有效利用計算和通訊資源；

⑤ 支援實時應用。

WSN 的基本中間件功能如下[26]：

① 對不同應用的系統服務　為了方便地部署當前和將來的應用，中間件需要提供標準化的系統服務；

② 協調和支援多應用的環境　這是實現不同應用和創建新應用所必需的；

③ 實現系統資源自適應和高效利用的機制　這些機制提供了動態管理 WSN 有限和可變的網路資源的算法；

④ 多 QoS 維度之間的有效權衡　這可以用來調整和優化所需的網路資源。

WSN 中間件的設計原理[26,27] 如下：

① 需要局部算法作為分布式算法，透過與相鄰節點通訊來實現全局目標；

② 需要自適應保真算法在結果品質和資源利用率之間進行權衡；

③ 需要以數據為中心的機制來進行網路內的數據處理和查詢，以及將數據

與物理感測器解耦;

④ 需要將應用知識整合到中間件所提供的服務中,以提高資源和能源效率;

⑤ 需要輕量級中間件進行計算與通訊;

⑥ 需要進行應用 QoS 折中,因為 WSN 資源有限,QoS 不能同時滿足於所有應用。

透過這種方式,中間件可以幫助應用程式與低級網路協議進行協商,從而提高性能並節省網路資源。要完成此任務,中間件不僅需要了解,還需要分析和概括應用和網路協議的特性。其餘的任務是根據當前的網路狀態和所需的應用 QoS 來構造應用和網路協議之間的有效映射,該映射可以作為應用可調用的中間件服務實現。中間件服務提供應用知識及其當前的 QoS 和網路狀態,進而對網路資源進行管理和控制。在某些情況下,中間件會通知應用改變其 QoS 要求,但是這需要應用具有自適應性。

3.3.8.1 中間件結構

一般的中間件結構如圖 3-35 所示。中間件從應用和網路協議中收集資訊,並確定如何支援應用,同時調整網路協議參數。中間件有時候會繞過網路協議直接與操作系統連接。WSN 與傳統中間件的主要區別在於前者需要動態調整底層網路協議參數,配置感測器節點,以提高性能和節約能源。中間件的關鍵是概括應用的一般特性,並將應用需求映射到協議參數調整的操作中。例如,中間件包含以下功能元件:資源管理、事件檢測和管理以及應用編程介面。資源管理功能元件監視網路狀態並接收應用需求,然後生成命令來調整網路資源。事件檢測和管理功能元件用於檢測和管理諸如感測之類的事件。應用編程介面可以被應用程式調用,以獲得更好的性能和網路利用率。

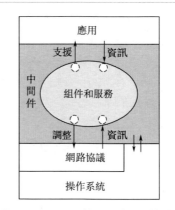

圖 3-35　WSN 的通用中間件架構

因為 WSN 是以數據為中心的設備,所以中間件將包含數據管理功能,例如數據傳播、數據壓縮和數據儲存。

數據傳播　在 WSN 中,部署的感測器節點生成數據。所感測到的數據需要傳輸到某個特殊節點或接收器,進行進一步分析、管理和控制,因此,需要一個數據傳播協議來保證從感測器節點到接收器的有效數據傳輸。數據傳播協議與路由協議有一定的關係。路由協議是通用的,其目的是在源節點和目的節點之間找

到一條路徑；而數據傳播協議的目的是保證從節點到接收器的成功傳輸。數據傳播協議至少包含兩個階段：

① 觸發數據傳輸的初始階段　通常由接收器發送一個查詢通知感測器節點其意圖來發起，該查詢包含指導數據從節點傳輸到接收器的資訊、數據報告的頻率、數據報告發生的時間間隔等；

② 數據傳輸階段　感測器節點向接收器報告數據，數據傳播協議指示數據是以廣播還是單播方式傳輸，路由協議和其他技術（如數據複製和緩存）也可用於性能優化。

有些協議，如定向擴散（DD）[28]，認為 WSN 只有一個接收器。後來的協議，如雙層數據傳播（TTDD）[29] 和訪問環境中數據的接收器，認為 WSN 有多個接收器。在 DD 中進行的是泛洪查詢，初始數據也廣播給所有鄰居用來建立一條加強的路徑，但後來的數據僅在加強的路徑上傳輸。TTDD 為數據傳播提供了雙層網格結構。在 TTDD 中，感測器節點需要公布網格結構的建構過程，然後只在小於網格單元的區域泛洪查詢，以便找到附近的傳播節點。傳播節點是最接近網格交叉點的節點。如果源節點到多個接收器有相同部分，則 SAFE 會嘗試共享和壓縮數據傳播，這樣可以避免重複數據，節省能量。

數據壓縮　通訊組件消耗了 WSN 中的大部分能量，而計算消耗較少。因此需要部署數據壓縮技術，這可能會增加計算所需能量，但能夠減少數據包傳輸的數量。WSN 的幾個特性使得實現有效的數據壓縮協議成為可能：

① 通常情況下，相鄰感測器節點採集到的數據是相關的，尤其是當網路中感測器節點的部署相當密集時；

② 由於大多數 WSN 是樹狀邏輯拓撲結構，故從感測器節點到接收器的路徑上，相關性會越來越顯著；

③ 事件的發生類似於時間連續但隨機的過程，隨機過程的採樣有助於從過程中提取資訊內容；

④ 應用語義可以實現數據聚合或數據融合；

⑤ 應用程式對數據中可能出現的錯誤的容忍可能會降低數據讀取和報告的頻率。

壓縮技術包括以下內容。

① 基於資訊理論的技術，如 DISCUS[30]。這是一個用於密集微感測器網路的分布式壓縮方案，它基於 Slepian-Wolf 編碼[31]，不需要轉換。由於大多數 WSN 的節點呈樹狀拓撲結構，其中根是接收器，因此在每個與來自其父節點的數據相關聯的節點上，資訊都會被壓縮或編碼。解壓縮或解碼過程可以由接收器完成，也可以由感測器節點和接收器共同完成。

② 基於數據聚合的壓縮方案，用於自組織感測器網路[32] 的小型聚合服務（tiny aggregation，TAG）。TAG 以應用依賴的方式實現了幾種基於語義的聚

合，如 MIN、MAX 和 SUM。這種方法對沒有這種語義表達式的應用是沒有幫助的，且存在聚合點位置的問題。

③ 隨機過程的抽樣。如果一個應用允許一定程度的誤差，那麼感測器節點可以自適應地降低採樣頻率。

數據儲存　感測器節點收集與感測事件相關的數據，數據需要儲存用於將來使用。數據儲存應該考慮的問題有：需要儲存什麼類型的數據？數據應該儲存在哪裏？數據如何儲存以及儲存多長時間？這些問題的答案定義了 WSN 的數據儲存要求。WSN 中有兩種類型的數據：感測器節點收集的原始數據，以及從最初收集到的數據中分析出的結果（如事件及其位置）。已提出了幾種數據儲存的方案。

① 外部儲存（External storage，ES），檢測到的數據傳輸到外部（集中）主機進行儲存。因為所有數據都會被運到中央，但不是所有數據都需要用於以後查詢，所以該方法不節能。

② 局部儲存（Local storage，LS），收集到的數據局部儲存在感測器節點自身中。雖然 LS 方案比 ES 更節能，但查詢效率不高。例如，如果對遠程的感測器節點中的數據進行頻繁查詢，那麼 LS 將會比數據集中儲存方法消耗更多的能量。LS 的一個優點是，在查詢過程中可以知道數據位置。

③ 以數據為中心的儲存（Data-centric storage，DCS）[33]。在 DCS 中，事件數據是根據事件類型和某些特殊的「主節點」儲存的，這些節點可能不是收集的數據的原始位置，因此在 DCS 中，可以根據數據類型將查詢路由到相應的主節點。以數據為中心的儲存方法可以節省能量，並且很容易透過分布式哈希表等方法實現負載平衡，但不能查詢數據的來源。

④ 感知來源的數據儲存（Provenance-aware data storage，PADS）[34]。PADS 強調能夠查詢某些應用程式的數據來源的必要性。在 PADS 中，事件數據局部儲存，但數據的索引或指針像 DCS 一樣儲存在某些「主機」中，故 PADS 同時具有 LS 和 DCS 的優點。

⑤ 多解析度儲存（Multiresolution storage，MRS）[35]。在 MRS 中，數據被分解並劃分為若干級：原始數據為 0 級，精細數據為 1 級，粗數據為 2 級。不同級別的數據儲存的時間不同，2 級數據儲存的時間最長，而原始數據儲存的時間最短。MRS 實際上是一種差異化儲存方案，它實現了更好的負載平衡，並且降低了通訊開銷。

3.3.8.2　現有中間件

（1）MiLAN

MiLAN[36] 定義了兩類應用程式：數據驅動的應用（收集和分析數據）和基於狀態的應用（應用需求可能隨著接收到的數據而變化）。MiLAN 表示，需

要讓應用主動影響網路和感測器自身的中間件，來支援這個不斷成長的新類別的應用。每個感測器節點運行一個 MiLAN 版本，該 MiLAN 版本根據其 QoS 要求、與應用之間的相對重要性或期望的交互有關的整個系統，以及關於可用組件和資源的網路，來接收與應用有關的資訊。MiLAN 在滿足 QoS 需求的同時，調整網路特性以提高應用的壽命[36]。

MiLAN 收到以下資訊用於操作：

① 應用的興趣變量；

② 每個變量所需的 QoS；

③ 來自每個感測器或感測器組的數據能夠為每個變量提供的 QoS 級別。

假定對於給定的應用[36]，可以使用來自一個或多個感測器的數據滿足每個變量的 QoS，然後應用透過一個包含應用可行集 f_a 的感測器 QoS 圖向 MiLAN 提供資訊。MiLAN 使用服務發現協議來獲得關於感測器節點的資訊（如感測器節點，可以提供的數據類型、節點可以使用傳輸功率電平操作的模式及當前的剩餘能量電平），然後確定一組網路支援的感測器（稱為網路可行集 f_n），最後在 f_a 和 f_n 的重疊集中選擇最優元素，以優化網路配置並盡量延長應用壽命。MiLAN 對應用需求進行描述，並檢查了網路條件以滿足動態網路配置的性能要求，註重延長應用運行時間，而不是有效利用感測器功率。MiLAN 運行不同類型的應用，並根據應用對節能路由協議進行修改。MiLAN 不適合在只有一個變量的應用中進行優化。

（2）IrisNet

IrisNet[37] 將傳統的 WSN 擴展為一個全球性的感測器網路，該全球性感測器網路能夠整合多種感測器的數據，數據的範圍從高位元速率（如裝有網路攝影機的電腦）到傳統 WSN 產生的低位元速率，還可以支援許多面向消費者的服務。IrisNet 是一個由感測代理（sensing agents，SA）和組織代理（organizing agents，OA）組成的雙層體系結構。SA 透過一個數據採集介面訪問感測器，OA 透過一個分布式數據庫儲存 SA 產生的特定於服務的數據，且每個 OA 只參與一次感測服務。IrisNet 使用 XML 以分層的方式表示 sensorl 生成的數據，還使用自適應數據放置算法減少查詢響應時間和網路流量，同時還平衡了 OA 的負載。IrisNet 為 SA 主機設計了執行環境，在每次 SA 服務中，都可以上傳和執行可執行的代碼（senselet）。Senselet 通知 SA 使用原始的感測器數據，還執行一組特定的處理步驟，將結果發送到附近的 OA。簡而言之，IrisNet 是一種通用的軟體基礎設施，支援收集、過濾和合併感測器數據等常見的中心任務，並在合理的響應時間內執行分布式查詢[37]。IrisNet 不是專門為資源有限的 WSN 設計的。例如，IrisNet 尚未考慮局部算法或 WSN 應用的可能特徵。

(3) AMF

AMF[38] 利用「資源和應用的 QoS 權衡」和「感測器讀數的可預測性」來減少資訊收集過程中消耗的能量。假設是在滿足應用程式的 QoS 的情況下，可以以預定的精度水準收集近似數據。AMF 中有「感測器端」和「伺服器端」組件，這些組件透過底層感測器網路基礎結構將應用層連接起來。AMF 支援基於精度和預測的適應。伺服器端組件包括應用品質、數據品質需求轉換、自適應精度設置、感測器選擇、感測器數據管理和容錯。感測器端組件包括感測器狀態管理和精確驅動的適應。AMF 具有節能的消息更新模式，只有當測量值超過之前的值或預測值（該預測值超出給定錯誤級）時，感測器才會向伺服器發送更新[38]。伺服器在指定的時間段內維護每個感測器的活動感測器列表（活動列表）和歷史值列表。為了支援基於預測的適應，感測器和伺服器儲存一組預測模型，並根據網路狀態選擇最佳模型。在資訊收集過程中，AMF 試圖在資源和品質之間進行權衡，這會使得 AMF 降低採樣頻率，但不會影響結果的準確性。

(4) DSWare

DSWare[39] 位於應用程式層和網路層之間，集成了各種實時數據服務，並為應用提供了類似數據庫的抽象概念。它包括幾個組件：數據儲存、數據緩存、組管理、事件檢測、數據訂閱和調度。在 DSWare 中[39]，數據被複製到多個物理節點上，這些節點透過基於散列的映射來映射到單個邏輯節點，而查詢被定向到任何節點，以避免衝突和平衡節點之間的負載。DSWare 中的數據緩存服務監視副本的當前使用情況，並決定是否增加或減少副本數量，以及是否透過在鄰域內交換資訊，將一些副本移到另一個位置[39]。DSWare 為了在感測器節點之間提供局部合作並實現全局目標，合併了組管理，同時它還對 WSN 中的查詢進行實時調度。DSWare 中的數據訂閱服務將感測器節點間的通訊降到最小。

DSWare 提供了一種新的事件檢測機制，該機制可靠且節能。假定複合事件包括可能相關的子事件，並且其發生可以透過置信函數來測量，置信函數的結果稱為置信度。當置信度大於閾值最小置信度時，就假定複合事件已經發生。但是當一個複合事件發生時，並不是所有的子事件都能被檢測到[39]。DSWare 僅在確定發生複合事件時才會發送報告。每個子事件可能只發生在某個階段。DSWare 採用 SQL 語言來登記和取消事件，這是用於實時應用的事件驅動中間件。在 DSWare 中，網路協議選擇是靜態的，與應用程式無關。DSWare 的缺點是無法捕獲應用需求[40]。

(5) CLMF

CLMF[26] 是一個兩層虛擬機：資源管理層和簇層。簇層分布在所有感測器節點之間，包含簇的形成和控制協議。資源管理的代碼駐留在簇頭中。簇層需要

從簇頭部分發命令進行資源管理和簇控制。資源管理層命令對資源進行分配和調整，以滿足應用程式規定的 QoS 要求[26]。CLMF 提出了一個簡單環境下的資源分配和調整的三階段啓發式算法。在這個算法中，一組同類的感測器節點利用動態電壓和調制縮放技術[41,42]，透過單跳無線網路相連接。CLMF 不考慮路由協議，因為它位於現有的網路堆棧上。CLMF 只提供一個框架。在 CLMF 中，資源管理機制（如果有的話）需要進一步的研究。

（6）MSM

MSM[40] 運行於傳輸層和應用之間，它將 WSN 分為兩個區域：主導和非主導。占主導地位的部分包含一個充當中心接入點的網關，並提供與傳輸網路的連接。網關是一個智慧協調器，用於記錄感測器網路中的所有活動。MSM 核心組件包括數據分發和監控服務，用於在 WSN 中的設備之間進行通訊。數據分發服務在感測器節點之間分發資訊，監控服務利用數據分發服務來監控感測器節點。MSM 使用對象請求代理作為連接傳輸層協議的介面。目前的 MSM 對於多種應用是不可調的，此外，它也沒有完全考慮通訊和能源效率。

參考文獻

[1] Klaus Finkenzeller. RFID Handbook-Fundamentals and Applications in Contactless Smart Cards and Identification. New York: Wiley-Blackwell, 2005.

[2] 郎為民. 射頻識別（RFID）技術原理與應用. 北京：機械工業出版社，2006.

[3] 康東等. 射頻識別（RFID）核心技術與典型應用開發案例. 北京：人民郵電出版社，2008.

[4] 賀安之，閻大鵬. 現代感測器原理及應用. 北京：宇航出版社，1995.

[5] 張先恩. 生物感測器. 北京：化學工業出版社，2006.

[6] 高國富等. 智慧感測器及其應用. 北京：化學工業出版社，2005.

[7] Kuo, F. F. ACM SIGCOMM Computer Communication Review. 1995, 25（1）: 41-44.

[8] Rajendran, V. , Obraczka, K. , Garcia-Luna-Aceves, J. J. Wireless networks. 2006, 12（1）: 63-78.

[9] Kim, Y. , Shin, H. , Cha, H. Proc. of the International Conference on Information Processing in Sensor Networks. 2008: 53-63.

[10] Heinzelman, W. B. , Chandrakasan, A. P. , and Balakrishnan, H. IEEE Transactions on Wireless Communications. 2002, 1（4）: 660-670.

[11] Ye, W. , Heidemann, J. , and Estrin, D. Proc. of the 21st Annual Joint Conference of the IEEE Computer and Communications Societies. 2002: 1567-

1576.

[12] Lu, G. ,Krishnamachari, B. ,and Ragha-vendra, C. S. Proc. of the International Parallel and Distributed Processing Symposium. 2004: 1-8.

[13] Raja, A. ,and Su, X. Proc. of the Consumer Communications and Networking Conference. 2008: 692-696.

[14] Hedetniemi S. ,Liestman A. IEEE Networks, 1988, 18（4）: 319-349.

[15] Braginsky D. ,Estrin D. Proceedings of the Workshop on Sensor Networks and Applications. 2002: 22-31.

[16] Kulik J. ,Heinzelman W. R. ,Balakrishnan H. Wireless Networks. 2002, 8: 169-185 .

[17] Heinzelman W. ,Kulik J. ,Balakrishnan H. Proceedings of the ACM/IEEE International Conference on Mobile Computing and Networking. 1999: 174-185.

[18] Handy M. ,Haase M. ,Timmermann D. Proceedings of the International Workshop on Mobile and Wireless Communications Network. 2002: 368-372.

[19] Lindsey S. ,Raghavendra C. IEEE Aerospace Conference Proceedings. 2002, 3（9-16）: 1125-1130.

[20] Mathis M. RFC 2018. 1996.

[21] Wan C. Y. ,Eisenman S. B. ,Campbell A. T. Proceedings of the 1st ACM Conference on Embedded Networked Sensor Systems. 2003: 266-279.

[22] Stann F. ,Heidemann J. Proceedings of the 1st IEEE International Workshop on Sensor Network Protocols and Applications. 2003: 102-112.

[23] Wan C. Y. ,Campbell A. T. Proceedings of the ACM Workshop on Sensor Networks and Applications. 2002: 1-11.

[24] Park S. J. ,Vedantham R. ,Sivakumar R. ,Akyildiz I. F. Proceedings of the 5th

ACM International Symposium on Mobile Ad Hoc Networking and Computing. 2004: 78-89.

[25] Sundaresan, K. ,Anantharaman, V. , Hsieh, H. Y. and Sivakumar, A. R. IEEE transactions on mobile computing. 20054（6）: 588-603.

[26] Yu Y. ,Krishnamachari B. ,Prasanna V. K. IEEE Network. 2004, 18（1）: 15-21.

[27] Romer K. ,Kasten O. ,Mattern F. Mobile Computing and Communications Review. 2002, 6（4）: 59-61.

[28] Intanagonwiwat C. ,Govindan R. ,Estrin D. Proceedings of the 6th ACM/IEEE International Conference on Mobile Computing and Networking. 2000: 56-67.

[29] Ye F. ,Luo H. ,Cheng J. ,Lu S. ,Zhang L. Proceedings of the 8th ACM International Conference on Mobile Computing and Networking. 2002: 148 159.

[30] Pradhan S. S. ,Kusuma J. ,Ramchandran K. IEEE Signal Processing. 2002, 19（2）: 51-60.

[31] Slepian D. ,Wolf J. K. IEEE Transactions on Information Theory. 1973, 19（4）: 471-480.

[32] Madden S. ,Franklin M. J. ,Hellerstein J. , Hong W. ACM SIGOPS Operating Systems Review. 2002, 36（SI）: 131-146.

[33] Shenker S, Ratnasamy S, Karp B, Govindan R, Estrin D. ACM SIGCOMM Computer Communication Review. 2003, 33（1）: 137-42.

[34] Ledlie J, Ng C, Holland DA. Proceedings of the International Conference on InData Engineering Workshops. 2005: 1189.

[35] Ganesan D. ,Greenstein B. ,Perelyyubskiy D. ,Estrin D. ,Heidemann J. Proceedings of the ACM Conference on

Embedded Networked Sensor Systems. 2003: 89-102.

[36] Heinzelman WB, Murphy AL, Carvalho HS, Perillo MA. IEEE network. 2004, 18 (1): 6-14.

[37] Gibbons PB, Karp B, Ke Y, Nath S, Seshan S. IEEE pervasive computing. 2003, 2 (4): 22-33.

[38] Yu X, Niyogi K, Mehrotra S, Venkatasubramanian N. IEEE distributed systems online. 2003, 4 (5): 6-11.

[39] Li S, Lin Y, Son SH, Stankovic JA, Wei Y. Telecommunication Systems. 2004, 26 (2-4): 351-68.

[40] Ahamed S. I. , Vyas A. , Zulkernine M. Proceedings of the International Conference on Parallel Processing Workshops. 2004: 465-471.

[41] Weiser M, Welch B, Demers A, Shenker S. Proceedings of the USENIX Symposium on Operating Systems Design and Implementation. 1994: 13-23.

[42] Prabhakar B. , Uysal-Biyikoglu E. , Gamal A. E. Proceedings of the Annual Joint Conference of the IEEE Computer and Communications Societies. 2001: 386-394.

第4章

接入與傳輸網路

4.1　接入網技術

　　接入網（Access Network，AN）是將使用者或終端接入到核心網的網路，包括主幹核心網到使用者終端之間的所有設備。接入網長度一般在數百公尺到數千公尺之間，因此被形象地稱為核心網到使用者之間的「最後一公里」。按照傳輸介質的不同，接入網主要可以分為有線接入網、無線接入網和混合接入網三大類。有線接入網包括銅線接入網和光纖接入網，無線接入網包括固定無線接入網和行動無線接入網，混合接入網則根據不同的要求混合了有線與無線接入技術。

　　物聯網是物物相連的網路，豐富的終端類型賦予其豐富的業務種類，包括音檔、影片、話音、圖像、數據等，並且隨著網路規模的發展，其應用範圍不斷擴大，應用要求不斷提高，因此，物聯網的接入方式多種多樣。行動通訊網以其覆蓋範圍廣、建設成本低、部署方式靈活、行動性強等優勢，成為了物聯網的主要接入方式，無線接入技術正朝著寬頻化的方向發展。廣義的無線網路按照寬頻無線接入（Broadband Wireless Access，BWA）技術覆蓋範圍的大小，可以從小到大依次劃分為無線個域網（WPAN）802.15、無線局域網（WLAN）802.11、無線城域網（WMAN）802.16、無線區域網（WRAN）802.22、無線廣域網（WWAN）802.20，如圖 4-1 所示[1~4]。

圖 4-1　寬頻無線接入技術分類

4.1.1　無線個域網

4.1.1.1　概述

　　無線個域網（Wireless Personal Area Network，WPAN）是一種採用無線連接的個人局域網，主要應用於電話、電腦、附屬設備以及小範圍內的數位輔助設備之間的通訊，其工作範圍一般是在 10m 以內。由於通訊範圍有限，WPAN 通常用於取代實體傳輸線，讓不同的系統能夠近距離進行資料傳輸[1]。

　　WPAN 主要包括藍牙（Bluetooth）技術、ZigBee 技術、超寬頻（Ultra Wideband，UWB）技術、紅外（Infrared Data Association，IrDA）技術、近場通訊（Near Field Communications，NFC）技術等，如圖 4-2 所示。使用者可以根據數據數量、覆蓋範圍、能量消耗等方面來選擇合適的技術協議。下面介紹幾種主要的技術。

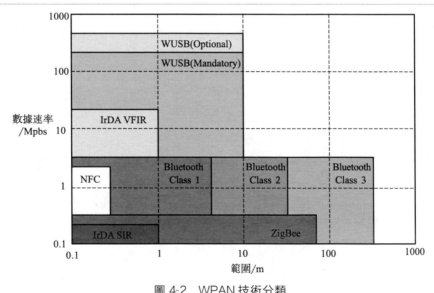

圖 4-2　WPAN 技術分類

4.1.1.2　藍牙技術

　　（1）概述

　　藍牙名稱來源於 10 世紀的一位丹麥國王哈拉爾藍牙王 Blatand。因為國王喜歡吃藍莓，牙齦每天都是藍色的，所以又稱為藍牙 Bluetooth。

　　藍牙是一種小型化、低成本和微功率的無線通訊技術。1994 年愛立信（Ericsson）公司開始研究發明。1998 年，由愛立信（Ericsson）、諾基亞（No-

kia）等公司聯合發起，組織成立了藍牙特殊興趣小組（Bluetooth Special Inter-
est Group），即藍牙技術聯盟的前身，簡稱 BSIG 或 SIG，旨在制定和修改 Blue-
tooth 的技術規範和推廣應用。1999 年藍牙技術開始標準化。藍牙技術由藍牙技
術聯盟（SIG）負責維護其技術標準。截至 2013 年，SIG 已擁有超過 20000 家公
司成員，分布在電信、電腦、網路與消費性電子產品等領域。IEEE 曾經將藍牙
技術標準化為 IEEE 802.15.1，但是該標準已經不再繼續使用。

截至目前，藍牙共有十個版本，分別是 V1.0/1.1/1.2/2.0/2.1/3.0/4.0/
4.1/4.2，以及最新的藍牙 5。每個版本相比上一代在傳輸速率上都有了較大提
升。藍牙 V1.1 版傳輸速率約為 748～810Kbps；藍牙 V2.0 版傳輸速率約為
1.8～2.1Mbps，並且開始支援雙工模式；藍牙 V3.0 版的數據傳輸速率提高到
了大約 24Mbps，有效傳輸距離為 10m；藍牙 V4.0 版的有效傳輸距離可達 60m，
最大範圍可超過 100m，並且與 V3.0 版相比大幅降低能耗；藍牙 V4.2 版的數據
傳輸速率提升了約 2.5 倍，並支援基於 IPv6 協議的低功耗無線個人局域網技術，
擁有了一些專註物聯網的功能；藍牙 5 相比上一個版本，數據傳輸速率提升 2
倍，數據傳遞容量提升達到了 800％，並且將物聯網功能放在了中心位置，針對
物聯網進行了很多底層優化，使物聯網設備的溝通更加容易。

（2）技術參數及特點

藍牙是一種短程寬頻無線電技術，是實現語音和數據無線傳輸的全球開放性
標準。它使用跳頻擴譜（FHSS）、時分多址（TDMA）、碼分多址（CDMA）等
先進技術，在小範圍內建立多種通訊系統之間的資訊傳輸[5]。

• 工作頻段：藍牙設備的工作頻率為 2400～2483.5MHz，無需申請許可
證。一般使用 79 個頻道，載頻間隔均為 1MHz，採用時分雙工（Time Division
Duplex，TDD）方式。

• 調制方式：BT＝0.5 的 GFSK 調制，調制指數為 0.28～0.35。

• 最大發射功率：分為三個等級，分別是 100mW（20dBm）、2.5mW
（4dBm）和 1mW（0dBm），在 4～20dBm 範圍內要求採用功率控制。

• 最大工作距離：大約為 10～100m。

• 傳輸速率：1Mbps 及更高。

• 跳頻技術：對應於單時隙包，跳頻速率為 1600 跳/s；對應於多時隙包，
跳頻速率有所降低，但在建鏈時（包括尋呼和查詢）提高到 3200 跳/s。透過快
跳頻和短分組技術減少同頻干擾，保證傳輸的可靠性。

• 語音調制方式：支援 64Kbps 的實時語音傳輸，語音編碼採用對數 PCM
或連續可變斜率增量調制（CVSD，Continuous Variable Slope Delta Modula-
tion），抗衰落性強。

• 支援電路交換和分組交換業務：支援實時的同步定向連接（SCO 鏈路）

和非實時的異步不定向連接（ACL 鏈路），前者主要傳送語音等實時性強的資訊，後者以數據包為主。語音和數據可以單獨或同時傳輸。藍牙支援一個異步數據通道，或三個併發的同步話音通道，或同時傳送異步數據和同步話音的通道。每個話音通道支援 64Kbps 的同步話音；異步通道支援 723.2/57.6Kbps 的非對稱雙工通訊或 433.9Kbps 的對稱全雙工通訊。

（3）網路結構

藍牙技術支援點對點和點對多點的無線通訊。在有效通訊範圍內，所有藍牙設備的地位都是對等的，是一種典型的 Ad hoc 網路結構，所以在藍牙技術中沒有基站的概念。

藍牙設備按特定方式可組成兩種網路：微微網（Piconet）和分布式網路（Scatternet）[6]。藍牙網路的基本單元是微微網。微微網的建立由兩臺設備的連接開始，可以同時最多支援 8 個處於激活狀態的設備。在一個微微網中，只有一臺為主設備（Master），其他均為從設備（Slave）。不同的主從設備對可以採用不同的連接方式，在一次通訊中，連接方式也可以任意改變。一組相互獨立的微微網相互重疊，並且以特定的方式連接在一起，便構成了一種更加複雜的網路結構，成為分布式網路。分布式網路中的各微微網透過使用不同的跳頻序列來區分，每個微微網的調頻序列互不相關，各自獨立，而同一個微微網的所有設備使用同一種調頻序列。一個藍牙設備可以採用時分複用方式工作在多個微微網中，可以在多個網路中作從設備 [圖 4-3(a)]，甚至可以在一個網路中作為主設備，同時在其他網路中作為從設備 [圖 4-3(b)]。

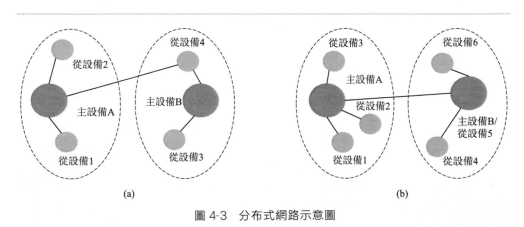

(a)　　　　　　　　　　　　　(b)

圖 4-3　分布式網路示意圖

透過藍牙設備的發現過程，以及主設備與被發現的從設備的配對，來實現藍牙微微網的建立。透過不斷地重複這一發現——配對過程，可以建立含有 7 個激活的從設備的藍牙 PAN，並且在休眠狀態下可以有最多 255 個從設備保持與微

微網的連接。在配對過程中，從設備會收到一個包含主設備 48bit MAC 地址的跳頻同步數據包，以此讓從設備遵循這種跳頻模式。一旦這種低等級的連接形成，主設備將會建立起服務發現協議（SDP）連接，用來確定採用哪個應用模型與從設備建立連接，而後 LMP 協議依據特定服務要求來配置鏈路。

（4）系統組成

藍牙系統一般由無線射頻（Radio）、基帶與鏈路控制（Baseband & Link Controller）、鏈路管理（Link Manager）和藍牙軟體實現四個功能單元組成[5]，如圖 4-4 所示。

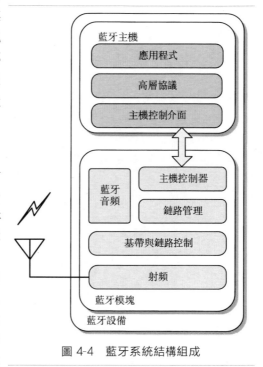

圖 4-4　藍牙系統結構組成

• 無線射頻單元　負責數據和語音的發送和接收，特點是短距離、低功耗。藍牙天線一般體積小、重量輕，屬於微帶大線。由於藍牙多應用於行動便攜設備，因此要求其天線部分體積小、重量輕。理想的連接範圍為 100mm～10m，但是透過增大發送功率，可以將距離擴大至 100m。

• 基帶與鏈路控制單元　進行射頻訊號與數位或語音訊號的相互轉化，實現基帶協議和其他的底層常規協議，具有媒體接入控制（MAC）、差錯控制、認證與加密等功能。

• 鏈路管理單元　鏈路管理器（LM）軟體負責管理藍牙設備之間的通訊，實現鏈路的建立、驗證、鏈路配置等操作。透過連接管理協議（LMP）建立通訊聯繫，LM 利用鏈路控制器（LC）提供的服務實現上述功能。

• 藍牙軟體協議實現單元　與 OSI 協議棧類似，藍牙協議棧仍採用分層結構，分別完成數據流的過濾和傳輸、跳頻和數據幀傳輸、連接的建立和釋放、鏈路的控制、數據的拆裝等功能。

（5）協議規範

在電腦網路的發展中，協議一直處於軟體核心的地位。協議可以定義為電腦網路中各種通訊實體間相互交換資訊所必須遵守的一組規則。從功能角度看，協

議是為進行電腦網路的數據交換而建立的一系列規則、準則、標準或約定。

為了使藍牙設備和產品在硬體和軟體上能夠進行連接、數據傳輸、定位、合作操作等，SIG 頒布了藍牙規範，並成為了事實上的藍牙通訊協議標準，規定了藍牙產品應遵循的統一規則和必須達到的要求，成為了藍牙技術各方共同約定的技術規範。為了使應用程式能夠做到互操作，藍牙技術標準的協議體系結構與開放系統互連模型（OSI）一樣，也使用了分層的方法。遠端設備的應用程式在同一協議棧上運行，就可以實現互操作。藍牙協議規範主要包括核心協議（Core）和應用框架（Profiles）兩大部分，分別定義了各層的具體通訊協議和如何根據這些協議來實現具體產品。藍牙協議棧如圖 4-5 所示。本地設備與遠端設備需要使用相同的協議，不同的應用需要不同的協議，但是，所有的應用都要使用藍牙技術規範中的數據鏈路層和物理層。不是任何應用都必須使用全部協議。

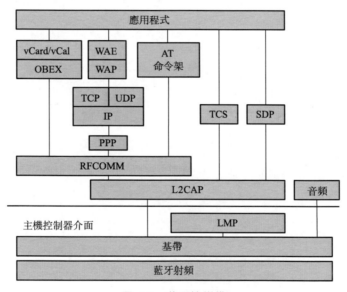

圖 4-5　藍牙協議棧

藍牙系統是開放的系統，可擴充性強，適應性強，因此能夠得到廣泛應用和支援。SIG 在設計協議和協議棧時，盡可能地利用了現有的各種高層的成熟協議（如 PPP、UDP/TCP/IP、OBEX、WAP、vCard、vCal、IrMC、MAE 等），保證現有協議與藍牙技術的融合以及各種應用之間的互通性，充分利用兼容藍牙技術規範的軟硬體系統，使當前一些應用能比較容易地改用藍牙系統實現，因而除了底層協議是 SIG 自己制定的，高層協議基本上都是對一些現有協議加以採納和調整後使用的。這是藍牙協議體系的一大特徵。完整的協議包括藍牙專利協議（LMP 和 L2CAP）和非專利協議（如對象交換協議 OBEX 和使用者數據報協議

UDP）。藍牙技術規範的開放性，保證了設備製造商可以自由地選用其專利協議或常用的公共協議，在此基礎上開發新的應用。協議的開放，使得藍牙系統可提供諸如電話、傳真、無線耳機、局域網訪問等多種服務，可用於從電腦、行動電話到家用電器、辦公電器等多種設備上，並且可以很方便地擴展到其他設備上。

藍牙協議體系中的各種協議按 SIG 的需要分為四層：

• 核心協議　包括基帶協議（Base Band）、鏈路管理協議（LMP）、邏輯鏈路控制和適配協議（L2CAP）、服務發現協議（SDP）；

• 電纜替代協議　包括串口仿真協議（RFCOMM）；

• 電話傳送控制協議　二進制電話控制規範（TCS Binary）、AT 命令集；

• 可選協議　包括點到點協議（PPP）、使用者數據報協議（UDP）、傳輸控制協議（TCP）、網際協議（IP）、對象交換協議（OBEX）、無線應用協議（WAP）、紅外行動通訊（IrMC）、無線應用環境（WAE）、vCard、vCalendar。

除了上述協議層外，藍牙協議還規定了主機控制器介面（HCI）。它為基帶控制器、連接控制器、硬體狀態和控制暫存器提供命令介面，在藍牙設備的主機和基帶模塊之間提供了一個通用介面。HCI 可以位於 L2CAP 的下層，也可位於 L2CAP 上層。藍牙核心協議由 SIG 制定的藍牙專用協議組成。絕大部分藍牙設備都需要核心協議，而其他的協議就視具體的應用需求而定了。除了核心協議外，電纜替代協議、電話傳送控制協議和被採用的可選協議，在核心協議的基礎上構成了面向應用的協議。

（6）底層協議

藍牙底層協議是藍牙協議體系的基礎，能夠實現藍牙資訊數據流的傳輸鏈路，包括射頻協議、基帶協議和鏈路管理協議。

① 射頻協議（Radio Frequency Protocol）　藍牙射頻協議處於藍牙協議棧的最底層，主要包括頻段與頻道安排、發射機特性和接收機特性等，用於規範物理層無線傳輸技術，實現空中數據的收發。藍牙工作在 2.4GHz ISM 頻段，此頻段在大多數國家無須申請營運許可，使得藍牙設備可工作於任何不同的地區。頻道安排上，系統採用跳頻擴頻技術，抗干擾能力強，保密性好。

② 基帶協議（Base Band Protocol）　基帶層在藍牙協議棧中位於藍牙射頻層之上，同射頻層一起構成了藍牙協議的物理層。基帶協議負責建立微微網內各藍牙設備單元之間的物理射頻鏈路。

基帶和鏈路控制層要確保微微網內各藍牙設備單元之間由射頻鏈路構成的物理連接。藍牙射頻系統使用了跳頻技術，任一分組在指定時隙、指定頻率上發送，並使用查詢和尋呼進程同步不同設備間的發送頻率和時鐘。基帶數據分組有兩種物理連接方式：同步面向連接（Synchronous Connection-Oriented，SCO）和異步無連接（Asynchronous Connection-Less，ACL）。這兩種方式可以在同一

射頻上實現多路數據傳送。ACL 只適用於數據分組，使用非 SCO 時隙，實現點對多點連接。SCO 適用於語音以及語音與數據的組合，占用保留的固定時隙，實現點對點連接。所有語音與數據分組都附有不同級別的前向糾錯（FEC）或循環冗餘校驗（CRC），而且可進行加密。此外，不同數據類型（包括連接管理資訊和控制資訊）都分配有一個特殊通道。可使用各種使用者模式在藍牙設備間傳送話音，面向連接的話音分組只需經過基帶傳輸，而不到達 L2CAP。話音模式在藍牙系統內相對簡單，只需開通話音連接，就可傳送話音。

③ 鏈路管理協議（LMP）　鏈路管理協議（LMP）是在藍牙協議棧中的一個數據鏈路層協議。鏈路管理器發現其他遠程鏈路管理器（LM），並與它們透過鏈路管理協議（LMP）進行通訊。鏈路管理協議（LMP）負責藍牙各設備間連接的建立。它透過連接的發起、交換、核實，進行身份認證和加密，透過協商確定基帶數據分組大小。它還控制無線設備的電源模式和工作週期，以及微微網內設備單元的連接狀態。鏈路管理協議與 L2CAP 都是在基帶上層的兩個鏈路級協議，但鏈路管理資訊比使用者資訊具有更高的優先級。

(7) 中間層協議

藍牙中間層協議完成數據幀的分解與重組、服務品質控制、組提取等功能，為上層應用提供服務，並提供與底層協議的介面。中間層協議主要包括主機控制器介面協議（HCI）、邏輯鏈路控制與適配協議（L2CAP）、串口仿真協議（RF-COMM）、電話控制協議（TCS）和服務發現協議（SDP）。

① 主機控制器介面協議（HCI）　HCI 是位於藍牙系統的邏輯鏈路控制與適配協議層和鏈路管理協議層之間的一層協議。HCI 為上層協議提供了進入鏈路管理器的統一介面和進入基帶的統一方式。在 HCI 的主機和 HCI 主機控制器之間會存在若干傳輸層，這些傳輸層是透明的，只需完成傳輸數據的任務，不必清楚數據的具體格式。藍牙 SIG 規定了四種與硬體連接的物理總線方式，即四種 HCI 傳輸層：USB、RS232、UART 和 PC 卡。

② 邏輯鏈路控制與適配協議（L2CAP）　邏輯鏈路控制與適配協議（L2CAP）是基帶協議的上層協議，可以認為它與 LMP 並行工作，它們的區別在於當業務數據不經過 LMP 時，L2CAP 為上層提供服務。L2CAP 能夠產生高層協議與基帶協議之間的邏輯連接，它給頻道的每個端點分配頻道標識符（Channel Identifier，CID）。連接建立的過程包括設備之間期望的 QoS 資訊交換。L2CAP 監控資源的使用，確保達到 QoS 要求。L2CAP 也為高層協議管理數據的分段與重組，高層協議數據包要大於 341b 字節的基帶最大傳輸單元（MTU）。L2CAP 向上層提供面向連接的和無連接的數據服務，它採用了多路技術、分割和重組技術、群提取技術。L2CAP 允許高層協議以 64K 字節收發數據分組。雖然基帶協議提供了 SCO 和 ACL 兩種連接類型，但 L2CAP 只支

援 ACL。

③ 服務發現協議（SDP）　服務發現協議（SDP）是藍牙協議體系中至關重要的一層，它是所有應用模型的基礎。任何一個藍牙應用模型的實現，都是利用某些服務的結果。服務發現協議用於發現一個藍牙設備上的服務。一個藍牙設備為了能訪問另一個藍牙設備上的服務，必須要知道一些對方提供服務的必要資訊。在藍牙工作環境中，需要使用服務發現協議。透過該協議，可以知道對方有沒有自己想要的服務。如果有的話，還可以獲取該服務的一些資訊（如該服務所使用的各種協議棧、服務名稱、服務提供者和服務的 URL 等）。在藍牙無線通訊系統中，建立在藍牙鏈路上的任何兩個或多個設備隨時都有可能開始通訊，因此，僅僅是靜態設置是不夠的。藍牙服務發現協議就確定了這些業務位置的動態方式，可以動態地查詢到設備資訊和服務類型，從而建立起一條對應所需要服務的通訊頻道。

服務發現協議工作於 L2CAP 上，使用 L2CAP 提供的基於連接的工作方式。它分為客戶端部分和伺服器端部分，在不同藍牙設備上工作。需要請求服務的藍牙設備，運行服務發現協議客戶端部分；需要提供服務的藍牙設備，運行服務發現協議伺服器端部分。

④ 串口仿真協議（RFCOMM）　串口仿真協議（RFCOMM）在藍牙協議棧中位於 L2CAP 協議層和應用層協議層之間，是基於 ETSI 07.10 規範的串行線仿真協議，在 L2CAP 協議層之上實現了仿真 9 針 RS232 串口的功能，可實現設備間的串行通訊，從而對現有使用串行線介面的應用提供了支援。電纜替代協議在藍牙基帶協議上仿真 RS-232 控制訊號和數據訊號，為使用串行線傳送機制的上層協議（如 OBEX、撥號上網、FAX）提供服務。RFCOMM 允許在 PC 機和 GSM 手機之間的一條物理鏈路上提供多個「口」進行傳輸。它支援模擬串口和遠端串口控制。RFCOMM 是基於 L2CAP 層和基帶來完成其基本功能的，它提供可靠數據傳輸、多路同時連接、流量控制和模擬串行電纜線的設置與狀態等功能。

⑤ 電話控制協議（TCS）　電話控制協議（TCS）位於藍牙協議棧的 L2CAP 層之上，包括二進制電話控制規範協議（TCS Binary）和 AT 命令集（AT Commands）。TCS Binary 定義了在藍牙設備間建立話音和數據呼叫所需的呼叫控制信令。AT 命令集是一套可在多使用模式下用於控制行動電話和調制解調器的命令，由 SIG 在 ITU TQ.931 的基礎上開發而成。TCS 層不僅支援電話功能（包括呼叫控制和分組管理），同樣可以用來建立數據呼叫，呼叫的內容在 L2CAP 上以標準數據包形式運載。

（8）高層協議

藍牙高層協議位於藍牙協議棧的上層，主要包括點到點協議（PPP）、使用

者數據報協議（UDP）、傳輸控制協議（TCP）、網際協議（IP）、對象交換協議（OBEX）、無線應用協議（WAP）等，下面主要介紹對象交換協議（OBEX）和無線應用協議（WAP）。

① 對象交換協議（OBEX）　OBEX 是由紅外數據協會（IrDA）制定的、用於紅外數據鏈路上數據對象交換的會話層協議。藍牙 SIG 採納了該協議，使得原來基於紅外鏈路的 OBEX 應用有可能方便地移植到藍牙上或在兩者之間進行切換。OBEX 是一種高效的二進制協議，採用簡單和自發的方式來交換對象。OBEX 是一種類似於 HTTP 的協議，假設傳輸層是可靠的，採用客戶機/伺服器模式，獨立於傳輸機制和傳輸應用程式介面（API）。它只定義傳輸對象，而不指定特定的傳輸數據類型，可以是從文件到商業電子賀卡、從命令到數據庫等任何類型，從而具有很好的平臺獨立性。

② 無線應用協議（WAP）　無線應用協議（WAP）由無線應用協議論壇制定，是由行動電話類設備使用的無線網路定義的協議。WAP 綜合考慮了無線網路的頻寬限制、反應時間較長以及行動設備體積小、處理性能低、內存小、顯示螢幕小、電源供應等多種局限，為無線行動網的互聯建立了基礎。WAP 融合了各種廣域無線網技術，目標就是將網際網路的豐富資訊及先進的業務引入到行動電話等無線終端之中。它根據無線網路的特點如低頻寬、高延遲進行優化設計，把網際網路的一系列協議規範引入到無線網路中。WAP 只要求行動電話和WAP 代理伺服器的支援，而不要求現有的行動通訊網路協議做任何的改動。選用 WAP，可以充分利用為無線應用環境開發的高層應用軟體。

(9) 應用模型

藍牙協議分為三個部分：核心協議（Core）、應用模型（Profile）和測試協議（Test Specification）。為了使不同廠商生產的藍牙設備之間能夠互通，必須符合一定的基本要求，應用模型（Profile）就是為藍牙核心協議的各種應用提供的解決方案。應用模型明確了為了實現某一種應用必須滿足的規定。在實現某一應用時，必須要遵守相應的規則以保證互通性。每個應用模型都要透過相應協議層的組合才能完成其功能，每個藍牙設備都支援一種或多種應用模型。

藍牙標準中定義的應用模型基本上涵蓋了藍牙技術的主要應用場合，包括通用接入應用模型、業務發現應用模型、無繩電話應用模型、對講系統應用模型、串口應用模型、耳機應用模型、撥號網路應用模型、傳真應用模型、局域網接入應用模型、通用對象交換應用模型、對象推出應用模型、文件傳送應用模型、同步應用模型、高品質音檔和影片無線傳輸應用模型、免提應用模型、基本靜態圖像應用模型等。需要註意的是，上述模型與實際的應用之間並不一定是一一對應的關係，這些模型之間有一定的依賴關係。

所有應用模型中，通用接入應用模型（GAP）和業務發現應用模型

（SDAP）位於最底層，是所有藍牙應用的基礎，任何藍牙應用都必須符合這兩個應用模型的相關規定。

- 通用接入應用模型（GAP）定義了有關藍牙設備發現的一般過程（空閒模式過程）、藍牙設備鏈路管理情況（連接模式過程）和安全級別相關流程。此外，該模型中還包括了在使用者界面層次上可以使用的參數的一般格式要求。
- 業務發現應用模型（SDAP）中定義了用於查詢在其他藍牙設備上註冊的服務及獲取這些設備相關資訊的功能及進程。

串口應用模型（SPP，Serial Port Profile）基於通用訪問應用規範，定義了藍牙設備如何使用 RFCOMM 來模擬一個串行電纜連接，包括建立仿真串行鏈路的過程，以及與串口仿真協議（RFCOMM）、邏輯鏈路控制與適配協議（L2CAP）、服務發現協議（SDP）、鏈路管理器協議（LMP）和鏈路控制層的互操作性要求。串口應用模型（SPP）規定的協議體系結構如圖 4-6 所示。

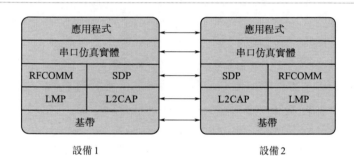

圖 4-6　串口應用模型的協議體系結構

藍牙技術可以應用在語音傳輸和數據傳輸兩方面。運用串口應用模型（SPP）建立虛擬串行連接，需要設備 A 建立鏈路和設置虛擬串行連接，設備 B 接受鏈路的建立和設置虛擬串口連接，以及在本地 SDP 數據中註冊服務記錄。下面分別介紹它們的步驟。

① 設備 A 建立鏈路和設置虛擬串口連接的實現步驟如下：

- 使用服務發現協議（SDP）得到遠端設備上應用的 RFCOMM 伺服器頻道號；
- 作為可選項，遠端設備可以要求進行自我鑒權，也可以採用加密；
- 請求與遠端 RFCOMM 實體建立一條新的 L2CAP 頻道；
- 在該 L2CAP 頻道上啓動一個 RFCOMM 會話進程；
- 使用前面得到的 RFCOMM 伺服器頻道號在會話上建立新的數據鏈路連接。

② 設備 B 接受鏈路和設置虛擬串行連接的實現步驟如下：

- 如果遠端設備要求鑒權和加密，就要參與鑒權和加密過程；
- 接受請求建立 L2CAP 新頻道；
- 在新建立的頻道上建立 RFCOMM 會話；
- 在該 RFCOMM 進程上接受一個新的數據鏈路的連接。

③ 設備 B 在本地 SDP 數據庫中註冊服務記錄：透過 RFCOMM 可獲得的所有服務與應用，都需要向 SDP 數據庫提供服務記錄，這些服務記錄包括訪問相應的服務與應用的必要參數。

4.1.1.3　ZigBee 技術

（1）概述

ZigBee 是一種新興的短距離、低速率、低功耗無線網路技術，是一種介於無線標記技術和藍牙之間的技術方案。它此前被稱作「HomeRF Lite」或「FireFly」無線技術，主要用於近距離無線連接。ZigBee 這一名稱來源於蜜蜂的八字舞，由於蜜蜂（bee）是靠飛翔和「嗡嗡」（zig）地抖動翅膀的「舞蹈」，來與同伴傳遞花粉所在方位資訊，也就是說蜜蜂依靠這樣的方式構成了群體中的通訊網路[3]。ZigBee 技術模仿蜜蜂透過跳舞來傳遞資訊的方式，透過相鄰網路節點之間資訊的接力傳遞，將一個資訊從一個節點傳輸到遠處的另外一個節點。其特點是近距離、低複雜度、自組織、低功耗、低數據速率、低成本，主要適合用於自動控制和遠程控制領域，可以嵌入各種設備。

ZigBee 技術是一種在 900MHz 及 2.4GHz 頻段的無線通訊協議，底層基於 IEEE 802.15.4 標準，是基於處理遠程監控和控制以及感測器網路需求的技術標準。ZigBee 聯盟於 2002 年 11 月成立，2005 年 3 月發布了 ZigBee 1.0 規範。ZigBee 的傳輸速率最高為 250Kbps，主要用於傳輸低數據速率的通訊。ZigBee 的目標是提供設備控制頻道，而不以高速率數據流通訊為目的。

ZigBee 採取以下措施來保證超低功率損耗的實現：

- 減少包括報頭（地址和其他的頭部資訊）在內的傳輸數據量；
- 減少收發機的任務週期，包括斷電和睡眠模式中的功率管理機制；
- 30m 左右的有限工作範圍。

因此，ZigBee 網路所需功率一般只相當於藍牙 PAN 功率的 1%，所以電池壽命可長達數月到數年。

ZigBee 技術非常適合於無線監控和控制應用。例如，個人住宅和商業樓的自動化（智慧家居）以及工業生產過程的控制。在家庭應用中，ZigBee 可以用來建立家庭網路（Home Area Network，HAN），允許在單個控制單元的命令下用擴散的非協調遠程控制器去控制多個設備。

在 ZigBee 網路中存在三種邏輯設備類型，包括協調器（Coordinator）、路由

器（Routor）和終端設備（End-Device）。一個 ZigBee 網路系統由一個協調器、多個路由器和多個終端設備組成。這三種邏輯設備在網路中的作用如表 4-1 所示。

表 4-1　ZigBee 網路中邏輯設備的作用

設備類型	作　　用
協調器	主要完成網路的啓動和配置，一旦網路啓動和配置完成，其功能就像一個路由器
路由器	允許其他的路由器設備或終端設備加入已建立的網路中，實現多跳路由
終端設備	主要負責無線網路數據的採集

(2) 協議棧

在網路的軟體架構設計時，通常會採用分層的思想，不同的邏輯層負責不同的功能，從而使得數據只能夠在相鄰的邏輯層之間流動。其中最典型的是乙太網中的 OSI（開放系統互聯）七層參考模型。ZigBee 無線通訊協議就是在 OSI 參考模型的基礎上，參考無線網路的特點，採用分層開發實現的。ZigBee 1.0 規範包括一個高層協議棧，如圖 4-7 所示。該協議棧建立在 2003 年 5 月定稿的 IEEE802.15.4 PHY 和 MAC 層規範的基礎之上，類似於 TCP/IP 協議棧位於 IEEE 802.3 標準之上一樣。在 ZigBee 網路中，其邏輯層由上到下依次分為 5 層：應用層（APL）、應用支援子層（APS）、網路層（NWK）、介質訪問控制層（MAC）、物理層（PHY）。採用這種分層設計有許多優點，例如，在網路協議中，如果某一部分發生了變化，那麼透過確定相關的層次，可以很容易在某個層中修改，其他的層則不需要改動，這樣既減少了工作量，同時又使得協議開發變得規範。邏輯網路控制、網路安全和應用層都為實時要求高的應用進行了優化，優化措施有：設備喚醒速度快；網路連接時間短，一般分別在 15ms 和 30ms 的範圍內。

網路層負責網路的啓動、關聯、斷開關聯、設備地址的分配、網路安全、幀路由等一般工作。網路層可以支援多重的網路拓撲結構。透過使用 ZigBee 路由器，網狀拓撲結構可使網路達到 64000 個節點，透過請求-響應算法達到高效路由，而不是透過路由表。

通用操作框架（General Operating Framework，GOF）是連接著應用層和網路層的綜合層，維護著設備描述、地址、事件、數據格式和其他的一些資訊，應用層使用這些資訊命令及響應網路層設備。

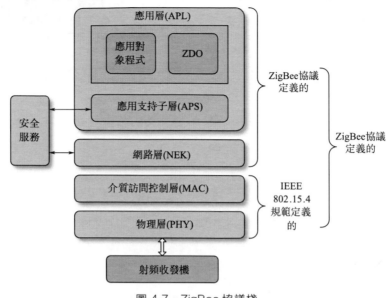

圖 4-7　ZigBee 協議棧

最後，與藍牙相似，在協議棧的頂層，應用層應用模型定義為支援特定的應用模式。例如，照明應用模型包括表示光線等級和覆蓋範圍的感測器以及負載控制器的開關和變暗。

（3）物理層

IEEE 802.15.4 規範是 ZigBee 物理層的基礎，其使用的 RF 頻段和數據速率如表 4-2 所示。

表 4-2　IEEE 802.15.4 的無線頻段和數據速率

頻寬	覆蓋範圍	頻道數	數據速率
2.4GHz	世界範圍	16	250Kbps
915MHz	美洲	10	40Kbps
868MHz	歐洲	1	20Kbps

其中，2.4GHz ISM 頻段中的 16 個非重疊頻道允許 16 個 PAN 同時工作。在 2.4GHz 頻段中，使用的是直接序列擴頻，每 16bit 或 32bit 的碼片映射為 4bit 的數據符號。碼片數據流用 OQPSK 調制方式以 2Mcps（million chips/s）的傳輸速率調制到載波上。該碼片速率轉化為 244Kbps 的原始數據速率。

IEEE 802.15.4 規定發射機的功率最低為 -3dBm（0.5mW），而接收機的靈敏度在 2.4GHz 頻段下為 -85dBm，在 915/868MHz 頻段下為 -91dBm。根

據發射機的功率和環境條件，ZigBee 網路的有效工作範圍為 10～70m。

物理層定義了物理無線頻道和 MAC 子層之間的介面，提供物理層數據服務和物理層管理服務。物理層數據服務從無線物理頻道上收發數據，物理層管理服務維護一個由物理層相關數據組成的數據庫。物理層數據服務包括以下五方面的功能：

- 激活和休眠射頻收發器；
- 頻道能量檢測（energy detect）；
- 檢測接收數據包的鏈路品質指示（link quality indication，LQI）；
- 空閒頻道評估（clear channel assessment，CCA）；
- 收發數據。

頻道能量檢測為網路層提供頻道選擇依據。它主要測量目標頻道中接收訊號的功率強度，由於這個檢測本身不進行解碼操作，所以檢測結果是有效訊號功率和噪聲訊號功率之和。鏈路質量指示為網路層或應用層提供接收數據幀時無線訊號的強度和質量資訊。與頻道能量檢測不同的是，它要對訊號進行解碼，生成的是一個訊號雜訊比指標。這個訊號雜訊比指標和物理層數據單元一道提交給上層處理。

空閒頻道評估判斷頻道是否空閒。IEEE 802.15.4 定義了三種空閒頻道評估模式：第一種簡單判斷頻道的訊號能量，當訊號能量低於某一門限值就認為頻道空閒；第二種是透過判斷無線訊號的特徵，這個特徵主要包括兩方面，即擴頻訊號特徵和載波頻率；第三種模式是前兩種模式的綜合，同時檢測訊號強度和訊號特徵，給出頻道空閒判斷。

(4) 媒體接入和鏈路控制層

ZigBee 使用 IEEE 802.15.4 MAC 協議的 15.4a 修訂版，支援在各種簡單連接的拓撲結構上最多 64000 個節點。在擴展的網路中，設備接入物理頻道由 TDMA 和 CSMA/CA 相結合進行控制。在 IEEE 802.15.4 MAC 規範中可以識別三種設備類型：完全功能設備（Full Function Device，FFD）、網路協調器（PAN，特殊的完全功能設備）、簡化功能設備（Reduced Function Device，RFD）。FFD 具有 IEEE 802.15.4 標準的所有特徵。它們具有額外的儲存器以及能執行網路路由功能的計算能力，當網路與外部設備進行通訊時它還能充當邊緣設備。PAN 協調器是具有最大儲存器和計算能力的最複雜的設備，它是維護整個網路控制的完全功能設備。為降低設備的複雜度和成本，RFD 只具有有限的功能，它們只能與 FFD 進行通訊，通常作為邊緣設備使用。

ZigBee 設備既可以是全 64bit 的地址，也可以是短 16bit 的地址，傳輸幀中包括目的地址和源地址。這對於點對點的連接是必要的，同時對網格網路也非常重要。

在 IEEE 802 系列標準中，OSI 參考模型的數據鏈路層進一步劃分為 MAC

和 LLC 兩個子層。MAC 子層使用物理層提供的服務實現設備之間的數據幀傳輸，而 LLC 在 MAC 子層的基礎上，在設備間提供面向連接和非連接的服務。

MAC 子層提供兩種服務：MAC 層數據服務和 MAC 層管理服務（MAC sublayer management entity，MLME）。前者保證 MAC 協議數據單元在物理層數據服務中的正確收發，後者維護一個儲存 MAC 子層協議狀態相關資訊的數據庫。

MAC 子層主要功能包括下面六個方面：

- 協調器產生併發送信標幀，普通設備根據協調器的信標幀與協議器同步；
- 支援 PAN 網路的關聯（association）和取消關聯（disassociation）操作；
- 支援無線頻道通訊安全；
- 使用 CSMA-CA 機制訪問頻道；
- 支援時槽保障（guaranteed time slot，GTS）機制；
- 支援不同設備的 MAC 層間可靠傳輸。

（5）網路拓撲

ZigBee 的 FFD 實現了全部的協議棧，能夠與節點同步，與任何拓撲結構的任意類型的設備相連。而 RFD 實現了簡化的協議集，在簡單的連接拓撲結構中（星形或點到點結構）只能作為端節點。

根據應用需求，ZigBee 有兩種拓撲結構形式：星形拓撲或端到端拓撲。如圖 4-8 所示。在星形拓撲中，通訊建立在設備和一個中央控制器之間，稱為 PAN 協調器。PAN 協調器是 PAN 的主控制器。在網路上的所有設備將具有 64 位的擴展地址。這個地址可以直接用來在 PAN 中通訊，或者在設備連通時它可以和 PAN 協調器分配的短地址交換。星形拓撲的應用，包括家庭自動化、個人電腦（PC）外圍設備、玩具和遊戲以及個人健康護理。

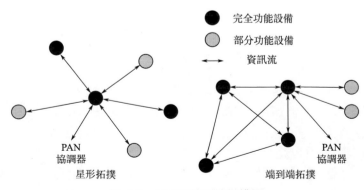

圖 4-8　星形和端到端拓撲圖

　　端到端拓撲也有 PAN 協調器，然而它與星形拓撲不同，任意一個設備可以與在範圍內的所有設備通訊。端到端拓撲允許使用更複雜的網路形式，例如網狀網路拓撲。工業控制和監控、無線感測器網路、目標追蹤、智慧農業、安全性等應用將會從這種網路拓撲中獲益。一個端到端網路可以以 ad h、oc 方式進行自組織和自恢復，並且允許從一個設備到其他設備的多重路由。這些功能可以在網路層進行添加，但這個不是標準中的內容。

　　每一個獨立的 PAN 將選擇一個唯一的標識符。這個 PAN 標識符允許使用短地址的設備進行通訊，並且支援跨網傳輸。因此，每個 ZigBee 網路都有特定的具有全功能的 PAN 協調器（與藍牙網路的主設備相似），這個協調器主要負責網路的管理，例如新設備的關聯和信標的傳輸。在星形網路中，所有設備都與 PAN 協調器進行通訊，而在點到點的通訊網路中，每個單獨的全功能設備都能夠互相通訊。

（6）ZigBee 組網

　　① 星形網路構成　一個星形網路的基本結構見圖 4-8。首先激活 FFD，它可以建立自己的網路，並且成為 PAN 協調器。所有的星形網與其他同時運行的星形網是相互獨立的。一旦選定了 PAN 協調器，PAN 協調器可以允許其他設備加入它的網路，FFD 和 RFD 都可以加入網路。

　　② 端到端網路形成　在一個端到端的拓撲結構中，每一個設備都可以和它通訊範圍內的其他設備進行通訊。有一個設備將被任命為 PAN 協調器。簇形樹狀網路是端到端網路的一個特例，如圖 4-9 所示。

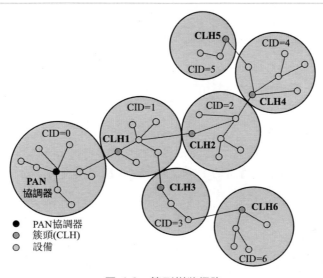

圖 4-9　簇形樹狀網路

它的大部分設備是 FFD。一個 RFD 可以作為一支的葉節點連接到簇形樹狀網路，因為它可能僅在某時連接到 FFD。任一個 FFD 都可以當做一個協調器，並且為其他設備或協調器提供同步服務。這些協調器中僅有一個為全 PAN 協調器，它可能比 PAN 中的其他設備擁有更多的計算資源。PAN 協調器透過將它自身作為簇頭（CLH）並且有一個為零的簇標識符（CID）建立起第一個簇，選取一個沒有使用的 PAN 標識符，並且向相鄰設備廣播信標幀。一個備用設備收到信標幀後可以要求在 CLH 加入網路。如果 PAN 協調器允許設備加入，它將把新設備作為它相鄰列表的子設備加入，那麼新加入的設備將在相鄰列表中把 CLH 作為它的父節點並且開始傳輸週期信標；其他的備用設備也可以透過那個設備加入網路。如果初始備用設備不能在 CLH 加入網路，它將尋找另一個父設備。簇形樹狀網路最簡單的形式是一個簇網路，但是透過多簇的網可以建立更大的網路。一旦預定應用或網路請求相遇，PAN 協調器可以命令一個設備為一個新簇的 CLH，其他的設備逐漸地加入連接，並且形成了一個多簇的網路結構，如圖 4-9 所示。圖 4-9 中的直線表示設備的父-子關係而不是通訊流。多簇結構的優點是可以增加覆蓋範圍，缺點是增加消息的等待時間。

（7）ZigBee 的實際應用

ZigBee 主要應用在距離短、功耗低且傳輸速率不高的各種電子設備之間，典型的傳輸數據類型有週期性數據、間歇性數據和低反應時間數據。ZigBee 的主要應用領域包括工業控制（如自動控制設備、無線感測器網路）、醫療護理（如病人監控、健康監視）、農業控制（土壤和氣候資訊收集等）、家庭和樓宇智慧控制（如空調、溫度、照明的自動控制，以及水電氣計量及報警等）、消費電子產品（家庭娛樂系統，如電視、VCR、DVD、音響系統等）、PC 外設的無線連接（滑鼠、鍵盤、操縱桿介面）等領域。

儘管 ZigBee 網路要與 Wi-Fi、藍牙網路以及其他一系列的控制和通訊設備競爭接入 2.4GHz ISM 頻段，但是由於一般 ZigBee 設備的任務週期非常短，因此對於潛在的干擾具有很好的魯棒性。CSMA/CA 機制、退避機制以及未收到確認的重傳機制，使得即使干擾存在，ZigBee 設備也可以等待並不斷重傳，直到數據包被確認已經正確接收為止。同時，低任務週期和低數據容量，意味著 ZigBee 設備不太可能產生嚴重的干擾疊加到 Wi-Fi 或藍牙網路上。

4.1.2　無線局域網

4.1.2.1　概述

隨著網際網路的迅速發展，傳統的有線局域網因布線的限制而帶來維護和擴容不便等問題。此外，有線網路中的各節點搬遷和行動不便，也限制了行動辦公

發展。因此，高效快捷、組網靈活的無線局域網應運而生。

　　無線局域網（Wireless LAN，WLAN）是使用無線連接的局域網，可以在有限的區域（如家庭、學校、辦公室）內使用無線通訊連接兩個或更多設備[3]。它使用無線電波作為數據傳送的媒介，傳送距離一般為幾十公尺。無線局域網的使用者能夠在本地覆蓋範圍內行動，並且仍然可以連接到網路。由於 WLAN 具有諸多方面的優點，其發展十分迅速，已經在醫院、商店、工廠和學校等不適合網路布線的場合得到了廣泛的應用。大多數現代 WLAN 基於 IEEE 802.11 標準，並以 Wi-Fi 品牌銷售。

4.1.2.2　IEEE 802.11 技術

（1）IEEE 802.11 協議族

　　IEEE WLAN 標準的成長始於 1980 年代中期，是由美國聯邦通訊委員會（FCC）為工業、科學研究和醫學（ISM）頻段的公共應用提供授權而產生的。這項政策使各大公司和終端使用者不需要獲得 FCC 許可證，就可以應用無線產品，從而促進了 WLAN 技術的發展和應用。WLAN 標準的第一個版本發表於 1997 年，其中定義了介質訪問接入控制層（MAC 層）和物理層。最初的版本主要用於辦公室局域網和校園網，使用者與使用者終端無線接入，業務主要限於數據存取，速率最高只能達到 2Mbps。

　　由於 802.11 在速率和傳輸距離上都不能滿足人們的需要，1999 年，IEEE 小組又相繼推出了兩個補充版本：802.11a 定義了一個在 5GHz ISM 頻段上的數據傳輸速率可達 54Mbps 的物理層，802.11b 定義了一個在 2.4GHz 的 ISM 頻段上但數據傳輸速率高達 11Mbps 的物理層，成為第一個在 Wi-Fi 標誌下將產品推向市場的標準。1999 年，工業界成立了 Wi-Fi 聯盟，致力解決符合 802.11 標準的產品的生產和設備兼容性問題。2003 年 6 月，IEEE 802.11g 規範正式批准，物理層速率提高到 54Mbps，並提高了與 IEEE 802.11b 設備在 2.4GHz ISM 頻段共用的能力。

　　表 4-3 按字母表順序概述了 IEEE 802.11 標準的發展步伐，對各種版本的安全、局部靈活性，網狀網路和物理層數據速率性能改進等主要特性進行簡要概括。

表 4-3　IEEE 802.11 協議族

標準	主要特性
IEEE 802.11	原始標準，支援速率 2Mbps，工作在 2.4GHz ISM 頻段
IEEE 802.11a	高速 WLAN 標準，支援速率 54Mbps，工作在 5GHz ISM 頻段，使用 OFDM 調制

續表

標準	主要特性
IEEE 802.11b	最初的 Wi-Fi 標準,提供速率 11Mbps,工作在 2.4GHz ISM 頻段,使用 DSSS 和 CCK
IEEE 802.11d	所用頻率的物理層電平配置、功率電平、訊號頻寬可遵從當地 RF 規範,從而有利於國際漫遊業務
IEEE 802.11e	規定所有 IEEE 802.11 無線介面的服務品質(QoS)要求,提供 TDMA 的優先權和糾錯方法,從而提高時延敏感型應用的性能
IEEE 802.11f	定義了推薦方法和共用接入點協議,使得接入點之間能夠交換需要的資訊,以支援分布式服務系統,保證不同生產廠商的接入點的共用性,例如支援漫遊
IEEE 802.11g	數據速率提高到 54Mbps,工作在 2.4GHz ISM 頻段,使用 OFDM 調制技術,可與相同網路中的 IEEE 802.11b 設備共同工作
IEEE 802.11h	5GHz 頻段的頻譜管理,使用動態頻率選擇(Dynamic Frequency Selection,DFS)和傳輸功率控制(TPC),滿足歐洲對軍用雷達和衛星通訊的干擾最小化的要求
IEEE 802.11i	指出了使用者認證和加密協議的安全弱點。在標準中採用高級加密標準(Advanced Encryption Standard,AES)和 IEEE 802.1x 認證
IEEE 802.11j	日本對 IEEE 802.11a 的擴充,在 4.9～5.0GHz 之間增加 RF 頻道
IEEE 802.11k	透過頻道選擇、漫遊和 TPC 來進行網路性能優化。透過有效加載網路中的所有接入點,包括訊號強度弱的接入點,來最大化整個網路吞吐量
IEEE 802.11n	採用 MIMO 無線通訊技術、更寬的 RF 頻道及改進的協議棧,提供更高的數據速率,從 150Mbps、350Mbps 至 600Mbps,可向後兼容 IEEE 802.11a、b 和 g
IEEE 802.11p	車輛環境無線接入(Wireless Access for Vehicular Environment,WAVE),提供車輛之間的通訊或車輛和路邊接入點的通訊,使用工作在 5.9GHz 的授權智慧交通系統(Intelligent Transportation Systems,ITS)
IEEE 802.11r	支援行動設備從基本業務區(Basic Service Set,BSS)到 BSS 的快速切換,支援時延敏感服務,如 VoIP 在不同接入點之間的站點漫遊
IEEE 802.11s	擴展了 IEEE 802.11 MAC 來支援擴展業務區(Extended Service Set,ESS)網狀網路。IEEE 802.11s 協議使得消息在自組織多跳網狀拓撲結構網路中傳遞
IEEE 802.11T	評估 IEEE 802.11 設備及網路的性能測量、性能指標及測試過程的推薦性方法,大寫字母 T 表示是推薦性而不是技術標準
IEEE 802.11u	修正物理層和 MAC 層,提供一個通用及標準的方法與非 IEEE 802.11 網路(如 Bluetooth、ZigBee、WiMAX 等)共同工作
IEEE 802.11v	提高網路吞吐量,減少衝突,提高網路管理的可靠性
IEEE 802.11w	擴展 IEEE 802.11 對管理和數據幀的保護以提高網路安全

（2）IEEE 802. 11 主要特性

IEEE 802. 11 標準的邏輯結構如圖 4-10 所示，涵蓋了無線局域網（WLAN）的物理層（PHY）和媒體訪問控制層（MAC）。數據鏈路層中的上層部分為 IEEE 802. 2 標準規範的邏輯鏈路控制層（LLC），也用於乙太網（IEEE 802. 3）中，LLC 為網路層和高層協議提供鏈路。

IEEE 802. 11 網路由 3 個基本部分組成：站點、接入點和分布式系統。

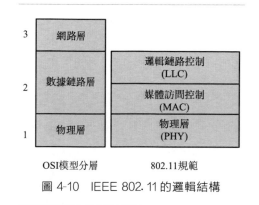

圖 4-10　IEEE 802. 11 的邏輯結構

• 站點（Station）：網路最基本的組成部分。指任何採用 IEEE 802. 11 MAC 層和物理層協議的設備。

• 接入點（Access Point，AP）：在一組站點［即基本業務區（BSS）］和分布式系統之間提供介面的站點。接入點既有普通站點的身份，又有接入到分配系統的功能。

• 分布式系統（Distribution System，DS）：網路組件，通常是有線乙太網，連接接入點和與其相關的 BSS 構成擴展業務區（ESS）。分布式系統用於連接不同的基本業務區。分布式系統使用的媒介（Medium）邏輯上和基本業務區使用的媒介是截然分開的，儘管它們物理上可能會是同一個媒介，例如同一個無線頻段。

在 IEEE 802. 11 標準中，WLAN 基於單元結構，這種網路中最基本的服務單元被稱為基本業務區（Basic Service Set，BSS）。最簡單的服務單元可以只由兩個站點組成，站點可以動態地鏈接到基本服務區中。在一個接入點的控制下，當多個基站工作在同一個 BSS 時，表明這些基站使用相同的 RF 頻道發送和接收，使用共用的 BSSID（BSS Identity）、同樣的數據速率，同步於共用的定時器。這些 BSS 參數包含在信標幀中，定期由站點或接入點廣播。

IEEE 802. 11 標準定義了 Ad hoc 模式和固定結構模式兩種 BSS 的工作模式。當兩個及以上的 IEEE 802. 11 站點直接相互通訊而不依靠接入點或有線網路，則形成 Ad hoc 網路。這種工作模式也稱為對等模式，允許一組具有無線功能的電腦之間為數據共享而迅速建立起無線連接，如圖 4-11 所示。Ad hoc 模式中的基本業務區稱為獨立基本業務區（Independent Basic Service Set，IBSS），在同一 IBSS 下所有的站點廣播相同的信標幀，使用隨機生成的 BSSID。

固定結構模式為站點與接入點通訊取代站點間直接通訊。舉一個固定結構模

式 BSS 的例子：家庭 WLAN，有一個接入點及多個透過乙太網集線器或交換機連接的有線設備，如圖 4-12 所示。在 BSS 內站點間透過接入點實現通訊，即使兩個站點位於相同的單元中。

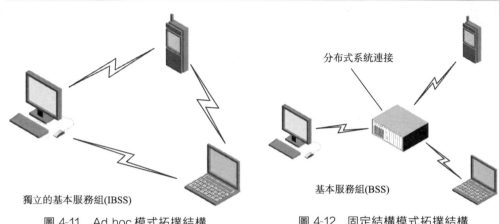

分布式系統連接

獨立的基本服務組(IBSS)

基本服務組(BSS)

圖 4-11　Ad hoc 模式拓撲結構　　　　圖 4-12　固定結構模式拓撲結構

雖然看起來在簡單的網路中，採用這種在單元內先從發送站點到接入點、再從接入點到目的站點的通訊方式似乎是沒有必要的，但是當接收站處於待機模式、臨時不在通訊範圍內以及被切斷時，接入點可以緩存數據。這也是 BSS 與 IBSS 相比的優勢所在。在固定結構模式中，接入點還可以承擔廣播信標幀的任務。

可以將接入點連接到分布式系統。分布式系統通常是有線網路，接入點也可以作為連接到其他無線網路單元的無線網橋。在這種情況下，含有一個接入點的單元即為一個 BSS，在一個局域網中的兩個或多個這樣的單元構成了擴展業務區（Extended Service Set，ESS）。這種組合是邏輯上，並非物理上的——不同的基本業務區有可能在地理位置上相去甚遠。

在 ESS 中，AP 利用 DS 將數據從一個 BSS 傳送到另一個 BSS，也可以在服務不中斷的情況下把站點從一個 AP 行動到另一個 AP。這種數據行動即設備路由的快速變化，網路外部的傳輸和路由協議是感覺不到的。在 IEEE 802.11 框架內 ESS 對站點提供的這種行動性對網路外部是透明的。

在 IEEE 802.11k 之前，IEEE 802.11 網路的行動性僅限於一個 ESS 內的 BSS 之間的站點行動，叫做 BSS 遷移。IEEE 802.11k 支援 ESS 之間的站點漫遊，當感知到某個站點超出覆蓋範圍時，接入點發出位置報告來確定站點可以連接的可選接入點，以使服務不間斷。

IEEE 802.11 沒有具體定義分布式系統，只是定義了分布式系統應該提供的

服務（Service）。整個無線局域網定義了 9 種服務，其中 5 種服務屬於分配系統的任務，分別為連接（Association）、集成（Integration）、再連接（Reassociation）、分配（Distribution）、結束連接（Diassociation），4 種服務屬於站點的任務，分別為隱私（Privacy）、鑒權（Authentication）、結束鑒權（Deauthentication）、MAC 數據傳輸（MSDU delivery）。

　　無線局域網路技術或許是應用最廣泛、最具有商業價值並且發展得最好的無線網路技術。自 1999 年 IEEE 802.11a 和 b 標準發布後，在不到 10 年的時間裏，已生產了 2 億個 IEEE 802.11 芯片，2005 年僅芯片消費就超過了 8 億美元，開發了能將數據容量提高 600 倍的標準，出現了車行速度漫遊和網狀網路。

　　（3）IEEE 802. 11 MAC 層

　　IEEE 802.11 標準規範了一個通用的媒體訪問層（MAC），提供了支援基於 802.11 無線網路操作的多種功能。每一個 IEEE 802.11 站點都有 MAC 層實現，透過 MAC 層站點可以建立網路或接入已存在的網路，並傳送 LLC 層的數據。上述功能使用了兩種服務：站點服務和分布系統服務，並透過通訊站點 MAC 層之間的各種管理、控制、數據幀的傳輸來實現這兩種服務。

　　在使用這兩種服務之前，MAC 首先需要接入到 BSS 內的無線傳輸媒體，同時可能有許多站點也在競爭接入傳輸媒體。下面介紹 BSS 內的高效共享接入機制。

　　① 無線媒體接入　由於無線電收發信機不能在既發射又接收的同時還監聽其他站點的發射，所以無線網路站點無法檢測到自己的發射和其他站點發射的衝突，這就導致了無線網路中多個發射站點的共享媒體接入的實現比有線網路複雜。

　　在有線網路中，網路介面能夠透過感知載波來檢測衝突，例如在乙太網中，如果在發送數據時檢測到衝突，則停止發送。這就是載波監聽/衝突檢測（CSMA/CD）的媒體接入機制。CSMA/CD 是帶有衝突檢測的 CSMA，其基本思想是：當一個節點要發送數據時，首先監聽頻道；如果頻道空閒就發送數據，並繼續監聽；如果在數據發送過程中監聽到了衝突，則立刻停止數據發送，等待一段隨機的時間後，重新開始嘗試發送數據。

　　IEEE 802.11 標準定義了一些 MAC 層協調功能來調節多個站點的媒體接入。可選擇的點協調功能（Point Coordination Function，PCF）可以在時間要求嚴格的情況下，為站點提供無競爭的媒體接入，而強制性的 IEEE 802.11 分布式協調功能（Distributed Coordination Function，DCF），則對基於接入的競爭採取帶有衝突避免的載波檢測多路訪問（CSMA/CA）機制。上述兩種模式可在時間上交替使用，即一個 PCF 的無競爭週期後，緊跟一個 DCF 的競爭週期。

　　分布式協調功能（DCF）使用的媒體接入方法是載波監聽/衝突避免（Carrier Sense Multiple Access/Collision Avoidance，CSMA/CA）。在這種方式下，要發送數據的站點首先檢測頻道是否繁忙，如果頻道正在被使用就繼續監測頻道，直至頻道空閒。一旦頻道空閒，站點就再等待一個設定的時間，即分布式幀間間隙（Distributed Inter-frame Spacing，DIFS）（對於 802.11b 網路為 50μs），這一過程如圖 4-13 所示。

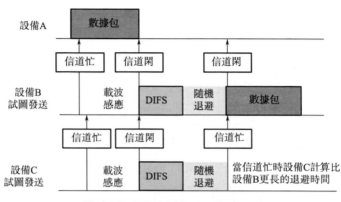

圖 4-13　IEEE 802.11 CSMA/CA

如果站點在分布式幀間間隙（DIFS）結束前沒有監聽到其他站點的發送，則首先將頻道時間分為多個時隙單元；然後計算一個介於 Cw_{min} 和 Cw_{max} 數值之間的以時隙為單位的隨機退避時間（random back off interval），繼續監測頻道。

若退避時間為零時頻道仍然空閒，則開始發送數據。退避時間是隨機的，因此如果有很多站點在等待，它們不會在同一時間重新嘗試發送，即有一個站點會有較短的退避時間並能夠開始發送數據。如果站點重新嘗試發送數據時，每個新的嘗試計算出的退避時間會加倍，直到達到每個站點定義的最大值 Cw_{max}。這保證當有很多站點競爭接入時，每個請求被較遠地隔開以避免重複衝突。

DCF 的退避機制具有指數特徵。對於每次分組傳送，退避時間以時隙為單位（即是時隙的整數倍），統一地在 0 至 $n-1$ 之間進行選取，n 表示分組數據傳送失敗的數目。在第一次傳送中，n 取值為 $Cw_{min}=32$，即所謂的最小競爭窗口（minimum contention window）。每次不成功的傳送後，n 將加倍，直至達到最大值 $Cw_{max}=1024$。競爭窗口參數 Cw 以多個時隙時間的形式給出，IEEE 802.11b 為 20μs，IEEE 802.11a/g 為 9μs。

如果在 DIFS 結束前監聽到另一個站點的發送，則退避間隔保持不變，並且只當檢測到在 DIFS 間隔及其下一時隙內頻道持續保持空閒，才重新開始減少退避間隔值。因為那個站點可以使用短 IFS（Short IFS，SIFS）來等待發送某個控

制幀〔CTS（Clear to Send，清除後發送）或 ACK（ACKnowledge Character，確認字符〕，如圖 4-14 所示，或者繼續發送數據包中用來提高傳輸可靠性的分段部分。

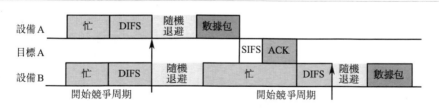

設備 A　｜忙｜DIFS｜隨機退避｜數據包｜

目標 A　　　　　　　　　　｜SIFS｜ACK｜

設備 B　｜忙｜DIFS｜隨機退避｜　忙　｜DIFS｜隨機退避｜數據包｜

開始競爭周期　　　　　　　開始競爭周期

圖 4-14　DCF 傳輸時序

對於每個成功接收的分組數據，802.11 標準要求向接收方發送 ACK 消息。而且為了簡化協議頭，ACK 消息將不包含序列號，並可用來確認收到了最近發送的分組數據。一旦分組數據傳送結束，發送行動站將在 SIFS 間隔內收到 ACK。如果 ACK 不在指定的 ACK_timeout 週期內到達發送行動站，或者檢測到頻道上正在傳送不同的分組數據，最初的傳送將被認為是失敗的，並將採用退避機制進行重傳。

CSMA/CA 是一種簡單的媒體接入協議，由於發送包的同時不能檢測到頻道上有無衝突，只能盡量避免衝突。當存在干擾時，站點會不停地退避來避免衝突或等待頻道空閒，網路的吞吐量會嚴重下降，也沒有服務品質的保證。所有的站點都要競爭接入，所以 CSMA/CA 是基於競爭的協議。

IEEE 802.11 標準也規定了一種可選擇的基於優先級的媒體接入機制，即點協調功能（PCF）。在 PCF 中，透過 AP 向相關的行動站發送輪詢消息，依次對這些行動站進行輪詢。AP 可以把數據包含在輪詢消息中，向被輪詢的行動站發送數據。輪詢的基站可以把數據包含在輪詢響應消息中，向 AP 發送數據。在適當情況下，確認資訊（確認收到了上一個來自 AP 的數據幀）也可包含在響應消息中。

雖然 PCF 提供了有限的服務品質保證（QoS）的能力，但 PCF 功能並沒有在 IEEE 802.11 硬體中廣泛應用，只出現在 IEEE 802.11e 增強版中，QoS 和優先訪問機制被全面地合併到 IEEE 802.11 標準中。

② 發現和加入網路　新活躍站點的首要任務是，透過被動或主動掃描判定在覆蓋範圍內都有哪些可以進行鏈接的站點。如果新的活躍站點已經被設置了用於鏈接的首選 SSID 名稱，可以使用主動掃描：新的活躍站點發送探測幀（包含這個首選 SSID），等待首選接入點響應探測響應幀。也可以透過廣播探測幀，即要求所有在接收範圍內的接入點響應一個探測響應幀。透過主動掃描，新的站點

會得到可用接入點的完整列表。判定覆蓋範圍內的站點後,可以開始對站點的認證和鏈接,鏈接的對象可以是首選的接入點、新的站點選擇的接入點、或者使用者從響應列表中選擇的接入點。

被動掃描時,在給定的時期內站點監聽每個頻道站點,並檢測其他站點發送的信標幀。信標幀的負載數據單元由四部分組成:超幀描述字段、待轉發數據目標地址字段、GTS分配字段和信標幀負載數據。信標幀帶有時間同步碼和其他物理層參數(如跳頻模式),可用於兩個站點通訊。

③ 站點服務 由站點 SAT 提供的服務稱為站點服務。MAC 層站點服務提供發送和接收 LLC 層數據單元的功能,並實現站點之間的認證和安全功能。

• 認證:這項服務可以讓接收站點在與其他站點鏈接之前先進行認證。接入點可以配置成開放系統或共享密鑰認證。開放系統認證提供最小的安全性,不驗證其他站點的身份,任何試圖認證的站點都可以收到認證資訊。共享密鑰認證要求兩個站點已經收到一個經由其他安全頻道(如直接的使用者輸入)傳輸的密鑰(如口令)。

• 認證解除:當要與其他站點停止通訊時,在解除與其鏈接之前,站點要先解除認證。認證和認證解除,是透過兩個通訊站點之間交換 MAC 層的管理幀實現的。

• 保密:這項服務使得數據幀和共享密鑰認證幀在傳輸之前可以選擇加密,例如使用有線對等加密(WEP)或 Wi-Fi 保護接入(WPA)。

• MAC 服務數據單元傳送:MAC 服務數據單元(MSDU)是 LLC 層傳遞給 MAC 的數據單元。LLC 訪問 MAC 服務的點叫做 MAC 服務訪問點(SAP)。這項服務保證了 MSDU 在服務接入點間的傳遞。RTS(Request to Send,請求發送)、CTS、ACK 之類的控制幀,可用來控制站點間的幀流量,例如 IEEE 802.11b/g 混合節點操作。

④ 分布式系統服務 由 DS 提供的服務稱為分布式系統服務。MAC 層分布式系統服務提供的功能與站點式服務截然不同,站點式服務局限於空中介面末端的發送和接收站點,而分布式服務擴展到整個分布式系統。

• 鏈接:這項服務能夠建立站點和接入點之間的邏輯連接。接入點在與站點相鏈接之前,不能接收或者傳送任何數據,鏈接提供了分布式系統傳輸數據的必要資訊。

• 解除鏈接:站點在離開網路之前要解除鏈接,例如當無線鏈路被禁用、網路介面控制器被手動解除連接或 PC 主機關機時。

• 重新鏈接:重新鏈接允許站點改變當前鏈接的參數(如支援數據速率),或者在 EBSS 內將鏈接從一個 BSS 改變到另一個 BSS 上。例如,當一個漫遊站點感知到另一個接入點發送較強的信標幀時,可改變它的鏈接。

• 分布式：當一個站點在向同一 BSS 下的另一個站點，或透過分布式系統向另一個 BSS 下的站點發送幀時，使用分布式服務。

• 綜合式：是分布式的擴展，在接入點是通向非 IEEE 802.11 網路的介面的，並且 MSDU 必須透過這個網路傳遞到目的地時，使用該服務。綜合式服務提供必要的地址和媒體轉換，使得 IEEE 802.11 MSDU 可以在新的媒體上被傳送，並被非 IEEE 802.11 MAC 層目的設備接收。

(4) IEEE 802.11 物理層

1997 年完成並公布的 IEEE 802.11 標準的最初版本，支援三種可選的物理層：跳頻序列擴頻（FHSS）、工作在 2.4GHz 頻段的直接序列擴頻（DSSS）和擴散紅外線（DFIR）。這三種物理層支援數據速率為 1Mbps 和 2Mbps。

跳頻序列擴頻（FHSS）規定了以 2.44GHz 為中心，間隔為 1MHz 的 78 個跳頻頻道，這些跳頻頻道 26 個為一組被分成 3 組。最大跳躍速率為 2.5 跳/s。由物理層管理子層決定具體選用哪一組。FHSS 採用高斯頻移鍵控（GFSK），採用兩級和四級 GFSK 分別實現數據速率為 1Mbps 和 2Mbps。

直接序列擴頻（DSSS）將工作頻段分成 11 個頻道，頻道相互覆蓋且頻率間隔是 5MHz。DSSS 使用長度為 11chips 的 Barker 編碼，採用差分二進制相移鍵控（DBPSK）和四相差分相移鍵控（DQPSK）實現數據速率為 1Mbps 和 2Mbps。

紅外物理層（DFIR）規定工作波長為 800～900nm。與 IrDA 的紅外線收發器陣列不同，DFIR 採用漫射的傳播模式，透過天花板反射紅外線波束實現站點之間的連接，根據天花板的高度不同，連接範圍為 10～20m。DFIR 採用脈衝位置調制（PPM），用 16-PPM 和 4-PPM 分別實現數據速率為 1Mbps 和 2Mbps。

IEEE 802.11 標準的物理層標準主要有 IEEE 802.11b、IEEE 802.11a 和 IEEE 802.11g，這些標準分別定義了不同的物理層傳輸方式和調制方式。IEEE 802.11 標準的擴充版本集中在高速率 DSSS（IEEE 802.11b）、OFDM（IEEE 802.11a 和 g）、OFDM 加 MIMO（IEEE 802.11n）。

4.1.3 無線城域網

4.1.3.1 概述

為了應對 xDSL 和電纜調制解調器對家庭和小型商業的無線寬頻接入方案的補充需要，為 IEEE 802.11 熱點提供回程，從 1998 年開始提出了 IEEE 802.16 系列標準。「最後一英里」的寬頻無線接入方案，可以以最小的基礎設施費用提供廣闊的地理覆蓋，因此也同時加快了寬頻技術的興起。

IEEE 802.16 標準不僅解決了傳統的「最後一英里」的接入問題，而且還支

援遊牧和行動節點的傳輸。因此，在城域範圍內，便攜電腦和個人數位助理（PDA）作為使用者站（Subscriber Station，SS），可以隨時隨地快速高效地接入網路成為可能。IEEE802.20 WWAN 則定位於提供一個基於 IP 的全行動網路，它將直接和現在的 3G（尤其是正在發展中的增強型 3G）競爭，使用和 3G 同樣的頻率，占用同樣的頻寬，但能提供更高的通訊速率，這種系統也被稱為行動寬頻無線接入（MBWA，Mobile Broadband Wireless Access）系統[3]。

無線城域網的推出是為了滿足日益成長的寬頻無線接入（Broadband Wireless Access，BWA）市場需求。儘管多年來 IEEE 802.11 技術與許多其他專有技術一起被用於 BWA，並且獲得了很大的成功，但是 WLAN 的總體設計及其提供的服務並不能很好地適用於室外的 BWA 應用。當其用於室外時，在頻寬和使用者數量方面將受到限制，同時還存在著通訊距離等其他一些問題。基於上述情況，一種新的、更為複雜的全球標準 IEEE802.16 產生了，它能同時解決物理層環境（室外射頻傳輸）和 QoS 兩方面的問題，以滿足 BWA 和「最後一英里」接入市場的需求。

WiMAX（Worldwide Interoperability for Microwave Access，全球互通微波接入）技術，是以 IEEE 802.16 系列標準為基礎的寬頻無線接入技術，可以在固定和行動的環境中提供高速的數據、語音和影片等業務，兼具了行動、寬頻和 IP 化的特點，近年來發展迅速，逐漸成為寬頻無線接入領域的發展熱點之一[7]。

IEEE 802.16 是為制定無線城域網標準而專門成立的工作組，主要負責固定無線接入的空中介面標準制定，WiMAX 與 IEEE 802.16 之間有著非常緊密的聯繫與合作，同時又有著分工的不同，前者是標準的推動者，後者是標準的制定者，可以說 IEEE 802.16 標準和 WiMAX 技術是寬頻行動的重要里程碑，促進了行動寬頻的演進和發展。

4.1.3.2 IEEE 802.16 無線城域網標準

IEEE 802.16 標準有著一系列的協議，到目前發布的標準包括 802.16、802.16a、802.16c、802.16d、802.16e、802.16f、802.16g。除以上版本外，正在發展和計劃發展的 802.16 系列標準還包括 802.16h、802.16i、802.16j、802.16k、802.16m 等版本，基於這些標準的 WiMAX 技術也將被逐步完善。各標準相對應的技術領域如表 4-4 所示[3]。

表 4-4　IEEE 802.16 系列標準

標準	主要特徵
802.16	最初的標準，2001 年批准透過，10～66GHz 上視距傳輸，速率可達 134Mbps

續表

標準	主要特徵
802.16a	2002 年 2 月批准透過,11GHz 上非視距傳輸,速率可達 70Mbps
802.16b	802.16a 的升級版本,解決在 5GHz 上非授權應用問題
802.16c	802.16 的升級版本,解決在 10~66GHz 上系統的互操作問題
802.16d	WiMAX 的基礎,802.16a 的替代版本,支援高級天線系統(MIMO)。2004 年 6 月批准透過 802.16—2004
802.16e	2005 年 12 月發布,擴展後能提供行動服務,包括對時變傳輸環境的快速自適應,2~6GHz 固定和行動寬度無線接入系統空中介面
802.16f	擴展後能支援網狀網要求的多跳能力,固定寬度無線接入系統空中介面管理資訊庫
802.16g	對行動網路提供高效轉發和 QoS,固定和行動寬度無線接入系統空中介面管理平面流程和服務要求
802.16h	增強的 MAC 層使得基於 802.16 的非授權系統和授權頻帶上的主使用者能夠共存
802.16i	寬度無線接入系統空中介面行動管理資訊庫要求
802.16j	行動多跳中繼系統規範
802.16k	局域網和城域網 MAC 網橋 IEEE 802.16
802.16m	以 ITU-R 所提的 4G 規格作為目標來制定的

IEEE 802.16 標準定義的空中介面由物理層和 MAC 層組成,如圖 4-15 所示。MAC 層獨立於物理層,能支援多種不同的物理層規範,以適應各種應用環境。

IEEE 802.16 的設計目標是在物理層提供相當大的靈活性,從而在不同的規則下能適應不斷變化的需求(比如頻道頻寬)。這些不同的空中介面由共同的 MAC 層支援,而 MAC 層就是用來提供城域網的關鍵需求——可伸縮性、靈活的服務類型和服務品質。

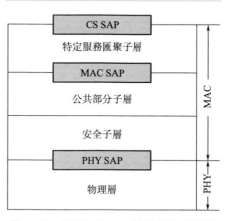

圖 4-15　IEEE 802.16 協議棧參考模型

(1) 物理層

IEEE 802.16 支援時分雙工和頻分雙工,兩種模式下都採用突發格式發送。上行頻道基於時分多使用者接入和按需分配多使用者接入相結合的方式,被劃分為多個時隙,初始化、競爭、維護、業務傳輸等都透過占用一定數量的時隙來完

成，由基站（Base Station，BS）的 MAC 層統一控制，並根據系統情況動態改變。下行頻道採用時分複用方式，BS 將資源分配資訊寫入上行鏈路映射（UL-MAP）廣播給使用者站（Subscriber Station，SS）。系統可採用 1.25～20MHz 之間的頻寬，對於 10～66GHz，還可以採用 28MHz 載波頻寬，以提供更高接入速率。系統有兩種調制方式：單載波和正交頻分複用 OFDM，分別工作在 10～66GHz 頻段和 2～11GHz 頻段。

物理層由傳輸匯聚子層（TCL）和物理媒質依賴子層（PMD）組成，通常說的物理層主要是指 PMD。TCL 將收到的 MAC 層數據分段，封裝成 TCL 協議數據單元（PDU）。PMD 則具體執行頻道編碼、調制解調等一系列處理過程。物理層支援基於單載波（SC）、正交頻分複用（OFDM）和正交頻分多址（OFDMA）的接入技術。

（2）MAC 層

MAC 層採用分層結構，分為 3 個子層：特定服務匯聚子層（CS）、公共部分子層（CPS）和安全子層（Privacy Sublayer，PS）。

• CS 子層負責和高層介面，匯聚上層不同業務。它將透過服務訪問點（SAP）收到的外部網路數據轉換和映射為 MAC 業務數據單元，並傳遞到 MAC 層的 SAP。協議提供了多個 CS 規範作為與外部各種協議的介面，可實現對 ATM、IP 等協議數據的透明傳輸。

• CPS 子層實現主要的 MAC 功能，包括系統接入、頻寬分配、連接建立和連接維護等。它透過 MAC 層 SAP 接收來自各種 CS 層的數據，並分類到特定的 MAC 連接，同時對物理層上傳輸和調度的數據實施 QoS 控制。

• PS 子層的主要功能是提供認證、密鑰交換和加解密處理。該子層支援 128 位、192 位及 256 位加密系統，並採用數位證書的認證方式，以保證資訊的安全傳輸。

4.1.3.3　WiMAX 無線組網方案

WiMAX 有 WiMAX 網路單獨組網或與現有網路融合組網兩種組網方式，而後者更能適應當今網路的形勢。WiMAX 基站可以採取與現有 GSM/CDMA 網路相似的蜂窩狀網路，其無線接入模式主要有 PMP 接入模式、Mesh 接入模式、backhaul 模式、終端接入模式、駐地網接入模式、無線橋接模式。根據無線接入模式的特點，WiMAX 主要有以下三種無線網路結構。

（1）星形網路結構

星形網路結構以 BS 為核心，採用點到多點的連接方式，網路結構如圖 4-16 所示。這種網路結構的基本思想：中心基站 BS 唯一可以接入網路，其他遠端基

站 SS 透過無線方式連接到中心基站。遠端基站的上行數據透過中心基站發送到網路；網路將發向中心基站及相連的遠端基站的下行業務數據合併發送到中心基站，由中心基站向各遠端基站轉發，完成數據中繼功能。基站間通訊採用 5.8GHz 頻段；每個基站的服務區範圍是 5～7km，遠端基站與中心基站間的距離可以為 30～50km。這種結構的特點是網路結構簡潔，應用模式與 xDSL 等線纜接入形式相似，是一種線纜替代的理想選用方案。

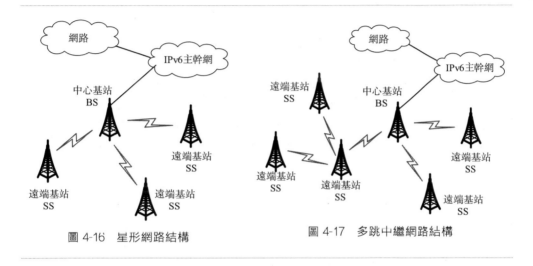

圖 4-16　星形網路結構　　　　圖 4-17　多跳中繼網路結構

（2）多跳中繼網路結構

多跳中繼結構是基於星形網路結構而來的一種新的結構，網路結構如圖 4-17 所示。星形網路結構的遠端基站與中心基站之間是直接相連的，但當服務區域與中心基站的距離增大到一定範圍，覆蓋範圍無法到達服務區，那麼多跳中繼結構便是一種很好的選擇。

多跳中繼網路結構的思想是中心基站透過有線鏈路與 IP 網相連，離中心基站較遠的遠端基站，透過中繼基站 BS 與中心基站相連，同時中繼基站還提供對其所屬的遠端基站業務的匯聚和轉發，中心基站負責對下屬的所有基站的數據進行調度。這種結構的網路採用多跳方式，能擴展網路的覆蓋範圍，但也提高了對網路安全和網路管理的要求。

（3）網狀網路結構

無線 MAN 標準利用在專門基站提供中心控制，能夠解決 MAN 中的點對點或點對多點的問題。雖然目前沒有開發出城域網狀網路標準，但是 IEEE 802.11 任務組 TGs 模糊了 LAN 和 MAN 的界限，使得基於 IEEE 802.11 的網狀網路在城市區域內能夠高效地運行。

　　與傳統 MAN 拓撲結構相比，基於網狀的方法有許多優點，例如，可以透過網狀選擇一條最優路徑以最大化網路吞吐量，以及能夠自動利用在網狀區域內任何新的變為活躍狀態的回程鏈路。

　　私有（比如不基於任何標準的）設備可以運行偽 802.16b 網狀，該網狀具有固定的「網狀路由器」，為行動 802.11b 設備提供城市範圍覆蓋。

4.1.4　無線廣域網

4.1.4.1　概述

　　無線廣域網（Wireless Wide Area Network，WWAN）是指覆蓋全國或全球範圍內的無線網路，提供更大範圍內的無線接入，與無線個域網、無線局域網和無線城域網相比，它更加強調的是快速行動性。隨著現代科技和社會的不斷發展，人們可能隨時處於大範圍的行動中，並且希望隨時隨地能夠接入網路，使得行動數據業務成長迅速。無線廣域網技術就是解決在大範圍內行動環境中的無線接入問題。行動通訊系統是典型的無線廣域網通訊系統。

　　在行動通訊領域，「代」（generation）通常是指業務基本性質的變化、非向後兼容的傳輸技術、更高的峰值位元速率、新的頻帶、更高的頻道頻寬以及更高的系統頻譜效率。自第一代基於模擬技術的行動通訊系統（1G）向基於數位技術的第二代行動通訊系統（2G）過渡以來，大約每 10 年就出現一次行動通訊系統的換代更新。2001 年，3G 的商用使得行動通訊網路支援多媒體傳輸和擴頻傳輸，最低峰值速率達到 200Kpbs。2011/2012 年，4G 網路全面商用，採用了全 IP 分組交換技術，可以為使用者提供超寬頻的行動接入。表 4-5 列出了從 2G 到 4G 的制式和速率對比情況。

表 4-5　2G、3G、4G 對比情況

類型	制式	下行速率	上行速率
2G	GSM	236Kbps	118Kbps
	CDMA	153Kbps	153Kbps
3G	CDMA2000	3.1Mbps	1.8Mbps
	TD-SCDMA	2.8Mbps	2.2Mbps
	WCDMA	42Mbps	23Mbps
4G	FDD-LTE	150Mbps	50Mbps
	TDD-LTE	100Mbps	50Mbps

4.1.4.2　3G 技術

　　3G 即第三代行動通訊技術，是指支援高速數據傳輸的蜂窩行動通訊技術。

3G 服務能夠同時傳送聲音及數據資訊，速率一般在幾百 Kbps 以上。ITU 一共確定了全球 3G 四大標準，它們分別是 WCDMA（寬頻碼分多址技術）、CDMA2000（即 CDMA2000 1xEV）、TD-SCDMA（時分同步碼分多址技術）和 WiMAX（Worldwide Interoperability for Microwave Access，微波存取全球互通）。其中 WCDMA、CDMA2000 和 TD-SCDMA 是三種主流技術[3]。表 4-6 給出了 WCDMA、CDMA2000 及 TD-SCDMA 的主要技術參數。在這三種技術中，WCDMA 和 CDMA2000 採用頻分雙工（FDD）方式，需要成對的頻率規劃。兩者最主要的區別在於：WCDMA 的擴頻碼速率為 3.84Mchip/s，載波頻寬為 5MHz，而 CDMA2000 的擴頻碼速率為 1.2288Mchip/s，載波頻寬為 1.25MHz；另外，WCDMA 的基站間同步是可選的，而 CDMA2000 的基站間同步是必需的，因此需要全球定位系統（GPS）。除此以外，在其他關鍵技術方面，例如功率控制、軟切換、擴頻碼以及所採用的分集技術等，兩者都是基本相同的，只有很小的差別。TD-SCDMA 是中國提出的一種 3G 標準，它採用時分雙工（TDD）和 TDMA/CDMA 多址技術，擴頻碼速率為 1.28Mchip/s，載波頻寬為 1.6MHz，基站間必須同步。與其他兩種 3G 技術相比，TD-SCDMA 採用了智慧天線、聯合檢測、上行同步及動態頻道分配、接力切換等技術，具有頻譜使用靈活、頻譜利用率高等特點，適合非對稱數據業務。

表 4-6　TD-SCDMA、WCDMA 與 CDMA2000 主要技術參數

參數	TD-SCDMA	WCDMA	CDMA2000
載頻間隔	1.6MHz	5MHz	1.25MHz
碼片速率	1.28Mchip/s	3.84Mchip/s	1.2288Mchip/s
幀長	10ms	10ms	20ms
基站同步	需要	不需要	需要
下行發射分集	支援	支援	支援
頻率間切換	支援	支援	支援
檢測方式	相干解調	相干解調	相干解調
頻道估計	DwPCH、UpPCH、中間碼	公共導頻	前向、反向導頻
編碼方式	卷積碼、Turbo 碼	卷積碼、Turbo 碼	卷積碼、Turbo 碼

（1）TD-SCDMA 技術

　　TD-SCDMA 是由工業和資訊化部電信研究院提出並與西門子公司合作開發的第三代行動通訊標準。它作為中國擁有自主知識產權的第三代行動通訊國際標準，於 2000 年 5 月伊斯坦堡的 ITU-R 全會上，被正式接納為 CDMA TDD 制式

的方案之一,成為與 WCDMA 和 CDMA2000 並列的第三代行動通訊三大主流標準之一。TD-SCDMA 是以中國知識產權為主的、被國際上廣泛接受和認可的新一代無線通訊國際標準,是中國電信史上重要的里程碑。與 WCDMA 和 CDMA2000 相比,TD-SCDMA 系統採用的關鍵技術如下。

• 智慧天線 智慧天線引入了一種新的多址方式——空分多址(Space Division Multiple Access,SDMA),在相同時隙、相同頻率、相同碼字的情況下,使用者仍然可以根據訊號不同的空間傳播路徑加以區分。智慧天線相當於空域濾波器,在多個指向不同使用者的並行天線波束的控制下,可以顯著降低使用者之間的干擾。智慧天線技術可以擴大系統的覆蓋區域,提高系統容量,提高頻譜利用率,降低基站功率,節省系統成本,減少訊號干擾。在 TD-SCDMA 系統中,基站系統透過數位訊號處理技術與自適應算法,使智慧天線動態地在覆蓋空間中形成針對特定使用者的定向波束,充分利用下行訊號的能量並最大程度地抑制干擾訊號。基站透過智慧天線可在整個小區內追蹤終端的行動,這樣終端得到的訊號雜訊比得到了極大的改善,提高業務品質。

• 上行同步 在 CDMA 系統中,下行一般都是同步系統,所謂的同步 CDMA 系統主要指上行鏈路的同步。在 TD-SCDMA 系統中,行動臺根據測量結果動態調整上行鏈路訊號的發射時間,使小區內各個接入使用者的上行訊號到達基站時保持同步,從而能夠較好地保證上行訊號的正交性,降低多址干擾和碼間干擾,提高系統的容量,同時簡化基站接收機的複雜度。

• 聯合檢測 對 CDMA 系統來說,由於無線頻道的時變性以及多徑效應等,碼字不可能完全正交,因此系統中必然會存在多址干擾(MAI)和碼間干擾(ISI)。WCDMA 系統和 CDMAZ000 系統由於採用的擴頻碼碼長較大,故接收機採用了結構相對簡單的 Rake 接收機。在 TD-SCDMA 系統中採用了聯合檢測算法,把同一時隙中多個使用者的訊號及多徑訊號一起處理,不僅是多個使用者一起接收,並且將多個符號也一起接收,利用所有與多址干擾和碼間干擾相關的先驗資訊,在一步之內就將所有使用者訊號分離出來,將多址干擾和碼間干擾一並消除。理論上,使用聯合檢測和智慧天線相結合的技術,可以完全抵消多址干擾和碼間干擾的影響,大大提高系統的抗干擾能力和系統容量。

• 動態頻道分配 根據使用者的需要進行實時動態的資源(頻率、時隙、碼字等)分配。採用動態頻道分配,能夠靈活地分配時隙資源,動態地調整上下行時隙個數,適應 3G 業務的需要,尤其是高速率的上、下行不對稱的數據業務和多媒體業務,能夠使系統的頻帶利用率提高,可以自適應網路中負載和干擾的變化,較好地避免干擾。

• 接力切換技術 WCDMA 與 CDMA2000 都採用了「軟切換」技術,即當手機發生行動或目前與手機通訊的基站話務繁忙、手機需要與一個新的目標基站

通訊時，手機先不中斷與原基站的聯繫，而是與新的基站連接後，再中斷與原基站的聯繫。軟切換在瞬間同時連接兩個基站，對頻道資源占用較多。相對於軟切換而言，FDMA 和 TDMA 系統採用的是先中斷與原基站的聯繫，再與新的基站進行連接的「硬切換」技術，容易造成通訊中斷。接力切換是一種改進的硬切換技術，手機在與目標基站取得聯繫的同時中斷與原基站的聯繫，可提高切換成功率。與軟切換相比，可以克服切換時對鄰近基站頻道資源的占用，使系統容量得以增加，同時具有比硬切換更高的切換成功率。

（2）WCDMA 技術

WCDMA，全稱為 Wideband CDMA，也稱為 CDMA Direct Spread，意為寬頻碼分多址技術，是基於 GSM 發展出來的 3G 技術規範。歐洲電信標準委員會（ETSI）在 GSM 之後就開始研究 3G 標準，其中有幾種備選方案是基於直接序列擴頻碼分多址技術的，而日本的第三代行動通訊系統研究也是使用寬頻碼分多址技術的，因此，以兩者為主導進行融合，在 3GPP 組織中發展成了第三代行動通訊系統 UMTS 並提交給 ITU，最終接受 UMTS 作為 IMT-2000 3G 標準的一部分。WCDMA 的支援者主要是以 GSM 系統為主的歐洲廠商，已是當前世界上採用的國家及地區最廣泛的、終端種類最豐富的一種 3G 標準。

WCDMA 技術具有以下主要特點。

• WCDMA 支援異步基站操作，網路側對同步沒有要求，因而易於完成室內和密集小區的覆蓋。

• 射頻部分是傳統的模擬結構，實現射頻和中頻訊號的轉換。射頻上行通道部分主要包括自動增益控制（AGC）、接收濾波器和下變頻器。射頻的下行通道部分主要包括二次上變頻、寬頻線性功放和射頻發射濾波器。中頻部分主要包括上行的去混疊濾波器、下變頻器、ADC 和下行的中頻平滑濾波器、上變頻器和 DAC。

• WCDMA 採用發送數據為 10ms 的幀長，碼片速率為 3.84Mchip/s。其 3.84Mchip/s 的碼片速率要求上下行鏈路分別使用 5MHz 的載波頻寬，實際載波間距離的要求根據干擾的不同在 4.4～5MHz 之間變化，變化步長為 200kHz。對於人口密集地帶，可選用多個載波覆蓋。其 10ms 幀長允許使用者的數據速率可變，雖然在 10ms 內使用者位元速率不變，但 10ms 幀之間使用者的數據容量可變。

• WCDMA 的發射分集方式有 TSTD（時間切換發射分集）、STTD（時空編碼發射分集）和 FBTD（反饋發射分集）。

• WCDMA 的核心網路是基於 GSM/GPRS 網路的演進，並保持與 GSM/GPRS 網路的兼容性。

- WCDMA 支援軟切換。
- WCDMA 允許不同 QoS 要求的業務進行複用。

WCDMA 系統一般採用 FDD 模式，可以獲得很高的碼片速率，有效地利用了頻率選擇性分集和空間的接收和發射分集，解決多徑和衰落問題。WCDMA 採用了 Turbo 頻道編解碼技術，可以提供較高的數據傳輸速率。WCDMA 採用連續導頻技術，能夠支援高速行動終端。相比第二代的行動通訊制式，WCDMA 具有更大的系統容量、更優的話音品質、更高的頻譜效率、更快的數據速率、更強的抗衰落能力、更好的抗多徑性，而且能夠從第二代 GSM 系統進行平滑過渡，保證營運商的投資，為 3G 營運提供了良好的技術基礎。

(3) CDMA2000 技術

CDMA2000 也稱為 CDMA Multi-Carrier，由美國高通公司為主導提出。CDMA2000 由窄頻 CDMA One 標準衍生而來，可以從原有的 CDMA One 結構直接升級到 3G，建設成本低廉。但目前使用 CDMA 的地區只有日、韓、北美和中國，所以相對於 WCDMA 來說，CDMA2000 的適用範圍要小一些。

CDMA2000 採用的主要新技術如下。

- 多種射頻頻道頻寬。CDMA2000 在前向鏈路上支援多載波（MC）和直擴（DS）兩種方式，反向鏈路僅支援直擴方式。當採用多載波方式，能支援多種射頻頻寬，射頻頻道帶可以是 $N \times 1.25\text{MHz}$，其中 $N = 1$、3、5、9 或 12，即可選擇的頻寬有 1.25MHz、3.75MHz、7.5MHz、11.25MHz 和 15MHz。

- Turbo 碼。為了適應高速數據業務的需求，CDMA2000 中採用 Turbo 編解碼技術。Turbo 編碼器由兩個遞歸系統卷積碼（RSC）成員編碼器、交織器和刪除器構成，每個 RSC 有兩路校驗位輸出，兩個 RSC 的輸出經刪除複用後形成 Turbo 碼。Turbo 譯碼器由兩個軟輸入軟輸出的譯碼器、交織器和去交織器構成，兩個成員譯碼器對兩個成員編碼器分別交替譯碼，並透過軟輸出相互傳遞資訊，進行多輪譯碼後，透過對軟資訊作過零判決得到譯碼輸出。Turbo 碼糾錯性能優異，但譯碼複雜度高、時延大，因此主要用於高速率、譯碼時延要求不高的數據傳輸業務。在 CDMA2000 中，Turbo 碼僅用於前向補充頻道和反向補充頻道中。

- 快速前向和反向功率控制。CDMA2000 採用新的前向快速功率控制（FFPC）算法，使用前向鏈路功率控制子頻道和導頻頻道，使行動臺（MS）收到的全速率業務頻道保持恆定。功率控制命令比特由反向功率控制子頻道傳送，功率控制速率可達 800bps。採用前向快速功率控制，能盡量減小遠近效應，降低基站發射功率和系統的總干擾電平，提高系統容量。

- 發射分集方式。可以採用正交發射分集（OTD）和空時擴展分集（STS），能減少每個頻道要求的發射功率，增加前向鏈路容量，改善室內單徑瑞利衰落環境和慢速行動環境下的系統性能。

- 反向相干解調。CDMA2000 的基站可以利用反向導頻幫助捕獲行動臺的發射，實現反向鏈路上的相干解調，顯著降低了所需的訊號雜訊比，從而降低了行動臺發射功率，提高了系統容量。

- 反向空中介面波形。在反向鏈路上，所有速率的數據都採用連續導頻和連續數據頻道波形。連續波形可以把對其他電子設備的電磁干擾（EMI）降到最低。透過降低數據速率，能擴大小區覆蓋範圍。透過允許在整個幀上實現交織，可以改善搜索性能。連續波形還支援行動臺，為快速前向功率控制連續發送前向鏈路質量測量資訊，以及基站為反向功率控制連續監控反向鏈路質量。

- CDMA2000 支援軟切換。

4.1.4.3 4G 技術

4G 是繼 3G 之後的第四代寬頻蜂窩網路技術，必須提供由 ITU 定義的 IMT Advanced 中的功能。2008 年 3 月，國際電信聯盟無線電通訊部門（ITU-R）制定了一套 4G 標準的要求，被稱為 IMT-Advanced 規範。IMT-Advanced 的蜂窩網路系統必須滿足以下要求[8,9]：

- 基於全 IP（All IP）分組交換網路；
- 在高速行動性的環境下達到約 100Mbps 的速率，如行動接入，在低速行動性的環境下高達約 1Gbps 的速率，例如靜態/固定無線網路接入的數據傳輸；
- 能夠動態地共享和利用網路資源來支援每單元多使用者同時使用；
- 使用 5～20MHz 可擴展的頻道頻寬，最高可達 40MHz；
- 鏈路頻譜效率的峰值為 15bps/Hz（下行）和 6.75bps/Hz（上行）（即 1Gbps 的下行鏈路速率應在小於 67MHz 的頻寬中實現）；
- 室內場景下系統的頻譜效率下行高達 3bps/Hz/cell，上行達 2.25bps/Hz/cell；
- 異構網路之間的平滑切換；
- 提供高品質的服務 QoS（Quality of Service），支援新一代的多媒體傳輸能力。

4G 系統與 3G 系統的對比如表 4-7 所示。

表 4-7　4G 系統與 3G 系統的對比

主要特徵	3G	4G
數據速率	384Kbps～2Mbps	20～100Mbps
頻帶範圍	1.8～2.4GHz	2～8GHz
頻寬	5MHz	約 100MHz
無線接入技術	WCDMA、CDMA2000 等	OFDMA、MC-CDMA 等
IP 協議	IPv4.0、IPv5.0、IPv6.0	IPv6.0

　　從營運商的角度看，除了與現有網路的可兼容性外，4G 有更高的數據吞吐量、更低時延、更低的建設和運行維護成本、更高的鑑權能力和安全能力、支援多種 QoS 等級。從融和的角度看，4G 意味著更多的參與方，更多技術、行業、應用的融合，不再局限於電信行業，還可以應用於金融、醫療、教育、交通等行業；通訊終端能做更多的事情，例如除語音通訊之外的多媒體通訊、遠端控制等；或許局域網、網路、電信網、廣播網、衛星網等能夠融為一體組成一個通播網，無論使用什麼終端，都可以享受高品質的資訊服務，向寬頻無線化和無線寬頻化演進，使 4G 滲透到生活的方方面面。從使用者需求的角度看，4G 能為使用者提供更快的速度並滿足使用者更多的需求。行動通訊之所以從模擬到數位、從 2G 到 4G 以及將來的 xG 演進，最根本的推動力是使用者需求由無線語音服務向無線多媒體服務轉變，從而激發營運商為了提高 ARPU、開拓新的頻段支援使用者數量的持續成長、更有效的頻譜利用率以及更低的營運成本，不得不進行變革轉型。

　　(1) 特點

　　① 傳輸速率高　4G 通訊系統研製的最初目的，就是提高蜂窩電話和其他行動裝置無線訪問網際網路的速率，因此高速率是 4G 通訊系統的一大特徵。相比於前幾代行動通訊系統，4G 網路在速度上面占絕對的優勢，大範圍高速行動使用者（250km/h），數據速率為 2Mbps；對於中速行動使用者（60km/h），數據速率為 20Mbps；對於低速行動使用者（室內或步行者），數據速率為 100Mbps。

　　② 良好的兼容性　要使 4G 盡快被接受，除了考慮它的功能強大外，還應該考慮到已有通訊的基礎，以便讓更多的通訊使用者在投資最少的情況下很輕易地過渡到 4G 通訊。從這個角度來看，4G 行動通訊系統應當具備全球漫遊、介面開放、能跟多種網路互聯、終端多樣化以及能從第二代平穩過渡等特點，能夠真正地實現全球標準化服務，兼容 2G、3G，使所有行動通訊的使用者都能享受 4G 服務。

　　③ 靈活性較強　4G 通訊使人們不僅可以隨時隨地通訊，更可以雙向下載傳遞資料、圖像、影片等。由於新技術的應用，4G 行動通訊系統能根據使用者通訊中變化的業務需求而進行相應的處理，自適應地分配資源。

　　④ 多類型使用者並存　4G 行動通訊系統能根據網路頻道條件的動態變化進行自適應處理，能夠使低速與高速使用者以及各類型使用者設備共存互通，從而滿足系統中多種類型使用者的各種需求。

　　⑤ 多種業務融合　4G 網路的高速使多種業務的承載成為可能。4G 網路可以支援更豐富的媒體，例如影片會議、高清圖像業務、實時在線播報等，使使用者不受時間、地點的限制了解所需資訊。

　　⑥ 智慧程度高　4G 通訊的智慧程度更高，不僅表現在 4G 核心網設備的智

慧化，更體現在 4G 終端設備的智慧化。有了 4G 網路的支援，4G 智慧手機可以實現許多難以想象的功能。

(2) 4G 標準

2009 年 9 月，IMT-Advanced 技術提案被提交給國際電信聯盟（ITU）為 4G 候選者。基本上所有的建議都是基於 LTE-Advanced 和 WirelessMAN-Advanced 這兩種技術，下面簡要介紹這兩種技術。

① LTE-Advanced（長期演進技術升級版，3GPP Release 10）　LTE-Advanced 是 LTE 的升級演進，由 3GPP 所主導制定，完全向後兼容 LTE，通常透過在 LTE 上透過軟體升級即可，升級過程類似於從 WCDMA 升級到 HSPA。峰值速率：下行 1Gbps，上行 500Mbps。LTE-Advanced 是第一批被國際電信聯盟承認的 4G 標準，根據主要技術的不同，可分為 LTE FDD 和 LTE TDD。LTE FDD（頻分雙工長期演進技術）是最早提出的 LTE 制式，目前該技術最成熟，全球應用最廣泛，終端種類最多。下行峰值速率為 150Mbps，上行為 40Mbps。LTE TDD（時分雙工長期演進技術）又稱 TD-LTE，是 LTE 的另一個分支。下行峰值速率達到 100Mbps，上行為 50Mbps。由上海貝爾、諾基亞西門子通訊、大唐電信、華為技術、中興通訊、中國行動、高通、ST-Ericsson 等共同開發。

② WirelessMAN-Advanced（無線城域網升級版，IEEE 802.16m）　WirelessMAN-Advanced 又稱 WiMAX-Advanced、WiMAX 2，即 IEEE 802.16m，是 WiMAX 的升級演進，由 IEEE 所主導制定，接收下行與上行最高速率可達到 100Mbps，在靜止定點接收可高達 1Gbps。WirelessMAN-Advanced 也是國際電信聯盟承認的 4G 標準，不過隨著 Intel 於 2010 年退出，WiMAX 技術也已經被營運商放棄，並開始將設備升級為 TD-LTE。

(3) 核心技術

4G 行動通訊系統主要採用了以下幾種核心技術。

① 多輸入多輸出（MIMO）技術　MIMO 技術是指利用多發射、多接收天線進行空間分集的技術。透過採用分立式多天線，能夠有效地將通訊鏈路分解成為許多並行的子頻道，從而大大提高容量。資訊論表明，當不同的接收天線和不同的發射天線之間互不相關時，MIMO 能夠有效提高系統的抗衰落能力和抗噪聲性能，從而獲得巨大的容量增益和超高的頻譜效率。在功率頻寬受限的無線頻道中，MIMO 技術是實現高數據速率、提高系統容量、提高傳輸品質的空間分集技術。

② 正交頻分複用（OFDM）技術　OFDM 是一種多載波並行調制傳輸技術，主要思想是在頻域內將給定頻道劃分成許多正交的子頻道，在每個子頻道上

使用一個子載波進行調制，各子載波採用頻分複用的思想進行並行傳輸。如果總的頻道特性是非平坦的，即具有頻率選擇性，但是對每個子頻道來說，只要訊號頻寬小於頻道的相干頻寬，每個子頻道就是相對平坦的，在每個子頻道上進行的是窄帶傳輸。OFDM 技術可以減小或消除訊號的碼間干擾，對多徑衰落和多普勒頻移不敏感，有效地提高了頻譜利用率。

③ 基於 IP 的核心網　4G 行動通訊系統的核心網是一個基於全 IP 的網路，可以實現不同網路間的無縫互聯。核心網獨立於各種具體的無線接入方案，能提供端到端的 IP 業務，並同已有的核心網和 PSTN 兼容。核心網具有開放的結構，能允許各種空中介面接入核心網；同時核心網能把業務、控制和傳輸等分開。IP 與多種無線接入協議相兼容，因此在設計核心網路時具有很大的靈活性，不需要考慮無線接入究竟採用何種方式和協議。

④ 開放無線架構和軟體無線電（SDR）技術　4G 關鍵技術之一被稱為開放無線架構（Open Wireless Architecture，OWA），即在開放式架構平臺中支援多個無線空中介面。軟體無線電是開放式無線架構的一種形式。軟體無線電的基本思想，是把盡可能多的無線及個人通訊功能透過可編程軟體來實現，使其成為一種多工作頻段、多工作模式、多訊號傳輸與處理的無線電系統。也可以說，是一種用軟體來實現物理層連接的無線通訊方式。由於 4G 是無線標準的集合，4G 設備的最終形式將構成各種標準，這可以使用軟體無線電技術來有效地實現。

⑤ 智慧天線技術　無線電通訊的性能取決於天線系統，稱為智慧天線。智慧天線具有抑制訊號干擾、自動追蹤以及數位波束調節等智慧功能，是未來行動通訊的關鍵技術。智慧天線採用數位訊號處理技術，產生空間定向波束，使天線主波束對準使用者訊號到達方向，旁瓣或零陷對準干擾訊號到達方向，達到充分利用行動使用者訊號並消除或抑制干擾訊號的目的。這種技術既能改善訊號品質，又能增加傳輸容量。

4.2 核心網技術

4.2.1 概述

核心網是電信網的核心部分，也被稱為主幹網，是將業務提供者與接入網，或者將接入網與其他接入網連接在一起的網路，能夠為接入網互聯的使用者提供多種服務[10]。簡單來說，可以把行動網路劃分為三個部分：基站子系統、網路

子系統和系統支撐部分等[11]。核心網部分位於網路子系統內，主要功能是將呼叫請求或數據請求接續到不同的網路上。用於核心網的設備通常是路由器和交換機。核心設備所採用的技術主要是網路和數據鏈路層技術，包括異步傳輸模式（Asynchronous Transfer Mode，ATM）、IP 技術、同步光網路（Synchronous Optical Networking，SONET）技術和密集波分複用（Dense Wavelength Division Multiplexing，DWDM）技術。

核心網路通常提供以下功能：

• 聚合　在服務提供商網路中可以看到最大程度的聚集度，其次是在核心節點的層次結構中的分布網路，然後是邊緣網路；

• 身份驗證　確定從電信網路請求服務的使用者是否允許在網路中完成任務；

• 呼叫控制或交換　根據呼叫信令的處理確定呼叫的未來跨度；

• 計費　對多個網路節點創建的數據進行收費處理和核對；

• 服務調用　核心網路為客戶執行服務調用任務，服務調用可以根據使用者的某些精確活動（例如呼叫轉發）發生，也可以無條件地進行（例如呼叫等待）；

• 網關　應用於核心網路訪問其他網路，網關的功能取決於它所連接的網路類型。

當前，核心網已全面進入 IP 時代，IP、融合、寬頻、智慧、容災和綠色環保是其主要特徵。

4.2.2　IP 網路

IP 網路是使用 Internet 協議（IP）在一臺或多臺電腦之間發送和接收消息的通訊網路。IP 網路要求所有主機或網路節點都遵循 TCP/IP 協議。作為最常用的全球網路之一，IP 網路已在網際網路、局域網和企業網路中廣泛應用。網際網路是最大和最知名的 IP 網路。

IP 核心網是整個網路的核心，作為城域網的上一級網路，承擔著城域網訪問外網的出口以及城域網之間互通的樞紐作用。由於 IP 網路承載的業務類型越來越豐富，網路內流量越來越大，網路的重要性也日益提高。各大營運商在提供傳統 Internet 上網業務的同時，都在積極開展增值業務。為了承載這些增值業務，建構一個穩定的、承載多業務的、具有 QoS 保證的 IP 核心網越發顯得重要。

網路的發展打破了傳統電信領域的疆界，改變了行動通訊的演進規則，網路融合、業務融合以及營運轉型等一系列與行動網路發展密切相關的產業因素，深刻地影響著行動通訊的發展方向。因此，網路 IP 化的趨勢不可逆轉，IP 化的行動網路已經成為適應全業務營運時代業務多元化、打造行動網路新時代的基礎。

下一代 IP 網路將採用基於 IP 的核心技術，結合電信網的設計理念，建立一個更大、更快、更安全、可信任、可提供靈活業務的可管理網路，為營運商提供一個達到電信網服務品質保證的 IP 網路。

(1) 行動 IP

行動通訊和 Internet 的飛速發展，使得在任何時間、任何地點都可以享用 Internet 成為了可能，行動計算已逐步成為未來網路發展的趨勢。行動 IP 技術是在傳統網路中實現下一代網路應用的核心技術，是 IP 技術發展的新領域，實現了無線通訊技術和 IP 技術的融合。行動 IP 技術是指行動節點以固定的網路 IP 地址，實現跨越不同網段的漫遊功能，並保證了基於網路 IP 的網路權限在漫遊過程中不發生任何改變，滿足了行動節點在行動中保持連接性的要求，可以為使用者提供網路漫遊服務[12]。

行動 IP 具有以下特點。

• 兼容性　網際網路上運行 TCP/IP 協議的電腦節點數量巨大，新的標準無法對已有的應用或協議進行修改，因此，行動 IP 必須集成到現有的操作系統中。行動 IP 必須與所有底層標準、非行動性標準、IP 協議等保持兼容。行動 IP 不能要求特殊的 MAC/LLC 協議，必須與 IP 協議訪問底層一樣使用相同的介面和機制。最後，採用行動 IP 技術的終端系統，應該仍然能夠在沒有行動 IP 的情況下與固定系統進行通訊。

• 透明性　對於高層協議和應用來說，節點的行動性仍然是「看不見」的。對於 TCP 協議來說，這意味著節點必須保留其 IP 地址。當前許多高層應用沒有被設計用於行動環境中，因此，節點行動性的影響是更高的延遲和更低的頻寬。

• 可擴展性　向網際網路引入新的機制必須以不影響其效率為前提。增強 IP 的行動性不能生成太多新消息而充斥整個網路。需要特別考慮低頻寬無線鏈路的情況。行動 IP 的可擴展性，對於擁有大量使用者的全球範圍網際網路是至關重要的。

• 安全性　行動性帶來許多新的安全問題。對安全的最低要求是，所有與行動 IP 管理有關的消息都是經過認證的。IP 層必須確保它將數據包轉發給主機接收數據包的行動主機。IP 層只能保證接收方的 IP 地址是正確的，沒有辦法防止假冒 IP 地址或其他攻擊，這需要在更高層次的協議中來解決。

綜上，行動 IP 的目標可以概括為：支援終端系統的行動性，同時在各方面與現有的應用和網路協議保持可擴展性、效率和兼容性。

未來行動使用者的高速接入、網路使用者的靈活行動，將成為通訊的最主要的業務途徑，行動 IP 將發展成為通訊產業應用最為普及的主流技術。

(2) 全 IP 網路

隨著網路的演進，IP 為核心的趨勢已勢不可擋，3GPP 早在 2001 年的第三代

行動通訊標準 R4 版中就提出了基於全 IP 網的核心網架構。全 IP 網路是一個普遍基於 IP 的網路，包括網路控制、接入系統內部和接入系統之間的傳輸、行動性管理等，都將採用 IP 技術。全 IP 網路的目標就是要將通訊網路從接入側到核心側全線 IP 化，以使通訊網路在未來能夠滿足通訊業務發展的需要。全 IP 網路可以看成是 3GPP 系統與 IP 技術相融合的產物，這種融合不僅僅是在 3GPP 系統中使用 IP 來進行傳輸，更註重的是在系統整體理念上基於 IP 及相關技術的革新。全 IP 網路與 IP 技術密切融合，使網路獲得極大的擴展，便於搭載各類新業務，降低營運商的重複投資及運維成本。全 IP 網路兼容多種接入方式，並且能夠提供高性能的行動管理機制，使使用者能夠靈活自由地選擇接入終端。全 IP 網路具有高可靠性的安全機制，為使用者提供高品質服務的同時，保障使用者資訊的私密性。

全 IP 網路作為通訊網路的發展藍圖，是當前通訊網路的進化目標。除 3GPP 外，3GPP2、IEEE 等國際標準組織紛紛提出全 IP 的演進趨勢，全 IP 網路正逐漸地成為現實。在未來的全 IP 行動通訊系統中，營運商能夠基於 IP 開展更豐富多彩的業務，開放性的架構將帶來更多的全新的商業機會；基於 IP 能夠使營運商簡化網路的控制和管理，降低運維成本；使用 IP 技術後，網路的承載將更靈活，擴容更方便；使用者使用基於 IP 的融合智慧終端，能夠支援豐富的多媒體應用，帶來更好的使用者體驗。在全 IP 網路中，語音、短信和其他通訊業務基於 IP 交換技術，可以有效降低通訊成本，使用者可以支付更少的費用來享受更高品質的服務。此外，全 IP 網路能夠處理各種實時、非實時的業務。即便對於那種由大量終端發出的大量的、高頻率低負載的數據，全 IP 網路也能夠很好地處理。

在物聯網中，全 IP 網路能夠支援多種傳輸模式，包括物-物、物-人、客戶-伺服器、人-組以及泛在傳輸的模式。泛在傳輸是一種將多種通訊技術相融合的傳輸模式，該傳輸模式使得人們能夠隨時隨地獲得所需要的服務。隨著業務類型和資源利用方式的多樣化，業務的傳輸模式也在發生變化，會從以「人-伺服器」模式為主，逐漸轉變為以「人-人」與「物-物」模式，以及泛在傳輸模式為主，而全 IP 網路能夠逐步支援並適應這種變化。

4.2.3　全 IP 核心網的體系結構

為了整合 IP 和無線技術，3GPP 提出了 UMTS（Universal Mobile Telecommunications System）的全 IP 架構。這個架構從 GSM、GPRS、UMTS（UMTS R99）和 UMTS Release 2000（UMTS R00）演變而來[13~15]。從 UMTS R99 演進到全 IP 網路具有以下優點：首先，行動網路不僅將直接受益於所有現有的網路應用，而且也將直接受益從網路發展背後的巨大動力並推出新的服務；其次，該演進可以使得電信營運商為所有類型的接入訪問部署同一個通用核心網成為可能，從而大大降低

資金和營運成本；最後，新一代應用將在全 IP 環境下發展，這保證了不斷成長的行動網路與網際網路之間的最佳合作效應[16,17]。

全 IP 核心網由 GPRS 演進而來，同時支援增強無線接入網（ERAN）和通用陸地無線接入網（UTRAN）的無線行動接入，也要考慮對 EDGE（GSM 增強數據）的支援[11,18]。就業務需求來說，全 IP 網路不但要支援新業務，還應支援現有的話音、數據、多媒體、簡訊、補充業務、虛擬歸屬環境等業務，並且不排除對現有業務進行擴充。全 IP 網路還應支援多方呼叫和數據通訊會話。業務平臺應提供通用的應用程式編程介面，以便應用程式能夠利用行動網路或 IT 系統提供的業務能力。為保持足夠的網路覆蓋，全 IP 網應支援 GSM、R99、R4、R5 網路技術之間的切換和漫遊。全 IP 核心網將電路交換域和包交換域相分離，以便兩個域獨立發展。如把包交換域與基於同步傳輸模式（STM）的電路交換域組合在一起，甚至可以基於 IP 實現電路交換域，這樣可以把 R99 平滑地遷移到全 IP 網路。

全 IP 下一代網路的分層結構如圖 4-18 所示，由疊加層、控制層、核心層和接入層組成[19]。下一代網路體系結構包括一個核心 IP 網路，大部分核心網路功能（如路由）是由現有的和即將出現的 IP 技術來完成的[20]。在核心網路之上是高級控制層，它無法提供路由和呼叫路徑建立功能，而是將這些功能轉移到了核心網路。高級控制層主要關註那些能夠為應用和疊加網路要素所用的功能，如行動性管理代理、策略管理的作用與規則等。控制層和核心網路之間的疏耦合意味著高級控制層通常不參與分組轉發和處理的快速路徑建立過程。

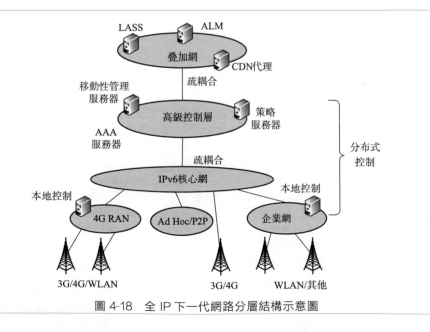

圖 4-18　全 IP 下一代網路分層結構示意圖

核心網下面是接入網路集合，這些網路用於滿足不同的市場機會和需求。4G 無線接入網是無線接入網向更高數據速率進化的產物，支援互操作業務、多媒體業務以及透過 IP 網路互連的分布式控制要素[21]。由於實時限制條件在該層非常關鍵，因而在核心網路和接入網路之間需要相對嚴格的協調和耦合。核心網路也為專門網路提供支援業務和連接，如由下一代網路營運商營運的企業網、多跳/Ad hoc 網等。這些專門的網路可能需要本地控制，尤其是對鑑權、授權、計費（Authentication，Authorization，Accounting，AAA）等關鍵特徵的控制。

在高級控制層之上還有一個疊加層，提供高層功能並為應用提供業務，如應用層組播（ALM）、位置業務和內容分發業務。疊加層可以分為兩個等級，靠近核心網路的 ALM 等低等級功能和提供位置業務等高等級功能。

對多類型接入系統的支援，以及在此基礎上接入系統內部和接入系統之間的無縫行動性，是全 IP 網路的一大重要特徵。全 IP 網路支援各種類型的接入系統，包括固定接入系統和行動接入系統、3GPP 接入系統和非 3GPP 接入系統、傳統接入系統和新型接入系統等。在所提供的多接入系統環境中，使用者可以同時透過多個接入系統與網路相連。網路不僅可以向使用者提供業務，而且能夠提供跨接入系統的認證、授權、尋址和加密機制等。接入系統發現機制讓使用者終端在接入到全 IP 網路後，能立即獲知所有可用接入系統的資訊，不管這些接入系統的類型和其所屬的營運商。接入系統選擇機制，使得使用者和網路能夠對接入系統進行手動或自動的選擇，在選擇時可基於營運商策略、使用者參數、業務需求、接入系統條件等，而且還允許隨時在接入系統間進行切換。

全 IP 網路透過高性能、高可靠的行動性管理機制來保障使用者行動性、終端行動性和會話行動性。使用者行動性，意味著使用者可自由選擇終端設備。終端行動性，是指終端可以自由行動，而不受接入系統的限制。在接入系統內部和接入系統之間，全 IP 網路都能提供無縫的終端行動性，讓使用者擁有不間斷的業務體驗。即便是在接入系統間進行切換時，全 IP 網路也能保持業務的進行，而不會讓使用者感知到有明顯的中斷。全 IP 網路可根據接入系統的實際能力，自適應地提供業務來保障終端行動性。會話行動性，就是讓會話可以在終端之間進行行動，並且具有自適應性，這種自適應性體現了在終端性能、使用者參數、訂閱優先級、網路條件以及營運商特製標準上的適應能力，不僅如此，營運商還能對這些適應力進行控制。

在服務品質方面，除了在 3GPP 的系統內部和系統之間，全 IP 網路還能進一步做到在不同類型的接入系統之間以及在「使用者-組」模式中進行端到端服務品質的保障。此外，全 IP 網路在切換的同時也能保持服務品質的連續性。全 IP 網路能為各種終端業務提供好的性能，包括實時交互式應用程式（如語音、影片、實時遊戲類應用程式）、非實時交互式應用程式（如網頁瀏覽、遠距離登

錄、聊天)、流媒體應用程式和對話業務。

在系統安全性與私密性保護方面,全 IP 網路擁有適應能力很強的安全機制,能夠為使用者和營運商提供高級別的安全性保障。此外,全 IP 網路還具有很強的防衛能力以避免遭受威脅和攻擊,會透過資訊認證機制來保障接收資訊的可信度,透過流量保護機制來保障流量的穩定,還可以透過提供合法的攔截機制來滿足特定的需求。全 IP 網路能夠支援多種使用者私密性,包括通訊私密性、位置私密性和身份私密性。

4.2.4 全 IP 核心網的關鍵技術

(1) MPLS 技術

多協議標籤交換 (Multi-Protocol Label Switching,MPLS) 是一種在開放的通訊網上利用標籤引導數據高速、高效傳輸的新技術,是新一代的 IP 高速主幹網路路交換標準,由網際網路工程任務組 (Internet Engineering Task Force,IETF) 提出,由 Cisco、ASCEND、3Com 等網路廠商主導[22]。MPLS 利用標記 (label) 進行數據轉發。當分組進入網路時,要為其分配固定長度的短的標記,並將標記與分組封裝在一起,在整個轉發過程中,網路路由器只需要判別標記後即可進行轉發處理。多協議的含義是指 MPLS 不但可以支援多種網路層層面上的協議,還可以兼容第二層的多種數據鏈路層技術。

IETF 在 1997 年成立 MPLS 工作組,目標是開發出一種將第三層的路由選擇功能和面向連接的第二層的交換功能綜合在一起的新的協議標準,以便使得 IP 和 ATM 技術結合得更好一些。MPLS 是一種用於快速數據包交換和路由的體系,它為網路數據流量提供了目標、路由地址、轉發和交換等能力[23]。MPLS 整合了 IP 選徑與第二層標記交換為單一的系統,因此可以解決 Internet 路由的問題,使數據包傳送的延遲時間減短,增加網路傳輸的速度,更適合多媒體資訊的傳送。MPLS 最大的技術特色為可以指定數據包傳送的先後順序,能夠在一個無連接的網路中引入連接模式的特性。MPLS 減少了網路複雜性,兼容現有各種主流網路技術,能降低網路成本,在提供 IP 業務時能確保 QoS 和安全性,支援流量工程,平衡網路負載,有效支援 VPN,支援多種網路協議。

① MPLS 的體系結構 MPLS 網路的基本結構如圖 4-19 所示。MPLS 網路的基本構成單元是標記交換路由器 (Label Switch Router,LSR),由 LSR 構成的網路稱為 MPLS 域。按照它們在 MPLS 網路中所處位置的不同,可劃分為 MPLS 標記邊緣路由器 (Label Edge Router,LER) 和 MPLS 核心 LSR[22]。顧名思義,LER 位於 MPLS 網路邊緣,連接其他網路或者使用者相連,而核心 LSR 位於 MPLS 網路內部。兩類路由器的功能因其在網路中位置的不同而略有差異。核心 LSR 可以是支援 MPLS 的路由器,也可以是由 ATM 交換機等升級

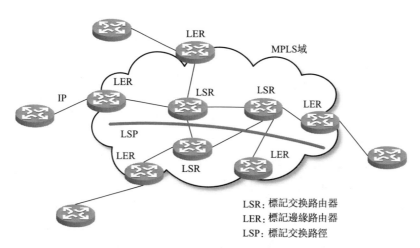

圖 4-19　MPLS 網路結構

而成的 ATM-LSR。MPLS 域內部的 LSR 之間使用 MPLS 通訊，MPLS 域的邊緣由 LER 與傳統 IP 技術進行適配。

　　MPLS 節點的機構如圖 4-20 所示，主要由兩部分組成：

　　• 控制平面（Control Plane）　負責標籤的分配、路由的選擇、標籤轉發表的建立、標籤交換路徑的建立、拆除等工作；

　　• 轉發平面（Forwarding Plane）　依據標籤轉發表對收到的分組進行轉發。

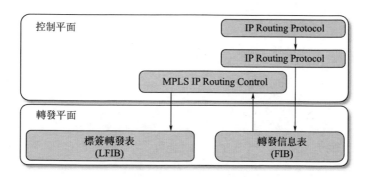

圖 4-20　MPLS 節點結構

　　對於核心 LSR，在轉發平面只需要進行標籤分組的轉發，需要使用到標籤轉發表（Label Forwarding Information Base，LFIB）。對於 LER，在轉發平面不僅需要進行標籤分組的轉發，也需要進行 IP 分組的轉發，所以既會使用到

LFIB，也會使用到轉發資訊表（Forwarding Information Base，FIB）。控制平面之間基於無連接服務，利用現有 IP 網路實現，擁有 IP 網路強大靈活的路由功能，可以滿足各種新應用對網路的要求。轉發平面也稱為數據平面（Data Plane），是面向連接的，可以使用 ATM、幀中繼等二層網路。MPLS 使用短而定長的標籤（label）封裝分組，在數據平面實現快速轉發。

② MPLS 的工作原理　傳統的 IP 網路中，分組每到達一個路由器，路由器每接收一個分組，都必須拆開主幹 IP 包，檢查其中的目的地址，然後查找路由表，按照「最長前綴匹配」的原則找到下一跳的 IP 地址。由於每個 IP 目的地址的前綴長度不是相等的，也就是前綴的長度是不確定的，當網路很大時，查找規模很大的路由表就比較費時，甚至於一旦出現突發性的通訊量時，會引起時延大大增加，導致服務品質下降，甚至分組的丟失。

MPLS 的出發點，就是舍棄透過長度可變的 IP 地址前綴查找轉發器中下一跳地址的辦法，使用一個很簡單的「轉發算法」，給分組打上固定長度的「分組標記」，在轉發分組時，用硬體進行轉發。這就省去了分組每到達一個路由器都需要拆包、到第三層用軟體查找路由表這一過程，使轉發效率大大提高。在第二層給分組打上「標記」，用硬體技術給分組轉發，這就是「標記交換」，可以大大節省轉發時間，提高 QoS。這種「標記交換」不僅可用於 ATM，也可以使用多種鏈路層的協議，如 IPX、DECnet、PPP 以及乙太網、幀中繼等，故稱之為「多協議標記交換」。

MPLS 的工作過程如圖 4-21 所示。

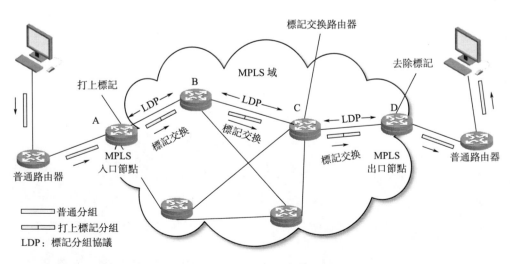

圖 4-21　MPLS 的工作原理

・首先，標記分組協議（Label Distribution Protocol，LDP）和傳統路由協議（如 OSPF、ISIS 等）一起，在各個 LSR 中為有業務需求的 FEC 建立路由表和標籤資訊表（Label Information Base，LIB）。

・入口 LER 接收分組，完成第三層功能，判定分組所屬的 FEC，並給分組加上標籤，形成 MPLS 標籤分組。

・接下來，在 LSR 構成的網路中，LSR 根據分組上的標籤以及 LFIB 進行轉發，不對標籤分組進行任何第三層處理。

・最後，在 MPLS 出口 LER 去掉分組中的標籤，繼續進行後面的 IP 轉發。

MPLS 域中各 LSR 使用專門的 LDP 交換報文，找出與特定的標記相對應的路徑，這一路徑稱之為標記交換路徑（Label Switch Path，LSP），如圖 4-21 中的 A→B→C→D，各個 LSR 根據這一路徑確定構造適應 MPLS 的分組轉發表。此過程與路由器的分組轉發表類似。分組在入口 LER 被壓入標籤後，沿著由一系列 LSR 構成的標記交換路徑（Label Switch Path，LSP）傳送，其中，入口 LER 被稱為 Ingress，出口 LER 被稱為 Egress，中間的節點則稱為 Transit 或者 Intermediate。LSP 定義了三種操作：

・Ingress　數據從使用者設備進入 MPLS 網路邊緣設備，數據報文要進行封裝；

・Egrcss　數據從 MPLS 網路核心設備進入邊緣設備，MPLS 標籤要被剝離；

・Intermediate（Transit）　數據在 MPLS 網路核心內從一個設備進入另一個設備，標籤要被交換。

由此可以看出，MPLS 並不是一種業務或者應用，它實際上是一種隧道技術，也是一種將標籤交換轉發和網路層路由技術集於一身的路由與交換技術平臺。這個平臺不僅支援多種高層協議與業務，而且在一定程度上可以保證資訊傳輸的安全性。

MPLS 技術被廣泛地應用於 IP 核心網上，也被應用於接入網上。由於它是快速地面向連接的，它的最大優點是可以保障數據傳送的 QoS。它根據 QoS 要求，在通訊之前先建立一條邏輯 LSP，從而保證了 QoS。

③ MPLS 的技術特點

・MPLS 簡化了分組的轉發，基於 MPLS 易於製造高速路由器。

・MPLS 支援有效的顯式路由。顯式路由在網路負載調節、保證 QoS 等方面起著重要作用，而在傳統 IP 網路中，每個分組都攜帶顯式路由是不可能的。由於 MPLS 只是在 LSP 建立時使用，因此使得 MPLS 顯式路由成為可能。

・MPLS 網路的數據傳輸和路由計算分開，是一種面向連接的傳輸技術，能夠提供有效的 QoS 保證。

‧MPLS 支援從 IP 分組到轉發等價類的映射。MPLS 只需要在其域的入口進行一次從 IP 分組到 FEC 的映射，使得 IP 分組到 FEC 的複雜轉換得以簡化。

‧MPLS 支援多網路功能劃分。MPLS 引入了標記粒度的概念，使其能分層地將處理功能劃分給不同的網路單元，讓靠近使用者的網路邊緣節點承擔更多的工作。與此同時，核心網則盡可能地簡單。

‧MPLS 實現了使用者不同服務級別要求的單一轉發規範。

‧MPLS 支援大規模層次化的網路拓撲結構，具有良好的網路擴展性。

‧MPLS 支援流量工程和大規模的虛擬專用網。

(2) QoS 技術

QoS（Quality of Service）即服務品質。對於網路業務，服務品質包括傳輸的頻寬、傳送的時延、數據的丟包率等。在網路中可以透過保證傳輸的頻寬、降低傳送的時延、降低數據的丟包率以及時延抖動等措施來提高服務品質[24]。電信網採用 IP 技術，主要是因為 IP 技術不需要複雜的信令，只需 IP 地址就能實現端到端連接，因而實現簡單。由於採用 IP 地址經路由器逐跳連接，因而可實現點對點、點對多點、多點對多點等多種連接，連接的靈活性好。由於採用 IP 技術，網路可以同時承載數據、語音、圖像等多種業務。但是，IP 網路是基於分組的統計複用網路，而且是開放的，誰都可以使用，缺乏管理，因此高頻寬、輕載的網路中也有突發擁塞的可能，進而引起 IP 網路 QoS 問題[25]。

網路資源總是有限的，只要存在搶奪網路資源的情況，就會出現服務品質的要求。服務品質是相對網路業務而言的，在保證某類業務的服務品質的同時，可能就是在損害其他業務的服務品質。因此，網路管理者需要根據各種業務的特點，對網路資源進行合理的規劃和分配，從而使網路資源得到高效利用。

IETF 定義 QoS 為網路在傳輸數據流時要滿足的一系列服務要求。QoS 技術是 IP 網路技術能否成為未來統一承載網路技術的關鍵，使得網路能夠提供電信級的服務品質。QoS 體現在多個層面上，在傳送層上主要體現在時延、抖動和誤碼率等；在承載層上體現在 IP 包的時延、抖動和丟包率等；而在業務層上針對不同的業務有不同的體現。在網路研究中重點需要解決承載層的服務品質問題。

研究表明，解決 IP 網路中 QoS 問題的核心技術是差分服務，即將 IP 網路中的業務按其 QoS 要求、重要性等分成若干類，對不同的業務採取不同的措施。例如，在網路資源足夠的條件下對每一類業務分配合適的頻寬，為了保證 QoS，對於某些業務則拒絕接入網路。而有些業務在通訊過程需要採用鏈路自適應機制重新分配頻寬，以充分利用 IP 網路資源。

　　IETF 建議的 QoS 技術方案主要有相對優先級標記、綜合服務/資源預留、差分服務、多協議標記交換、流量工程等[23]。

　　① 相對優先級標記模型　相對優先級標記模型（Relative Priority Marking）是最早的 QoS 模型，它的機制是透過終端應用或代理對其數據流設置一個相對的優先級，並對相應的包頭進行標記，然後網路節點就會根據包頭的標記進行相應的轉發處理。這種模型實現起來非常簡單，但是顆粒度較粗，並且缺少高級 QoS 處理流程，無法實現細緻多樣的 QoS 保證。目前採用這種模型的技術有 IPv4 Precedence（RFC791）。另外，令牌環優先級（IEEE 802.5）和乙太網流量等級（802.1p）也是採用這種架構。

　　② 綜合服務模型　綜合服務模型（Integrated service，Inter-serv）的主要特徵就是資源預留，它使用資源預留協議（Resource ReSerVation Protocol，RSVP）作為信令協議來建立通道和進行資源預留。其設計思想是在 Best Effort 服務模式的基礎上定義一系列的擴展特性，可以為每一個網路連接提供基於應用的 QoS，並且使用信令協議在網路中的每個路由器中創建和維護特定流的狀態，以滿足相應網路服務的需求。綜合服務模型可以滿足多種 QoS 需求。RSVP 運行在從源端到目的端的每個設備上，可以監視每個流，以防止其消耗資源過多。這種體系能夠明確區分並保證每一個業務流的服務品質，為網路提供最細粒度化的服務品質區分。

　　但是，Inter-Serv 在 IP 核心網路中的實施存在問題，因為 Inter-Serv 的實施要求在每個網路節點為每個流提供相當的計算處理量，這包括端到端的信令和相關資訊來區分每個流，追蹤、統計資源占用，策略控制，調度業務流量。當網路中的數據流數量很大時，Inter-Serv 信令的處理和儲存對路由器的資源消耗也在飛速地增加，而且也極大地增加了網路管理的複雜性，所以這種模型的可擴展性較差，難以在 Internet 核心網路實施。目前採用這種模型的技術有 MPLS-TE（RSVP），另外較為典型的還有 ATM 和幀中繼。

　　③ 差分服務模型　差分服務（Differentiated Services，Diff-Serv）透過給分組打上不同的標記，把分組分成不同的類別，對不同類別的分組採用不同的轉發方案。分組在進入 MPLS 域時被賦予一個標籤，以後就根據這個標籤對分組流進行分類、轉發、服務[25]。與作用於每個流的 Inter-Serv 相比，在 Diff-Serv 體系結構中，業務流被劃分成不同的差分服務類（最多 64 種）。一個業務流的差分服務類由其 IP 包頭中的差分服務標記字段（DiffServ CodePoint，DSCP）來標示。在實施 Diff-Serv 的網路中，每一個路由器都會根據數據包的 DSCP 字段進行相應的轉發處理，也就是 PHB（Per Hop Behavior）。雖然 Diff-Serv 不能對每一個業務流都進行不同服務品質保證，但由於採用了業務流分類技術，也就不需要採用信令協議來在每個路由器上建立和維護流的狀態，節省了路由器的資源，

因此網路的可擴展性要高得多。另外，Diff-Serv 技術不僅能夠在純 IP 的網路中使用，也能透過 DSCP 和 MPLS 標籤以及標籤頭部的 EXP 字段的映射，應用在 MPLS 網路中。

Diff-Serv 的主要架構分為兩層：邊緣層與核心層。邊緣層主要完成如下工作：

• 流量識別和過濾　當使用者流量進入網路的時候，邊緣層設備會先對流量進行識別，根據預先定義的規則過濾掉非法的流量，然後再根據數據包中所包含的資訊，如源/目的地址、端口號、DSCP 等，將流量映射到不同的服務等級；

• 流量策略和整形　當使用者的業務流量被映射到不同的服務等級之後，邊緣層設備會根據和使用者所簽訂的 SLA 中的 QoS 參數，如 CIR（Commit Information Rate）、PIR（Peak Information Rate），來對流量進行整形，以確保進入網路的流量不會超過 SLA 中所設定的範圍；

• 流量的重新標記　經過整形的流量會由邊緣層設備根據其服務等級來設定其數據包中服務等級標記，如 IP 包頭中的 DSCP 字段或是 MPLS 包頭中的 EXP 字段等，以便核心層設備進行識別和處理。

相對於邊緣層，核心層所要完成的工作就簡單得多。核心層設備主要是根據預先設定的 QoS 策略，對數據包中的相關的 QoS 字段進行識別，並進行相應的 QoS 處理。

透過這種分層次的結構，形成了「智慧化邊緣＋簡單核心」的 QoS 網路架構，不但提高了網路的可擴展性，而且大大提高了 QoS 處理的靈活性。

Diff-Serv 定義了一個相對簡單而力度較粗的框架系統，為流量提供有區別的業務級別，並對流量聚合後的每一類 QoS 進行控制，它可以滿足不同的 QoS 需求。與 Inter-Serv 不同，它不需要通知網路為每個業務預留資源，實現簡單，擴展性較好。

④ 流量工程　流量工程是指根據各種數據業務流量的特性選取傳輸路徑的處理過程[26]。流量工程用於平衡網路中不同交換機、路由器以及鏈路之間的負載。流量工程就是一種能將業務流映射到實際物理通路上，同時又可以自動優化網路資源，以實現特定應用程式服務性能要求的、具有整體調節和微觀控制能力的網路工程技術。從本質上說，流量工程是一種網路控制技術，透過平衡 QoS 流量與盡力而為傳輸方式的流量，來尋找面向應用和面向網路之間的異構最優平衡點。

流量工程理念最初起源於網路，在 20 世紀 90 年代末提出。其原理是在 MPLS 環境中，充分利用標籤交換系統來為不同的業務流著色，透過 LDP 來傳遞 LSP 中間鏈路網路狀態，不同顏色的業務流，根據不同的網路中間狀態，動

態地在網路中間傳遞，並且 LSP 能夠傳遞 RSVP 網路控制信令，因此可以實現端到端的 QoS 或 Diff-Serv 服務。ISP 透過流量工程，可以在保證網路運行高效、可靠的同時，對網路資源的利用率與流量特性加以優化，從而便於對網路實施有效的監測管理措施。

流量工程可以說是一種間接實現 QoS 的技術，它透過對資源的合理配置和對路由過程的有效控制，使得網路資源能夠得到最優的利用，目標是讓網路上的業務流量更加均衡。流量工程安排流量如何均勻地使用網路，不至於大家都使用最短路徑導致阻塞，當網路資源得到了充分的利用時，網路的各項 QoS 指標也將隨之大大改善。

（3）安全性技術

IP 核心網安全性最重要的是保障業務的安全，特別是業務流的安全。IP 核心網的位置非常重要，一旦關鍵業務中斷，造成的重大損失和影響難以估量。IP 核心網的工作方式，是在通訊過程中確定信任關係的不面向連接的方式。這種工作方式為使用者之間相互攻擊對方網路、攻擊對方的應用和業務提供了方便。在目前的 IP 核心網中，沒有對安全性要求高的電信級業務與安全性要求低的 Internet 業務進行很好的物理或邏輯上的隔離，而使兩者混雜在一起，這對業務的安全性產生了很大的影響。因此 IP 核心網必須要具有端到端服務的安全性，從網路設備抗攻擊、使用者業務保護、避免非法使用者業務盜用等方式保護網路業務安全，避免或減少黑客或其他惡意攻擊對網路業務的影響。

為解決網路的安全性問題，人們進行了大量的研究，提出了很多安全策略，包括防火牆、加密算法等。IP 核心網需要對不同業務實施安全隔離，分配獨立的邏輯專網，避免業務之間的互相影響。為保護關鍵業務流，防止拒絕服務（Denial of Service，DOS）流量攻擊，可以在安全隔離的基礎上應用安全子隧道技術，非法流量無法搶占安全子隧道的資源。從長期發展來看，IP 核心網還需要建立一個動態安全防禦體系，邊緣節點可與業務管理系統合作，實現動態安全認證、病毒防禦和入侵防禦。其中業務管理系統提供安全認證、病毒檢測、入侵檢測策略的動態刷新，邊緣節點實現使用者隔離和動態防禦。

對於 IP 核心網，需要保證業務系統、核心網和使用者三個層面上的安全性，從而解決 IP 核心網的病毒、操作系統漏洞攻擊、非法 IP、非法使用者、核心網安全設備等一系列的安全問題。行動核心網建議採用 MPLS VPN 承載，透過不同的 MPLS VPN 隔離信令流和媒體流，VPN 出口建議部署防火牆。IP 核心網的安全層次主要包括三個部分：控制平面、轉發平面和管理平面。

• 控制平面的安全威脅來自 IP 核心網外部，包括協議安全和設備安全。協議安全啓動對非信任設備認證、路由數目進行限制。設備安全協議控制採用獨立通道，並且進行分類控制，防止對 CPU 的攻擊。

• 轉發平面非常重要的安全技術就是所有業務 MPLS VPN 安全隔離，安全
能力等同 ATM/FR。

• 管理平面安全技術主要涉及網管設計，在可管理性方面，IP 承載網管理
工具非常重要，需要部署能夠監控網路的端到端性能的管理工具，以便提高網路
的服務品質。

4.3 網路層關鍵技術

4.3.1 泛在無線技術

泛在技術，也被稱為「泛在網路技術」，即廣泛存在的網路，它以無所不在、
無所不包、無所不能為基本特徵，以實現在任何時間、任何地點、任何人、任何
物都能順暢地通訊為目標，利用現有的和新的網路技術，能夠實現人與人、人與
物、物與物之間的資訊獲取、傳遞、儲存、認知、決策、使用等綜合服務。泛在
無線網路也被稱為 U 網路，U 來源於拉丁語的 Ubiquitous，指無所不在的網路，
又稱泛在網[27]。日本和韓國最早提出 U 網路的概念，並給出定義：無所不在
的網路社會將是由智慧網路、最先進的計算技術以及其他領先的數位技術基礎設
施武裝而成的技術社會形態。泛在網是在異構網路融合和頻譜資源共享的基礎上
實現的無所不在的網路覆蓋，是一種基於個人和社會的需求。泛在網透過泛在無
線技術完成與物質世界的連接，並且實現環境感知、內容感知以及智慧性，為個
人和社會提供泛在的、無所不含的資訊服務和應用。

物聯網的技術思想可以定義為利用「泛在網路」實現「泛在服務」，是一種
廣泛深遠的未來網路應用形態。物聯網的原意是用網路形式將世界上的物體都連
接在一起，使世界萬物都可以主動上網。它的基本方式是將射頻識別設備
（RFID）、感測設備、全球定位系統或其他資訊獲取方式等各種創新的感測科技，
嵌入到世界的各種物體、設施和環境中，把資訊處理能力和智慧技術透過網路註
入到世界的每一個物體裏面，令物質世界被極大程度地數據化，並賦予生命。物
聯網最為明顯的特徵是物物相連，而無需人為干預，從而極大程度地提升效率，
同時降低人工帶來的不穩定性。

物聯網可以理解為是泛在網的應用形式，而不是傳統意義上的網路概念。泛
在網具有比物聯網更廣泛的內涵。作為泛在無線技術重要組成部分的感測網，可
以看作是物聯網的一種末梢網路和感知延伸網。感測網是多個由感測器、數據處
理單元和通訊單元組成的節點，透過自組織方式構成範圍受限的無線局域網路。

感測網為物聯網提供事物的連接和資訊的感知[28]。

隨著經濟發展和社會資訊化水準的日益提高，物聯網技術已滲透到社會各領域，成為很多行業的支撐，並形成新的經濟成長點。隨著無線通訊網路發展所呈現出的高速化、寬頻化、異構化、泛在化趨勢，泛在無線技術成為近年來無線通訊領域關註的熱點之一。建構「泛在網路社會」，帶動資訊產業的整體發展，已經成為發達國家和城市追求的目標。當前，基於異構網路融合的泛在通訊，成為下一代寬頻行動通訊系統的基本特徵之一。

本節將對目前常見的幾種泛在無線技術進行闡述，主要包括 OFDM 技術、MIMO 技術、UWB 技術、NFC 技術等。

4.3.1.1 **OFDM 技術**

無線通訊中，發射訊號在傳播過程中往往會受到環境中各種物體所引起的遮擋、吸收、反射、折射和衍射的影響，形成多條路徑訊號，並到達接收機。不同路徑的訊號分量具有不同的傳播時延、相位和振幅，併疊加了頻道噪聲，使得接收機的接收訊號產生失真、波形展寬、波形重疊和畸變等現象。無線頻道對傳輸訊號的影響主要表現為三個方面：衰落、多徑效應和時變性。衰落作用使接收訊號的功率減小，路徑損耗與陰影損耗造成的大尺度衰落導致訊號的慢衰落；多徑效應會引起訊號幅度的小尺度衰落，即快衰落；多徑時延擴展則會引起平坦衰落和頻率選擇性衰落，同時頻率選擇性衰落導致數位訊號傳輸出現符號間干擾(ISI)；無線頻道的時變性，是由發射機和接收機的相對運動或者頻道中其他物體的運動引起的，主要體現在多普勒頻移和多普勒擴展上。

在現代通訊系統中，如何高速和可靠地傳輸資訊成為資訊社會的迫切需求。以正交頻分複用（Orthogonal Frequency Division Multiplex，OFDM）為代表的多載波傳輸技術，受到人們的廣泛關註。OFDM 的主要思想，是將高速數據流分解為若干個獨立的低速子數據流，分別調制到相應的子載波上，從而構成多個並行發送的低速數據傳輸系統[29～31]。OFDM 在頻域上將頻道劃分成多個正交子頻道，減小了子頻道間干擾，有效克服了多徑頻道的頻率選擇性衰落，提高了頻譜利用率。雖然整個頻道特性是非平坦的和頻率選擇性的，但在每個子頻道上訊號頻寬小於頻道相干頻寬，每個子頻道是相對平坦的，可以大大減小符號間干擾。OFDM 採用並行數據及頻分複用（FDM）的方式來克服噪聲及多徑干擾，可以最大限度地利用可用頻帶，具有抗多徑能力強、頻譜利用率高的優點，適用於多徑衰落和頻率選擇性衰落頻道中，成為未來行動通訊系統的關鍵技術之一[32]。

目前 OFDM 技術已經被廣泛應用於廣播式的音檔、影片領域和民用通訊系統中，主要的應用包括非對稱的數位使用者環路（ADSL）、ETSI 標準的數位音

檔廣播（DAB）、數位影片廣播（DVB）、高清晰度電視（HDTV）、無線局域網（WLAN）、無線城域網（WMAN）和 LTE 行動通訊系統等。

(1) OFDM 基本原理

OFDM 是一種特殊的多載波傳輸方式，可以被看作是一種調制技術，也可以看成多個子載波訊號的頻分複用技術。其主要思想是透過串並轉換，將待傳數據流分解成若干個獨立的低速子數據流，分別調制到相應的子載波上，構成多個低速符號並行發送。每個 OFDM 符號由多個經過調制的子載波訊號組成，每個子載波的調制方式可以是相移鍵控（PSK），也可以是正交幅度調制（QAM）。如果用 N 表示子載波個數，T 表示 OFDM 符號持續時間，$x_{l,k+N/2}$ 表示經過星座映射後，調制在第 l 個符號第 $k+N/2$ 個子載波上的數據。假設 OFDM 符號數據流是連續的，則發送端訊號可以寫成：

$$s(t)=\sum_{l=-\infty}^{\infty}\sum_{k=-N/2}^{N/2}x_{l,k+N/2}g_k(t-lT)=\sum_{l=-\infty}^{\infty}s_l(t) \tag{4-1}$$

其中，$s_l(t)$ 為 t 時刻第 l 個 OFDM 符號，即：

$$s_l(t)=\sum_{k=-N/2}^{N/2}x_{l,k+N/2}g_k(t-lT) \tag{4-2}$$

$g_k(t)$ 表示第 k 個子載波的調制波形：

$$g_k(t)=\exp\left(j2\pi\frac{k}{T}t\right),t\in[0,T) \tag{4-3}$$

各個子載波的正交性可由下式說明：

$$\langle g_k(t),g_i(t)\rangle_T=\int_T g_k(t)g_i^*(t)=T\delta(k-i) \tag{4-4}$$

從時域來看，每個子載波在一個 OFDM 符號時間內都有整數個週期，且各相鄰的子載波之間相差一個週期，所以各子載波訊號之間滿足正交性。從頻域來看，每個子頻道的頻譜可看成週期為 T 的矩形脈衝的頻譜與各子載波頻率上 δ 函數的卷積，所以每個子頻道上的頻譜都是以子載波頻率為中心的 sinc 函數。雖然各子頻道是相互重疊的，但在頻率理想同步的條件下，任一子載波頻率處所有其他子頻道的頻譜幅值都為零，滿足了各子載波之間的正交性，並且部分重疊的子載波大大提高了頻譜利用率。

假設頻道為理想傳輸特性，接收端的接收訊號為 $s(t)$，未疊加干擾和噪聲，則經過 OFDM 解調後的訊號 $y_{l,k}$ 為：

$$y_{l,k}=\frac{1}{T}\int_{lT}^{(l+1)T}s(t)g_k^*(t)dt=x_{l,k} \tag{4-5}$$

OFDM 調制和解調的基本原理如圖 4-22 所示。

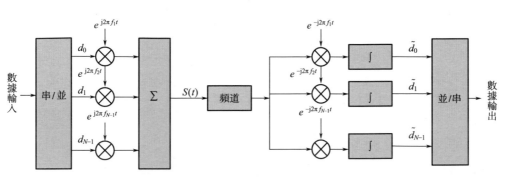

圖 4-22　OFDM 調制和解調原理

（2）OFDM 的實現

圖 4-22 所示的 OFDM 系統需要大量的正弦波發生器、濾波器、調制解調器等設備，系統設備複雜，較為昂貴。為了降低 OFDM 系統的複雜度和成本，OFDM 訊號的調制和解調可以分別由 IDFT 和 DFT 來實現[32]。在實際應用中，一般採用更加方便快捷的快速傅立葉變換/反變換（FFT/IFFT），大大減少了計算量。在進行 IFFT 運算時，只需將輸入序列取共軛進行 FFT 運算，然後將輸出結果再取一次共軛即可，所以在實際 OFDM 系統中發送和接收一般都複用同一個 FFT 運算器件，從而減小了系統複雜度和調試難度，提高了系統可靠性。採用 IFFT 和 FFT 實現的 OFDM 系統如圖 4-23 所示。

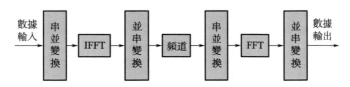

圖 4-23　用 IFFT 和 FFT 實現的 OFDM 調制和解調框圖

為了最大限度地消除符號間干擾，且保持子載波之間的正交性，還可以在每個 OFDM 符號之間加入循環前綴（Cyclic Prefix，CP）。插入 CP 就是將 OFDM 符號結尾處的若干採樣點複製到此 OFDM 符號之前，CP 長度必須長於主要多徑分量的時延擴展。

典型的 OFDM 系統收發機的基本結構如圖 4-24 所示。上半部分為發送端，下半部分為接收端。發送端產生基帶訊號，經過編碼、交織、數位調制、插入導頻、串並變換、IFFT、並串變換、插入循環前綴和加窗等環節，由 DAC 輸出到

射頻端。接收端相應地對接收的基帶訊號進行同步、去除循環前綴、串並變換、FFT、並串變換、頻道校正、數位解調、解交織、解碼等環節。

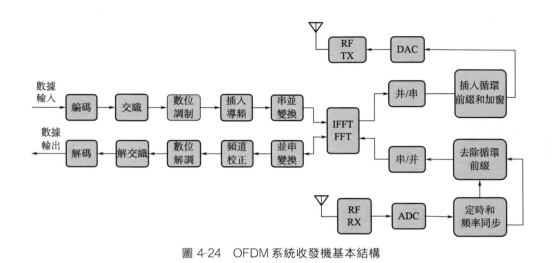

圖 4-24　OFDM系統收發機基本結構

（3）OFDM 的特點

OFDM 技術與傳統的單載波或一般的多載波傳輸技術相比，具有以下優勢：

• OFDM 使用並行的正交多載波傳輸，子載波上的符號時間大大增加，減小了頻道時延擴展造成的碼間干擾的影響，具有很強的抗衰落能力；

• OFDM 使用頻譜重疊的正交多載波傳輸，與傳統的多載波傳輸相比頻譜效率更高；

• OFDM 可以使用 IFFT/FFT 處理來實現，不需要使用多個發送和接收濾波器組，設備複雜度較傳統的多載波系統大大下降；

• OFDM 技術中各子載波調制方式可以靈活控制，容易透過動態調制方式，充分利用衰落小的子載波頻道，避免深衰落子載波頻道對系統性能帶來的不利影響。

但是 OFDM 也有其固有的缺點。

• 對頻率偏移和相位噪聲比較敏感。由於子頻道的頻譜互相重疊，這就對它們之間的正交性提出了嚴格的要求。由於無線頻道的時變性，在傳輸過程中出現的無線訊號頻率偏移，或收發機本地振盪器之間存在的頻率偏差，都會使子載波之間的正交性遭到破壞，導致子頻道間干擾。

• 訊號峰值功率與平均功率的比值較大。OFDM 系統的發送訊號是多個子載波上的發送訊號的疊加，當多個訊號相位一致時，所得到的疊加訊號的瞬時功

率將遠遠超出訊號的平均功率，產生比較大的峰值平均功率比（PAPR）。高
PAPR 對發送濾波器的線性範圍要求提高，增加了設備的代價，降低了射頻發射
器的功率效率。如果放大器的動態範圍不能滿足訊號的變化，則會導致訊號畸變
和頻譜泄漏，各子載波之間的正交性也會遭到破壞，使系統性能惡化。

4.3.1.2　MIMO 技術

多輸入多輸出（Multi-input Multi-output，MIMO）是一種用來描述多天線
無線通訊系統的抽象數學模型，能利用發射端的多個天線各自獨立發送訊號，同
時在接收端用多個天線接收並恢復原資訊，從而改善通訊品質[33]。MIMO 是相
對於普通的單天線系統，即單輸入單輸出系統（Single-Input Single-Output，SISO）
來說的。MIMO 技術採用多個發射和接收天線，對訊號的多徑傳播加以利用，實
現了提高無線頻道容量的目的[34]。MIMO 技術能夠充分利用空間資源，透過多個
天線實現多發多收，在不增加頻譜資源和天線發射功率的情況下，可以成倍地
提高系統頻道容量，大幅增加系統的數據吞吐量和發送距離，被視為下一代行
動通訊的核心技術。MIMO 的核心思想為利用多根發射天線與多根接收天線
所提供的空間自由度，來有效提升無線通訊系統的頻譜效率，以提升傳輸速率
並改善通訊品質。

MIMO 技術的概念最早由馬可尼於 1908 年提出，他利用多天線來抑制頻道衰
落。真正用於無線通訊系統，始於 1970～1980 年代貝爾實驗室的一批學者對 MI-
MO 技術的研究。Teladar 於 1995 年給出了衰落情況下的 MIMO 系統容量。1996
年，貝爾實驗室的 Foshinia 給出了一種多入多出處理算法——對角-貝爾實驗室分
層空時（Diagonal-Bell Laboratories Layered Space-Time，D-BLAST）算法。1998
年，Tarokh 等人討論了用於 MIMO 的空時碼。1998 年，貝爾實驗室的 Wolniansky
等採用垂直-貝爾實驗室分層空時（Vertical-Bell Laboratories Layered Space-Time，
V-BLAST）算法建立了一個 MIMO 實驗系統。MIMO 技術吸引了越來越多學者的
關註，研究成果不斷涌現。時至今日，MIMO 已經成為包括 IEEE 802.11n（Wi-
Fi）、IEEE 802.11ac（Wi-Fi）、HSPA＋(3G)、WiMAX（4G）和 4G LTE 等無線通
訊標準的關鍵技術。

（1）MIMO 基本原理

假設傳輸資訊流 $S(k)$ 經過空時編碼形成 M 個子資訊流 $C_i(k), i = 1, 2, \cdots,$
M，這 M 個子流由 M 個天線發送出去，經過頻道後由 N 個接收天線接收，多
天線接收機能夠利用先進的空時編碼處理技術，將這些數據子流互相分離並分別
譯碼，從而實現最佳處理。MIMO 技術在收發兩端使用多個天線，每個收發天
線之間形成一個 MIMO 子頻道，如圖 4-25 所示。在收發天線之間形成一個 $M \times$
N 的頻道矩陣 $\boldsymbol{H}$，在某一時刻 t，頻道矩陣 $\boldsymbol{H}$ 可以記為：

$$H(t)=\begin{bmatrix} h_{1,1}^{t} & h_{2,1}^{t} \cdots h_{M,1}^{t} \\ h_{1,2}^{t} & h_{2,2}^{t} \cdots h_{M,2}^{t} \\ \cdots & \cdots \\ h_{1,N}^{t} & h_{2,N}^{t} \cdots h_{M,N}^{t} \end{bmatrix} \qquad (4\text{-}6)$$

其中矩陣 H 的每個元素是任意一對收發天線之間的頻道衰落係數。

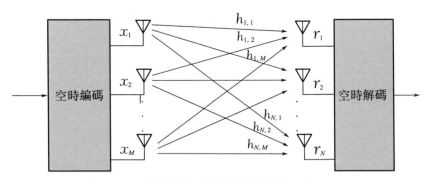

圖 4-25　MIMO 原理框圖

發送訊號可以用一個 $M \times 1$ 的列向量 $x = [x_1，x_2，\cdots，x_M]$ 來表示，其中 x_i 表示第 i 個天線上發送的數據。接收訊號 y 可以表示為有用訊號和噪聲的疊加，即

$$y = Hx + n \qquad (4\text{-}7)$$

其中 n 是 $N \times 1$ 的列向量，其元素是獨立的零均值高斯複數變量，各個接收天線的噪聲功率均為 σ^2。

M 個子流同時發送到頻道，各發射訊號占用同一個頻帶，因而並未增加頻寬。若各發射天線間的頻道衝激響應相互獨立，則 MIMO 系統可以產生多個並行空間頻道，透過這些並行的頻道獨立傳輸資訊，必然可以提高數據傳輸速率。對於頻道矩陣參數 H 確定的 MIMO 頻道，假定發射端總的發射功率為 P，與發送天線的數量 M 無關，ρ 為接收端平均訊號雜訊比。此時，發射訊號是 M 維統計獨立、能量相同、服從高斯分布的複向量。發射功率平均分配到每一個天線上，則 MIMO 頻道的頻道容量為：

$$C = \log_2 \left[\det \left(I_N + \frac{\rho}{M} HH^H \right) \right] \qquad (4\text{-}8)$$

其中，det 表示行列式，I_N 代表 N 維單位矩陣。H^H 表示 H 的共軛轉置。令 N 固定，M 增大，使得 $\frac{1}{M}HH^H \rightarrow I_N$，此時可以得到頻道容量的近似表達式：

$$C = N\log_2(1+\rho) \tag{4-9}$$

從式(4-9)可以看出，在接收訊號雜訊比一定的情況下，MIMO 系統的頻道容量隨著天線數的增加而線性增大。也就是說，在不增加頻寬和天線發射功率的情況下，MIMO 系統可以透過增加天線數成倍地提高無線頻道容量，頻譜利用率得到成倍的提高。

（2）MIMO 的特點

無線電訊號被反射時，會產生多份訊號，每份訊號都可以看成是一個空間流。在單輸入單輸出（SISO）系統中，一次只能發送或接收一個空間流。MIMO 系統允許多個天線同時發送和接收多個空間流，並能夠區分發往或來自不同空間方位的訊號。MIMO 技術將多個空間流的資源加以利用，使空間成為一種可以用於提高性能的資源。

總的來說，MIMO 技術的最大優點，就是可以提高系統的可靠性和擴大系統的容量，這也是 MIMO 技術兩個重要的核心思想，即空間分集技術和空分複用技術[35]。前者用來解決可靠性問題，後者用來解決容量問題。

• 提高系統的可靠性，主要由空間分集技術來實現。空間分集就是利用發射或接收端的多根天線所提供的多條路徑發送相同的數據，以增強傳輸的可靠性，從而使訊號在接收端獲得最大的分集增益和編碼增益。利用 MIMO 頻道提供的空間複用增益及空間分集增益，可以利用多天線來抑制頻道衰落。多天線系統的應用，使得並行數據流可以同時傳送，可以顯著克服頻道的衰落，降低誤碼率。

• 擴大系統的容量，主要由空分複用技術來實現。MIMO 系統的發送端到接收端之間，能夠在時域和頻域之外額外提供空域的維度，使得在不同發射天線上傳送的訊號之間能夠相互區分，而不需付出額外的頻率或者時間資源。因此，MIMO 系統可以同時發送和接收多個空間流，並且頻道容量隨著天線數的增大而線性增加。空分複用技術在高訊號雜訊比條件下，能夠極大地提高頻道容量和頻譜利用率。

4.3.1.3 UWB 技術

超寬頻（Ultra-wideband，UWB）技術是一種新型的無線通訊技術，能夠在短距離範圍內，以非常低的功率譜密度，在非常寬的頻譜範圍內傳輸資訊。UWB 具有低功耗和和速率高的特點，適用於需要高品質服務的無線通訊場景，可以用在無線個人局域網、家庭網路連接和短距離雷達等領域。與其他無線通訊方式相比，UWB 不採用連續的正弦波，而是利用脈衝訊號來傳送，對具有很陡上升和下降時間的衝激脈衝進行直接調制，直接傳輸基帶訊號，訊號頻寬達到 GHz 量級。

超寬頻技術的研究起源於 1960 年代，其概念源於脈衝無線電（Impulse Radio，IR）技術。早期 UWB 技術的研究焦點主要集中在雷達系統，並一直被美國軍方嚴格控制，主要用於軍事通訊中。隨著無線通訊的發展和市場的需求，UWB 技術逐漸受到廣泛重視，成為一種可以民用的無線通訊技術。UWB 與傳統的「窄帶」和「寬頻」系統不同，根據訊號頻寬與中心頻率的比值不同，可以將訊號分為窄帶訊號、寬頻訊號和超寬頻（UWB）訊號，分別對應於訊號頻寬與中心頻率的比值小於 1%、1%～25% 和大於 25%。美國聯邦通訊委員會（Federal Communications Commission，FCC）對於 UWB 的定義則為：−10dB 絕對頻寬大於 500MHz 或者相對頻寬大於 20% 的無線電訊號，即

$$B \geqslant 500\text{MHz} \tag{4-10}$$

或者

$$\frac{f_h - f_l}{f_c} > 20\% \tag{4-11}$$

式中，f_h 和 f_l 分別為訊號功率譜較峰值下降 10dB 時所對應的上截止頻率和下截止頻率，f_c 為訊號功率譜的中心頻率，且 $f_c = (f_h + f_l)/2$，B 為頻頻寬度且 $B = f_h - f_l$。

(1) UWB 基本原理

UWB 技術最初的定義是來自於 1960 年代興起的脈衝通訊技術，又稱為脈衝無線電（Impulse Radio）技術[36,37]。與當今通訊系統中廣泛採用的載波調制技術不同，這種技術用上升沿和下降沿都很陡的基帶脈衝直接通訊，所以又稱為基帶傳輸（baseband transmission）或無載波（carrierless）技術。UWB 利用納秒（ns）至皮秒（ps）級的非正弦波窄脈衝傳輸數據，而時間調變技術令其傳送速度可以大大提高，而且耗電量相對較低，並有較精確的定位能力。與常見的通訊使用的連續載波方式不同，UWB 採用極短的脈衝訊號來傳送數據。這些脈衝所占用的頻寬甚至達到幾吉赫茲，比任何現有的無線通訊技術的頻寬都大得多，所以被美國國防部稱為超寬頻技術。因為使用的是極短脈衝，在高速通訊的同時，UWB 設備的發射功率卻很小，僅僅只有目前的連續載波系統的幾百分之一，可以與其他無線通訊系統「安靜地共存」。

目前，UWB 訊號的生成有多種方法。常用的方法有兩種，分別為時間調制 UWB（time modulated-UWB，TM-UWB）和直接序列相位編碼 UWB（direct sequence phase coded UWB，DSC-UWB）。兩種方法都可以產生很寬的頻譜頻寬。此外，兩種方法的傳播特性和應用範圍差別很大[38]。

• TM-UWB 技術。TM-UWB 系統使用一種稱為脈衝位置的調制技術。TM-UWB 技術的一般工作原理，是發送和接收脈衝間隔嚴格受控的高斯單週期超短時脈衝，脈衝寬度通常在 0.2～1.5ns 之間，對應的中心頻率在 600MHz～5GHz 之間。脈衝與脈衝之間的間隔即重複週期通常在 25～1000ns 之間，超短

時單週期脈衝決定了訊號的頻寬很寬。超寬頻接收機直接將射頻訊號轉換為基帶數位訊號和模擬輸出訊號。只用一級前端交叉相關器，就把電磁脈衝序列轉換成基帶訊號，不用傳統通訊設備中的中頻級，極大地降低了設備複雜性。單比特的資訊常被擴展到多個單脈衝上，接收機將這幾個脈衝相加以恢復發射資訊。

• DSC-UWB 技術。DSC-UWB 的通訊方法類似於基於射頻載波的 DS-CDMA方式。DSC-UWB 採用直接序列編碼方式，由此獲得高的編碼增益，來提高系統的抗多徑干擾能力。DSC-UWB 系統透過極窄脈衝進行通訊，透過偽隨機序列實現了頻譜擴展、調制和多址。

(2) UWB 的特點

UWB 技術與常規無線通訊技術相比，具有如下特點。

• 解析度高。UWB 由於其極高的工作頻率和極低的占空比而具有很高的解析度，不同路徑的解析度可降到納秒量級，因此較適合使用在室內等多徑密集的場合。

• 傳輸速率高，系統容量大。由於 UWB 工作頻頻寬，攜帶資訊量大，因此能夠提供很高的數據傳輸速率。如果利用 Ad hoc 進行組網，可以進一步提高UWB 系統的空間容量。

• 能耗低。UWB 使用非連續性的窄脈衝，設備發射功率小。

• 保密性好。UWB 抗多徑衰落固有的魯棒性，使得它的發射功率可以很低。這樣，一方面 UWB 功率低，不會干擾其他通訊系統；另一方面，它的訊號頻譜如同噪聲，具有很好的隱蔽性，不容易被截獲，保密性好。

• 成本低。UWB 可以實現全數位化結構，具有電路簡單、成本低廉等特點。根據實際應用需求，UWB 既可以工作在多使用者低速率模式，也可以工作在少使用者高速率模式，具有很強的靈活性。

4.3.1.4 NFC 技術

近場通訊（Near Field Communication，NFC），又稱近距離無線通訊，是一種短距高頻無線通訊技術，由非接觸式射頻識別（RFID）及互聯互通技術整合演變而來，允許電子設備之間進行非接觸式點對點數據傳輸交換數據[39]。NFC 由飛利浦半導體（現恩智浦半導體公司）、諾基亞和索尼共同研製開發，目前已經發展成國際性的非營利組織——NFC Forum。該組織不僅負責 NFC 標準的制定，同時也負責 NFC 認證，以促進 NFC 技術的實施和標準化，確保設備和服務之間合作合作。目前，NFC Forum 在全球擁有數百個成員，包括 SONY、Phlips、LG、摩托羅拉、NXP、NEC、三星、atoam、Intel 等公司。

NFC 的工作頻率為 13.56MHz，運行於 10cm 距離內，在單一芯片上結合感應式讀卡器、感應式卡片和點對點的功能，能在短距離內與兼容設備進行識別和

數據交換。其傳輸速度有 106Kbps、212Kbps 和 424Kbps 三種。目前近場通訊已透過成為 ISO/IEC IS 18092 國際標準、ECMA-340 標準與 ETSI TS 102 190 標準。

（1）概述

NFC 融合了三條主要的技術發展路線[39]，如圖 4-26 所示。

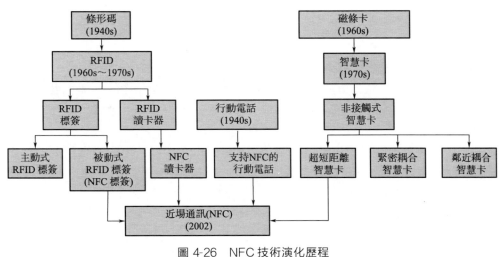

圖 4-26　NFC 技術演化歷程

• RFID 技術路線，即無線射頻識別技術（圖 4-26 左邊）。該技術路線發源於條形碼（Barcodes），然後發展出了 RFID，最終出現了 NFC 中的兩個重要組件 NFC Tag（標籤）和 NFC Reader（讀卡器）。NFC 標籤的作用和條形碼類似，是一種用於儲存數據的被動式（Passive）RFID 標籤，其最重要的特徵就是 NFC 標籤自身不包含電源組件，所以它工作時必須依靠其他設備（比如 NFC 讀卡器）透過電磁感應的方式向其輸送電能。和 NFC 標籤相對應的組件是 NFC 讀卡器，它首先透過電磁感應向 NFC 標籤輸送電能使其工作，然後根據相關的無線射頻通訊協議來存取 NFC 標籤上的數據。

• 磁條卡（Magnetic Strip Cards）技術路線（圖 4-26 右邊）。該路線最終演化成了 NFC 使用的超短距離智慧卡（Proximity Coupling Smart Card）技術，其有效距離為 10cm，對應的規範為 ISO/IEC 14443。註意，圖 4-26 中的緊密耦合智慧卡（Close Coupling Smart Card）的有效距離為 1cm，對應的規範為 ISO/IEC 10536。鄰近耦合智慧卡（Vicinity Coupling Smart Card）的有效距離為 1m，對應的規範為 ISO/IEC 15693。總體來看，智慧卡和 RFID 標籤類似，例如兩者都只儲存一些數據，並且自身都沒有電源組件，但智慧卡在安全性上的要求

遠比 RFID 標籤嚴格。另外，智慧卡上還能運行一些小的嵌入式系統（如 Java Card OS）或者應用程式（Applets）以完成更複雜的工作。

‧行動終端路線，演化為攜帶 NFC 功能的終端設備（圖 4-26 中間）。隨著行動終端越來越智慧，NFC 和這些設備也融合得更加緊密，使得 NFC 的應用場景得到了較大的拓展。智慧手機可透過 NFC 來和 AP 交換安全配置資訊。

（2）技術特點

與 RFID 一樣，NFC 資訊也是透過頻譜中無線頻率部分的電磁感應耦合方式傳遞，但兩者之間還是存在很大的區別。首先，NFC 是一種提供輕松、安全、迅速的通訊的無線連接技術，其傳輸範圍比 RFID 小，RFID 的傳輸範圍可以達到幾公尺，甚至幾十公尺，但由於 NFC 採取了獨特的訊號衰減技術，相對於 RFID 來說具有距離近、頻寬高、能耗低等特點。其次，NFC 與現有非接觸智慧卡技術兼容，目前已經成為越來越多主要廠商支援的正式標準。再次，NFC 還是一種近距離連接協議，提供各種設備間輕松、安全、迅速而自動的通訊。與無線世界中的其他連接方式相比，NFC 是一種近距離的私密通訊方式。最後，RFID 更多地被應用在生產、物流、追蹤、資產管理上，而 NFC 則在門禁、公車、手機支付等領域內發揮著巨大的作用。NFC、紅外、藍牙同為非接觸傳輸方式，它們具有各自不同的技術特徵，可以用於各種不同的目的，其技術本身沒有優劣差別。

NFC 技術的主要特點有：

‧以 13.56MHz RFID 技術為基礎；

‧近距離感應，通訊安全可靠；

‧兼容現有的非接觸式智慧卡國際標準；

‧數據傳輸速率為 106Kbps、212Kbps 或 424Kbps；

‧多種通訊模式的切換；

‧快速的處理速度。

NFC 採用兩個感應線圈進行數據交互，其中至少必須有一個設備產生 13.56MHz 的磁場，該場被調制以方便數據傳輸。通訊中，一個設備處於 initiator 模式（就是發起通訊），另外一個設備則工作在 target 模式（等待 initiator 命令），進行通訊至少應該有兩個設備。一般情況下，NFC 設備默認都處於 target 模式，設備週期性地切換為 initiator 模式。切換為 initiator 模式後，處於發起者的設備搜索場中是否有 nfc target（這就是輪詢的概念），然後再次切回到 target 模式。如果 initiator 發現 target，則發出一串初始命令，用於建立通訊，然後再進行數據傳輸。

與其他無線個域網技術相比，NFC 設備之間的接觸距離極短，主動通訊模式下為 20cm，被動通訊模式下為 10cm，讓資訊能夠在 NFC 設備之間點對點快

速傳輸。表 4-8 將 NFC 技術與藍牙和紅外技術做了具體比較。

表 4-8　NFC 與藍牙和紅外主要參數對比

參數	NFC	藍牙	紅外
網路類型	點對點	單點對多點	點對點
使用距離	≤0.1m	≤10m	≤1m
速率	106Kbps、212Kbps、424Kbps	2.1Mbps	1.0Mbps
建立時間	<0.1s	6s	0.5s
安全性	具備,硬體實現	具備,軟體實現	不具備
通訊模式	主動-主動/被動	主動-主動	主動-主動
成本	低	中	低

(3) 通訊模式

NFC 有主動模式和被動模式兩種通訊模式[39]。

• 主動通訊模式，如圖 4-27 所示。NFC 設備的雙方都產生 RF 場，每方透過採用幅移鍵控方法調制自己的場進行數據傳輸。與被動模式相比，操作距離可以達到 20cm，且有更高的傳輸速率。為了避免衝突，發送數據的設備發起 RF 場，接收設備關掉自己的場當 listening，如果必要，這些作用可根據需要改變。

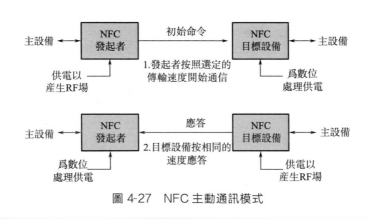

圖 4-27　NFC 主動通訊模式

• 被動通訊模式，如圖 4-28 所示。處於 initiator 模式的設備發起通訊，並產生 13.56MHz 的場，target 採用該場為自己充電，但不能產生自己的場，發起者透過直接場調制進行傳輸數據，target 透過負載調制進行數據傳輸，雙方透過 ISO 14443 或者 Felica 進行編碼。這種模式使得 NFC 設備可以和現有的非接觸智慧卡進行通訊。負載調制描述了負載變化對 initiator 場幅度的影響，這些變化可被 initiator 察覺並翻譯為有用資訊。實現這種功能需依賴於線圈的大小，通訊

距離可以達到 10cm，數據通訊速率有 106Kbps、212Kbps 和 424Kbps。

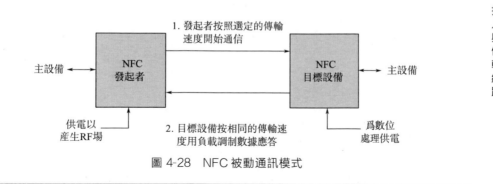

圖 4-28　NFC 被動通訊模式

(4) 業務工作模式

從使用者角度（即 Applications 層之上）來看，NFC 有三種運行模式（operation mode）：讀寫器模式（Reader/Write Mode）、點對點模式（Peer-to-Peer Mode）和卡模式（Card Emulation Mode）。下面分別介紹這三種模式。

• 讀寫器模式（Reader/Write Mode）　簡稱 R/W，和 NFC Tag/NFC Reader 相關。作為非接觸讀卡器使用，比如從海報或者展覽資訊電子標籤上讀取相關資訊，也可實現 NFC 手機之間的數據交換，對於企業環境中的文件共享，或者對於多玩家的遊戲應用，都將帶來諸多的便利。

• 點對點模式（Peer-to-Peer Mode）　簡稱 P2P，它支援兩個 NFC 設備交互。此模式和紅外線差不多，可用於數據交換，只是傳輸距離較短，傳輸創建速度較快，傳輸速度也快些，功耗低（藍牙也類似）。該模式可以將兩個具備 NFC 功能的設備無線連接，能實現數據點對點傳輸，如下載音樂、交換圖片或者同步設備地址簿。因此透過 NFC，多個設備如數位相機、PDA、電腦和手機之間都可以交換資料或者服務。

• 卡模式（Card Emulation Mode）　簡稱 CE，它能把攜帶 NFC 功能的設備模擬成 Smart Card，這樣就能實現諸如手機支付、門禁卡之類的功能。這個模式其實就是相當於一張採用 RFID 技術的 IC 卡，可以替代大量的 IC 卡（包括信用卡）使用的場合，如商場刷卡、公車卡、門禁管制、車票、門票等。此種方式下有一個極大的優點，那就是卡片透過非接觸讀卡器的 RF 場來供電，即使寄主設備（如手機）沒電也可以工作。

(5) 協議規範

NFC Forum 成立至今已推出了一系列的技術標準和規範，推動了 NFC 的發展普及和規範化。這些標準和規範可以分成以下五大類技術規範：

• 協議技術規範（Protocol Technical Specification）；

• NFC 數據交換格式技術規範（NFC Data Exchange Format Technical Specification）；

• NFC 標籤類型技術規範（NFC Forum Tag Type Technical Specifications）；

• 記錄類型定義技術規範（Record Type Definitionf Technical Specifications）；

• 參考應用技術規範（Reference Application Technical Specifications）。

其中，前四大類規範在技術開發中處於核心位置，下面分別介紹這四大類規範。

① 協議技術規範　NFC Forum 的協議技術規範包含以下 3 個技術規範。

• NFC 的邏輯鏈路控制協議技術規範［NFC Logical Link Control Protocol (LLCP) Technical Specification］　定義了 OSI 模型中第二層的協議，以支援兩個具有 NFC 功能的設備之間的對等通訊。LLCP 是一個緊湊的協議，基於 IEEE 802.2 標準，旨在支援有限的數據傳輸要求，如小文件傳輸或網路協議，這反過來又會為應用程式提供可靠的服務環境。NFC 的 LLCP 與 ISO/IEC 18092 標準相比，同樣為對等應用提供了一個堅實的基礎，但前者加強了後者所提供的基本功能，且不會影響原有的 NFC 應用或芯片組的互操作性。

• NFC 數位協議技術規範　本規範強調了用於 NFC 設備通訊所使用的數位協議，提供了在 ISO/IEC 18092 和 ISO/IEC 14443 標準之上的一種實現規範。該規範定義了常見的特徵集，這個特徵集可以不做進一步修改就用於諸如金融服務和公共交通領域的重大 NFC 技術應用。它還涵蓋了 NFC 設備作為發起者、目標、讀寫器和卡仿真器這四種角色所使用的數位介面以及半雙工傳輸的協議。NFC 設備間可以使用該規範中給出的位級編碼、位元速率、幀格式、協議和命令集等來交換數據，並綁定到 LLCP 協議。

• NFC 活動技術規範　該規範解釋了如何使用 NFC 數位協議規範與另一個 NFC 設備或 NFC Forum 標籤來建立通訊協議。參考應用技術規範包括了 NFC Forum 連接切換技術標準（NFC Forum Connection Handover Technical Specification），其中定義了兩個 NFC 設備使用其他無線通訊技術建立連接所使用的結構和交互序列。該規範一方面使開發人員可以選擇交換資訊的載體，如兩個 NFC 手機之間選擇藍牙或 WiFi 來交換數據；另一方面與 NFC 兼容的通訊設備，可以定義在連接建立階段需要在 NFC 數據交換格式報文中承載的所需的資訊。

② NFC 數據交換格式技術規範（NDEF）　NDEF 定義了 NFC 設備之間以及設備與標籤之間傳輸數據的一種消息封裝格式。該協議認為設備之間傳輸的資

訊可以封裝成一個 NDEF 消息，而一個消息可以由多個 NDEF 記錄構成，如圖 4-29 所示。

單個 NDEF 記錄包含了多部頭域和有效載荷域。首部包含了 5 個標誌位（MB，ME，CF，SR，IL）、標籤類型分類 TNF（Type Name Format）、長度可變區域的長度資訊、類型識別位、一個可選的記錄標識符（ID），如表 4-9 所示。

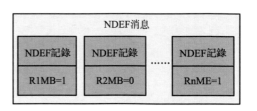

圖 4-29　NDEF 消息格式

表 4-9　NDEF 記錄格式

7	6	5	4	3	2	1	0
MB	ME	CF	SR	IL	TNF		
Type Length							
Payload Length							
ID Length							
TYPE							
ID							
Payload							

各標誌位的意義如下：

• R1 至 Rn 表示有 n 個記錄，其中 R1 的 MB 位值為 1 是表示一個消息開始，Rn 記錄的 ME 位為 1 表示消息結束，中間的記錄兩位值為 0；

• MB 和 ME 位用於標誌一個消息相對應的開始和結束的記錄；

• CF 值為 1 時，說明存在下一個記錄；

• SR 定義了負載域（Payload）的長度，為 0 值表示 Payload Length 域的大小是一個 4 字節的無符號整數，為 1 值表示一個字節的無符號整數，該標誌位用於減少短記錄的內存浪費；

• IL 為 1，則需要給出可選 ID 域以及它的相關長度域的值；

• TNF 的定義如表 4-10 所示。

表 4-10　TNF 定義

TNF	值
記錄中 ID 和負載域為空	0x00
NFC 論壇已定義的記錄類型	0x01

續表

TNF	值
RFC 2046 定義的媒體類型	0x02
RFC 3986 定義的 URI 類型	0x03
NFC 論壇外部類型	0x04
未知類型	0x05
不可隨意改變的類型	0x06
保留值	0x07

③ NFC 標籤類型技術規範　NFC Forum 目前提出的標籤類型規範可兼容下面四類 NFC 標籤。

• 第一類型標籤是基於 14443A 協議，標籤內存最小為 96 個字節，可動態擴充。如果標籤只涉及到簡單的讀寫儲存，例如實現簡單的智慧海報功能，該類標籤是完全可用的。此類標籤主要用於實現讀取資訊，具有操作簡單、成本小等優點。

• 第二類標籤同樣基於 14443A 協議，但僅支援 Phlips 公司提供的 MI-FARE UltraLight 類型卡。

• 第三類型標籤是由 SONY 獨家提供的 Fecila 技術類型。

• 第四類型標籤兼容 14443A/B 協議。該類標籤屬於智慧標籤，接收應用協議數據單元（Application Protocol Data Unit，APDU）指令，擁有較大的儲存空間，能完成一些認證或安全算法，可用於實現智慧交互和雙界面標籤的相關操作。此類標籤應用範圍廣泛，可以適應未來不斷地研究開發。

④ 記錄類型定義技術規範　NFC Forum 給出了類型不同的五種 RTD，分別是：「U」——URI 記錄、「Sp」——Smart Poster 記錄、「Sig」——Signature 記錄、「T」——簡單文本記錄和「Gc」——控制類型記錄。

• URI 記錄（「U」——NFC URI RTD Technical Specification）　提供了一種有效的方法，透過使用 RTD 機制和 NDEF 格式，以多種語言儲存統一資源描述符 URI（Uniform Resource Identifier）。該記錄涵蓋了 URL、e-mail 地址、電話號碼以及 SMS 資訊。

• Smart Poster 記錄（「Sp」——NFC Smart Poster RTD Technical Specification）　定義了一種用來在 NFC 標籤上存放或是在設備之間傳輸 URL、SMS 或電話號碼的類型。Smart Poster RTD 建構在 RTD 機制和 NDEF 格式的基礎之上，並使用了 URI RTD 和 Text RTD 作為建構模塊。

• 簡單文本記錄（「T」——NFC Text RTD Technical Specification）　提供了一種有效的方法，透過使用 RTD 機制和 NDEF 格式，以多種語言儲存 text 字

符串。它包含了描述性文本，以及語言和編碼資訊。一般和別的記錄一起使用，用於描述記錄的內容或功能。

• Signature 記錄（「Sig」——NFC Signature RTD Technical Specification）規定了對單個或多個 NDEF 記錄進行簽名時所使用的格式。定義了需要的和可選的簽名 RTD 域，並提供了一個合適的簽名算法和證書類型，以用來創建一個簽名。並沒有定義或強制使用某個特定的 PKI 或證書系統，也沒有定義 Signature RTD 使用的新算法。證書的驗證和撤銷過程超出了該規範的範圍。

• 控制類型記錄（「Gc」——NFC Generic Control RTD Technical Specification）提供了一個 NFC 設備、標籤或卡（源設備），透過 NFC 通訊，以一種簡單的方式向另一個 NFC 設備（目標設備）請求一個特定動作（例如啓動一個應用或設置一種模式）。

(6) NFC 技術的應用

針對 NFC 的三種業務工作模式，可以歸納出 NFC 技術的基本應用領域，如表 4-11 所示。

表 4-11　NFC 的應用領域

模式	應用類別	應用場景
卡模擬模式	電子錢包卡類	銀行卡(電子錢包)、加油卡、停車卡、公車付費
	磁條卡類	優惠券、折扣券、磁條銀行卡
	票務類	電影票、飛機票、火車票、優惠券
	ID 類	門禁、會員卡、積分卡
閱讀器模式	標籤	廣告、資訊查詢
點對點模式		資訊交換、遊戲

讀寫器模式是 NFC 設備的基本工作模式。隨著 NFC 的普及，目前越來越多的手機內置了 NFC 功能，其中一個實用功能就是 NFC 讀寫器模式。手機可以與 NFC 卡片進行數據交互，實現讀餘額或獲取少量標籤資訊。具體應用場景舉例如下：

• 讀銀行卡、交通卡餘額和交易記錄，手機讀取餘額後透過手機螢幕顯示給使用者，有了這種手機，使用者就無需到地鐵站或公車上才能查到自己的餘額，更可以時刻查詢交易記錄，檢查是否被誤扣費了，十分方便；

• 讀取非接觸式標籤的內容，可以用在獲取海報資訊、商家位置、機場地圖、折扣券資訊等場合；

• 餐廳、停車場等場合的卡、充值、扣費等。

點對點模式允許兩個 NFC 設備之間建立通訊鏈接並交換數據，與讀寫器、卡模式不一樣的是，點對點模式下數據交互是雙向的。點對點模式可以實現名片

交換、藍牙配對、社交網路、設備間數據交換等。透過 NFC 多個設備，如手機、數位相機、遊戲機，都可以進行無線互通，交換資料或服務。以藍牙為例，利用 NFC 點對點方式進行藍牙配對，可以大為簡化藍牙配對過程。

門禁卡、停車卡、公車卡工作於 NFC 的卡模式，是目前日常生活中接觸得最多的 NFC 應用場合。一張小小的卡片，輕觸讀卡器便可開門禁鎖、進出停車場、支付車資，既快捷方便，又安全，易於管理。由於近場通訊具有天然的安全性，因此，NFC 技術被認為在手機支付等領域具有很大的應用前景。NFC 手機內置 NFC 芯片，比原先僅作為標籤使用的 RFID 更增加了數據雙向傳送的功能，這個進步使得其更加適合用於電子貨幣支付；特別是 RFID 所不能實現的，相互認證、動態加密和一次性鑰匙（OTP）能夠在 NFC 上實現。NFC 技術支援多種應用，包括行動支付與交易、對等式通訊及行動中資訊訪問等。透過 NFC 手機，人們可以在任何地點、任何時間，透過任何設備，與他們希望得到的娛樂服務與交易聯繫在一起，從而完成付款，獲取海報資訊等。NFC 設備可以用作非接觸式智慧卡、智慧卡的讀寫器終端以及設備對設備的數據傳輸鏈路。

4.3.2 異構網路融合與合作技術

網路的異構性主要體現在以下幾個方面[40]：

• 不同的無線頻段特性導致的頻譜資源使用的異構性；

• 不同的組網接入技術所使用的空中介面設計及相關協議，在實現方式上的差異性和不可兼容性；

• 業務的多樣化；

• 終端的多樣化；

• 不同營運商針對異構網路所實施的相應的營運管理策略不同。

以上幾個方面交叉聯繫，相互影響，構成了無線網路的異構性。這種異構性對網路的穩定性、可靠性和高效性帶來了挑戰，同時給行動性管理、聯合無線資源管理、服務品質保證等帶來了很大的問題。

網路融合的主要策略可以理解為各種異構網路之間，在基礎性網路建構的公共通訊平臺之上，實現共性的融合與個性的合作。所謂「融合」是在技術創新和概念創新的基礎上，對不同系統間共性的整合，具體是指各種異構網路與作為公共通訊平臺的行動通訊網或者下一代網路的融合，從而構成一張無所不在的大網。所謂「合作」則是在技術創新和概念創新的基礎上，對不同系統間個性的整合，具體是指大網中的各個接入子網，透過彼此之間的合作，實現共存、競爭與合作的關係，以滿足用於的業務和應用需求。不同通訊網路的融合，是為了更好地服務於異構通訊網路的合作。合作技術是實現多網互通及無線服務的泛在化、

高速化和便捷化的必然選擇，也是未來的物聯網頻譜資源共享亟待解決的問題。

具體來說，異構網路融合的實現分為兩個階段：一是連通階段，二是融合階段。連通階段指各種網路，如感測器網路、RFID 網路、局域網、廣域網等，都能互聯互通，感知資訊和業務資訊傳送到網路另一端的應用伺服器進行處理，以支援應用服務。融合階段是指在網路連通層面的網路平臺上，分布式部署若干資訊處理的功能單元，根據應用需求而在網路中對傳遞的資訊進行收集、融合和處理，從而使基於感知的智慧服務實現得更為精確。從該階段開始，網路將從提供資訊交互功能擴展到提供智慧資訊處理功能乃至支撐服務，並且傳統的應用伺服器網路架構向可管、可控、可信的集中智慧參與的網路架構演進。因此，異構網路融合不是對現有網路的革命與顛覆，而是對現有網路分階段地演進、有效地規劃異構網路融合的研究與應用[41]。

異構網路融合是未來網路發展的必然趨勢。一般來說，在研究異構網路的互聯結構的時候，需要考慮以下一些問題：

• 提供網路間相互合作的同時，要折中考慮網路之間的公平性；

• 建立一種能提供費用低廉、頻譜效率高的架構方案，為行動使用者提供種類多樣的服務；

• 合理定義結構實體，使異構網路之間以一種性能耗費比更優的方式通訊；

• 定義總的容量、指標和每個網間架構實體的功能；

• 互聯架構應當是靈活的，能夠在不引入太多新節點和介面的條件下，支援其他新型網路的合作。

異構網路融合涉及到多種技術[42,43]，其關鍵技術主要如下。

• 異構網路融合架構　網路的異構性和業務種類的多樣性，對無縫融合的網路架構設計提出了更高的要求。為了支援全球漫遊，下一代行動通訊網路必須能夠完全兼容無線設備的各種基本結構，並且保持高度的靈活性。要實現真正意義上的異構網路融合，需要首先設計異構網路融合的理論模型，合理選擇網路的互聯互通的介面。IP 多媒體子系統（IP Multimedia Subsystem，IMS）作為網路融合的核心網解決方案，是一個與接入技術無關的基於 IP 的架構，其通訊不依賴於任何接入技術和接入方式，基於 SIP 會話控制協議，構成了一個靈活開放、可管可控的通訊網路。IMS 提供統一的會話控制中心和統一的使用者數據中心，以及完全開放的業務架構，能夠保證使用者的漫遊性、接入無關性、統一的業務觸發和一致的業務體驗。IMS 採用分層開放結構，進一步發揚了軟交換結構中業務與控制分離、控制與承載分離的思想，網路結構更加清晰合理，層間採用標準化的開放介面，有利於新業務的快速生成和應用。

• 異構網路的行動性管理　未來無線網路是一種基於全 IP 的無縫融合異構系統，支援多種無線接入技術和漫遊功能。在此異構網路體系中，不同無線接入

網路在業務能力和技術方面有很大的區別，目前還沒有通用的網路基礎結構以及協議轉換支援在不同類型接入網路之間漫遊。為了提供給行動使用者泛在的網路接入服務，實現任何時間（anytime）、任何地點（anywhere）、任何人（anyone）、任何物（anything）都能順暢地通訊，需要一種通用的協議，在網路層提供系統間的位置管理、尋呼、切換和無線資源分配等管理操作，屏蔽不同種類的無線網路差異，而不需要針對每一種接入網路，單獨提供信令系統進行行動性管理。

• 合作傳輸技術　流控制傳輸協議（Stream Control Transmission Protocol，SCTP）是 IETF 推薦的傳輸層協議，其重要特點是支援多宿。多宿是指一個主機擁有多個網路介面，可以連接到一個或多個網路服務提供商。如果一個主機擁有多個 IP 地址，通常就稱這個主機是多宿的。隨著網路接入技術的多樣性和接入設備的廉價性，越來越多的行動終端具備多宿特性，而目前廣泛使用的傳輸層協議 TCP 和 UDP 都無法支援多宿。SCTP 的多宿允許關聯的一端綁定多個 IP 地址，這種綁定允許發送者將數據透過不同路徑發送到接收端，從而提高了關聯的可靠性。但當前 SCTP 協議只允許同時使用其中一條路徑進行數據傳輸。如果關聯中的多條路徑能夠同時進行數據傳輸，即合作傳輸，將會大大提高系統的吞吐量，極大提高網路資源利用率。

4.3.3　無線資源管理技術

無線資源管理（Radio Resource Management，RRM）是異構網路中的一個重要研究課題。作為網路互聯及合作的關鍵技術之一，RRM 主要完成網路間無線資源的協調管理。它的功能目標是高效利用受限的無線頻譜、傳輸功率以及無線網路的基礎設施，擴展容量和業務覆蓋範圍，最優化無線資源的利用率和最大化系統容量，能夠支援智慧的聯合會話及接入控制，以及不同無線接入技術間的切換和同步，從而完成異構系統中的無線資源分配。傳統意義的無線資源管理，包括接入控制、切換、負載均衡、功率控制、頻道分配等，而在未來異構網路中，無線資源管理的目標還包括為使用者提供無處不在的服務和進行無縫切換，並提高無線資源的利用率。異構網路中無線資源管理是傳統無線資源管理的一種擴充。

無線資源管理主要有集中式和分布式控制兩種實現方式。集中式的合作無線資源管理，能對資源進行統一的管理，每個無線接入都由一個集中的 RRM 控制實體來統一管理，這個集中的控制實體能夠獲得所管理區域內的所有無線接入的流量、負荷以及阻塞狀態等。這種模式容易達到全局資源最優使用和最大化系統收益的目標，但兩個相鄰的無線接入之間會產生邊緣效應，不便於擴展，靈活性

較差。分布式管理可以將系統的目標分配給每個分布式的 RRM 實體，由它們分擔管理和計算的功能，這樣可以降低每個節點的計算複雜度，並且提高系統的可靠性。分布式無線資源管理可以很好解決可擴展性問題，但缺點是很難達到資源的最優使用。為進行有效的資源管理，需考慮眾多參數：網路拓撲、網路容量、鏈路條件、業務 QoS、使用者要求、營運策略等。無線資源管理從功能上又包括多接入選擇（Multi-Radio Access Seleetion）、負載均衡（Load Balancing）、動態頻譜控制（Dynamic Spectrum Alloeation）等。下面分別介紹這幾種技術。

• 多接入選擇是異構無線網路中如何充分利用異構性獲取多接入增益的一個關鍵點。在異構網路路中，對於一個支援多種模式的終端使用者來說，可以選擇接入多個無線網路。但是接入選擇不僅直接影響使用者的服務品質，同時還對網路側的最優資源利用和負載均衡產生影響。根據決策點（使用者、網路）的不同，可以設計不同的多接入選擇機制，網路選擇算法應在保護使用者服務品質的前提下，把最大化異構系統資源利用率作為目標。在多接入選擇方法設計中，多種因素需要考慮：訊號強度，覆蓋範圍，網路負載，業務需求，使用者喜好等。另外，由於不同接入技術的差異性，不同無線接入網路中影響資源分配的因素不易統一量化表示，難於進行比較。上述因素的特點，給網路選擇的算法的設計帶來一定難度，需要藉助一定的數學方法及模型來設計動態的優化的多接入選擇策略。

• 負載均衡是指兩個網路或者兩個系統中，負載較重的一方將部分負載轉移到另一方中去，達到一種負載均勻分布的狀態。負載均衡可以提高整體網路無線資源的利用率，擴大系統容量，為使用者提供多樣化的服務及更好的服務品質。兩種基本的負載均衡的方法：頻道借用和負載轉移。頻道借用主要用於有著固定頻道分配的蜂窩系統中，一個負載較重小區只能向輕載小區借用頻道。基於負載轉移的負載均衡，是超載的小區迫使一部分終端切換到鄰近小區中去，以實現整個系統內負載的均勻分布。負載均衡機制可以分為集中式的和分散式的。在一個集中式的負載均衡系統內，全部網路或系統的負載資訊被集中於一個中央節點。其餘的節點負責將負載資訊傳遞到中央節點，所有的負載均衡方案，都是由中央節點根據收集的資訊制定的。集中式負載均衡方案的主要缺點，是相對較小的可靠性，中央節點的癱瘓將導致負載均衡策略無法執行。在分散式負載均衡方案裏，每一個節點都有能力執行負載均衡的算法，但是，由於節點間需要交換大量的負載資訊，這便要花費更多的開銷。

幾乎所有的無線通訊網路，都具有負載隨時間變化和區域性變化的特性，也就是說，由於業務模式不同，對頻寬需求的峰值出現在不同時刻或地區。如果採用固定的頻譜分配方法，為滿足峰值時間或地區通訊品質的需求，傳統的方法就是預留相應滿足峰值流量的頻譜，而這部分分配出去的頻譜，在大多數業務需求

少的時間段或地區將被空閒,造成閒時頻譜的嚴重浪費。此外,為避免干擾,政府部門對無線電頻譜資源進行統一的整體管理,這樣的固定無線電頻譜分配,雖然避免了不同應用間的干擾,卻帶來了極低的頻譜利用率和頻譜資源匱乏問題,造成目前固定無線頻譜分配的頻譜利用率只有 5%～10%。在網路合作的基礎上,動態頻譜分配方案(Dynamic Spectrum Allocation,DSA)可以解決以上問題。對於兩個相互合作的網路,可隨時隨地將業務稀薄網路的剩餘頻譜分配到業務稠密的網路中,可以有效地減少固定分配帶來的閒時頻譜浪費,更好地利用有限的頻譜資源。一般來說,動態頻譜分配可以分為基於時間和基於空間的動態分配方案。採用動態頻譜分配後,將會產生較大的頻譜增益,可以提高頻譜資源利用率和解決使用者終端網路的電磁兼容問題。

4.3.4 大量資訊處理與雲計算技術

在物聯網中,感測設備種類繁多,數據量巨大,來自不同網路、不同子系統的大量異構數據,需要進行統一的處理及儲存,並對這些數據進行高效快速的處理,從中獲取有價值的資訊,進而提供智慧決策,實現各種不同的應用需求。於是,大量資訊處理與雲計算技術應運而生。根據泛在無線網路中數據資訊的特點,可以採用數據時間對準技術、集中式數據融合算法及分布式數據融合算法等技術進行數據融合,採用分類、估值、預言、相關性分組或關聯規則、聚集、描述和可視化、複雜數據類型(Text、Web、圖形圖像、影片、音檔等)挖掘等進行數據挖掘[41,44]。

(1) 大量數據融合技術

按照數據抽象的不同層次,融合可分為三級,即像素級融合、特徵級融合和決策級融合。

• 像素級融合是指直接在採集到的原始數據層上進行的融合,即各種感測器對原始資訊未做預處理之前就進行的數據綜合分析,是最低層次的融合。

• 特徵級融合屬於中間層次,先對來自感測器的原始資訊進行特徵提取(特徵可以是目標的邊緣、方向、速度等),然後對特徵資訊進行綜合分析和處理。特徵層融合可分為兩大類:分布式目標狀態融合和目標特性融合。

• 決策級融合是一種高層次融合,其結果為指揮控制決策提供依據。決策級融合透過不同類型的感測器觀測同一個目標,每個感測器在本地完成基本的處理,包括預處理、特徵抽取、識別或判決,以建立對所觀察目標的初步結論。然後透過關聯處理進行決策層融合判決,最終獲得聯合推斷結果。決策級融合是三級融合的最終結果,直接針對具體決策目標,融合結果直接影響決策水準[45]。

根據泛在無線網路中數據資訊的特點,可以採用諸如數據時間對準技術、集

中式數據融合算法及分布式數據融合算法等技術進行數據融合。

① 數據時間對準技術　對於分布在不同平臺的相同或不同類型感測器，在對其觀測數據進行數據融合前，由於其所在位置各不相同，所選的觀測坐標係不一樣，加上感測器的採樣頻率也有很大差別，因此即使是對同一個目標進行觀測，各感測器所得到的目標觀測數據也會有很大的差別。所以在進行多感測器數據融合時，首先要做的工作就是統一來自不同平臺的多感測器的時間和空間參考點，以形成融合所需的統一時空參考係，並統一量測單位，也就是進行數據預處理或數據對準。

由於從各感測器得到的資訊不是同時的，所以必須進行時間上的同步。時間對準是指應用內插、外推、擬合等算法，對各感測器的觀測序列進行處理，使得各感測器能在同一時刻提供對同一目標的觀測數據。在多感測器數據融合系統中，要求融合處理的各感測器數據必須是同一時刻的，這樣才可能計算齣目標的正確狀態，所以必須進行時間配準。目前解決的方法有很多，典型算法有泰勒展開修正法、內插外推法等[46]。

內插外推法[47] 和泰勒展開修正法具有一樣的解決思路，即將高精度的觀測數據推算到低精度的時間點上，不同之處在於它簡單，不必求一階導數。它的具體算法是：取定時間片，在同一時間片內將各感測器觀測數據按測量精度進行增量排序，然後將高精度觀測數據分別向最低精度時間點內插、外推，形成一系列等間隔的目標觀測數據，以進行融合處理。

經過時空對準，多感測器的數據都統一到同一坐標係中，且數據在時間上得到了對齊，可提高目標融合資訊的一致性、準確性和可靠性，為數據融合的後續工作，如數據聯合、數據關聯、目標識別與追蹤、態勢評估等打好了基礎。

② 數據融合算法　在物聯網中，負責採集資訊的各節點分布廣泛，且數量龐大，因此，對採集的大量數據進行融合處理是很有必要的。下面介紹幾種常用的數據融合算法。

a. 加權平均算法　加權平均算法與算數平均法類似，基本原理是將所有感測器的輸出值和與其相對應的權重值相乘，然後把乘積相加，再根據感測器的個數取平均值，所得到的結果即作為融合結果。其中，權重可看成不同感測器準確性的度量。該方法簡單直覺，但是必須事先對各個感測器進行詳細的分析，獲取每個節點數據的確切的權重資訊。由於在不同特徵維度上每個感測器的準確性都不一樣，所以權重的獲取成為主要難點，限制了該算法的使用範圍[48]。

b. 貝葉斯估計算法　貝葉斯方法經常在非動態的數據融合中使用。貝葉斯算法將多感測器提供的各種不確定資訊表示為概率，將數據闡述為概率的分布，並利用概率論中貝葉斯條件概率公式對其進行處理[49]。該算法會根據具體情況設置限制條件，透過這些限制條件來對多個感測器節點的數據進行優化。當採集

的數據具有模糊性時，就可以用條件概率的性質來表示。在先驗概率已知的情況下，貝葉斯準則是最佳的融合準則，可給出精確融合的結果。但是在實際應用中，各個感測器很難獲得所需的先驗概率，因此大大限制了貝葉斯準則的應用。

c. 神經網路算法　神經網路算法首先根據智慧系統的要求以及感測器的融合形式，選擇神經網路模型和學習規則，同時將感測器的輸入資訊綜合處理為一個總體輸入函數，並將此函數映射定義為相關單元的映射函數，透過神經網路與環境的交互作用，把環境的統計規律反映到網路本身的結構中來[50]。然後對感測器輸出資訊進行學習、理解，確定權值分配，完成知識獲取和資訊融合，進而對輸入模式做出解釋，將輸入數據向量轉換成高層邏輯概念。神經網路算法可以採用兩種學習模式：無監督學習和監督學習。無監督學習將所有的感測器得到的特徵全部作為三層神經網路的輸入，讓輸出層等於輸入層，隱層節點即為所融合的特徵。監督學習方法同樣採用三層神經網路，將所有的感測器得到的特徵全部作為神經網路的輸入，但是第三層作為決策層，透過帶標籤樣本訓練神經網路，隱層節點即為融合後特徵。

神經網路利用外部環境的特徵資訊，可以實現知識的自動獲取，能夠將不確定性的複雜關係經過學習模擬出來，得到更高一層次的融合特徵。由於神經網路具有並行大規模處理能力，使得系統資訊處理加快。該算法具有容錯性高、健壯性好以及適應能力強的優勢。難點在於神經網路模型的建立，如隱層節點的個數如何確定等。

d. D-S證據推理算法　貝葉斯算法在應用時需要知道先驗概率的資訊，但在具體的應用中，這種概率往往不易獲取，而D-S證據推理算法可以解決這一問題[51]。該算法可以在數據不完全或是具有模糊性的條件下，使數據資訊更加清晰化。D-S算法將存在於全部目標集上的各感測器節點數據的概率進行「懸掛」。在多感測器系統中數據需要融合的時候，每個感測器節點都可以看做一個證據體，所有的證據體按照特定的規則進行合併，最終形成一個融合之後的證據體，而且該證據體的可靠度也可以獲得。系統根據具體的情況決定選用哪一規則得到最終的融合結果。D-S算法不一定要事先知道先驗概率，對模糊性數據資訊採取的描述方式是「區間式」的估計，能夠很靈活地分辨資訊的不知道以及資訊的模糊方面。該算法還能夠很好地解決感測器數據與最終決策產生衝突的情況。D-S證據推理要求證據獨立，但很多時候這一條件並不滿足。另外，證據合成規則的理論支援還不夠堅固，並且在計算上存在指數爆炸問題。

e. 分簇路由模型的LEACH算法　LEACH（Low-Energy Adaptive Clustering Hierarchy）算法是一種非常典型的分簇式路由算法，本身的能耗不高，適用於無線感測網中，最早是由Heinzelman等人為了改善熱點問題提出的。Heinzelman等人在無線感測器網路中使用分簇的概念，將網路分為不同層次的LEACH算法[52]。

透過某種方式週期性隨機選舉簇頭，簇頭在無線頻道中廣播資訊，其餘節點檢測訊號並選擇訊號最強的簇頭加入，從而形成不同的簇。簇頭之間的連接構成上層主幹網路，所有簇間通訊都透過主幹網路進行轉發。簇內成員將數據傳輸給簇頭節點，簇頭節點再向上一級簇頭傳輸，直至目標節點。這種方式降低了節點發送功率，減少了不必要的鏈路和節點間干擾，達到了保持網路內部能量消耗均衡、延長網路壽命的目的。但是，分簇的實現以及簇頭的選擇都需要相當一部分的開銷，且簇內成員過多地依賴簇頭進行數據傳輸與處理，使得簇頭的能量消耗很快，因此需頻繁選擇簇頭。同時，簇頭與簇內成員為點對多點的一跳通訊，可擴展性差，不適用於大規模網路。

(2) 大量數據挖掘技術

數據處理的根本目的，是利用有效的手段快速準確地獲取數據、加工數據、應用數據。其中，數據挖掘技術是將收集到的數據得以有效應用的核心技術。數據挖掘（Data Mining）技術又被稱為數據庫中的知識發現（Knowledge Discovery in Data Base，KDD），其核心就是從存放在數據庫、數據倉庫或其他資訊庫中的，大量雜亂無章的、難以理解的數據中，獲取有效的、新穎的、潛在有用的、最終可理解的模式的非平凡過程[53]。

數據挖掘的思想部分來自於統計學的抽樣、估計和假設檢驗，也借鑒了人工智慧、模式識別和機器學習的搜索算法、建模技術和學習理論。此外，數據挖掘也迅速地接納了包括最優化、進化計算、資訊論、訊號處理、可視化和資訊檢索的最新技術思想。這些其他領域的技術對數據挖掘也起到重要的支撐作用。例如，數據挖掘技術需要數據庫系統提供有效的儲存、索引和查詢處理支援，大量數據的處理需要高性能（並行）計算和分布式計算技術的支撐。

數據挖掘有以下分析方法。

① 分類（Classification） 首先從數據中選出已經分好類的訓練集，在該訓練集上運用數據挖掘分類的技術，建立分類模型，對於沒有分類的數據進行分類。

② 估計（Estimation） 估計與分類類似，不同之處在於，分類描述的是離散型變量的輸出，而估計處理連續值的輸出。分類的類別數目是確定的，估計的量是不確定的。一般來說，估計可以作為分類的前一步工作。給定一些輸入數據，透過估計得到未知的連續變量的值，然後根據預先設定的閾值進行分類。

③ 預測（Prediction） 預測通常是透過分類或估計起作用的，也就是說，透過分類或估計得出模型，該模型用於對未知變量的預測。預測的目的是對未來未知變量的預估，這種預測是需要時間來驗證的，即必須經過一定時間後才能判斷預測的準確性是多少。

④ 相關性分組或關聯規則（Affinity grouping or association rules） 從大量

數據中發現數據項集之間的關聯和相關聯繫。

⑤ 聚類（Clustering） 聚類是對記錄分組，把相似的記錄放在一個聚類裏。聚類和分類的區別是聚類不依賴於預先定義好的類，不需要訓練集。聚類通常作為數據挖掘的第一步。

⑥ 描述和可視化（Description and Visualization） 一般只是指數據可視化工具，是對數據挖掘結果的表示方式，將數據挖掘的分析結果更形象更深刻地展現出來。

數據挖掘的分析方法，可以分為直接數據挖掘和間接數據挖掘兩類。直接數據挖掘的目標是利用可用的數據建立一個模型，對所有的數據或一個特定的變量進行描述。間接數據挖掘沒有選出某一具體的變量用模型進行描述，而是在所有的變量中建立起某種關係。分類、估計和預測屬於直接數據挖掘，而後三種分析方法屬於間接數據挖掘。

數據關聯是數據庫中存在的一類重要的可被發現的知識。若兩個或多個變量的取值之間存在某種規律性，就稱為關聯。關聯可分為簡單關聯、時序關聯、因果關聯。關聯分析的目的是找出數據庫中隱藏的關聯網。有時並不知道數據庫中數據的關聯函數，即使知道也是不確定的，因此關聯分析生成的規則帶有可信度。關聯規則挖掘發現大量數據中項集之間有趣的關聯或相關聯繫。Agrawal 等於 1993 年首先提出了挖掘顧客交易數據庫中項集間的關聯規則問題，以後諸多的研究人員對關聯規則的挖掘問題進行了大量的研究。他們的工作包括對原有的算法進行優化，如引入隨機採樣、並行的思想等，以提高算法挖掘規則的效率；對關聯規則的應用進行推廣。關聯規則挖掘在數據挖掘中是一個重要的課題，最近幾年已被業界所廣泛研究。

關聯規則挖掘過程主要包含兩個階段：第一階段必須先從資料集合中找出所有的高頻專案組（Frequent Itemsets）；第二階段再由這些高頻專案組中產生關聯規則（Association Rules）。

關聯規則挖掘的第一階段必須從原始資料集合中找出所有高頻專案組（Large Itemsets）。高頻的意思是指某一專案組出現的頻率相對於所有記錄而言，必須達到某一水準。一專案組出現的頻率稱為支援度（Support），以一個包含 A 與 B 兩個專案的 2-itemset 為例，求得包含 {A，B} 專案組的支援度，若支援度大於等於所設定的最小支援度（Minimum Support）門檻值時，則 {A，B} 稱為高頻專案組。一個滿足最小支援度的 k-itemset，則稱為高頻 k-專案組（Frequent k-itemset），一般表示為 Large k 或 Frequent k。算法從 Large k 的專案組中再產生 Large k+1，直到無法再找到更長的高頻專案組為止。

關聯規則挖掘的第二階段是要產生關聯規則（Association Rules）。從高頻專案組產生關聯規則，是利用前一步驟的高頻 k-專案組來產生規則，在最小信

賴度（Minimum Confidence）的條件門檻下，若一規則所求得的信賴度滿足最小信賴度，稱此規則為關聯規則。

按照不同情況，關聯規則可以進行分類如下。

① 基於規則中處理的變量的類別，關聯規則可以分為布爾型和數值型。布爾型關聯規則處理的值都是離散的、種類化的，它顯示了這些變量之間的關係；而數值型關聯規則可以和多維關聯或多層關聯規則結合起來，對數值型字段進行處理，將其進行動態的分割，或者直接對原始的數據進行處理。當然數值型關聯規則中也可以包含種類變量。

② 基於規則中數據的抽象層次，可以分為單層關聯規則和多層關聯規則。在單層的關聯規則中，所有的變量都沒有考慮到現實的數據是具有多個不同的層次的；而在多層的關聯規則中，對數據的多層性已經進行了充分的考慮。

③ 基於規則中涉及到的數據的維數，關聯規則可以分為單維的和多維的。在單維的關聯規則中，只涉及到數據的一個維，如使用者購買的物品；而在多維的關聯規則中，要處理的數據將會涉及多個維。換成另一句話，單維關聯規則是處理單個屬性中的一些關係；多維關聯規則是處理各個屬性之間的某些關係。

④ 關聯規則挖掘的相關算法，包括 Apriori 算法、基於劃分的算法、FP-樹頻集算法等。

⑤ Apriori 算法　使用候選項集找頻繁項集。Apriori 算法是一種最有影響的挖掘布爾關聯規則頻繁項集的算法。其核心是基於兩階段頻集思想的遞推算法。該關聯規則在分類上屬於單維、單層、布爾關聯規則。在這裏，所有支援度大於最小支援度的項集稱為頻繁項集，簡稱頻集。該算法的基本思想是：首先找出所有的頻集，這些項集出現的頻繁性至少和預定義的最小支援度一樣。其次，由頻集產生強關聯規則，這些規則必須滿足最小支援度和最小可信度。然後使用第 1 步找到的頻集產生期望的規則，產生只包含集合的項的所有規則，其中每一條規則的右部只有一項，這裏採用的是中規則的定義。一旦這些規則被生成，那麼只有那些大於使用者給定的最小可信度的規則才被留下來。為了生成所有頻集，使用了遞推的方法。可能產生大量的候選集，以及可能需要重複掃描數據庫，是 Apriori 算法的兩大缺點。

⑥ 基於劃分的算法　Savasere 等設計了一個基於劃分的算法。這個算法先把數據庫從邏輯上分成幾個互不相交的塊，每次單獨考慮一個分塊，並對它生成所有的頻集，然後把產生的頻集合併，用來生成所有可能的頻集，最後計算這些項集的支援度。這裏分塊的大小選擇要使得每個分塊可以被放入主存，每個階段只需被掃描一次。而算法的正確性，是由每一個可能的頻集至少在某一個分塊中是頻集保證的。該算法是可以高度並行的，可以把每一分塊分別分配給某一個處理器生成頻集。產生頻集的每一個循環結束後，處理器之間進行通訊來產生全局

的候選 k-項集。通常這裏的通訊過程是算法執行時間的主要瓶頸；而另一方面，每個獨立的處理器生成頻集的時間也是一個瓶頸。

⑦ FP-樹頻集算法　針對 Apriori 算法的固有缺陷，J. Han 等提出了不產生候選挖掘頻繁項集的方法：FP-樹頻集算法。採用分而治之的策略，在經過第一遍掃描之後，把數據庫中的頻集壓縮進一棵頻繁模式樹（FP-tree），同時依然保留其中的關聯資訊，隨後再將 FP-tree 分化成一些條件庫，每個庫和一個長度為 1 的頻集相關，然後再對這些條件庫分別進行挖掘。當原始數據量很大的時候，也可以結合劃分的方法，使得一個 FP-tree 可以放入主存中。實驗表明，FP-growth 對不同長度的規則都有很好的適應性，同時在效率上較之 Apriori 算法有巨大的提高。

(3) 雲計算技術

雲計算（Cloud Computing）是一種全新的計算模式，是近年來 IT 領域的研究熱點之一。到目前為止，雲計算沒有統一的定義。維基百科認為，雲計算是一種基於網路的計算方式，透過這種方式，共享的軟硬體資源和資訊可以按需求提供給電腦各種終端和其他設備。中國雲計算網認為，雲計算是分布式計算（Distributed Computing）、並行計算（Parallel Computing）和網格計算（Grid Computing）的發展，或者說是這些科學概念的商業實現。美國國家標準與技術實驗室認為，雲計算是一種按使用量付費的模式，這種模式提供可用的、便捷的、按需的網路訪問，進入可配置的計算資源共享池（包括網路、伺服器、儲存、應用和服務等），這些資源能夠快速部署，只需投入很少的管理工作，或與服務供應商進行很少的交互。

雲計算將 IT 相關的能力以服務的方式提供給使用者，允許使用者在不了解提供服務的技術、沒有相關知識以及設備操作能力的情況下，透過 Internet 獲取需要服務。雲計算不僅僅是普通計算工具，而且越來越成為處理千萬億次級（Petascale）數據的計算技術。結合上述多種定義和理解，可以總結出雲計算的一些本質特徵，如分布式計算和儲存特性、高擴展性、高可靠性、通用性、使用者友好性、良好的管理性等。

總體來說，雲計算技術具有以下特點。

① 雲計算系統提供的是服務　服務的實現機制對使用者透明，使用者無需了解雲計算的具體機制，就可以獲得需要的服務。

② 用冗餘方式提供可靠性　雲計算系統由大量商用電腦組成機群，向使用者提供數據處理服務。隨著電腦數量的增加，系統出現錯誤的概率大大增加。在沒有專用的硬體可靠性部件的支援下，採用軟體的方式，即數據冗餘和分布式儲存來保證數據的可靠性。「雲」使用了數據多副本容錯、計算節點同構可互換等措施，來保障服務的高可靠性，使用雲計算比使用本地電腦可靠。

③ 高可用性　透過集成大量儲存和高性能的計算能力，雲能提供一定滿意度的服務品質。雲計算系統可以自動檢測失效節點，並將失效節點排除，不影響系統的正常運行。

④ 高層次的編程模型　雲計算系統提供高級別的編程模型。使用者透過簡單學習，就可以編寫自己的雲計算程式，在「雲」系統上執行，滿足自己的需求。現在雲計算系統主要採用 Map-Reduce 模型。

⑤ 經濟性　組建一個採用大量的商業機組成的機群，相對於同樣性能的超級電腦，花費的資金要少很多。

雲計算可以提供以下幾種服務模式。

① 軟體即服務（Software as a Service，SaaS）　它是一種透過 Internet 提供軟體的模式，使用者無需購買軟體，而是向提供商租用基於 Web 的軟體，來管理企業經營活動。客戶不需要管理或控制底層的雲計算基礎設施，包括網路、伺服器、操作系統、儲存，甚至單個應用程式的功能。SaaS 是最高層，其特色是包含一個透過多重租用（Multitenancy）、根據需要作為一項服務提供的完整應用程式。所謂「多重租用」是指單個軟體實例運行於提供商的基礎設施，並為多個客戶機構提供服務。

② 平臺即服務（Platform as a Service，PaaS）　PaaS 提供給客戶的是，將客戶用供應商提供的開發語言和工具創建的應用程式，部署到雲計算基礎設施上去。客戶不需要管理或控制底層的雲計算基礎設施，包括網路、伺服器、操作系統、儲存，但客戶能控制部署應用程式，也能控制應用的托管環境配置。PaaS 實際上是指將軟體研究發明的平臺作為一種服務，以 SaaS 的模式提交給使用者。因此，PaaS 也是 SaaS 模式的一種應用。但是，PaaS 的出現可以加快 SaaS 的發展，尤其是加快 SaaS 應用的開發速度。

③ 基礎設施即服務（Infrastructure as a Service，IaaS）　IaaS 提供給客户的是出租處理能力、儲存、網路和其他基本的計算資源，使用者能夠部署和運行任意軟體，包括操作系統和應用程式。消費者透過 Internet 可以從完善的電腦基礎設施獲得服務。IaaS 處於最低層級，而且是一種作為標準化服務在網上提供基本儲存和計算能力的手段。

雲計算是一種新型的超級計算方式，以數據為中心，是一種數據密集型的超級計算。雲計算在編程模式、數據儲存、數據管理等方面具有自身獨特的技術。

① 編程模式　雲計算不只是硬體問題，還是一場編程革命。為了使使用者能更輕鬆地享受雲計算帶來的服務，讓使用者能利用該編程模型編寫簡單的程式實現特定的目的，雲計算上的編程模型必須十分簡單，必須保證後臺複雜的並行執行和任務調度向使用者和編程人員透明。

雲計算採用了一種思想簡潔的分布式並行編程模型 MapReduce。MapReduce 是一種編程模型，也是一種高效的任務調度模型，主要用於數據集的並行運算和並行任務的調度處理。在該模式下，使用者只需要自行編寫 Map 函數和 Reduce 函數，即可進行並行計算。其中 Map 函數中定義各節點上的分塊數據的處理方法，而 Reduce 函數中定義中間結果的保存方法以及最終結果的歸納方法。MapReduce 這種編程模型不僅適用於雲計算，在多核和多處理器、cell processor 以及異構機群上同樣有良好的性能。

② 大量數據分布式儲存技術　雲計算環境中的大量數據儲存，既要考慮儲存系統的 I/O 性能，又要保證文件系統的可靠性和可用性。雲計算採用分布式儲存的方式儲存數據，採用冗餘儲存的方式保證儲存數據的可靠性，即為同一份數據儲存多個副本。另外，雲計算系統需要同時滿足大量使用者的需求，並行地為大量使用者提供服務，因此，雲計算的數據儲存技術必須具有高吞吐率和高傳輸率的特點。雲計算的數據儲存技術主要有 Google 的非開源的 GFS（Google File System）和 Hadoop 開發團隊開發的 GFS 的開源實現 HDFS（Hadoop Distributed File System）[54]。

GFS 是一個管理大型分布式數據密集型計算的可擴展的分布式文件系統。它使用廉價的商用硬體搭建系統，並向大量使用者提供容錯的高性能的服務。GFS 系統由一個 Master 和大量塊伺服器構成。Master 存放文件系統所有的元數據，包括名字空間、存取控制、文件分塊資訊、文件塊的位置資訊等。在 GFS 文件系統中，採用冗餘儲存的方式來保證數據的可靠性，每份數據在系統中保存 3 個以上的備份。為了保證數據的一致性，對於數據的所有修改需要在所有的備份上進行，並用版本號的方式來確保所有備份處於一致的狀態。客戶端從 Master 獲取目標數據塊的位置資訊後，直接和塊伺服器交互進行讀操作，而不透過 Master 讀取數據，避免了大量讀操作使 Master 成為系統瓶頸。客戶端在獲取 Master 的寫授權後，將數據傳輸給所有的數據副本，在所有的數據副本都收到修改的數據後，客戶端才發出寫請求控制訊號。在所有的數據副本更新完數據後，由主副本向客戶端發出寫操作完成控制訊號。總的來說，GFS 對其應用環境有以下假設：

- 系統架設在容易失效的硬體平臺上；
- 需要儲存大量 GB 級甚至 TB 級的大文件；
- 文件讀操作以大規模的流式讀和小規模的隨機讀構成；
- 文件具有一次寫、多次讀的特點；
- 系統需要有效處理併發的追加寫操作；
- 高持續 I/O 頻寬比低傳輸延遲更加重要。

③ 大量數據管理技術　雲計算系統對大數據集進行處理、分析，並向使用者提供高效的服務，因此，數據管理技術必須能夠高效地管理大數據集。其次，

如何在規模巨大的數據中找到特定的數據，也是雲計算數據管理技術所必須解決的問題[55]。

雲計算的特點是對大量的數據儲存、讀取後進行大量的分析，數據的讀操作頻率遠大於數據的更新頻率，雲中的數據管理是一種讀優化的數據管理。因此，雲系統的數據管理往往採用數據庫領域中列儲存的數據管理模式，將表按列劃分後儲存。雲計算的數據管理技術，最著名的是谷歌的 BigTable 數據管理技術，同時 Hadoop 開發團隊正在開發類似 BigTable 的開源數據管理模塊。BigTable 對數據讀操作進行優化，采用列儲存的方式，提高數據讀取效率。BigTable 中的數據項按照行關鍵字的字典序排列，每行動態地劃分到記錄板中。每個節點管理大約 100 個記錄板。BigTable 在執行時需要三個主要的組件：鏈接到每個客戶端的庫，一個主伺服器，多個記錄板伺服器。主伺服器用於分配記錄板到記錄板伺服器以及負載平衡、垃圾回收等。記錄板伺服器用於直接管理一組記錄板、處理讀寫請求等。由於採用列儲存的方式管理數據，如何提高數據的更新速率以及進一步提高隨機讀速率，是未來的數據管理技術必須解決的問題。

④ 虛擬化技術 虛擬化不受物理限制的約束，是資源的邏輯表示，進行虛擬化就是要將某種形式的東西以另外一種形式呈現出來。虛擬化技術是指計算元件在虛擬的基礎上、而不是真實的基礎上運行。它可以擴大硬體的容量，簡化軟體的重新配置過程，減少軟體虛擬機相關開銷，支援更廣泛的操作系統。虛擬化是實現雲計算的最重要的技術基礎，實現了物理資源的邏輯抽象和統一表示[56]。計算系統虛擬化是一切建立在「雲」上的服務與應用的基礎。

虛擬化平臺可分為三層結構：最下層是虛擬化層，提供基本的虛擬化能力支援；中間層是控制執行層，提供各控制功能的執行能力；最上層是管理層，對執行層進行策略管理和控制，提供對虛擬化平臺統一管理的能力。

參考文獻

[1] Rackley S. Wireless Networking Technology: From Principles to Successful Implementation[M]. 2007.

[2] 彭木根, 王文博. 無線資源管理與 3G 網路規劃優化 [M]. 北京: 人民郵電出版社, 2008.

[3] Rackley Steve, 吳怡, 朱曉榮, 等. 無線網路技術原理與應用[M]. 北京: 電子工業出版社, 2012.

[4] Shen X, Guizani M, Qiu R C, et al. Ultra-Wideband Wireless Communications and Networks[M]. Wiley, 2006.

［5］ Muller NathanJ. 藍牙揭密[M]. 北京：人民郵電出版社，2001.

［6］ 馬建倉，羅亞軍，趙玉亭．藍牙核心技術及應用[M]. 北京：科學出版社，2003.

［7］ 郝建軍，劉丹譜，樂光新．寬頻無線接入技術 WiMAX[J]. 資訊通訊技術，2008，（4）：43-50.

［8］ 維基百科．4G[EB/OL]. https: //zh. wikipedia. org/zh-cn/4G.

［9］ 百度百科．4G[EB/OL]. https: //baike. baidu. com/item/4G/523884# 4.

［10］ 朱曉榮，齊麗娜，孫君. 物聯網與泛在通訊技術 [M]. 北京：人民郵電出版社，2010.

［11］ 趙慧玲．核心網的發展及融合應用[J]. 網路電信，2010，（3）：62-64.

［12］ 畢厚傑．多業務寬頻 IP 通訊網路[M]. 北京：人民郵電出版社，2005.

［13］ 張傳福，吳偉陵．第三代行動通訊系統 UMTS 的網路結構[J]. 電子技術應用，2002，28（6）：6-8.

［14］ 孔松，張力軍．3G 行動核心網向下一代網路的演進分析[J]. 行動通訊，2005，29（7）：103-106.

［15］ Kaaranen Heikki，彭木根，李安平，等. 3G 技術與 UMTS 網路[M]. 北京：人民郵電出版社，2008.

［16］ 郎為民，王金泉．全 IP 網路體系結構研究[J]. 郵電設計技術，2007，（9）：12-16.

［17］ 郎為民，張昆，宋壯志．下一代網路體系結構研究[J]. 資訊工程大學學報，2007，（3）：411-414.

［18］ 周進怡．從全 IP 網路特徵看 3G 發展方向[J]. 通訊世界，2008，（3）：20-21.

［19］ 韓玲，段曉東，曾志民．下一代核心網路體系結構的分析與研究[J]. 無線電工程，2003，33（10）：1-3.

［20］ 雙鍇，楊放春．增強型 3G 核心網路體系結構的研究[J]. 電子學報，2006，34（7）：1189-1193.

［21］ Tang X，Chen W，Feng X U. Solution of Metropolitan Area Network Broadband Access [J]. Modern Electronic Technique，2005.

［22］ MPLS 基本技術介紹 [EB/OL]. http: //www. h3c. com/cn/d_200805/606207_30003_0. htm.

［23］ 張凌苗．下一代 IP 承載行動通訊網路關鍵技術的研究[D]. 北京：北京郵電大學，2007.

［24］ QoS 技術介紹 [EB/OL]. http: //www. h3c. com/cn/d_200805/605881_30003_0. htm# _Toc277150956.

［25］ 胡鈞．QoS-IP 業務的根本保證[J]. 郵電設計技術，2005，（2）：33.

［26］ 王超，趙文傑. IP 主幹網路路流量控制系統分析及方案部署[J]. 山東科技大學學報（自然科學版），2009，28（2）：88-91.

［27］ 泛在技術 [EB/OL]. http: //www. baike. com/wiki/泛在技術．

［28］ 續合元．泛在/物聯網研究[J]. 中興通訊技術，2010，16（b08）：13-16.

［29］ 王文博，鄭侃．寬頻無線通訊 OFDM 技術[M]. 北京：人民郵電出版社，2007.

［30］ Chang R W. Synthesis of band-limited orthogonal signals for multichannel data transmission [J]. Bell System Technical Journal，1966，45（10）：1775-1796.

［31］ Weinstein S B，Ebert P M. Data Transmission by Frequency Division Multiplexing Using the Discrete Fourier Transform[J]. IEEE Transactions on Communication Technology，1971，19（5）：628-634.

［32］ Rohling H. OFDM: Concepts for Future Communication Systems [M]. Springer Publishing Company，Incorporated，2013.

［33］ 康桂華．MIMO 無線通訊原理及應用[M]. 北京：電子工業出版社，2009.

［34］ Huang H，Papadias C B，Venkatesan

S. MIMO Communication for Cellular Networks [M]．Springer US, 2012, 35-78.

[35] Stuber G L, Barry J R, McLaughlin S W, et al. Broadband MIMO-OFDM wireless communications [J]. Proceedings of the IEEE, Vol. 92, Iss. 2, 2004, 92（2）: 271-294.

[36] Win M Z, Scholtz R A. Impulse radio: How it works [J]. IEEE COMMUNICATIONS LETTERS, 1998, 2（2）: 36-38.

[37] Verdu S. Spectral efficiency in the wideband regime[J]. Information Theory IEEE Transactions on, 2002, 48（6）: 1319-1343.

[38] Agrawal D P, Zeng Q. Introduction to wireless and mobile systems[M]. Cengage Learning, 2003, 105-115.

[39] Coskun V, Ok K, Ozdenizci B. Near Field Communication: From Theory to Practice[M]. 2012, 816-825.

[40] 林克章. 無線網路異構融合機制的研究[D]. 西安: 西安電子科技大學, 2007.

[41] 朱洪波, 楊龍祥, 朱琦. 物聯網產業化發展思路與泛在無線通訊技術研究[J]. 中興通訊技術, 2012, 18（2）: 1-4.

[42] 關占旭. 異構網路融合中若干關鍵技術的研究[D]. 北京: 北京郵電大學, 2011.

[43] 韓小燕. 異構網路融合方案的設計及應用[D]. 南京: 南京郵電大學, 2010.

[44] 胡海東. 物聯網中的大量數據處理技術[J]. 科技創新導報, 2013,（3）: 182.

[45] 莫瓊. 基於物聯網的數據融合算法研究[D]. 沈陽: 遼寧大學, 2014.

[46] 魏福領, 毛征. 數據融合中時間對準方法的研究[J]. 電子測量與儀器學報, 2008,

22（z2）.

[47] 王寶樹, 李芳社, WangBaoshu, 等. 基於數據融合技術的多目標追蹤算法研究[J]. 西安電子科技大學學報（自然科學版）, 1998, 25（3）: 269-272.

[48] 楊萬海. 多感測器數據融合及其應用[M]. 西安: 西安電子科技大學出版, 2004.

[49] 吳小俊, 曹奇英, 陳保香, 等. 基於Bayes 估計的多感測器數據融合方法研究[J]. 系統工程理論與實踐, 2000, 20（7）: 45-48.

[50] Benmokhtar R, Huet B, Berrani S A. Low-level feature fusion models for soccer scene classification[C]. IEEE International Conference on Multimedia and Expo, 2008: 1329-1332.

[51] Shafer G. A mathematical theory of evidence [M]. Princeton University Press, 1976.

[52] Heinzelman W R, Chandrakasan A, Balakrishnan H. Energy-efficient routing protocols for wireless microsensor networks[C]. Hawaii Int'l Conf. on System Sciences, 2000: 3005-3014.

[53] 張健. 雲計算概念和影響力解析[J]. 電信網技術, 2009,（1）: 21-24.

[54] 任崇廣. 面向大量數據處理領域的雲計算及其關鍵技術研究[D]. 南京: 南京理工大學, 2013.

[55] Chang F, Dean J, Ghemawat S, et al. Bigtable: A Distributed Storage System for Structured Data[J]. ACM TRANSACTIONS ON COMPUTER SYSTEMS, 2008, 26（2）: 1-26.

[56] 李明棟, 孟昱, 胡捷. 雲計算關鍵技術及標準化[J]. 電信網技術, 2010,（9）: 1-7.

第5章

物聯網綜合服務平臺

5.1 雲計算平臺

5.1.1 概述

雲計算（Cloud Computing，CC）是基於網路的計算模式，將計算過程從使用者終端集中到「雲端」，是網格計算、分布式計算、並行計算、網路儲存、虛擬化、數據分析與處理等傳統電腦技術、網路和通訊技術發展融合的產物。雲計算的服務模式具有規模經濟性，所有應用透過網路提供給多個外部使用者進行使用，使多個使用者可以共享同一個應用，進而將計算、儲存等功能在使用者間實現共享，大幅度提高處理器和儲存設備的利用率。

雲計算平臺（Cloud Computing Platform，CCP）又稱為雲平臺，雲計算提供商使用雲計算平臺，向使用者提供基於「雲」的各種服務。雲平臺中的組件，主要包括雲伺服器、雲網站、雲關係數據庫、雲緩存和雲儲存等。根據雲計算平臺服務模式的不同，開發者可以在雲平臺中創建應用進行營運，也可以使用雲平臺中提供的應用服務，按照雲計算平臺的營運模式，使用者只需關心應用的功能，而不必關註應用的具體實現方式，即各取所需，按需定制自己的應用。

NIST 給出了雲計算的服務模型，包含一些基本特徵，如按需自助服務、寬頻網路訪問、資源池化、快速彈性伸縮、服務可度量[1]。

（1）按需自助服務

按需自助服務是指使用者可以根據需求使用雲計算資源，如計算資源和儲存資源等，在此過程中不需要與雲服務提供商進行交互。雲計算平臺一般具有面向使用者的自助服務界面，平臺提供商和使用者可以使用自助服務界面對提供的雲計算服務進行管理。透過按需自助服務機制，平臺提供商和使用者可以方便地對雲計算服務的使用進行規劃、管理和部署等，這種服務方式能夠提高使用者的工作效率，並降低雲服務提供商的服務成本。

(2) 寬頻網路訪問

雲計算服務具有寬頻網路訪問的能力，由於不同種類的雲計算客戶端（如手機、平板電腦、筆記型電腦和工作站等）需要透過遠程接入的方式訪問雲計算平臺，使用平臺提供的雲服務，因此，雲計算服務需要具備高頻寬的通訊鏈路，以滿足大量使用者的接入需求。

(3) 資源池化

資源池化是雲計算服務的一個重要特徵。雲計算服務提供商需要為多個使用者同時提供服務，這就需要其擁有資源池。該資源池需要包含大規模物理資源和虛擬資源，同時可以靈活動態地供使用者使用。雲計算的資源是與位置無關的，使用者通常無需了解所提供資源的具體位置，不需要對資源進行控制。在應用程式執行時，根據使用者的需求，不同的物理資源和虛擬資源可以進行靈活、動態分配和再分配，以實現系統的性能優化。

(4) 快速彈性伸縮

快速彈性伸縮能力是指為了滿足雲計算的需求，雲計算平臺所具備的對所分配資源進行快速增加或縮減的能力。這種資源的增加或縮減過程可以是自動實現的。對於使用者而言，雲平臺的快速彈性伸縮能力，表現為該平臺能夠隨時提供大量資源的大規模動態資源池，可以快速滿足使用者的服務需求，這對於提升使用者體驗非常重要。

(5) 服務可度量

服務可度量是指雲計算平臺可以對其提供的各種資源和服務類型（例如計算、儲存、頻寬等）進行計量，對資源的使用情況進行監控、控制和上報，讓服務提供者和使用者及時了解服務使用情況，以實現自動控制和優化資源使用。同時，服務可度量能力可以保證使用者動態分配和監控所使用的雲計算資源的數量，並透過可度量的使用方式，為特定服務所分配的雲計算資源支付使用費用。

5.1.2　雲計算的部署模式

雲計算服務具有多種部署模式，其中，典型的雲計算服務部署模式包括公有雲、私有雲和混合雲[1]。

(1) 公有雲

公有雲由雲服務提供商（企業、學術機構、政府組織等）擁有、管理和營運。公有雲的基礎設施由雲服務提供商部署，向大眾開放使用。例如，亞馬遜AWS、阿里雲和微軟透過豐富的基礎設施和平臺產品組合，以及全面的應用開發服務和強大的企業戰略，在企業級公有雲平臺市場處於領先地位；華為企業

雲、騰訊雲等透過穩定的基礎設施，以及廣泛而深入的平臺營運產品組合，在企業級公有雲平臺市場表現強勁。

公有雲的主要特徵有：

① 公有雲一般由大型 IT 服務商提供服務，IT 服務商透過建構雲計算基礎架構設施或使用已有的雲計算基礎架構設施，向使用者提供雲計算服務；

② 公有雲中的使用者可以根據特定的需求，透過網路訪問公有雲中的服務，服務使用完畢後需要及時釋放資源，以實現資源的充分利用；

③ 公有雲一般提供通用性服務。

(2) 私有雲

私有雲由特定的組織機構、企業或第三方擁有，並負責雲服務的管理和運行，供該組織機構、企業或第三方授權使用者使用。與公有雲和混合雲相比，私有雲能夠提供對數據、安全性和服務品質的最有效控制，服務品質更高，可以充分利用雲服務提供商現有硬體資源和軟體資源，且不影響現有 IT 管理的流程。隨著大型企業數據中心的集中化，私有雲逐漸成為部署 IT 系統的重要模式，成為雲計算演進的一個重要過程。大型的組織機構和企業通常會建立自己的私有雲，如華為的 FusionSphere 雲、H3C 的 H3Cloud OS 雲等。

私有雲的主要特徵有：

① 私有雲提供的服務具有針對性，組織機構、企業或第三方為內部或特定授權客户搭建雲計算基礎架構設施並提供相應服務；

② 組織機構、企業或第三方對其搭建的雲計算平臺具有自主權，負責雲服務的管理和運行，可以根據自身和客户的需求，對雲服務進行創新和改進。

(3) 混合雲

混合雲由兩個或兩個以上的雲（私有雲或公有雲）組成，不同的雲服務之間獨立設置，具有數據和應用程式的可移植性，使用一定的技術或標準化機制進行融合併提供服務。對於企業而言，出於安全考慮，企業更願意將數據存放在私有雲中，但是同時希望可以使用公有雲的強大的計算和儲存等資源，因此，企業更傾向於使用混合雲的模式。

混合雲的主要特徵有：

① 組織機構、企業等在使用混合雲的部署模式時，可以同時使用公有雲和私有雲；

② 組織機構、企業等在使用混合雲的部署模式時，這些機構對私有雲具有自主權，但對公有雲沒有自主權；

③ 組織機構、企業等在使用混合雲的部署模式時，可以在公有雲提供的通用服務的基礎上，利用擁有的私有雲，面向自身的需求開發混合雲。

上述三種雲計算服務部署模式中，私有雲的使用比例較高，許多企業針對自身的需求部署了私有雲，供企業內部使用。然而，私有雲的比例在逐年下降。越來越多的企業在部署雲計算的過程中，需要在雲計算的需求與管理內部資源之間尋找平衡，同時要保證數據的安全性，混合雲的部署模式更滿足市場的需求，並逐漸成為最重要的雲計算部署方式。同時，現有的私有雲業務，也逐漸透過混合雲的部署方式拓展到公有雲[2]。根據 RightScale 發布的 2017 年雲計算狀態的調查報告，95％的受訪企業表示使用雲，私有雲的採用率從 77％下降到了 72％。有 85％的受訪者表示他們的公司有多雲戰略，其中，混合雲的採用率由 55％上升至 58％[3]。使用混合雲的部署模式企業，可以把常規數據和業務部署在公有雲上，核心業務相關數據部署在私有雲上，由公司自主維護，透過這種模式部署雲計算服務，不僅能夠以最小的代價、最低的風險來推進企業的業務成長，又可以利用公有雲的優勢，將其雲服務的成本降低並增加可擴展性，是目前企業的首選策略。目前雲服務商和設備廠商也採用虛擬私有雲、托管雲等多種方式進軍混合雲市場，提供多種混合雲的解決方案，未來幾年混合雲市場仍將快速成長。

5.1.3 雲計算的體系結構

下面從雲計算的層次架構、組成架構和技術架構三個角度分別介紹雲計算的體系結構。

（1）雲計算的層次架構

根據雲計算所提供的服務層次，雲計算一般可以劃分成三層：應用層、平臺層、基礎設施層。

① 基礎設施層　基礎設施層以雲計算資源為中心，包含硬體資源和相關管理功能軟體，其中硬體資源包括了計算、儲存和網路等資源。基礎設施層透過虛擬化技術對資源進行抽象，向使用者提供動態、靈活的基礎設施服務，實現內部管理、操作流程自動化和資源管理優化。

② 平臺層　平臺層處於基礎設施層和應用層之間，以中間件和平臺軟體為中心，包含具有通用性和可複用性的軟體資源。平臺層提供了應用程式的開發、部署、運行、管理和監控相關的中間件和基礎服務，滿足應用層在可伸縮性、可用性和安全性等方面的要求。

③ 應用層　應用層建構於基礎設施層提供的硬體資源和平臺層提供的軟體環境之上，透過網路為使用者提供服務，是雲計算應用軟體的集合。雲計算應用的種類很多，其中包括面向大眾群體的標準應用，如文檔編輯、日曆管理等；面向企業的定制化應用，如企業財務管理和供應鏈管理等；面向具體行業使用者開發的多元應用，如金融行業的臺賬系統等。

(2) 雲計算平臺的組成架構

雲計算平臺連接了大量併發的網路計算和服務，利用虛擬化技術形成虛擬化資源池，將硬體資源進行虛擬化管理和調度，把儲存於個人電腦、伺服器設備、行動設備等各種設備的計算、儲存等資源集中起來合作工作，提供超強的計算和儲存能力。雲計算平臺具有多種組成架構，一種常用的雲計算平臺由雲客户端、服務目錄、管理系統與部署工具、資源監控和伺服器集群組成。

① 雲客户端　雲客户端提供使用者向雲平臺請求服務的交互界面，是使用者使用雲平臺的入口。使用者透過雲客户端註冊、登録和制定服務，同時使用雲客户端對使用者進行配置和管理。

② 服務目錄　使用者在獲取雲平臺使用權限後，服務目錄在使用者端界面生成相應的圖標或列表，為使用者展示所選擇或定制的服務，使用者可以對已有服務進行退訂等操作。

③ 管理系統與部署工具　管理系統與部署工具提供雲平臺的管理和服務功能。該工具可以實現使用者的授權、認證、登録等管理功能，同時可以管理可用的計算資源和服務，接收使用者請求，將使用者請求提交到相應的應用程式，動態地調度、部署、配置和回收資源。

④ 資源監控　資源監控主要用於監控和計量雲計算服務系統的資源使用情況，根據資源的使用情況，實現節點的同步配置、負載均衡配置和資源監控，針對系統和使用者的需求，進行資源的優化配置。

⑤ 伺服器集群　伺服器集群由虛擬的或物理的伺服器構成，負責處理高併發量的使用者請求、高性能計算、使用者 Web 應用服務、雲數據儲存等。

(3) 雲計算的技術架構

從技術角度考慮，雲計算技術體系結構可以分為 4 層：物理資源層、資源池層、管理中間件層和面向服務的架構（Service-Oriented Architecture，SOA）建構層。資源池層和管理中間件層是雲計算技術的關鍵部分，SOA 建構層的功能通常依靠外部設施提供。

① 物理資源層　物理資源層包括雲計算服務使用的各種物理資源，例如電腦、儲存器、網路設施、數據庫和軟體等。

② 資源池層　資源池層將大量相同類型的資源抽象為虛擬資源池，如計算資源池、數據資源池等；實現物理資源的集成和管理工作，實現資源的合理有效調度，使資源能夠高效、安全地為應用提供服務。

③ 管理中間件層　管理中間件層包含資源管理、任務管理、使用者管理和安全管理等功能。資源管理功能負責雲計算資源節點的負載均衡，檢測、恢復或屏蔽節點的故障，並對資源的使用情況進行監視統計；任務管理功能負責執行使

用者或應用提交的任務，包括完成使用者任務的部署和管理、任務調度、任務執行、任務生命期管理等；使用者管理功能包括提供使用者交互介面、管理和識別使用者身份、創建使用者程式的執行環境、對使用者的使用進行計費等，是實現雲計算商業模式的重要環節；安全管理保障雲計算設施的整體安全，包括身份認證、訪問授權、綜合防護和安全審計等。

④ SOA 建構層　SOA 建構層將雲計算能力封裝成標準的 Web 服務，並納入到 SOA 體系進行管理和使用，包括服務註冊、查找、訪問和建構服務工作流等。

5.1.4　雲平臺服務模式

雲平臺包含三種服務模式，即基礎架構即服務（Infrastructure-as-a-Service，IaaS）、平臺即服務（Platform-as-a-Service，PaaS）和軟體即服務（Software-as-a-Service，SaaS），基礎架構在最下端，平臺在中間，軟體在頂端。下面簡要介紹這三種模式[4]。

(1) 基礎架構即服務 (IaaS)

IaaS 模式的雲服務是指使用者透過租用計算、儲存、網路和其他基本資源，在雲計算平臺上部署和運行操作系統、應用程式等軟體。使用者無需管理或控制底層的雲計算基礎設施，但可以控制操作系統、儲存、部署的應用，同時對某些網路組件具有一定的控制能力。典型的 IaaS 提供商包括亞馬遜的 Amazon Web Services（AWS）、微軟公司的 Azure、谷歌的 Google Compute Engine 和 IBM 的 SmartCloud Enterprise 等。

IaaS 服務主要用於部署 PaaS 和 SaaS 服務以及相應的應用程式，提供軟硬體基礎。IaaS 服務把雲計算供應商提供的計算單元、儲存設施、介面、網路等軟硬體資源整合為大規模的資源池，並將該資源池作為服務提供給使用者。IaaS 服務採用資源虛擬化技術對資源進行調度、管理和優化，可以透過這些基礎設施使虛擬機支援大量的應用。透過 IaaS 模式，使用者可以從雲服務提供商處獲取所需要的虛擬機或者儲存等資源，能夠部署和運行操作系統和應用程式等軟體，可以在「雲」中操作虛擬數據中心，獲取所需的計算能力。同時，使用者不用管理或控制雲計算的基礎設施，不用對基礎設施支付成本，這些基礎設施的管理工作將由 IaaS 提供商來處理。IaaS 服務模式的主要優勢[4] 如下。

① IaaS 服務支援使用者或使用者所在的組織對開發的軟體進行版本更新和升級，使用者可以按需對軟體的功能和版本進行控制。在某些應用場景中，該特性提高了使用者的靈活性。

② IaaS 服務支援使用者或使用者所在的組織對平臺工具、數據庫系統和底

層基礎架構的維護和升級。在某些應用場景中，該特性使得使用者可以更加靈活地對平臺底層基礎架構進行控制。

③ IaaS 具有多樣化的定價模式，允許使用者僅為自己使用的服務進行付費。這種模式允許個人或者小型組織和企業有機會使用更加高級的平臺開發軟體。

④ 很多 IaaS 服務提供商為多種平臺提供了應用開發工具，如行動平臺、Web 平臺等。多平臺的支援能力，可以透過不同的平臺接入到雲平臺中，使用使用者所開發的軟體。

⑤ IaaS 服務模式具有雲計算的快速彈性伸縮的能力。由於一些使用者在不同的時期對平臺使用程度不同，平臺的快速彈性伸縮能力為此類使用者提供便利。

⑥ IaaS 服務平臺的安全性非常重要。IaaS 服務提供商可以為服務平臺提供更好的安全性。

⑦ IaaS 服務提供商負責發布開發底層軟體的新版本，使用者無需參與此項工作。

⑧ IaaS 服務提供商負責底層數據中心的管理，使用者無需參與此項工作。

⑨ 通常情況下，IaaS 服務提供商負責管理系統備份工作，使用者無需進行管理。

⑩ IaaS 服務提供商負責提供故障轉移功能，當 IaaS 服務軟體或數據中心發生故障時，可以實現故障轉移，使用者無需參與此項工作。

對於某些應用或者使用者而言，IaaS 服務模式仍然存在一些問題，其中包括：

① IaaS 服務需要使用者自己進行軟體版本更新和升級工作，該特性在某種程度上增加了使用者使用平臺服務的工作量和使用門檻；

② IaaS 服務需要使用者對平臺工具、數據庫系統和底層基礎架構進行維護和升級，該特性在一定程度上增加了使用者使用 IaaS 平臺服務的難度；

③ IaaS 服務需要配置特定的底層硬體或者修改底層軟體，以支援服務所部署的應用程式；

④ IaaS 服務提供商為 IaaS 服務制定了安全策略，其中某些安全策略有可能會對使用者的使用帶來一定的限制；

⑤ 在 IaaS 服務中，使用者內部或安裝在其他雲中的軟體，可能需要和 IaaS 服務提供商進行資訊的高速交互，但是目前的網路連接可能無法提供交互所需要的網路性能。

（2）平臺即服務（PaaS）

PaaS 在三層中的中間，為 IaaS 層、SaaS 層和使用者提供雲組件和平臺運行環境。使用者透過使用 PaaS 服務提供商提供的開發平臺（包含軟體開發工具、開發文檔和測試環境等），進行程式的快速開發、測試、部署、管理和數據庫的使用，PaaS 負責提供開發平臺或開發環境。在平臺使用過程中，使用者可以配

置應用程式運行環境，對應用程式進行部署，用於部署和運行應用程式所使用的伺服器、操作系統、網路和儲存等資源，由 PaaS 服務提供商負責搭建並管理，使用者無需控制或管理平臺底層基礎架構。

通用電氣公司開發的 Predix、霍尼韋爾公司的 Uniformance Suite 和西門子的 MindSphere 是 PaaS 的典型工業應用。IT 公司如新浪雲、阿里雲、Bosch IoT 也為行業提供 PaaS。PaaS 服務部署的優勢如下[4]：

① 與 IaaS 類似，在 PaaS 服務模式中，使用者或使用者所在的組織可以對所開發的軟體進行版本更新和升級，這在一定程度上增加了使用者在軟體開發方面的靈活性；

② PaaS 服務提供商負責對平臺工具、數據庫系統和底層基礎架構進行維護和升級，使用者無需參與；

③ PaaS 服務同樣具有多樣化的定價模式，使用者僅為自己使用的服務進行付費，這種模式可以使得個人使用者或者小型組織和企業可以使用更加先進的軟體開發環境和工具；

④ 很多 PaaS 提供商為行動平臺、Web 平臺等多種平臺提供了開發選項，多平臺的支援能力可以使使用者方便地開發接入到多種平臺的應用軟體；

⑤ 作為雲計算服務模式的一種，PaaS 服務模式同樣具備雲計算的快速彈性伸縮的能力，某些使用者在平臺使用程度方面具有時間不均衡的特點，平臺的快速彈性伸縮能力為此類使用者提供更有效的服務；

⑥ 保證服務的安全性是 PaaS 服務的重要內容，PaaS 提供商將保證安全性作為其重要的業務，PaaS 可以提供更好的安全性；

⑦ PaaS 服務平臺底層軟體新版本的開發和管理由 PaaS 服務提供商負責，使用者無需參與；

⑧ PaaS 服務平臺的伺服器配置工作由 PaaS 服務提供商負責，使用者無需參與；

⑨ PaaS 服務平臺的底層數據中心由 PaaS 服務提供商負責進行管理，使用者無需參與；

⑩ 系統備份是雲服務平臺的重要工作之一，在 PaaS 服務平臺中，系統的備份工作由雲服務提供商負責，使用者無需參與；

⑪ 當 PaaS 服務平臺的軟體或數據中心發生故障時，PaaS 服務提供商負責提供故障轉移功能。

對於某些使用者或者應用場景，IaaS 服務模式仍然存在一些問題，其中包括：

① PaaS 服務平臺需要使用者負責軟體版本更新和升級工作，對於部分使用者和應用場景而言，這在一定程度上增加了使用者的平臺使用難度和工作量；

② 為了支援平臺所屬的某些應用程式，PaaS 服務平臺需要配置特定的底層

硬體或者修改底層軟體；

③ PaaS 服務提供商從平臺的角度為 PaaS 服務制定安全策略，然而，某些安全策略有可能並不能滿足使用者的需求；

④ 在一些應用場景中，使用者的內部軟體或其他雲服務中的軟體，需要 PaaS 雲服務提供商進行高速交互，然而，目前網路性能可能無法滿足資訊交互的需求。

(3) 軟體即服務 (SaaS)

SaaS 服務是雲服務提供商提供的運行在雲基礎設施上的應用程式，使用者可以透過不同種類的客戶端設備訪問這些應用程式。通常情況下，使用者使用 SaaS 服務時，不用直接管理或控制網路、伺服器、操作系統、儲存等底層基礎設施，甚至無需管理和控制某個應用的功能。

SaaS 服務提供商將服務軟體放在自己的伺服器中，透過 Web 瀏覽器或程式界面，向使用者提供基於雲的應用服務，使用者只需透過終端的客戶界面下載相應的軟體，並支付相關費用，即可使用該軟體進行工作。使用者可以透過不同設備訪問應用程式，不需要在特定的設備上運行或安裝某種特定應用程式。這種服務模式不僅節省了時間和開銷，還簡化了系統的支援和維護過程。SaaS 服務提供商負責軟硬體的開發、維護，並透過收取軟體使用費用實現盈利。

SaaS 服務方式具有科技含量高、價格低的優點，適合中小企業使用。常見的 SaaS 示例包括 Google Apps、Microsoft Live 等。SaaS 服務模式的優勢包括[4]：

① 使用者在使用 SaaS 服務時，不僅可以使用集成的軟體套裝，還可以使用服務提供商提供的最小定制軟體，在某些應用場景中，這種機制對於使用者而言是有益的；

② SaaS 服務平臺同樣採用多樣化的定價模式，允許使用者僅為自己使用的軟體和服務進行付費，這種模式允許個人或者小型組織和企業可以透過較小的投入使用高級應用軟體進行工作；

③ SaaS 服務提供商會提供面向不同平臺的軟體服務，如行動平臺、Web 平臺等，多平臺的支援能力，可以使使用者很方便地透過不同平臺使用服務，特別是 SaaS 服務提供商會提供 APP 以支援行動設備；

④ SaaS 服務模式同樣具有雲計算的快速彈性伸縮的能力，為使用者在不同的時間、不同程度的軟體使用提供便利；

⑤ 保證服務的高安全性是服務提供商非常重要的工作，與普通使用者相比，SaaS 服務提供商可以更好地保證服務的內部安全；

⑥ SaaS 服務提供商負責管理軟體新版本的發行，使用者無需參與；

⑦ SaaS 服務提供商負責伺服器的配置工作，使用者無需參與；

⑧ SaaS 服務提供商負責管理底層數據中心，使用者無需參與；

⑨ 通常情況下，SaaS 服務平臺的備份工作由 SaaS 服務提供商負責完成，使用者無需參與；

⑩ SaaS 服務的軟體或數據中心可能會出現故障，SaaS 服務提供商會提供故障遷移機制，以保證系統的正常運行和數據的安全，使用者無需關注此工作。

對於某些應用或者使用者而言，IaaS 服務模式仍然存在一些問題，其中包括：

① 使用者在使用 SaaS 服務時，SaaS 服務可能會要求使用者使用提供商提供的原始或最小定制軟體，在某些應用場景中，這種機制限制了使用者軟體使用的靈活性，增加了使用者進行軟體使用的難度；

② SaaS 服務提供商針對一些服務所設置的安全配置，可能無法滿足使用者的需求；

③ 在 IaaS 服務中，網路性能不足，可能會給使用者軟體和 SaaS 服務提供商之間的高速交互帶來影響。

全球雲計算平臺市場的發展保持平穩上升趨勢，目前，以 IaaS、PaaS 和 SaaS 為代表的典型雲計算服務市場規模達到數百億美元，預計 2020 年將達到千億美元的市場規模。對雲計算的細分市場進行分析，全球 IaaS 市場保持穩定成長，雲主機仍是最主要產品，預計未來幾年將持續成長，但增幅會略有下降；PaaS 市場總體成長放緩，但數據庫服務和商業智慧平臺服務成長較快，預計未來幾年仍將高速成長，遠超過應用開發、應用基礎架構和中間件等其他 PaaS 產品；SaaS 仍然是全球公有雲市場的最大構成部分，同時產品呈現多元化的發展趨勢，數位內容製作、企業內容管理、商業智慧應用等產品規模較小、成長快，CRM、ERP、網路會議及社交軟體占據主要市場[2]。

5.2　物聯網應用平臺

5.2.1　概述

物聯網作為目前資訊通訊領域新技術和應用的典型代表，在全球範圍內快速發展，成為新一輪科技革命與產業變革的核心動力。物聯網領域涵蓋了物聯網平臺系統、短距離連接、物聯網架構、物聯網應用、物聯網安全和隱私等重要方面，其發展呈現出平臺化、雲化、開源化的特徵，並與行動網路、雲計算、大數據融為一體，成為 ICT 生態中重要的一環。隨著物聯網應用的不斷發展和技術的逐步成熟，物聯網平臺作為設備、資訊、數據交互和處理的核心節點，在全球

範圍內的發展持續升溫，成為產業生態建構的核心關鍵環節，同時，雲計算的成熟、開源軟體等有效降低了企業建構生態的門檻，推動全球範圍內物聯網平臺的興起[5]。

　　物聯網平臺是一種集成的物理/虛擬實體系統，包括網路、物聯網環境、物聯網設備和相關物理設備、物聯網操作和管理、與無線網服務供應商之間的外部連接等。物聯網平臺系統採用各種應用和網路組件提供物聯網服務，並能夠對服務進行管理[6]。物聯網平臺主要提供設備管理、連接管理、應用使能和業務分析等主要功能。一般情況下，平臺服務提供商根據自身的特點和需求，建構特定的功能性平臺，例如，設備製造商專註設備管理平臺；網路營運商專註連接管理平臺；IT 服務商和各行業領域服務商等專註應用使能平臺和業務分析平臺。同時，為了實現端到端完整的解決方案，一些大型企業，如通用電氣、亞馬遜、IBM 等建構的平臺，功能不斷豐富，呈現多功能一體化發展趨勢。利用物聯網平臺，可以打破垂直行業的「應用孤島」，促進大規模開環應用的發展，形成新的業態，實現服務的增值化。同時利用平臺對數據的匯聚功能，可以在平臺上挖掘物聯網數據價值，衍生新的應用類型和應用模式。隨著物聯網在行業領域的應用不斷深化，平臺連接設備量巨大、環境複雜、使用者多元等問題將更為突出，不斷提升連接靈活、規模擴展、數據安全、應用開發簡易、操作友好等平臺能力，也成為未來平臺主要發展方向[5]。

　　物聯網雲平臺提供了實現物聯網解決方案所需的軟體基礎架構和服務。物聯網雲平臺通常在雲基礎架構設施上或在企業數據中心內部運行。典型的物聯網平臺需要具有以下核心功能[7]。

　　(1) 連接性和消息路由功能

　　物聯網平臺需要能夠使用不同的協議和數據格式與大量的設備和網關進行交互，對設備進行規範化處理，與企業的其他組成部分進行有效集成和合作工作。

　　(2) 設備管理和設備註冊功能

　　物聯網平臺中需要設置註冊中心部分，該註冊中心用於識別在物聯網解決方案中運行的設備和網關，提供軟體更新和設備管理的能力。

　　(3) 數據管理和儲存功能

　　物聯網平臺需要具備可擴展的數據儲存，支援不同種類的大量物聯網數據，同時可以對數據進行有效管理。

　　(4) 事件管理和分析功能

　　物聯網平臺需要具有可擴展的事件處理功能，具備整合、管理和分析數據的能力。

（5）應用使能功能

物聯網平臺需要具有創建報告、圖表和儀表盤的功能，可以對數據進行可視化分析和處理，並使用 API 進行應用程式集成。

（6）使用者界面功能

物聯網平臺需要具有友好的使用者界面，實現管理人員、使用者與平臺之間的互操作。

隨著物聯網技術的快速發展，物聯網平臺同樣面臨多種挑戰[8]。

（1）雲計算提供商之間的同步問題

由於物聯網服務通常由不同的雲計算提供商提供，建立在各種不同的雲計算平臺之上，所以不同的雲計算提供商之間的同步對於提供實時的物聯網服務非常重要。

（2）雲計算的標準化問題

由於物聯網平臺的應用需要在不同的雲計算服務提供商之間進行合作，然而不同的服務提供商可能採用不同的技術方案，因此雲計算的標準化是物聯網平臺提供服務的重要條件。

（3）服務環境與需求之間的平衡問題

由於雲平臺的基礎設施存在差異，物聯網平臺的建立需要在通用雲服務環境和物聯網需求之間取得平衡，這是物聯網雲平臺發展的重要挑戰。

（4）雲平臺的可靠性問題

由於物聯網設備與雲平臺之間的安全機制不同，如何保證物聯網雲服務的安全性，是物聯網平臺需要重點關註的問題。

（5）物聯網平臺的管理問題

因為雲計算平臺和物聯網系統有著不同的資源和組件，如何對雲計算平臺和物聯網系統進行統一、有效的管理，是物聯網平臺中的重要挑戰。

5.2.2 物聯網應用平臺現狀

隨著物聯網市場的蓬勃發展，物聯網平臺領域發展迅速，中國中國中國及國外很多企業都在加大物聯網平臺的投入，通用電氣（General Electric，GE）、美國參數技術公司（PTC）、思科、IBM、微軟、亞馬遜、阿里巴巴、中國移動等全球知名企業，均從不同環節布局物聯網。作為製造業巨頭，GE 建構了 Predix 平臺和工業應用，重構旗下業務，提高了生產效率；同時，GE 透過與微軟建立戰略合作伙伴關係，推動 Predix 平臺與 Azure IoT Suite、Cortana 智慧套件的深

入整合，獲得人工智慧、自然語言處理、高級數據可視化等技術和企業應用方面的支援。PTC 收購 ThingWorx 設備管理平臺等，在連接性、應用生成、大數據和機器智慧等物聯網各方面有著重要的話語權。PTC 和 Bosch 成立技術聯盟，整合 ThingWorx 和 Bosch IoT Suite，實現了設備管理平臺與應用使能平臺之間的整合，為使用者提供更全面的平臺服務。IBM 對物聯網平臺進行了大量的投入和建設，與感測器、處理器、傳輸芯片、IP 技術等廠商進行廣泛合作，使各種大量設備連接到 IBM 雲端的 Watson IoT Platform。微軟推出 Azure IoT 套件，同時透過收購物聯網服務企業，重點布局製造、零售、食品飲料和交通等垂直行業物聯網應用市場，協助企業簡化物聯網在雲端的應用部署及管理。Amazon 透過硬體合作伙伴計畫，與博通、英特爾、聯發科、微芯、高通、瑞薩、艾睿電子等廠商合作，推出 Amazon AWS IoT 平臺，將物聯網設備與雲連接，實現安全的數據交互、處理和分析，促進了物聯網產品和服務的快速開發。阿里巴巴公司藉助阿里雲生態中的雲計算、大數據等資源，以 YunOS 和雲平臺為核心推出物聯網平臺，為物聯網企業建構打通上下游全產業鏈的生態系統。中國行動推出了自主研究發明的 OneNET 平臺，向合作伙伴提供了開放 API、應用開發模板、組態工具軟體等能力，幫助合作伙伴降低應用開發和部署成本，打造開放、共贏的物聯網生態系統[5]。

綜上所述，IT 服務商、網路企業、電信營運商等陣營依託各自優勢，圍繞物聯網平臺加速布局，從不同切入點展開物聯網平臺產業生態建設[5]。

（1）IT 服務商以雲生態圈為基礎，以數據驅動建構生態

依託中國網路產業取得的巨大進步，網路企業在可穿戴、智慧硬體、車聯網等領域和大數據處理、雲平臺、操作系統技術等方面均有著自身優勢。IT 服務商具備強大的基礎設施支援、豐富的分析計算工具、成熟的定價體系和全面的安全保障策略，已形成了成熟的雲服務系統。網路企業加速探索物聯網發展新空間，並以原有平臺為基礎積極拓展物聯網業務，透過聯合上下游企業，布局物聯網產業生態。

（2）行業企業利用垂直行業優勢，圍繞工業應用智慧化建構生態

行業巨頭透過開放資源和能力向平臺化服務轉型。製造業等傳統行業巨頭相繼推出面向具體行業的物聯網平臺，實現行業資源和能力的開放共享，推動了行業整體創新發展。通用電氣、西門子等製造行業巨頭根植於工業製造領域，擁有工業應用研究發明和實施優勢，以平臺和應用為重點，聯合 IT 服務商、應用開發商、製造業企業三大類產業力量共同布局工業網路生態。

（3）電信營運商發揮連接優勢，立足通訊管道建構生態

電信營運商積極布局物聯網平臺，建構產業合作生態，向行業使用者提供端

到端的綜合服務方案。電信營運商以「連接」為基礎，以「平臺」為核心，運用廣闊的網路覆蓋和強大的連接能力，促進終端、網路和平臺的合作發展，構架以M2M應用為核心著手布局物聯網平臺生態。

（4）各陣營之間競爭與合作並存

目前，各巨頭企業均處在物聯網產業布局階段，企業之間競爭與合作並存。競爭方面，一是圍繞產業鏈上下游企業和應用開發者，巨頭企業積極爭取更多產業力量，共同建構產業生態，提升物聯網平臺價值；二是圍繞市場，透過提供端到端完整的解決方案，培育產業生態的固定使用者群體。合作方面，單一物聯網平臺企業難以從底層到上層，提供包括設備管理、連接管理、應用使能和業務分析在內的完整平臺功能，不同平臺企業之間積極展開合作，實現優勢互補。

隨著各方對物聯網平臺的重視，圍繞物聯網平臺的競爭將更加激烈，物聯網平臺市場走向整合是大勢所趨。一方面，巨頭企業均已布局物聯網平臺，中小企業建設物聯網平臺的趨勢將逐漸放緩，物聯網平臺數量成長將趨於穩定。另一方面，物聯網平臺成為產業界兼併熱點，大型平臺企業積極兼併小型平臺企業以增強實力，平臺市場正在逐步整合。與網路平臺相似，隨著平臺聚合的上下游企業、應用開發者等資源增加，物聯網平臺價值不斷提升，對其進一步吸引資源產生正反饋促進作用，形成強者更強的發展格局。以平臺化服務為核心的產業生態很可能走向類似行動網路的發展路徑，形成少數幾家物聯網平臺為核心的產業生態，主導產業發展方向的格局。在此趨勢下，物聯網平臺市場整合將加速，競爭將更加激烈。

5.2.3　物聯網應用平臺架構

從功能的角度來說，物聯網平臺的主要功能是支援「物」或設備之間的連接，通常包含以下功能模塊[9,10]。

（1）連接和規範化模塊

連接和規範化功能模塊將不同的協議和數據格式整合為統一的「軟體」介面，保證設備數據流的準確性和設備之間的資訊交互。

物聯網平臺中連接層的主要功能，是將設備之間的不同協議和數據格式轉換為統一的「軟體」介面，保證所有設備之間可以進行正常的資訊交互，同時保證設備數據讀取的正確性。將所有設備的數據按照統一的格式儲存在統一的位置，將不同設備的功能、協議和數據集成到統一的平臺中，是實現物聯網設備監控、管理和分析的基本和必要條件。實現上述功能，需要平臺提供商開發軟體代理並預先安裝在平臺的基礎設施中，以保證物聯網平臺與設備之間能夠建立穩定的連接；部分設備會根據需要為物聯網平臺提供標準化的API介面。

（2）設備管理模塊

設備管理模塊的主要功能，是保證與平臺連接的「物」或設備可以正常工作，保證運行在設備或者物聯網網關上的軟體應用可以無縫地進行更新和版本升級。

物聯網平臺的設備管理模塊，用於保證平臺所連接的對象能夠正常工作，其軟體和應用程式能夠正常地運行和更新升級。該模塊執行的任務包括設備配置、遠程配置、固件/軟體更新管理以及故障排除。由於物聯網平臺需要支援的設備數目巨大，種類繁多，因此設備管理模塊需要具有一定的自動化和批處理的能力。

（3）數據庫模塊

數據庫模塊主要用於儲存連接至物聯網平臺的設備數據。數據儲存是物聯網平臺的核心，由於物聯網平臺需要支援大量不同種類的設備，因此平臺數據庫需要具備儲存大量、異構數據的能力，這對數據庫的容量、類型、速度和準確性提出了更高的要求。

① 儲存容量　物聯網平臺中的設備會產生的大量數據，目前許多物聯網解決方案僅透過儲存設備產生的部分數據緩解數據量對平臺系統的壓力。設備數目的不斷增多和大數據技術對數據的需求等，對物聯網平臺數據庫的儲存容量提出了更高的要求。

② 儲存類型　物聯網平臺需要支援多種設備接入，不同種類的設備產生不同類型和結構的數據，因此需要物聯網平臺的數據庫系統具備儲存異構數據的能力。

③ 儲存速度　在某些應用場景中，物聯網平臺應用需要對設備數據進行快速分析，以做出即時決策，因此需要物聯網平臺數據庫具有快速存取數據的能力，以滿足平臺對數據的分析需求。

④ 準確性　物聯網平臺在使用設備數據的過程中，首先要保證數據的準確性。然而，在某些情況下設備產生的數據可能是模糊的、不準確的，這就需要物聯網平臺的數據庫系統具有判定數據準確性、保證數據準確性的能力，保證平臺數據使用的準確性。

基於上述需求，物聯網平臺通常使用基於「雲」的數據庫解決方案，該方案可以對大數據進行擴展，並且應該能夠儲存結構化和非結構化數據。

（4）處理和操作管理模塊

物聯網平臺可以根據設備數據，透過基於規則的事件動作觸發，實現智慧的數據處理和操作管理工作。

物聯網平臺的處理和操作管理模塊，負責對儲存在平臺數據庫中的設備數據

進行處理。該模塊使用基於規則的事件動作觸發機制，對數據進行智慧的處理和操作管理。例如，在智慧家居的物聯網應用中，平臺透過定義事件動作觸發機制，可以實現房間中的燈在人離開房間時自動關閉等功能。

（5）分析模塊

物聯網平臺可以對數據進行各種複雜的分析，如數據聚類、深度機器學習和預測分析等。透過數據分析，可以從物聯網數據中獲取更大的價值。

許多物聯網應用不僅需要對數據進行操作管理，而且需要對數據進行複雜的分析，充分利用物聯網數據資訊，可以實現智慧的決策。因此，物聯網平臺需要具備分析引擎。分析引擎可以提供數據聚類、深度機器學習等多種數據分析算法，負責設備數據的計算和分析功能。

（6）可視化模塊

可視化模塊使得使用者可以透過可視化儀表盤或使用者界面等形式，形象地觀察數據的模式和走勢，透過線性圖、堆棧圖等方式，以二維或三維的圖形化形式，對數據進行形象的表示。

人的眼睛和大腦的相互配合所能實現的對數據的處理和分析能力，優於傳統的數據分析處理算法。物聯網平臺的數據可視化功能，可以將數據透過線形圖、堆疊圖、餅狀圖、2D 圖、3D 圖等方式展示給使用者，使使用者可以直覺地獲取數據的模式和趨勢，從而對數據進行處理和分析。因此，數據可視化是物聯網平臺的一個重要功能。通常，在物聯網平臺提供可視化儀表盤等工具，供物聯網平臺管理員使用。

（7）開發工具模塊

物聯網平臺通常提供其他的開發工具，允許平臺開發人員開發原型物聯網用例，並對其進行測試和營銷，從而建構完整的物聯網平臺生態圈，為可視化、管理和控制所連接的設備提供服務支援。

高階的物聯網平臺，通常為物聯網解決方案的開發人員和管理人員提供完備的開發工具。使用此類開發工具，物聯網開發人員可以對物聯網案例進行原型設計和測試，允許開發人員透過所見即所得的形式，創建簡單的智慧手機應用程式，用於可視化和控制連接的設備。部分以管理為目的的開發工具，則用於支援物聯網解決方案的日常管理和運作。

（8）外部介面模塊

物聯網平臺提供應用程式介面、軟體開發工具包和網關，與第三方系統以及其他的 IT 生態圈進行集成。

對於物聯網平臺企業而言，物聯網平臺與現有的企業資源計劃系統（Enterprise Resource Planning，ERP）、管理系統、製造執行系統以及其他的 IT 生態

系統進行集成非常重要。因此，物聯網平臺中的內置應用程式編程介面、軟體開發工具包和網關，是物聯網平臺與第三方系統和應用程式集成的關鍵。定義良好的外部介面，可以有效地減少物聯網企業在進行系統集成時的成本。

物聯網平臺可以在雲端和本地部署，或者進行混合部署。平臺可以由單個伺服器或多個伺服器組成，伺服器可以是物理伺服器或/和虛擬伺服器。物聯網平臺通常情況下由多個「域」構成，即控制域、操作域、資訊域、應用域和業務域。無論物聯網平臺部署什麼位置或採用何種體系架構，構成物聯網平臺的每一種「域」都包含相關的數據流和控制流。物聯網平臺還可以提供一些附加服務，如物聯網系統內和系統外的資源交互服務，網路服務、雲集成服務以及由特定平臺供應商定義的其他多種服務。下面簡要介紹物聯網平臺的組成域[6]。

（1）控制域

控制域主要負責完成物聯網平臺控制機制的功能，包括 IoT 設備的感知、執行、通訊、資產管理、運行等功能。在行業應用環境中，控制系統通常採用近場方式部署，即位於與物理裝置連接的物聯網設備附近。在使用者環境中，控制系統可以採取近場或遠程方式部署。在公共環境中，控制系統通常是近場或遠程相結合的方式部署。

（2）操作域

操作域通常在物聯網平臺上進行部署，可以跨多個控制域以實現優化操作。操作域的功能包括預測、優化、監控和診斷、設置和部署以及管理等。

（3）資訊域

資訊域通常可以在物聯網平臺上進行部署，也可以在系統邊緣部署。資訊域的主要功能包括核心物聯網數據和相關分析，負責數據收集、轉換和建模；支援對決策進行制定和優化、系統運行和系統模型的改進。

（4）應用域

應用域通常在物聯網平臺上進行部署，通常由應用程式介面、使用者界面、邏輯和規則組成，同時包含業務域的部分組件，負責物聯網系統功能的實現。

（5）業務域

業務域通常在物聯網平臺上進行部署。業務域在一定程度上與控制域、操作域、資訊域、應用域分離，它負責將物聯網的功能與後端應用程式進行集成。

5.2.4 物聯網應用平臺的分類

隨著各巨頭在物聯網平臺的投入不斷加強，市場上各種物聯網平臺層出不窮。但是由於國際上對物聯網平臺沒有統一的標準和定義，不同的物聯網平臺提

供商對物聯網本身有著不同的理解，導致目前市場上物聯網平臺種類繁多、功能各異，有些平臺歸屬不同領域。下面分別從技術深度、應用場景兩個角度對現有的物聯網平臺進行分析[10]。

（1）從技術深度的角度分析物聯網平臺

深度集成的 IoT 平臺需要包含許多功能模塊，並集成大量的物聯網標準，開發此類平臺的技術難度較大，成本很高。由於物聯網平臺提供商專註的技術類型和擁有的技術水準不同，導致其開發物聯網平臺本身的技術深度和功能不同。從技術深度的層次考慮，物聯網平臺主要可以分為連接平臺、操作平臺和全方位平臺三個級別。

① 第一級別：連接平臺　連接平臺是一種簡單的物聯網平臺，使用的技術較為簡單，成本較低。此類平臺通常功能較為單一，其主要功能是採集數據和提供簡單的消息總線。目前大部分的物聯網平臺提供商所提供的平臺處在這一級別，即僅僅提供消息總線功能。比較典型的如思科公司的 Jasper 平臺、愛立信公司的物聯網設備連接平臺（Device Connection Platform，DCP）、PTC 公司的 Thingworx 等。

② 第二級別：操作平臺　與連接平臺不同，操作級別的物聯網平臺不僅可以提供和管理連接，還允許基於特定事件觸發完成相關的操作工作。

③ 第三級別：全方位平臺　此類平臺的技術深度最高，開發成本高，但功能非常強大且全面。該級別的物聯網平臺使用獨立的平臺模塊，不僅可以實現基本的連接和操作功能，還可以與外部介面進行無縫集成，支援各種物聯網協議和標準。同時可以提供高級的數據庫解決方案，透過平臺擴展支援大量設備和大數據集。

上述三種級別的物聯網平臺，客戶需要認真評估物聯網平臺的技術深度，根據使用者本身的應用需求，選擇合適的物聯網平臺使用。需要指出的是，從技術深度對物聯網平臺進行區分，並不意味著不同級別的平臺有優劣之分。例如，某些大型的物聯網平臺提供商專註於平臺的設備連接技術，其開發的物聯網平臺的設備連接功能完善且強大，對於一些以連接作為主要用途的平臺使用者而言，此類物聯網平臺就是最佳的選擇。

（2）從應用場景和使用者的角度分析物聯網平臺

物聯網平臺提供商根據不同的應用場景和使用者需求，開發相應的物聯網平臺。由於面向不同的場景和使用者，不同的物聯網平臺在設計和營運過程中存在多方面的差異，如支援不同類型的設備和協議，支援不同類型的分析和可視化功能，具有不同的外部介面，關註不同類型的安全基礎設施等。因此，可以根據特定的應用場景和使用者群體對物聯網平臺進行分析。

① 智慧家居應用　面向智慧家居應用的物聯網平臺，支援 WiFi、ZigBee、藍牙等家庭互聯標準。由於視訊監控是智慧家居應用場景中的重要功能，因此，此類平臺的特點之一是平臺會預置具有可視功能的應用程式，並對室內的監控設備和控制設備進行進一步優化。

② 車載互聯應用　面向車載互聯的物聯網平臺，需要兼容傳統的汽車標準以及下一代 V2V 通訊協議。車載應用的安全性非常重要，車載互聯平臺一旦受到入侵，將會對駕駛員和乘客的生命造成威脅，因此，面向汽車互聯的物聯網平臺，在實現基本的車載資訊娛樂一體化功能、集成遠程資訊處理服務的同時，還需要嚴格保證平臺的安全性，以此保證乘車安全。

③ 智慧零售應用　面向智慧零售的物聯網平臺，需要支援不同類型的設備以管理各種零售商品。零售業的特點是零售商數量巨大，零售產品種類豐富，因此，此類物聯網平臺通常支援包含大量代理商和庫，同時集成用於連接企業服務的軟體系統。

④ 智慧城市應用　面向智慧城市的物聯網平臺，需要支援豐富的智慧城市應用，如智慧泊車或在線垃圾管理等。此類應用的特點是需要相關設備具有較低的功耗並長時間在線的能力，因此，此類平臺通常使用低功率網路實現設備接入，如 Mesh 網或低功耗廣域網（Low-Power Wide-Area Network，LPWAN）。同時，基於位置資訊的服務是城市服務的重要組成部分，面向智慧城市的物聯網平臺，還需要針對地圖服務（例如 Google 地圖）和本地街道資訊顯示進行優化。

⑤ 工業應用　面向工業應用的物聯網平臺（通常也稱之為工業物聯網平臺），將專用網關與現有的數據採集與監視控制系統（Supervisory Control And Data Acquisition，SCADA）和自動化系統相集成，為工業企業提供服務。工業數據完整性和安全性對工業生產非常重要，因此，工業物聯網平臺通常要求具有很強的安全機制。

⑥ 其他應用　除了上述應用領域，物聯網平臺還在其他一些領域，如智慧農業、智慧健康或智慧電網領域有所應用，針對不同的應用領域，物聯網平臺會具有特定的功能。

5.2.5　工業物聯網平臺

(1) 工業物聯網

根據中國電子技術標準化研究院發布的《工業物聯網平臺白皮書（2017）》中所表述，工業物聯網的定位是：工業物聯網是支撐智慧製造的一套使能技術體系。其定義為：工業物聯網是透過工業資源的網路互連、數據互通和系統互操作，實現製造原料的靈活配置、製造過程的按需執行、製造工藝的合理優化和製造環境的快速適應，達到資源的高效利用，從而建構服務驅動型的新工業生態體系。

　　工業物聯網表現出五大典型特徵：智慧感知、泛在連通、數位建模、實時分析、精準控制[11]。

　　① 智慧感知　利用感測器、射頻識別等設備和感知手段，獲取工業全生命週期內的不同維度的資訊數據，例如設備、原料、人員、工藝流程和環境等工業相關資源的狀態資訊。智慧感知是工業物聯網的實現基礎。

　　② 泛在連通　各種工業資源透過有線或無線的方式相連，或與網路進行連接，實現工業資源數據之間的互聯互通。工業物聯網的泛在連通性，加強了機器與人、機器與機器之間連接的廣度和深度，是工業物聯網的應用前提。

　　③ 數位建模　數位建模將工業相關資源映射到數位空間中，用於模擬工業生產流程，實現對工業生產過程全要素的抽象建模。數位建模是工業物聯網的使用方法。

　　④ 實時分析　工業物聯網需要在數位空間中對所感知的工業資源數據進行實時處理，對抽象的數據進一步直覺化和可視化，實現對外部物理實體的實時響應和分析。實時分析是工業物聯網採用的手段。

　　⑤ 精準控制　基於數據分析和處理結果，產生相應的決策，並將決策轉換成工業資源實體可以理解的控制命令，實現工業資源精準的資訊交互和無縫合作，並透過不斷的優化實現最優的控制目標。精確控制是工業物聯網的目的。

　　(2) 工業物聯網平臺

　　工業物聯網雲平臺在製造生產過程中實現數據收集和故障預測等功能，提高工業生產的性能。工業物聯網平臺成為工業物聯網產業發展的重要部分，同時也是工業物聯網應用的重要支撐載體，其產業現狀呈現出三個特點[11]。

　　① 工業製造企業積極布局工業物聯網平臺　工業自動化企業憑藉在工業領域的沉澱和積累，透過搭建工業物聯網平臺，推動製造業轉型。典型的有西門子的 MindSphere、通用電氣的 Predix、菲尼克斯電氣的 ProfiCloud、ABB 公司的 ABB Ability。中國製造企業也在積極推進工業物聯網平臺的部署，如三一重工的根雲、海爾集團的 COSMOPlat、徐工集團的工業雲、航天科工的 INDICS 平臺等。

　　② IT 企業藉助於雲平臺的優勢積極發展工業物聯網平臺　IT 公司具備強大的基礎設施支撐、豐富的分析計算工具、成熟的定價體系和全面的安全保障策略，已經形成了成熟的雲服務系統。因此，以原有平臺為基礎，IT 企業可以透過聯合上下游工業企業布局工業物聯網產業平臺。例如，微軟的 Azure 平臺、亞馬遜的 AWS IoT 平臺、IBM 的 Watson 平臺等。中國的百度、阿里巴巴、京東和騰訊也推出了面向工業物聯網的平臺。

　　③ 企業之間展開優勢互補合作擴建工業物聯網生態圈　工業物聯網平臺目前仍面臨設備連接的兼容性和多樣性的難題，因此，不同企業之間利用自身優

勢，透過開展互補合作完善平臺功能。通用電氣將 Predix 登錄微軟 Azure 雲平臺；ABB 依託於微軟平臺提供工業雲服務，同時與 IBM 在工業數據計算和分析方面開展合作。西門子的 MindSphere 在雲服務方面已跟亞馬遜的 AWS、微軟的 SAP 開展合作。

目前，GE、西門子、霍尼韋爾、施耐德電氣等工業製造巨頭和亞馬遜、IBM、微軟等國際 IT 公司，均布局工業物聯網雲平臺。

① Predix 平臺　通用電氣為工業數據和分析而設計的平臺即服務（PaaS）平臺。該平臺負責將各種工業資產設備和供應商相互連接並接入雲端，提供資產性能管理和營運優化服務。Predix 平臺能同步捕捉機器運行時產生的大量數據，對這些數據進行分析和管理，做到對機器的實時監測、調整和優化，提升營運效率。

② Uniformance Suite 平臺　霍尼韋爾公司（Honeywell）開發的新型物聯網數位智慧分析平臺，是該公司工業物聯網戰略中的重要組成部分。該平臺具有強大的數據分析功能，幫助客戶獲取所需要的數據，進行可視化的發展趨勢分析，實現與其他使用者的合作，預測和防止設備故障，做出正確的商業決策。

③ AWS IoT 平臺　亞馬遜公司開發的雲平臺，可以使互聯設備輕鬆安全地與雲應用程式及其他設備進行交互。AWS IoT 可支援大量終端設備和大量消息，並且可以對這些消息進行處理，並將其安全可靠地路由至 AWS 終端節點和其他設備。AWS IoT 平臺支援企業和使用者將設備連接到 AWS 服務和其他設備，保證數據和交互的安全，處理設備數據並對其執行操作，以及支援應用程式與即便處於離線狀態的設備進行交互。

④ MindSphere　西門子公司建構的開放平臺 MindSphere 平臺，是一個開放的生態系統，允許開發人員協調、擴展和運行基於雲的應用程式。該平臺可以作為工業企業數位化服務的基礎，設備製造商和應用程式開發人員可以透過開放介面訪問平臺，透過該平臺監測其設備機群，以便在全球範圍內有效提供服務，縮短設備停工時間，並據此開創新的商業模式。MindSphere 還允許客戶使用生產過程中的實際數據創建其工廠的數位模型。

⑤ Bluemix　IBM 公司開發的雲平臺。該平臺將平臺及服務（PaaS）和基礎設施及服務（IaaS）相結合，透過使用與 PaaS 和 IaaS 相集成的豐富的雲服務，快速建立商業應用。

中國也高度重視工業雲發展，在工業雲領域已具備一定的技術和產業基礎。透過近年來的實踐，中國企業已經具備了一定的工業雲平臺的建設和營運經驗，相應的技術和產業已經具備發展基礎，建構了很多優秀的工業雲平臺。

① Smart-Plant 平臺　華源創世公司開發的基於全球產業合作與設備互聯的開放智造雲平臺。該平臺集工廠遠程運維管理系統、訂單數位製造管控系統、智

慧工業雲服務體系、專案管理合作雲工作平臺、產業地圖與智慧交互、工業大數據分析與應用等功能模塊於一體，並逐步建立起投資專案工程前期諮詢、專案管理以及工廠運維支援在內的全產業鏈工業服務體系。

　　② 徐工「工業雲」平臺　徐工集團和阿里雲共同搭建的工業雲平臺。徐工集團經過多年積累，形成了完整的資訊化體系，積累了大量工業大數據，並運用於智慧製造、遠程故障診斷、後市場服務等多個環節。「徐工雲平臺」基於阿里雲平臺的開發技術規範，透過「工業雲」開放企業的資源。該雲平臺採用了雲計算、大數據等前沿資訊技術，具有「平臺化、可配置、高擴展性」等特點，可接納全球使用者的訪問及在線互動。

　　③ 海爾 COSMOPlat 平臺　海爾推出的支援大規模定制的網路智慧製造解決方案平臺。該平臺是在海爾互聯工廠實踐的基礎上，把互聯工廠模式產品化，形成可進一步指導海爾互聯工廠實踐，並可對外服務的平臺。COSMOPlat 將大量資源納入到平臺中來，能夠有效連接人、機、物，不同類型的企業可快速匹配智慧製造解決方案。

5.3　典型工業物聯網平臺

5.3.1　Predix 平臺

5.3.1.1　平臺簡介

　　Predix 是通用電氣公司（General Electric，GE）及其合作伙伴為工業生產和智慧製造打造的工業雲服務平臺。該平臺提供了一套完整的產品組合、解決方案和服務，幫助工業企業推動數位化改造。Predix 工業雲平臺，可以將各種工業資產設備和供應商相互連接並接入雲端，提供資產性能管理和營運優化服務，有效地指導工業製造企業完成複雜的技術和業務轉型，讓企業可以充分地享用工業物聯網所帶來的變革。企業和使用者能夠使用 Predix 工業雲平臺，快速地組織開發、部署和運行創新性的應用程式，提高企業資產產出，獲得更高的企業營運效率。

　　GE 向所有工業物聯網開發者全面開放 Predix 平臺，吸引了大量軟體開發者加入。全面開放後的 Predix 允許開發者上傳自己開發的應用程式，使得其他企業都能透過 Predix 開發定制化行業的應用程式，充分釋放大數據的隱藏價值，進一步發揮 Predix 平臺的潛能，擴大工業網路生態系統。

　　Predix 平臺使用分布式計算、大數據分析、資產數據管理和 D2D 通訊（Device-to-Device）等先進技術。該平臺提供大量工業微服務，可以幫助企業有效提

高生產效率。Predix 平臺具有以下特點[12]：

① 實現工業應用程式的快速開發；

② 縮短開發人員擴展硬體和管理系統性的時間；

③ 快速響應客戶需求；

④ 為客戶資產提供單一控制點；

⑤ 為公司和開發人員生態系統提供基礎，為工業網路提供支援。

從服務層次的角度而言，Predix 是一種基於平臺及服務概念（PaaS）設計的工業雲平臺，該平臺包含從設備至雲端的各類組件來支撐工業化應用，其中，Predix 雲平臺組件包括[12]：

① Predix 機器（Predix Machine）　負責從工業資產處收集數據，並將其推送到 Predix 雲端的軟體層，同時能夠運行本地應用程式，例如邊緣分析，Predix 機器可以安裝在網關、工業控制器和感測器節點處；

② Predix 雲（Predix Cloud）　全球範圍內安全的雲基礎設施，針對工業場景進行了優化，以滿足工業生產中嚴格的監管需求；

③ Predix 連接（Predix Connectivity）　當網際網路連接不可用時，設備可以使用 Predix 連接服務，透過由蜂窩網、固定鏈路和衛星技術組成的虛擬網路和 Predix 雲端進行通訊；

④ Predix 邊緣管理器（Predix EdgeManager）　Predix 邊緣管理器可以對運行在 Predix 機器上的邊緣設備提供全面的集中化監控和管理；

⑤ Predix 服務（Predix Services）　Predix 提供開發人員用於建構、測試和運行工業網路應用程式的工業服務，Predix 服務支援分類的服務市場，開發者能夠在其中發布自己的服務或者購買來自第三方的服務。

5.3.1.2　**Predix 平臺架構**[12,13]

（1）Predix 機器

Predix 機器是一種嵌入到工業控制系統或網路網關等設備的軟體棧，用於保證安全的、雙向的雲端連通性和工業資產管理，同時支援工業網際網路邊緣的各類應用。Predix 機器有著廣泛的硬體運行平臺，如感測器、控制器、網關等，實現終端設備的安全性、鑑權和管理服務；允許對安全性配置文件進行審查和集中管理，從而在保證安全的前提下實現資產的連接、受控，並進行嚴格的數據保護。該組件提供標準化方式對機器應用進行開發和部署，GE 和非 GE 設備均可使用 Predix 機器提供設備支援、管理、監測、數據收集和邊緣分析。

① Predix 機器的邊緣連接方式　為了滿足工業級連接的需求，Predix 支援使用不同的工業標準協議，透過網關與多個邊緣節點進行連接。Predix 機器中提供了使用雲網關、機器網關和行動網關實現邊緣連接的方式。

a. 雲網關組件實現 Predix 機器到 Predix 雲端的連接，該組件支援 HTTPS 或 WebSockets 等常用協議。

b. 機器網關組件是一種可擴展的插件框架，基於多種工業協議。該框架可以為資產提供「開箱即用」的連接方式。

c. 除了機器到雲端的連接，行動網關能夠使使用者繞開雲端，直接建立到某個資產的連接。這種建立連接的能力，對於一些場景（如機器維護）非常重要。在特定的工業環境下，機器很難直接與雲端建立連接，此時繞開雲端建立設備直連是解決問題的關鍵所在，透過這種方式可以在維護或者修理機器時直接連接機器並開始操作。

② Predix 機器的功能　Predix 機器可以提供大量的核心功能，其中包括邊緣分析功能、文件和數據傳輸功能、儲存和轉發功能、本地數據儲存和訪問功能、感測器數據集成功能、證書管理功能、設備部署功能、設備解除功能和配置管理功能等。

a. 邊緣分析功能　在一些工業場景中，工業級數據的數據量巨大，且具有持續性的特點，此時一些數據可能無法實時、有效地傳輸到雲端進行處理。Predix 邊緣分析提供一種數據的預處理方法，使用該方法可以僅將相關的數據傳輸到雲端進行處理。

b. 文件和數據傳輸功能　文件和數據傳輸功能，允許使用者將數據以流批處理的方式或者透過上傳文件的方式推送到雲端。

c. 儲存和轉發功能　儲存和轉發功能針對間歇性連接丟失情況提供支援。當連接丟失情況發生時，數據首先在本地進行儲存，當連接重新建立以後，再透過轉發將數據傳輸到雲端。

d. 本地數據儲存和訪問功能　此功能允許機器數據儲存在設備上，透過這種方式，技術人員可以直接訪問數據。

e. 感測器數據集成功能　Predix 機器可以連接多個感測器，將反映所有感測器收集數據的「集成指紋」傳輸給雲端。

f. 證書管理功能　Predix 機器支援證書管理，提供端到端的安全，透過基於安全套接層（Secure Sockets Layer，SSL）連接到 Predix 雲。

g. 設備部署功能　當 Predix 機器安裝在邊緣設備中時，設備部署功能可以呼叫 Predix 雲進行設備登記，從而獲得設備管理和軟體更新。

h. 設備解除功能　當 Predix 機器離線時，設備解除功能可以通知 Predix 取消對該機器的管理。

i. 配置管理功能　配置管理功能對 Predix 機器進行遠程配置，並且在機器生命全週期內追蹤配置的變化。

③ Predix 機器的部署模型　在 Prefix 平臺中，工業應用被存放在雲端，這

些應用需要與機器相連，並對數據進行處理。部署 Predix 機器，可以實現感測器數據的採集、處理，並將數據傳送至 Predix 雲端。Predix 機器可以部署在網關、控制器和感測器節點中，下面簡要介紹 Predix 機器的三種部署方式。

a. Predix 機器在網關中部署　網關是雲端和機器之間的「智慧管道」，Predix 機器的軟體可以部署在網關設備上，透過 IT/OT 協議保證雲端與機器或其他資產間的連接。

b. Predix 機器在控制器中部署　Predix 機器軟體可以直接部署在控制器單元中，該部署方式能夠使機器的硬體與軟體之間實現解耦，保證雲端應用與機器之間的連通性、可升級性和兼容性，實現機器的遠程接入和遠程控制。

c. Predix 機器在感測節點中部署　透過這種部署方式，資產內部或者資產附近的感測器負責採集機器和環境中的數據，直接或間接地透過物聯網網關回傳數據到雲端，雲端對數據進行儲存、分析和可視化處理。

(2) Predix 雲

Predix 雲端是 Predix 工業物聯網平臺的中心，由可拓展的雲基礎設施構成，是 PaaS 架構的基礎。Predix 雲端使用新型的軟體技術，提供統一的企業入口，開發者透過 PaaS 創建各種工業應用。Predix 平臺是基於 Cloud Foundry 雲平臺的。Cloud Foundry 是一個開源 PaaS 應用服務的生態系統，能夠支援多開發者框架，可以幫助開發者方便快捷地創建、測試或者拓展應用。

(3) Predix 連接

Predix 連接組件為 Predix 機器和 Predix 雲之間提供了快速安全的連接。Predix 連接透過固定網路、蜂窩網路和衛星通訊網路等不同的接入方式，提供 Predix 邊緣網關、控制器、Predix 雲端之間實現無縫的、安全的和可靠的連接。使用者可以將已有的基礎設施和新部署的設施安全地連接到雲端，實現數據的採集、分析、遠程設備管理和監測，這種連接對於企業來說是透明的。Predix 連接具有統一的入口，可以對服務訂購、終端節點管理和可視化等進行收費。Predix 連接可以提供以下服務[13]：

① 實現邊緣到雲端的端到端路由和流量管理；

② 為機器與機器之間的通訊（Machine to Machine，M2M）和機器與雲之間的通訊（Machine to Cloud，M2C）連接，提供協議無關的網路配置和管理；

③ 提供集中式管理策略驅動的服務品質（Quality of Service，QoS）和頻寬優化；

④ 在多個雲端和本地之間提供基於策略驅動的數據轉發；

⑤ 與通訊服務提供商合作，透過蜂窩網、固網和衛星網路，建立全球範圍的物理連接；

⑥ 在邊緣到網路之間提供安全的虛擬專用網（Virtual Private Network，VPN），確保數據的隱私性和資產保護；

⑦ 透過提供遠程連接，實現邊緣資產的管理和控制能力；

⑧ 對 Predix 雲端和邊緣資產之間連接情況，提供端到端的監測和通知；

⑨ 對所有的連接和 IP 服務，提供一站式計費和報告服務。

（4）Predix 邊緣管理器

Predix 邊緣管理器能夠全方位、集中式地監測運行在 Predix 機器上的邊緣設備，大幅度減輕邊緣設備、應用、使用者的管理和配置工作。透過 Predix 邊緣管理器，管理員不僅可以管理應用和配置文件，還能夠快速確定設備的情況和連接狀態。設備可以實現自動登記和退訂，技術人員可以實現設備連接和執行相關指令，可以根據部署需求制定配置文件。

5.3.1.3　Predix 工業服務[12,14]

工業服務是 Predix 平臺的核心功能。Predix 提供了一整套的工業服務，其中包括資產服務、數據服務、分析服務、應用安全服務、可視化服務和行動性服務。資產服務主要用於資產模型和相關業務規則的創建、導入和組織；數據服務用於數據的提取、整理、合併，透過使用相關技術對數據進行儲存，使數據能夠以最適合的方式供應用使用；分析服務主要提供建立、登記和編排分析的服務，是創建相關工業資產分析應用的基礎；應用安全服務負責保證端到端連接和數據傳輸的安全性，主要包括認證和授權操作；可視化服務幫助使用者透過直覺的方式獲取資訊並作出決策；行動性服務用於建立行動應用，為行動設備、筆記型電腦等提供跨平臺、多種形式的支援。

（1）資產服務

Predix 資產服務使開發人員能夠創建、儲存和管理資產模型，以及資產和其他模型元素之間的分層和網路關係。資產模型是資產的數位表示，用於定義資產的各種屬性，支援使用不同的方式對資產進行識別和搜索，提供豐富的業務資產生命週期視圖。Predix 資產服務具備可擴展性，允許開發人員創建滿足自身需求的資產模型。

Predix 資產服務提供表述性狀態傳遞（Representational State Transfer，REST）API。應用程式開發人員可以使用 REST API 創建和儲存資產模型，資產模型中定義了資產的屬性以及資產與其他建模元素之間的關係，利用資產服務儲存資產實例的數據。Predix 資產服務由 API 層、查詢引擎和圖形數據庫組成。

① REST API 層　應用程式可以使用 REST 端點訪問建模對象層，該端點提供 JS 對象標記（JavaScript Object Notation，JSON）介面對其中的對象進行

描述。Predix 資產服務將數據格式轉換為資源描述框架（Resource Description Framework，RDF）三元組，使用該三元組在圖形數據庫中進行儲存和查詢，然後再轉換為 JSON 格式。

② 查詢引擎　查詢引擎允許開發人員使用圖形表達式語言（Graph Expression Language，GEL）檢索資產服務數據儲存中的對象數據和對象屬性數據。

③ 圖形數據庫　資產服務數據儲存是一個圖形數據庫，該數據庫使用 RDF 三元組的方式儲存數據。

資產建模是 Predix 資產服務的重要組成部分，用於表示應用程式開發人員儲存的資產內容、資產組織方式、資產之間的關係等資訊。應用開發人員使用資產服務 API 定義一致的資產模型和數據層次結構。資產服務 API 支援資產、分類和定制建模對象功能。

① 資產　資產透過分層結構進行定義，由父資產、一個或多個伙伴和子女組成。資產可以與分類或多個定制建模對象相關聯，可以具有多個客戶定義的屬性。資產也可以在系統中獨立存在，即不與任何其他建模元素相關聯。

② 分類　分類使用樹狀結構進行組織，提供一定的方法用於相似資產的分類，並追蹤這些資產共有的屬性。分類可以與資產相關聯，可以指向多個資產，可以在分類層次結構中的任何級別分配屬性。

③ 定制建模對象　定制建模對象是一種用於提供更多資產資訊的層次結構。例如，可以為資產位置、製造商創建定制化對象。位置資訊可以和多個資產相關聯，同時，一個資產也可以與多個位置資訊相關聯。

(2) 數據服務

Predix 數據服務提供快速數據訪問和數據分析功能，最大限度地減少數據儲存和計算開銷。該服務提供安全的多租戶模型，具有網路級的數據隔離和加密密鑰管理能力。該服務同時支援嵌入到分析引擎和語言中進行數據的交互和處理。Predix 的數據服務有下列關鍵組成部分[14]。

① 建立與源的連接　與 GE 和非 GE 機器感測器、控制器、網關、企業數據庫和歷史數據庫建立連接。

② 數據攝取　從數據源實時獲取數據，允許使用者使用一定的工具識別特定數據源，並為所有數據集和數據類型（包括非結構化、半結構化和結構化）創建默認數據流。這些工具可以加快代碼的設計、測試和生成，更方便進行數據的管理和監控。

③ 管道處理　攝取管道可以有效地從資產中獲取大量的數據。由於數據可能來源於不同的數據源和具有不同的格式，導致很難對這些數據進行預測和分析。管道處理允許將數據轉換為正確的格式，以便對數據進行實時的預測分析和數據建模。管道策略框架提供管理和編排服務，允許使用者執行數據清理，提高

數據品質、數據標籤化能力和實時數據處理能力。

④ 數據管理　Predix 數據包括機器感測器數據的時間序列、二進制對象數據（Binary Large Object，BLOB）和關係數據庫管理系統數據（Relational Database Management System，RDBMS）等類型，儲存在相應的數據儲存中。數據管理服務可以對不同類型的數據進行操作、分析和管理。數據管理服務還提供數據融合功能，使用者可以使用一定的工具從數據源中獲取需要的資訊，以實現模式查找和複雜事件的處理。Predix 提供 PostgreSQL 作為服務對象關係數據庫管理系統，用於數據的安全儲存，響應其他應用程式的檢索要求。

⑤ 時間序列服務　時間序列是指在連續的時間段內，以設定的時間間隔收集的一系列數據點。這些數據點為工業設備資訊的離散單位，使用者可以使用時間序列對數據點進行有效的管理、分發、攝取、儲存和分析。Predix 平臺專註於工業網路應用，匯聚到分析平臺的數據大部分來自於工業資產的感測器數據。時間序列服務提供了一種針對時間序列數據查詢，和效率優化的柱狀格式儲存服務，該服務針對連續感測器數據流進行優化，基於可擴展數據模型，實現有效儲存和快速分析。時間序列服務具有獲取大量數據的能力，解決了大量數據的多樣性所帶來的營運挑戰。時間序列服務具有以下功能和特點[13]：

➢ 時間序列數據的有效儲存；
➢ 對數據進行索引以實現快速檢索；
➢ 高可用性；
➢ 水準可擴展性；
➢ 毫秒級數據點精度。

（3）分析服務

Predix 分析服務提供了業務營運中開發、管理分析的框架，該框架透過配置、抽象和可擴展模塊，對分析進行管理和分析。在分析服務中，處理機器數據的函數或小程式被定義為「分析」，應用程式不僅可以直接使用分析服務，還可以先對多個分析服務進行編排，然後再使用這些服務，分析和編排按照分類學結構進行組織並儲存在目錄中。分析服務的輸入和輸出通常以參數的形式表示，其中，分析服務的輸出可以作為另一個分析的輸入，這樣可以使分析在多個不同的用例中實現重用。

分析服務簡化了業務分析的開發過程。Predix 分析服務支援用 Java、Matlab 和 Python 編寫的「分析」，所有這些分析都可以上傳到分析目錄，由運行時服務來執行。Predix 的分析服務框架包含以下內容。

① 分析目錄　分析目錄提供了一個軟體目錄，該目錄可用於共享可重用分析。在 Predix 平臺上，分析目錄服務有助於將分析部署到具體的生產環境中。Predix 支援 REST API 管理目錄中的條目、日誌檢索 API 和模板文件，支援與

時間序列服務相集成。開發人員可以創建自定義的分析，可以使用 Java、Matlab 或 Python 語言對分析進行開發，併發布到分析目錄，用於對分析進行管理和重用，分析目錄可以維護每個分析的多個版本。分析的作者可以向目錄條目中添加元數據，透過指定分析類別中需要分配的分析的位置以改進搜索性能，使用具體的分類方法進行瀏覽或搜索分析。

② 分析運行環境　分析運行環境是一個基於雲的框架，開發人員可以在該框架上實施、測試和部署新的分析組合。使用者可以透過使用框架的配置和參數化功能，執行分析業務流程。分析運行環境框架是一種高效、可擴展的基於雲的方法，用於高級商業分析的開發和產品使用。隨著業務需求的發展和新的分析的開發，使用分析運行環境可以實現分析的快速更新和重新部署。

③ 分析使用者界面　分析使用者界面為數據分析人員提供了一個 Web 應用。使用者使用該應用，可以方便快捷地使用 Web 介面上傳和測試分析，避免了傳統的使用命令行調用 REST API 的方式處理分析。分析使用者界面與分析目錄和分析運行環境合作工作，對分析目錄中儲存的分析進行管理。

(4) 應用安全服務[12]

工業網路對網路端到端的安全要求非常嚴格，應用安全服務是建立工業網路應用的關鍵。Predix 提供多種應用安全服務，認證服務和授權服務是其中的重要組成部分。

① 使用者帳號和認證服務　使用者帳號和認證服務（User Account and Authentication，UAA）為應用提供使用者認證。UAA 包括身份管理、OAuth2.0 認證伺服器、登錄、登出 UAA 認證等功能。應用程式開發人員可以綁定 UAA 服務，然後使用工業標準 OAuth 等實現身份管理和身份認證，為應用提供基本的登錄和註銷功能。另外，UAA 支援安全斷言標記語言（Security Assertion Markup Language，SAML），允許使用者使用第三方身份登錄。UAA 服務還具有使用者白名單的功能，該功能保證只有授權使用者有資格登錄應用。

② 訪問控制服務　訪問控制服務（Access Control Server，ACS）是一種策略驅動的授權服務。使用者被授權後，應用程式需要控制資源的獲取，該服務能夠使應用程式基於一定標準創建和設置某些資源訪問的限制。使用者賬戶和身份驗證服務集成了訪問控制服務，提供了一個彈性的安全擴展，使應用程式可以彈性啟動並做出訪問決定。訪問控制服務，可以幫助應用程式開發人員添加授權機制，用以訪問 Web 應用程式和服務，避免在代碼中添加複雜的授權邏輯。同時，與使用者賬戶和認證服務相結合，訪問控制服務在雲計算服務中能夠對訪問決策數據的策略和屬性進行維護[14]。

(5) 行動性服務[12]

Predix 行動性服務框架可以簡化行動應用程式的建立過程，以安全的方式

提供廣泛的行動服務，為行動設備、筆記型電腦等提供跨平臺、多形式的支援。該服務具有一致的使用者體驗，透過豐富的 Web 組件，支援各種環境中的工業網路應用程式。該服務提供了軟體開發工具包和豐富的跨平臺應用組件，開發人員可以快速建構行動應用程式。

Predix 行動性架構是基於跨平臺的分布式引擎設計的，可在遠程設備和企業數據域之間、Predix 機器之間實現數據的同步。在客戶端，Predix 行動性服務是一種靈活的分層組件系統，該系統具有可擴展的服務，支援包括遠程工作流和分析等高級應用程式行為，支援標準的 Web 組件以及 Predix 設計系統。Predix 行動性應用程式還支援 Web 視圖，使開發人員能夠創建真正的跨平臺應用程式，可以在手機或 Web 瀏覽器上運行此類程式。

5.3.2 Uniformance Suite 平臺

5.3.2.1 平臺簡介

Uniformance Suite 是霍尼韋爾（Honeywell）公司開發的新型物聯網分析平臺，是該公司建構工業物聯網生態中的重要組成部分。Uniformance Suite 平臺具有良好的數據分析能力，提供了系統化的數據處理軟體和解決方案，實現數據的收集、可視化、預測和執行，滿足客戶獲取數據的需求。透過智慧化操作，使用者可以使用該平臺將工業數據轉為可執行的資訊。Uniformance Suite 採用常見的資產模型收集並儲存各種類型的數據，參考關鍵績效指標（Key Performance Indicator，KPI）對事件進行檢測和預測，與工業物聯網、行動性、雲計算和大數據相結合，為使用者提供各種形式全方位分析，滿足 Honeywell 平臺客戶的需求。

Uniformance Suite 使用以資產為中心的分析方式，透過事件數據的採集和處理、以事件為中心的分析和強大的可視化技術，為使用者提供了實時的數位化智慧服務，將工業數據轉換成可操作資訊，實現智慧化的操作。使用該平臺，可以有效地獲取和儲存各種數據，在後續的資訊檢索等工作中使用。同時，該平臺可以基於層疊圖樣和相關性，對事件進行預測和檢測，透過將過程指標和業務關鍵績效指標相關聯，實現智慧流程處理，幫助企業實現更優的決策。為了滿足複雜多樣的使用者需求，Honeywell 透過使用 Uniformance Suite 平臺，提供高級數據分析和可視化產品，進而拓展平臺的核心商業價值並降低平臺開銷。使用 Uniformance Suite 平臺，工業企業可以實現高效運行、最小化工作開銷並降低風險，從而實現安全穩定的生產[15]。

Uniformance Suite 將成熟的 Honeywell 產品與新興的解決方案相結合，包含四個重要的組成部分，分別為 Uniformance 過程歷史數據庫、Uniformance 資

產警衛、Uniformance 洞察力、Uniformance 關鍵績效指標[15,16]。

(1) Uniformance 過程歷史數據庫

Uniformance 過程歷史數據庫（Uniformance Process History Database, PHD）是一個實時資訊管理系統，用於獲取和儲存企業實時的過程和事件數據。該系統的主要功能是：

① 實現穩定的數據採集功能，採用跨站點的分布式架構，服務對象可從單一個體擴展至整個企業，同時，透過使用系統監控，確保數據採集的有效性；

② 使用聯合時間日誌（Consolidated Event Journal，CEJ），為事故報告和調查提供操作警報、事件和過程變化的歷史數據；

③ 將工程知識應用於原始數據，實現綜合計算。

(2) Uniformance 資產警衛

Uniformance 資產警衛（Uniformance Asset Sentinel）是 Honeywell 公司推出的資產管理系統，用於檢測工廠狀況和設備性能。Uniformance 資產警衛的主要功能是：

① 為工程設計、維護和操作提供實時的、以資產為中心的分析；

② 對設備健康情況和過程性能進行持續監測；

③ 對資產和操作失誤進行預測和預防。

(3) Uniformance 洞察力

Uniformance 洞察力（Uniformance Insight）提供數據集成和工廠運行狀況的可視化監測功能，提升數據的可視化能力，使使用者更加直覺地對數據進行觀察、監測和分析。該產品可以透過傳統的網頁瀏覽器，實現事件調查和處理情況的可視化。Uniformance 洞察力的主要功能是：

① 實現過程和事件的可視化；

② 提供強大的動態顯示環境；

③ 支援第三方數據源。

(4) Uniformance 關鍵績效指標

Uniformance 關鍵績效指標（Uniformance Key Performance Indicator, KPI）為平臺定義、追蹤、分析和提升 KPI，以便及時採取有效措施來滿足商業目標。Uniformance KPI 的主要功能是：

① 計算、展示和儲存 KPI；

② 為行動設備提供 Web 介面；

③ 為不同級別的使用者安全地接入 KPI 數據。

下面對上述四個組件進行簡要介紹。

5.3.2.2　平臺組件

(1) Uniformance PHD[17]

Uniformance PHD 是用於製造過程的實時資訊管理系統，該系統可以收集、儲存和回放工廠生產過程中的歷史數據和當前不斷產生的數據，在產品和企業範圍內實現實時數據的可視化，提高數據的安全性，改進生產過程的性能。PHD 可以幫助工程師和工廠管理人員，透過數據管理更好、更快地做出決策。透過 PHD 實時數據的授權，大量有著重要價值的過程數據可以實時地呈現在使用者面前，各種類型的使用者、事件處理系統和與生產相關的應用程式，可以方便、快捷地訪問和利用這些數據，提高事件處理的靈活性，幫助使用者更好地做出決策，實現生產能力的提升和利潤的增加。PHD 架構支援多個工廠和站點的控制系統的集成和應用的集成，具有無縫的數據介面、可容錯的數據收集能力以及自動歷史數據恢復功能，可以保證大量數據長期、穩定地進行儲存，支援使用者對這些數據的實時訪問和實現應用集成。

PHD 為使用者提供了靈活的數據庫伺服器。數據庫伺服器可以透過分布式的方式安裝在多個伺服器平臺上，任何客户端都可以直接讀取伺服器的數據和資訊，不同伺服器的數據可以在任何一個客户端上顯示，共同完成某一個計算任務。在上述過程中，使用者對數據的使用體驗與使用一臺伺服器是一樣的，但數據使用的效率、速度都有著顯著的提高，同時可以方便使用者對數據進行維護和管理。分布式系統結構有助於建立可擴展的工業生產管理資訊系統。

PHD 具有強大的數據採集功能。PHD 透過 CIM-IO 標準介面，從分布式控制系統（Distributed Control System，DCS）或可編程邏輯控制器（Programmable Logic Controller，PLC）以及其他的實時數據庫系統中讀寫實時數據和歷史數據。由於大多數 DCS 廠商採用用於過程控制的對象連接與嵌入技術（Object Linking and Embedding for Process Control，OPC）作為系統集成的開放標準，PHD 在系統中配置了 CIM 對 OPC 伺服器的介面程式，透過這個介面，PHD 可以與任何支援該 OPC 標準的控制設備通訊。

PHD 可以提供豐富的歷史內容，將數據轉化為知識。PHD 的計算標籤功能允許使用者將相關工程和商業知識應用到現有數據和歷史數據中，同時使用工程單元轉換功能幫助使用者有效地查看數據。PHD 將數據從簡單的數據操作上升到更高級別的商業分析層次，確保使用者獲得更好的決策。下面對 Uniformance PHD 的主要功能和優勢進行簡要介紹。

① Uniformance PHD 主要功能

a. 分布式數據採集　PHD 分布式架構具有很廣的適用範圍，可用於簡單系統，也可以用於企業級系統；PHD 具有穩定的數據採集功能，該功能保證平臺

不會因為通訊失敗而造成數據丟失。

b. 自動標籤管理　標籤同步功能可以減少標籤配置的時間。

c. 報警和事件歷史　PHD 的 CEJ 可以對多種系統中的警報和事件進行長期的儲存和分析。

d. 集成智慧計算　PHD 內建的虛擬標籤能力，可以實現週期性的或自組織的計算。

e. 連接性設計　PHD OPC 伺服器可以保證與第三方系統的開放連接性，OPC 數據採集，使 PHD 能夠適用於分布式控制系統（Distributed Control System，DCS）或監控與數據採集系統（Supervisory Control And Data Acquisition，SCADA）。

② Uniformance PHD 特色

a. 可拓展性　PHD 支援分布式可擴展的系統架構。PHD 分布式架構保證系統從離散的數據源收集數據，並將數據存放在特定的數據庫中。PHD 數據庫可以進行擴展，實現更多使用者和標籤的處理。

b. 安全性　PHD 為常規的防火牆配置提供支援，對歷史數據進行保護，防止未授權的接入。

c. 健壯性　PHD 提供數據收集和歷史恢復功能。該功能可以在數據採集過程中發生中斷時保證數據的完整性。

d. 開放性　PHD 具有豐富的介面，使用這些介面可以從 Honeywell 和第三方系統中採集數據。每一個 PHD 伺服器包括一個 OPC 服務許可，為第三方的應用提供開放集成。

(2) Uniformance 資產警衛[18]

設備發生故障和處理效率的降低，會導致設備綜合效率（Overall Equipment Effectiveness，OEE）降低，增加使用者的設備維護成本，造成使用者的潛在收益損失。同時，產品處理過程複雜度增加等因素，也會影響企業對資產情況和處理性能的預測和檢測。Uniformance 資產警衛可以對關鍵操作和設備情況進行持續監控，使使用者更快、更早地發現設備的異常情況，及時對設備問題進行處理。

Uniformance 資產警衛是 Uniformance Suite 的關鍵組成部分，資產警衛能提供實時、集中式的資產分析、時間檢測、儲存和操作，用以識別、處理和解決設備存在的問題。使用資產警衛，可以對設備進行持續檢測，並獲取相關設備處理情況，使工業設施能夠及時地預測和預防資產故障，從而盡快解決資產問題。資產警衛提供統一的平臺檢測流程和設備處理，透過建立「數位對」，對當前情況和預期情況進行比較，快速發現、定位和傳輸系統警報，減少警報發生的頻率，降低故障帶來的影響。Uniformance 資產警衛的主要特點如下。

① 靈活的工廠參考模型　Uniformance 資產警衛提供多級別的設備層次結

構，對工廠和設備進行建模。基於不同工廠的需求，Uniformance 資產警衛提供多角度的建模和解決方案。

② 多樣化的數據接入　Uniformance 資產警衛支援多種數據介面。透過這些介面，使用者可以獲取其資產的數據資訊，其中包括實時數據、歷史數據、事件數據、相關數據和基於文件的數據。資產警衛同樣提供靈活的「插件」，用於實驗樣本數據、工作指令數據等各類源數據的接入。

③ 強大的計算引擎　Uniformance 資產警衛支援第四代腳本語言，可以實現複雜的統計計算和數據操作，為工程人員提供簡單易用的開發環境。Uniformance 資產警衛可以提供實時計算功能，同時支援使用者按照一定的計畫使用計算功能。在使用者部署計算工作的過程中，資產警衛可以提供平臺進行連續的計算工作。

④ 實時的事件檢測和提醒　Uniformance 資產警衛的事件檢測機制，能夠識別使用者自定義的規則，在檢測到問題時觸發警報或進行預警。當使用者所關註和追蹤的事件被觸發時，系統會生成郵件通知使用者，同時執行初始化或維護指令來保證系統運行的穩定性。

根據上述特點，Uniformance 資產警衛具有以下優勢。

① 資產利用率高

a. 透過故障預測，提供預行動響應，減少響應時間。

b. 縮短了意外故障時間。

② 維修成本低

a. 透過預行動響應，減少設備損失。

b. 基於真實資產的情況進行系統優化和維護。

c. 提高設備的可靠性和壽命。

③ 操作效率高

a. 透過檢測使用情況，降低使用者開銷。

b. 透過持續監控、遠程合作，提高效率。

c. 透過集成決策支援環境，提高效率。

④ 安全性增強　確保正常穩定的操作，降低風險。

(3) Uniformance 關鍵業績指標[19]

關鍵業績指標（Key Performance Indicators，KPI）用於企業根據不同的目標追踪商業運作情況。典型的 KPI 根據一些業務指標來定義例如安全性、可靠性、品質、營運效率或其他的商業指標。KPI 應該是可以在規定時間內獲得、可測量、可執行的指標，同時可以與企業目標進行比較。企業通常定義多層 KPI，其中第一層 KPI 通常基於商業對象來定義，而二層和三層 KPI 提供支援。

大型企業需要從大量的數據中獲取有用資訊以做出正確的決策。Uniformance KPI 可以以小時、天、周和月為單位收集數據和目標，並將數據結果與目標相比較，提供清晰的、一致的比較分析結果呈現給使用者，並根據分析結果對使用者進行提醒。所有記錄和儲存的關鍵指標和計算結果，會上報和長期保存。Uniformance KPI 使用 Uniformance-Insight 為使用者提供精確趨勢和圖表，對 KPI 數據進行分析，Uniformance-Insight 是基於 Web 界面的可視化環境。同時，Uniformance KPI 中的 Excel 插件，可以將 KPI 數據儲存到 Excel 表格中，供使用者進行深入的數據分析。Uniformance KPI 具有以下特點。

① 配置和使用簡單　Uniformance KPI 透過建立容器的方式，從 Honeywell 和第三方系統收集數據。基於 Excel 的配置功能，提供了一種更為快捷的整體配置 KPI 的方式，縮短了系統配置時間。基於 Web 界面的控制面板，使使用者能夠隨時隨地使用筆記型電腦、平板或手機接入。Uniformance KPI 的配置靈活性表現在以下幾個方面。

a. Uniformance KPI 可以定義多維度的 KPI，包括目的、擁有者、類別、種類、時間週期、位置，並且可以對數值、目標、方向和時間週期進行設置。

b. Uniformance KPI 的數據輸入可以來自處理的歷史數據、其他 Honeywell 應用或第三方數據源，可以人工手動輸入數據。

c. 隨著商業需求的成長，Uniformance KPI 可以追蹤大量的 KPI，同時可以將歷史記錄保持數年。

d. Uniformance KPI 可以透過 Honeywell 公司的 Intuition Executive 進行集成，也可以使用獨立的 KPI 介面。

e. Uniformance KPI 採用簡單的管理介面實現 KPI 的使能、禁用和重新計算等功能。

② 提供豐富的資訊　Uniformance KPI 能夠讓使用者在使用者界面上看到第一層的 KPI，其中涉及安全性、操作、可靠性、經濟、工業擴展或人事等豐富的配置資訊。第二層和第三層 KPI 能夠提供更多的支援。

③ 提供安全、一致的數據　Uniformance KPI 簡化了 KPI 的創建和計算過程，避免由於人工操作所帶來的問題，不同的組織之間使用一致的規則和指標，不同組織的使用者都使用同一版本進行工作，保證版本的一致性。同時，Uniformance KPI 使用了基於規則的安全機制，允許使用者分配個人 KPI 或者對 KPI 進行分類以保證數據安全。

④ 提供數據可追溯和長期儲存能力　Uniformance KPI 中透過使用 KPI，可獲得該 KPI 的所有歷史記錄、輸入資訊和計算結果。所有的 KPI 以及測量數據可以長時間儲存，方便實現數據追溯。

⑤ 提供高度集成能力　Uniformance KPI 使用開放性的標準，集成了警告管理系統、操作管理系統和企業資源規劃系統的指標。該特性使使用者可以在系

統中獲取完整的數據。透過使用 Honeywell 發布的 Intuition Executive 軟體，使用者只需要簡單地在運行螢幕上點擊 Uniformance 的 KPI 介面，就能夠生成相應的 KPI 數據。

⑥ 提供廣泛的支援服務　透過 Honeywell 公司的 BGP 軟體程式，Uniformance KPI 可以在全球範圍內提供支援服務。BGP 能夠幫助客戶提升和拓展他們的軟體應用，增加客戶收益，從根本上維護使用者軟體投資的安全。

（4）Uniformance 洞察力[20]

對於工業企業而言，獲得實時的、有意義的數據，有助於工廠提高運行效率、減小工作開銷、降低風險和保證規範化，維持安全穩定的生產。工業企業需要快速獲取準確的性能指標數據，並使用這些數據提高生產力。然而，企業需要將獲取的數據轉化成有效的、動態的資訊才可以用於實現上述功能。

Uniformance 洞察力是一種運行在客戶端上的軟體。使用現有的 IT 系統和數據系統，Uniformance 洞察力實現數據集成、性能資訊和可視化等要求。Uniformance 洞察力軟體連接了大量不同類型的資訊源，提高了數據的可視化能力。它提供了可配置的介面，使使用者能夠輕鬆檢測當前數據，獲取數據的走勢，繪製相關圖表，生成數據報告。Uniformance 洞察力透過瀏覽器為使用者提供工業生產的可視化服務，使使用者能夠快速利用現有的顯示設備繪製數據圖表，幫助工程師、操作團隊和其他核心人員在分析、排除故障時能夠輕鬆地檢測和獲取相關資訊。該產品使用了完善的智慧流程技術，使使用者能夠實現更加靈活和快捷的商業決策。Uniformance 洞察力的主要特點如下。

① Uniformance 洞察力提供了數據可視化服務，使用者只需要透過網路使用設備上的瀏覽器，即可實現數據的可視化。使用者能夠方便地使用不同的設備共享資訊，完成資訊處理工作。

② Uniformance 洞察力使用了人機介面界面 Web（HMIWeb）顯示技術，使用者可以使用簡單的方式來監測和分析工廠的處理過程。

③ Uniformance 洞察力的所有軟體的安裝過程都在伺服器上進行，便於管理。使用者不需要安裝軟體，工作時只需點開一個鏈接，即可使用 Uniformance 洞察力的軟體服務。

④ Uniformance 洞察力適用於常規的過程處理監控和複雜的分析過程。Uniformance 洞察力具有簡單的設計趨勢曲線能力，使使用者能夠根據不同的應用場景，方便地使用其創建不同的動態曲線。

⑤ Uniformance 洞察力和 Uniformance PHD 能夠實現完美匹配，並向其他數據庫和應用提供開放介面。在基於開放標準的前提下，工廠能夠使用現有的數據庫和先進的應用架構，向第三方系統提供全連接，不需要花費高額費用即可實現專案數據的遷移。

⑥ Uniformance 洞察力具有快速響應能力。它透過放大、隱藏和加入趨勢曲線等常規操作，為數據賦予了新的意義。對於初學者來說，經過簡單的培訓就能夠輕易地使用該軟體完成數據的觀測和趨勢曲線的建構。Uniformance 洞察力軟體具有很多功能，使用者也可以透過定制的方式獲得所需的趨勢圖。

⑦ Uniformance 洞察力透過使用先進的可視化技術，透過提供基於 HTML5 的解決方案和通用模塊，為企業使用者、商業團體和製造執行系統（MES）應用程式提供服務。

5.3.3　AWS IoT 平臺

5.3.3.1　平臺簡介

AWS IoT 是亞馬遜公司開發的基於 PaaS 的物聯網雲平臺。AWS IoT 可以將不同種類的設備連接到 AWS 雲，使用雲中的應用程式與聯網設備進行交互，從而使使用者方便地使用亞馬遜網路服務（Amazon Web Services，AWS）。同時，透過 AWS IoT，使用者可以使用 AWS 服務建構 IoT 應用程式，收集、處理和分析聯網設備生成的數據並對其執行相關操作，無需管理任何基礎設施。AWS IoT 提供了軟體開發包，讓開發者能夠方便地透過聯網設備、行動應用和 Web 應用使用 AWS IoT 平臺的各種功能。

AWS IoT 平臺的主要特點[22] 如下。

① AWS IoT 支援多種設備和大量數據，可以幫助製造企業在全球範圍內儲存、分析互聯設備生成的數據，對這些數據進行處理，並將數據安全可靠地路由至 AWS 終端節點和其他設備。按照使用者定義的規則，使用者可以使用 AWS IoT 對設備數據進行快速篩選、轉換和處理；使用者還可以隨時根據需要對規則進行更新，用以使用新的設備和應用程式功能。

② AWS IoT 支援 HTTP、WebSockets 和消息隊列遙測傳輸（Message Queuing Telemetry Transport，MQTT）等協議，最大限度地減少設備上的代碼空間，降低頻寬需求。AWS IoT 同時支援其他行業標準和自定義協議功能，使用不同協議的設備同樣可以完成相互之間的通訊。

③ AWS IoT 提供所有連接點的身份驗證和端到端加密服務，使用可靠標識實現設備和 AWS IoT 之間的數據交換。使用者可以透過應用權限保護功能，對設備和應用程式設置訪問權限。

④ AWS IoT 保存設備的最新狀態，隨時可以對設備狀態進行讀取或設置，透過為每個聯網設備和設備狀態資訊創建虛擬版本或「影子」的方式，對應用程式而言，設備似乎始終處於在線狀態。此時，即使設備處於斷開狀態，應用程式依然可以讀取設備的狀態，同時允許使用者進行設備狀態設置，在設備重新連接

後，將對該狀態進行加載。

5.3.3.2　平臺組件[22]

AWS IoT 平臺由以下組件構成：

① 設備網關　實現設備與 AWS IoT 之間安全、高效的通訊；

② 消息代理　為設備和 AWS IoT 應用程式發布和接收消息提供安全的通訊機制；

③ 規則引擎　與其他 AWS 服務一起實現消息的處理和集成；

④ 安全和身份認證服務　為 AWS 雲中的數據安全性提供保證；

⑤ 事件註冊表　負責管理和組織與設備相關的資源；

⑥ 設備「影子」和服務　在 AWS 雲中提供設備的持久表徵。

(1) 設備網關

AWS IoT 設備網關可以實現設備與 AWS IoT 平臺進行安全、有效的通訊，使設備之間實現互聯互通，不受所使用協議的限制。設備網關使用發布/訂閱模型交互消息，實現一對一和一對多通訊。透過一對多的通訊模式，AWS IoT 支援互聯設備向具有特定主題的多個訂閱使用者廣播數據。設備網關支援專用協議和傳統協議，如消息隊列遙測傳輸協議、WebSockets 協議和超文本傳輸協議（HTTP 1.1）。AWS IoT 設備網關可以隨著設備數量成長而自動擴展，能夠在全球範圍內提供低延遲和高吞吐量的連接。

(2) 消息代理

AWS IoT 消息代理是一種發布/訂閱代理服務，能夠發送和接收 AWS IoT 消息。當客戶端設備與 AWS IoT 進行通訊時，客戶端會發送某一主題消息，消息代理會將該消息發送給所有註冊接收該主題消息的客戶端。在這個過程中，發送消息的行為稱為「發布」，註冊接收該主題消息的行為稱為「訂閱」。

消息代理包含所有客戶端的會話列表和每個會話的訂閱。當發布某個主題的消息時，消息代理首先對所有的會話進行檢查，找出訂閱該主題的會話，然後消息代理將發布的消息，轉發給當前連接該客戶端的所有會話中。消息代理支援直接使用 MQTT 協議或 WebSocket 上的 MQTT 協議，進行發布和訂閱消息，並可以使用 HTTP REST 介面發布消息。

(3) 規則引擎

AWS IoT 可以收集來自聯網工業設備的大量數據，但這些數據並非全部有用。AWS IoT 規則引擎允許客戶定義規則對數據進行過濾和處理，並在設備、AWS 服務和應用之間按照一定的規則發送數據。

使用規則引擎可以建構 IoT 應用程式，用於在全局範圍內收集、處理和分

析互聯設備生成的數據，並根據數據分析和處理結果執行相關操作，使用者無需管理任何基礎設施。規則引擎根據使用者定義的業務規則，對發布到 AWS IoT 中的消息進行評估和轉換，將其傳輸到其他設備或雲服務中。規則引擎可以對來自一個或多個設備的數據應用該規則，並行執行一個或多個操作。規則引擎提供多種數據轉換的功能，並且可以透過 AWS Lambda 實現更多的功能。在 AWS Lambda 中，可以執行 Java、Node.js 或 Python 代碼，為使用者提供靈活處理設備數據的能力。規則引擎可以將消息路由到 AWS 終端節點。外部終端節點可以使用 AWS Lambda 等進行連接。

使用者可以利用 AWS 管理控制臺、AWS 命令行界面（Command Line Interface，CLI）或 AWS IoT 應用編程介面（API）創建規則，對各種設備的數據應用該規則。使用者可以在管理控制臺中創建規則，或使用類似 SQL 的語法編寫規則，根據不同的消息內容，可以創建具有不同表示形式的規則。使用者同樣可以在不干預實體設備的情況下更新規則，降低更新和維護大量設備所需要的成本和工作。規則的使用，使使用者的設備能夠與 AWS 服務進行充分交互，使用者可以使用規則來支援以下任務：

① 從設備接收數據或過濾數據；

② 將從設備接收的數據寫入到 Amazon Dynamo DB 數據庫；

③ 將文件保存到 Amazon S3；

④ 使用 Amazon SNS 向所有使用者發送推送通知；

⑤ 將數據發布到 Amazon SQS 隊列；

⑥ 使用 Lambda 提取數據；

⑦ 使用 Amazon Kinesis 處理來自設備的消息；

⑧ 將數據發送到 Amazon Elasticsearch Service；

⑨ 捕獲 CIoudWatch 指標；

⑩ 更改 CIoudWatch 警報；

⑪ 從 MQTT 消息發送數據到 Amazon Machine Learning，實現基於 Amazon ML 模型的預測。

在 AWS IoT 執行上述操作之前，使用者必須授予其訪問 AWS 資源的權限。執行操作時，使用者將承擔使用 AWS 服務的費用。

（4）安全和身份認證服務

每個連接的設備必須具有訪問消息代理或設備影子服務的證書。為了將數據安全地發送到消息代理，必須保證設備證書的安全性。經過 AWS IoT 的所有數據流，必須透過傳輸層安全協議（Transport Layer Security，TLS）進行加密。當 AWS IoT 和其他設備或 AWS 服務之間傳輸數據時，AWS 安全機制可以有效地保證數據的安全。AWS 安全機制包括如下內容。

① 使用者負責管理 AWS IoT 中的設備證書，為每個設備分配唯一的身份，管理設備或設備組的許可。

② 根據 AWS IoT 連接模型，設備透過安全的連接、使用者選擇的身份建立連接。

③ AWS IoT 規則引擎根據使用者定義的規則，將設備數據轉發到其他設備和其他 AWS 服務，使用 AWS 訪問管理系統實現數據的安全傳輸。

④ AWS IoT 消息代理程式對使用者的所有操作進行身份認證和授權。消息代理將負責對使用者設備進行認證，安全地獲取設備數據，並遵守使用者制定的設備訪問權限。AWS IoT 支援四種身份認證：

a. X.509 證書使用者身份；

b. 身份識別與訪問管理（Identity and Access Management，IAM）使用者身份；

c. Amazon Cognito 使用者身份；

d. 聯合身份。

使用者可以在行動應用程式、Web 應用程式或桌面應用程式中，透過 AWS IoT CLI 命令使用上述四種身份認證方式。AWS IoT 設備使用 X.509 證書；行動應用程式則使用 Amazon Cognito 身份認證；Web 和桌面應用程式使用 IAM 或聯合身份認證；CLI 命令使用 IAM。

AWS IoT 在連接處提供雙向身份驗證和加密。未經身份驗證的設備和 AWS IoT 之間不會交換任何數據。AWS IoT 支援 AWS 中的身份認證（稱為「SigV4」）和基於身份驗證的 X.509 證書認證。使用 MQTT 的連接時，可以使用基於證書的身份驗證；使用 Web Sockets 連接時，可以使用 SigV4 進行身份認證；使用 HTTP 的連接時，可以使用兩種認證方法中的任意一種。AWS IoT 全面集成 AWS 身份與認證管理機制，客戶能夠方便地向單個設備或設備群設置許可，並且在整個設備生命週期對其進行管理。當設備被首次激活時，由 AWS IoT 生成新的安全憑證。使用者可以使用 AWS IoT 在現有聯網設備中生成並嵌入證書，同時也可以選擇使用證書頒發機構（CA）簽署的證書。使用者可以從控制臺或 API 創建、部署和管理設備的證書，對這些設備證書進行配置、激活和使用，並與 AWS IAM 配置的相關策略相關聯。可以將所選的使用者角色或/和策略映射到每個證書中，用於授予設備或應用程式訪問權限或撤銷訪問權限。

(5) 事件註冊表

AWS IoT 提供了事件註冊表，幫助使用者管理事件。「事件」是特定設備或邏輯實體的表示形式。事件可以是物理設備或感測器，也可以是一個邏輯實體，例如一些應用程式或物理實體的實例。註冊表為每個設備分配唯一身份，透過元數據的形式描述設備的功能。註冊表允許使用者觀察設備的元數據，無需額外費用。只要

使用者在一定時間內訪問或更新一次註冊表項，註冊表中的元數據就不會過期。

(6) 設備「影子」和服務

AWS IoT 為每個設備創建永久性的虛擬版本或「影子」，用以儲存設備的最新狀態。即使設備處於離線狀態，設備影子也會為每臺設備保留其最後報告的狀態和期望狀態。基於此服務，應用程式或其他設備可以隨時讀取來自設備的消息，並與其進行交互，應用程式可以設置設備在未來某時刻的期望狀態。AWS IoT 將對設備的期望狀態和當前報告的狀態之間進行比較，找出它們之間的差異，並指導設備消除差異。使用者可以透過 API 或使用規則引擎來檢索設備的最後報告狀態或設置期望狀態。

使用 AWS IoT 設備 SDK，可以實現使用者設備的狀態與其「影子」的狀態同步，並透過「影子」設置期望狀態。設備的「影子」功能可以讓使用者在一段時間內，透過免費的方式儲存設備的狀態，但是使用者需要每隔一段時間更新一次設備「影子」，否則它們會過期。

5.3.3.3 平臺介面[21,22]

AWS IoT 提供四類介面。

① AWS 命令行介面（AWS Command Line Interface，AWS CLI） 適用於 Windows、OS X 和 Linux 上的 AWS IoT 的命令。這些命令允許使用者創建和管理事件、證書、規則和策略。

② AWS IoT API 使用 HTTP 或 HTTPS 請求建構使用者的 IoT 應用程式。這些 API 允許使用者以編程方式創建和管理事件、證書、規則和策略。

③ AWS SDK 使用 API 建構使用者的 IoT 應用程式。這些 SDK 對 HTTP/HTTPS API 進行封裝，允許使用者使用任何支援的語言進行編程。

④ AWS IoT 設備 SDK 用於建構在使用者設備上運行的應用程式，向 AWS IoT 發送消息並從 AWS IoT 接收消息。

下面重點對 AWS 命令行介面 AWS IoT 設備 SDK 進行簡要介紹。

(1) AWS 命令行介面

AWS 命令行介面（AWS CLI），是一種建立在 Python AWS SDK 上的開源工具，它提供了與 AWS 服務進行交互的命令。透過最小配置式，使用者可以使用 AWS 管理控制臺提供的所有功能。使用者可以使用下面幾種方式運行 AWS 命令：

① Linux shell 方式 使用常見的 shell 程式在 Linux、macOS 或 Unix 等系統中運行命令；

② Windows 命令行方式 在 Microsoft Windows 的 Powershell 或 Windows Command Processor 中運行命令；

③ 遠程方式　透過遠程終端或 Amazon EC2 系統管理器，在 Amazon EC2 實例上運行命令。

AWS CLI 可直接訪問 AWS 服務的公共 API，透過使用 AWS CLI 服務功能和開發 shell 腳本來管理資源。使用者可以使用 AWS SDK 開發其他語言的程式。

(2) AWS IoT 設備 SDK

AWS IoT 為開發者提供了 SDK，幫助使用者方便、快捷地將使用者設備連接至 AWS IoT，使使用者設備無縫、安全地與 AWS IoT 提供的設備網關和設備影子進行合作。AWS IoT 設備 SDK 包含開源庫和開發指南，使用者可以使用開源的代碼，同時也可以自己編寫 SDK，可以在選擇的硬體平臺上建構新的物聯網產品和解決方案。

使用者的設備能夠透過 AWS IoT 設備 SDK 使用 MQTT、HTTP 或 WebSockets 協議與 AWS IoT 進行連接、驗證和消息交換，支援 Android、嵌入式 C、Java，iOS、JavaScript 和 Python。

① AWS 行動 SDK-Android　應用於 Android 的 AWS 行動 SDK，包含開發人員使用 AWS 建構連接的行動應用程式庫、示例和文檔。AWS 行動 SDK-Android 還支援調用 AWS IoT API。

② AWS 行動 SDK-iOS　應用於 iOS 的 AWS 行動 SDK，是一類開源軟體開發工具包，可以在 Apache 開源許可下使用。iOS SDK 提供了庫、代碼示例和文檔，以幫助開發人員使用 AWS 建構行動應用程式。iOS SDK 還包括支援調用 AWS IoT API。

③ AWS 設備 SDK-嵌入式 C　應用於嵌入式 C 的 AWS IoT 設備 SDK，是嵌入式應用程式中使用的 C 源文件的集合，使用該 SDK 可以安全地連接到 AWS IoT 平臺，包括傳輸客户端、TLS 實現和使用示例。嵌入式 C SDK 還支援特定的 AWS IoT 功能，例如訪問設備影子服務的 API。

④ AWS 設備 SDK-Java　Java 開發人員可以透過 MQTT 或 WebSocket 協議上的 MQTT 訪問 AWS IoT 平臺。該 SDK 支援建構 AWS IoT 設備「影子」。使用者可以使用 GET、UPDATE 和 DELETE 等 HTTP 方法訪問設備影子。SDK 還支援簡化的影子訪問模式，它允許開發人員與設備影子交換數據。

⑤ AWS 設備 SDK-JavaScript　提供的 aws-iot-device-sdk.js 軟體包，允許開發人員編寫 JavaScript 應用，這些應用可以使用 MQTT 協議或 WebSocket 上 MQTT 訪問 AWS IoT 平臺。該 SDK 可以在 Node.js 環境和瀏覽器應用程式中使用。

⑥ AWS 設備 SDK-Python　用於 Python 的 AWS IoT 設備 SDK，允許開發人員編寫 Python 腳本，使設備使用 MQTT 或透過 WebSocket 協議的 MQTT 訪問 AWS IoT 平臺。透過將設備連接到 AWS IoT，使用者可以安全地使用 AWS IoT 和其他 AWS 服務提供的消息代理、規則和設備「影子」。

參考文獻

[1] Peter Mell, Timothy Grance, NIST Sp 800-145, The NIST Definition of Cloud Computing, Computer Security Division, Information Technology Laboratory, National Institute of Standards and Technology, NIST Sp 800-145, September 2011.

[2] 中國資訊通訊研究院（工業和資訊化部電信研究院），雲計算白皮書，2016.

[3] RightScale, Inc. State of the clo-ud Report, RightScale 2017.

[4] Douglas K Barry, Categories of Cloud Providers, Barry & Associates, Inc. , Available: https: //www. service-architecture. com/.

[5] 中國資訊通訊研究院（工業和資訊化部電信研究院），物聯網白皮書，2016.

[6] International Electrotechnical Commission（IEC），White Paper: IoT 2020: Smart and secure IoT platform, 2016.

[7] Eclipse Foundation, Inc. , The Three Software Stacks Required for IoT Architectures, 2017.

[8] Ala Al-Fuqaha, Mohsen Guizani, Mehdi Mohammadi, Mohammed Aledhari, Moussa Ayyash, Internet of Things: A Survey on Enabling Technologies, Protocols, and Applications, IEEE Communication Surveys & Tutorials, 2015, 17（4）: 2347-2376.

[9] Padraig Scully, 5 Things To Know About The IoT Platform Ecosystem, 2016, Available: https: //iot-analytics. com.

[10] IoT Analytics GmbH, White paper: IOT PLATFORMS, The central backbone for the Internet of Things, 2015.

[11] 中國電子技術標準化研究院，工業物聯網白皮書，2017.

[12] General Electric Company, TECHNICAL WHITEPAPER, Predix Architecture and Services, 2016.

[13] General Electric Company, Platform Brief, Prefix, The platform for the Industrial Internet, 2016.

[14] General Electric Company, Platform Brief, Prefix, The Industrial Internet Platform, 2016.

[15] Honeywell International Inc. , Uniformance Suite Real-time Digital Intelligence Through Unified Data, Analytics and Visualization, 2016.

[16] Honeywell International Inc. , White Paper, Performance Management in Process Plants: Seven Pitfalls to Avoid, 2015.

[17] Honeywell International Inc. , Uniformance PHD, Product Information Note, 2017.

[18] Honeywell International Inc. , Uniformance Asset Sentinel, A Real-time Sentinel for Continuous Process Performance Monitoring and Equipment Health Surveillance, 2017.

[19] Honeywell International Inc. , Product Information Note, Uniformance KPI-Real time insights to improve your operational performance, 2015.

[20] Honeywell International Inc. , Uniformance Insight, Product Information Note, 2017.

[21] Amazon Web Services, Inc. and/or its affiliates, AWS IoT Developer Guide, 2017.

[22] Amazon Web Services, Inc. and/or its affiliates, AWS IoT API Reference, 2015.

第6章

基於工業物聯網的智慧製造系統

6.1　離散工業環境中的智慧製造系統

6.1.1　離散製造

　　製造業按其產品製造工藝過程特點，總體上可概括為連續製造和離散製造[1]。相對於連續製造，離散製造的產品往往由多個零件經過一系列不連續的加工最終裝配而成。離散型製造業的特徵，是在生產過程中物料的材質基本上沒有發生變化，只是改變其形狀和組合，即最終產品是由各種物料裝配而成，並且產品與所需物料之間有確定的數量比例。離散加工的生產設備布置是按照工藝進行編排的，由於每個產品的工藝過程的差異，且一種工藝可能由多臺設備進行加工，因此，需要對加工的物料進行分配，對過程產品進行搬運。基於離散型製造業的特點，呈現出對供應物流響應速度快、產品上市週期短、生產效率高、產品品質高、生產成本低，以及柔性生產等需求[2]。

　　離散製造是以零配件組裝或加工為主的離散式生產活動，由零件或材料經過多個環節的加工或裝配過程，生產出最終的產品。離散製造具有可控的零部件加工進度、較強的協調性、更複雜的生產管理等特點。參閱圖 6-1。

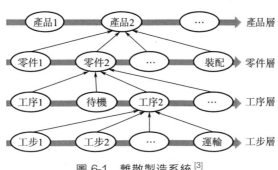

圖 6-1　離散製造系統[3]

　　隨著製造業在自動化和資訊化等方面的不斷發展，離散製造過程的多源異構資訊的獲取以及生產過程的可視化監測和預警等，提出了更高的要求。另一方面，物聯網為解決製造過程中的各種問題提供了新的思路和可行的模式（如設備追踪、生產過程的預警和優化等）。基於物聯網的可視化監控，透過採用射頻識別技術、無線攝影機、渦流旋轉器等技術，來實現動態可視化監控，同時也為離散製造系統的數位化、資訊化奠定了基礎[3]。

　　當前，製造業正面臨客戶需求的日益多樣化和個性化，人工、材料與管理成本急劇攀升，對離散製造過程的生產控制管理效率提出了更高的要求。離散製造具有分散的能源消耗、大量、污染重的特點，這使得離散製造工廠中對低碳生產的能耗監測具有十分重要的意義。一般來說，為了實現對能源消耗的精細監控和控制，需要對工廠進行優化，有三種方法：監測、分析和管理。監測：要求進行近實時監測，以便能夠了解每個機器的能量消耗。分析：能量測量的實時性及有效性（以及它們在特定環境下的意義），為提出解決能源效率的方法基礎。管理：一旦實施最佳的能耗策略，就必須在基礎設施上實行，因此做好基礎設施的維護以及管理是必需的。目前，減少能源消耗是許多離散製造企業的目標之一。許多公司透過重組生產流程、改進生產結構等方法來減少總能耗。

　　智慧製造系統是一種由智慧機器和人類專家共同組成的人機一體化智慧系統，它在製造過程中能進行智慧活動，諸如分析、推理、判斷、構思和決策等。離散製造智慧化具有如下特點：自律能力、人機一體化、虛擬現實技術、自組織和超柔性、學習能力和自我維護能力。

　　「以資訊化帶動工業化」——把國民經濟的資訊化提高到一個前所未有的高度、深度和廣度。不難看出，資訊化對於現代企業的發展起到了巨大的促進作用。面對日趨激烈的市場競爭和瞬息萬變的市場環境，資訊化作為一種先進的技術手段，能促使企業更加快速地響應客戶的需求和市場的變化。對於離散製造的快速資訊化，建立良好的產品數據管理（PDM）系統，對於滿足客戶各種各樣的要求，具有重要的作用。

　　資訊化在離散製造業的發展現狀，本身包括以下幾個層面：一是設施層面資訊化及基礎設施建設，也就是網路硬體建設，這在很多企業是很成熟的；二是工具層面資訊化，即在網路硬體基礎上的工具軟體推廣；三是流程層面資訊化，這是離散製造業資訊化實施的難點[4]。

　　物聯網即利用局部網路或網路等通訊技術，把感測器、控制器、機器、人員和物等，透過新的方式連在一起，形成人與物、物與物相連，實現資訊化、遠程管理控制和智慧化的網路。物聯網可分為三層：感知層、網路層和應用層。感知層由各種感測器以及感測器網關構成，主要負責識別物體、採集資訊。網路層由各種私有網路、網路、有線和無線通訊網、網路管理系統和雲計算平臺等組成，

負責傳遞和處理感知層獲取的資訊。應用層是物聯網和使用者（包括人、組織和其他系統）的介面，它與行業需求結合，實現物聯網的智慧應用。

離散製造具有產品相對較為複雜、物料多種多樣、控制過程複雜多變等特點，這些特點易造成離散製造系統資訊傳遞滯後、數據不準確等特點。物聯網技術可以使生產系統中的人、材、物透過網路技術成為相互聯繫的整體，電腦資訊技術具有數據儲存量大、處理速度快、管理效率高的特點，透過網路資訊傳輸系統，可以實現生產資訊的實時、準確的傳輸。因此，在離散製造系統引入物聯網技術，是提高生產效率、實現製造技術集成化的有效方法。離散製造透過利用RFID、感測器、感測器網關等技術，實現識別、數據採集等功能[5]。

雖然研究人員已經利用物聯網技術實現離散製造的可視化監控，然而隨著離散製造業的發展，人們仍希望發揮物聯網技術的潛能，並透過擴展系統功能，使可視化監控能夠適應於不同工廠布局的過程監測。此外，也可透過過程檢測與其他製造業資訊系統，如 MES、PDM 的結合的研究，實現功能更強大的可視化監測。

在標準的網路協議下，網路中每個設備具有唯一的地址編碼。每個設備都會接收到上級設備發出的命令，只有符合相應地址編碼的下級設備才會遵從通訊命令。離散型製造系統由於同一工廠的設備比較集中，工廠與工廠之間的設備間隔較大，因此可以充分應用有限連接與無線連接方式的優點，工廠內設備採用有線連接的方式，工廠之間的設備採用無線連接的方式，這樣就可以形成設備 A、虛擬串口連接設備和設備 B 串行網路連接。各設備的數據採集儀表，透過 RS-485 現場總線通訊模式進行連接，最終連接到數據採集設備上，實現設備之間的網路通訊。

根據離散製造業的特點，在資訊採集過程中，採用多種採集技術綜合應用的方式，實現工廠的完全網路化管理，為不同工廠生產需求搭建多樣的工廠網路系統，消除工廠數控設備之間的資訊孤島，澈底改變以前數控設備的單機通訊方式，全面實現數控設備的集中管理與控制。常用的數據採集方法，主要有 DNC 網卡採集方式、宏指令採集方式、PLC 採集方式以及 RFID 採集方式。

這種架構是對製造系統工廠建模的一種新型方法。模型在一個過程的功能鏈中分配並建立，這個模型考慮到了每個工廠元素的技術和工藝規範，從而能夠在生產階段之前的設計階段實現離散製造的可靠仿真。同時該模型利用每個 POP 自身的感測器、預執行器和執行器，實現資訊的分配。

這種架構基於工廠的分配資訊，將一個工廠分為幾個部分工廠，而這些工廠在組成（預執行器、執行器、感測器）和標準（電機、氣缸等）的局部元件等方面是有區別的。POP 透過傳統的定時摩爾自動機來建模，以實現模型之間的通訊。如今，最常用的 POP 庫已經建立，可以利用該庫推斷其模型庫。

該模型基於實時獲得的數據（該數據與生產工廠 WIP 的追踪和管理特點相結合）。RFID 技術和其他技術（如智慧數據載體等），透過從實時資訊採集和對生產產品實時追踪兩個方面，突破底層數據採集的瓶頸，從而實現更加高效、準確、完整和豐富地採集資訊。為了提高效率、準確性、及時性以及數據的詳細程度，智慧化的數據源網路透過資訊數據的自動轉換，實現與物理世界的緊密結合。透過實現數據採集、數據發送、數據轉換和數據處理，以及透過基於企業物理實現（如原材料庫、工廠生產線、成品儲存產品等）的智慧數據網路，實現資訊追踪的方法，RT-WIPM 可以將收集的數據和追踪資訊發送到數據處理中間軟體和商務資訊系統。

聯機實時監控 WIP 的狀態，使得生產管理者能夠徹底熟悉系統的操作，並及時發現和解決問題。另外，該模型提供了通訊網路服務的功能，從而促進了管理者和經營者的交流。

6.1.2 典型離散型製造行業分析

在傳統生產理念的基礎上，精益生產是一個經驗積累的過程，是基於經驗對單一和重複生產操作的標準化，它的零庫存理念是依靠精準的計算和調度實現的。精益生產不適用於產品更新快、生產技術變動多的行業，也不適用於生產流程複雜、線路差別大、調度困難和瓶頸眾多的工廠，於是提出了數位化製造理念。數位化製造的設計與生產管理是單向驅動的，有限範圍的資源組織，無法實現產線實時動態優化、針對靈活多變的市場需求做出快速響應。

面對生產理念及模式的瓶頸，全球製造業格局正面臨重大調整，新一代資訊技術與製造業的深度融合，正在引發影響深遠的產業變革，智慧製造成為這場變革中的主攻方向。美國「工業網路」、德國「工業 4.0」和中國「中國製造 2025」都是針對智慧製造提出的國家戰略。智慧製造是基於新一代資訊技術，貫穿設計、生產、管理、服務等製造過程的各個環節，具有資訊深度自感知、智慧優化自決策、精準控制自執行等功能的先進製造過程、系統與模式的總稱，具有以智慧工廠為載體，以關鍵製造環節智慧化為核心，以端到端數據流為基礎，以網路互連為支撐等特徵，可有效縮短產品研製週期，降低營運成本，降低資源能源消耗，提高生產效率，提升產品品質。

典型行業要具有一定的代表性和體量，透過以下三個指標篩選出典型行業：第一個指標是國民經濟地位，對各大行業的利潤和成長率進行分析；第二個指標是離散型製造業的類型，選取的典型行業應覆蓋離散型製造業的三種類型（離散行業根據業務的特點和重心可分為離散加工型企業、離散裝配型企業和離散綜合型企業）；第三個指標是行業的智慧化基礎。下面以汽車製造業、電子家電製造

業和紡織工業作為離散型製造業的典型行業進行分析研究[10]。

(1) 汽車行業的智慧製造探索

圖 6-2 為汽車裝配流水線。汽車行業的特點是產品結構複雜、更新快、品質要求高，如何降低成本和提升價值，是其在發展中亟須解決的問題。汽車的生產流程主要分為設計和製造。在設計方面，傳統的汽車開發週期是 18～48 個月，難以滿足現在市場對汽車更新換代的頻率需求，因此，縮短產品上市週期是汽車行業的剛性需求。在製造方面，基於對場內物流、設備管理等方面的優化，實現生產效率和產品品質的雙重提升。如何滿足新型商業模式所需的個性化定制和柔性生產，是汽車企業開展智慧製造探索的方向。汽車迭代週期是影響其市場競爭力的重要因素之一，激烈的市場競爭引發產品生命週期逐年遞減，數位化手段成為縮短產品上市週期的核心路徑。在產品設計環節，利用數位化開發工具的全球資源整合，長安汽車建立了全球合作設計開發平臺，在此平臺開發的長安朗逸，透過應用數位化開發工具，將研究發明週期由 42 個月縮減至 34 個月。在性能仿真環節，基於數位化模擬測試的系統集成仿真，寶馬汽車將傳統的虛擬車輛建模仿真與控制系統建模仿真進行集成，基於 Google 地圖的道路數據，對車輛的油耗、安全性等性能進行模擬測試，透過數位化模擬測試的方式，大幅縮短了物理測試優化的次數和時間。在樣機試製環節，基於數位化自動記錄的樣機測試優化，大眾汽車將 RFID 技術應用在樣機生產和測試優化環節，實現了零部件數據的自動識別和記錄，縮短研究發明測試改善的時間。

圖 6-2　汽車裝配流水線

　　基於數據和流程的智慧優化，是「提質增效」的保障。在加工環節，奔馳發動機氣缸蓋生產線將時間、溫度、預設工具等特徵透過預測分析技術，對數據進行挖掘和預測分析，工廠主任根據評估結果進行指導和措施部署，生產效率提高25％。北京現代對重要工藝進行實時自動檢測和圖形化展示，當出現異常趨勢時，及時給予干預，提高加工品質控制水準，保證加工品質的穩定性。在裝配環節，奔馳研究發明出 Carset 生產系統，無人駕駛工具車自動篩選出工位所需零件，並運送到相應的工位，生產時間縮短了 10％，傳送帶旁的占用率節省了33％，工人的充分利用率提高了 8％。奧迪開發了一個現代化的裝配表，在生產過程中基於行動識別和投影的效率增強和輔助系統，及時發現裝配環節的錯誤，顯著降低複雜工作的難度，並確保人工裝配品質的一致性[13]。

　　柔性混線生產是基於現有產能提升產線靈活性。新工廠的規劃和建設是一項耗時耗資的工程，如何在短時間內保證工廠的現有產能，對產線的靈活性進行改造，來滿足產品多樣化的需求是車企面臨的一大難題。在加工環節，基於柔性加工中心和柔性設備實現柔性生產，北京現代的發動機曲軸生產線，透過柔性夾具、加工中心、自動生產線等方式，實現了 GAMMA 和 THETA 曲軸的混線生產。在裝配環節，基於模塊化組裝實現柔性裝配。奧迪用獨立生產平臺替代傳統的組裝流水線，將裝配工藝分為個人工作區域，待裝車輛固定在具有升降功能的自動引導車上，透過無人駕駛運輸系統，自動引導到待裝工位，提升效率和柔性。透過新型設備提升裝配的柔性，奧迪正在研究發明仿生柔性氣爪作為通用夾具，替代專用夾具；大眾將 4 個輕型機器人集成在行動平臺上，組建成行動加工單元，增加裝配柔性。

(2) 電子行業的智慧製造探索

　　電子行業產品零部件品種多、型號複雜，產品升級換代迅速，整體自動化率超過 50％，具有實施智慧製造的良好基礎。智慧生產管理是電子行業的智慧化基礎應用。中興自主研究發明生產管理系統 UTS，實現了設備、產品數據的自動採集和生產數據的全工序智慧監測與管控，提升班組整體效率超過 95％。關鍵指標監測的過程中，對異常趨勢實時預警，減少批次故障發生，預防不合格品的產生，產品保修期內的返還率下降 55％。圖 6-3 為電子焊接流水線。

　　透過生產數據的打通，優化生產過程，有效提升生產效率。西門子安貝格工廠以 Smatic IT 和 Team-center 為核心，集成產品、設備、工藝等生產數據，將數據分析和優化運用到生產全過程，實現透明、精確的生產。當工件進入烘箱時，自動判斷溫度、時間等加工參數，根據下一個待加工件資訊，適時調節加工參數。透過查閱當天的生產過程資訊，找出生產環節中的短板，經過進一步的相關性分析，降低產品的缺陷率，良品率達到 99.9986％。

　　智慧檢測是電子生產中的關鍵智慧化應用。中興建立模塊化電源自動檢測係

圖 6-3　電子焊接流水線

統，針對需求較大且操作重複性較高的檢測對象，透過工業機械手臂、自動檢測儀器以及定制化工裝進行自主檢測，大幅提升檢測效率，與 AGV 小車進行配合，實現送檢、檢測、成品配送的全過程智慧化。良品率分析，有效降低了產品品質診斷時間。富士康收集產品測試、標號等數據，透過大數據分析方式，大幅提升了電子產品的良品率分析效率，縮短了 90％的良率診斷時間，目前 70％～80％的良品率異常事件，都可以在 1 小時內找到明確的風險因素。在分析效率方面，工程師可以將大部分精力聚焦於 20％的產品，進行深度分析。

（3）紡織行業的智慧製造探索

紡織行業當前「去庫存」問題嚴重，手工操作的比重較大，由於工序較多，難以及時掌握半製品和成品的品質。隨著新《環保法》《紡織染整工業水污染物排放標準》的相繼頒布，污染能耗對紡織行業提出了更高要求。圖 6-4 為紡織印染流水線。

「網路＋」提升紡織行業供應鏈效率，降低庫存。目前，紡織行業存在以下痛點：紡織品的同質化、產能過剩；原料採購及成品分銷鏈條長，過程成本高；棉花等原材料價格波動大，提高庫存與管理成本。因此，出現了一些利用「網路＋」解決紡織行業供應鏈痛點的平臺：找紗網透過「以銷定產」的模式，聚集下游布料廠的需求數據與上游紗廠比價採購，提升下游的議價權；紗線寶提供紗線檢測服務和紗線倉儲服務，透過大宗商品採購，紗線銷售環節的利潤提高了600～700 元/噸；布聯網提供完善的代營運服務，「以布換布」專區提供了資源

圖 6-4　紡織印染流水線

置換服務來盤活庫存；搜布網透過需求匹配和供應鏈整合，解決傳統交易過程中資訊不對稱問題，降低採購成本。

　　紡織機械遠程監控，節省人力，提高設備管理水準。基於 Wi-Fi、工業乙太網等通訊方式，實現設備的遠程監控，透過分析控制器的各種數據，實現對設備的故障預警及診斷。在紡織企業和紡織設備製造企業之間建立遠程通訊網路，設備的運行參數等資訊實時傳送到現場的智慧終端，再發送至設備製造商，設備製造商對數據進行分析後，提供可視化維護提示。

　　透過智慧工廠降低用工成本，提高管理效率。透過機器替代人力、工序連續化和管控一體化，解決紡織企業用工成本的大幅上升和由於工序繁多導致管理難度大等問題。棉紡設備透過自動識別和智慧檢測裝置，實現了產品品質的自動在線檢測；將不同工序設備進行有機的自動連接，實現了棉紡工序的連續化；利用感測器、工業乙太網等技術，將單機設備的運轉、產量、品質等數據集成於同一平臺，開展透明化管理，實現工廠管控一體化。

　　提升紡織印染的精細化管理水準，降低污染排放。杭州凡騰印染行業智慧工廠解決方案，包括了前處理、染色、固色、智慧配液系統等環節，能夠大幅提高印染行業的生產效率，有效降低能耗和污染排放；康平納全自動筒子紗染色生產線，透過熱能回收系統和冷凝水、降溫水回收系統，每噸紗約能回收 7t 水，節約蒸汽 1.7t；利用在線智慧調濕設備，克服環境變化對原料紗回潮影響，降低迴染率，減少資源重複消耗，節約資源。

　　個性化定制具有能滿足客戶的特殊需求、增強客戶黏性、提升客戶體驗等優點，離散型製造企業紛紛開展個性化定制的實踐，個性化定制也逐漸成為企業的

新型競爭力，呈現出離消費者越近且技術門檻越低的產業，個性化定制發展程度越深的趨勢。其發展程度可大致分為三個階段：模塊定制，2015 年長安新奔奔開展個性配車新業務，推出的首批 PPO 版已上市，新奔奔（PPO 版）是基於 8 種個性化配置選裝包，各選裝包之間具有聯動、互斥機制，以保證整體協調與美觀度；眾創定制，海爾掛機空調，將使用者需求轉化為工程模塊，透過模塊研究發明和配置滿足個性化需求，N 系列掛機劃分為 5 大系統 18 類模塊，其中基礎模塊 13 類，可選模塊 5 個，可滿足使用者在外觀、智慧、健康方面的需求，開放使用者配置化，產生自己需求的產品；專屬定制，紅領集團的私人訂製平臺 RCMTM，為使用者提供專屬定制服務，以西服定制為例，如果對自己的製衣需求和身形特徵有清楚的了解，在客戶端輸入身體 19 個部分的 25 個數據，便可以根據配圖提示，按照自己的想法製作專屬服裝，包括不同的樣式、扣子種類、面料，乃至每條縫衣線的顏色等。

汽車和電子產業的產品種類、數量成長迅猛，如何基於原有產線和產能，實現多品種混線生產，成為企業的部署方向。2015 年，富士康引入柔性機器人，應用於布局緊湊、精準度高的柔性化生產線。海爾的總裝線由傳統的一條長線分為四條柔性生產專業短線，根據市場需求，調整、關閉生產線數量，節約能源，減少用人數量。通用汽車的標準化柔性生產線，基於標準化小型高精度定位臺車、高精度定位機器人和標準工位的夾具系統，構成柔性總裝牛產線。北京奔馳柔性化輸送鏈系統，基於車身與底盤的自動運行體系，實現多種車型發動機、底盤與車身合裝的精準定位和自動合裝。

6.1.3　離散製造中的控制系統

1999 年 1 月，美國 IMTR 專案組（Integrated Manufacturing Technology Roadmapping）發表了工業智慧控制報告，擴展了 JimAlbus 給出的「智慧控制系統是那些在不確定環境下增加成功可能性的系統」的定義，給出了工業智慧控制功能模型，如圖 6-5 所示[8]。

在報告中，IMTR 專案組按上述功能模型，分析了目前檢測、通訊、數據轉換和決策、驅動 4 個方面智慧控制的現狀、願景、目標和任務。報告中的智慧控制是廣義的「智慧」，相當於我們通常所說的智慧化，但對於我們理解工業智慧控制系統還是很有啟發的。

（1）檢測

未來願景是高性價比的任何環境下的過程參數的直接測量。達成願景的目標和智慧控制研究任務：

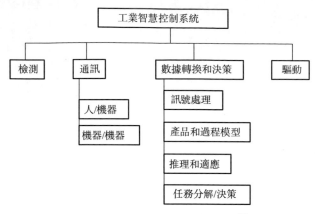

圖 6-5　工業智慧控制功能模型[8]

① 擴展的屬性感知　研製進行非常規測量（如嗅覺、味覺等）的感測器，提供特殊的定量資訊，用於評估產品的特性/品質；

② 軟測量　開發更實用、準確的建模技術，以證明推理感測的價值，混合建模工具將過程數據和工藝知識結合起來，進行推理和過程性能監視；

③ 感測融合　透過不同感測器輸入的集成和融合支援多相系統，開發一般的感測融合算法，開發多用途感測融合處理器[17]。

（2）通訊

① 人-機通訊　未來願景是清晰、準確、快速、明確地交換性能和指令資訊。達成願景的目標和智慧控制研究任務如下。

a. 在需要決策的時候，將各種領域數據綜合，以人能理解的語言提供實時正確的資訊。開發控制系統、企業控制模型和通訊的自適應集成；開發數據關係管理工具，接受文本語言查詢，從各種數據中抽取資訊進行應答；開發用於報警模式識別和能提出合理化建議的專家系統；開發新的低成本的顯示和表達技術，操作員提供通訊資訊。

b. 高級感知交互。在工藝設計者/操作員和過程之間，提供新方式的交互。開發生物耦合反饋技術（如聲音指令、生物測定等）。

② 機-機通訊　未來願景是及時、準確、自組態地與過程無縫連接介面。達成願景的目標和智慧控制研究任務如下。

a. 真正的即插即用。自主集成控制元件；建立介面庫；研究生物學習技術，作為人機交互新方法的基礎。

b. 魯棒控制體系結構。提供高頻帶通訊架構、策略和系統組態工具，用於智慧傳播。

（3）數據轉換和決策

① 感知處理。未來願景是無縫、高速、準確的多感測融合。達成願景的目標和智慧控制研究任務：

a. 提供魯棒軟測量，用於基於科學的過程狀態估計；

b. 實時感知處理。

② 產品和過程建模。未來願景是以產品模型為輸入形式，過程模型為主過程控制器。達成願景的目標和智慧控制研究任務：

a. 混合建模，將機理知識與數據組合成混合模型，開發新的混合模型範例，開發建模集成協議、多專業合作環境和模型移植工具；

b. 多智慧體系架構；

c. 自動建模技術，建立過程知識庫，支援無專業建模經驗人員；

d. 動態、自進化模型，支援實時優化。

③ 推理和適應。未來願景是用於優化操作的控制器。達成願景的目標和智慧控制研究任務有：

a. 支援集成產品/過程開發（IPPD）概念；

b. 集成控制開發環境，根據產品/過程特性自動形成控制器；

c. 經驗/知識獲取，將其並入到智慧操作控制系統；

d. 智慧自適應控制系統，提供對未計畫/未預見事件的控制邏輯，減少管理和操作過程中人的干預。

④ 任務分解和決策。未來願景是在實時環境下給出正確的指令。達成願景的目標和智慧控制研究任務：

a. 集成決策處理，魯棒決策處理遞階結構；

b. 開發經濟的控制策略優化和實施技術；

c. 全面工具集成[19]。

（4）驅動

未來願景是直接過程驅動。達成願景的目標和智慧控制研究任務：

① 自診斷、自整定、自主集成，即插即用的執行元件；

② 提供廣義工廠控制模型；

③ 軟執行器，帶推理功能，為下一代執行器奠定基礎。

透過對工業智慧控制系統功能的分析，資訊獲取、系統建模、動態控制是重要的幾個功能，也是智慧控制技術能充分發揮作用的環節。下面嘗試給出幾種常用智慧控制系統應用的實現模式，以便根據具體應用背景設計各種工業智慧控制系統。

(1) 資訊獲取

① 智慧軟測量　在冶金工業生產中，有很多工藝變量難以在線連續測量，但卻非常重要。軟測量即採集過程中容易測量的輔助變量（SV），然後估計出上述難以測量的變量（PV），前提是找出 PV 與 SV 之間的關係。通常的軟測量基於統計分析，有主元分析（PCA）、主元回歸（PCR）、部分最小二乘法（PLS）等。對於非線性問題，可以考慮將人工神經元網路（ANN）等智慧方法與這些統計分析相結合，提高軟測量的學習和適應能力，如圖 6-6 所示。首先利用常規統計方法壓縮數據和提取資訊的能力，將高維輸入數據集交換為低維數據集，再用 ANN 逼近非線性映射函數。採用這種方法，可以大大減小人工神經網路的複雜程度，節省計算時間[7]。

② 智慧數據融合　數據融合是對人類透過感知和認知進行資訊處理能力的一種模仿，即充分利用不同時間與空間的多感測器資訊資源，採用電腦對按時序獲得的資訊，在一定規則下加以分析、結合、支配和使用。數據融合可以在不同的資訊抽象層次上

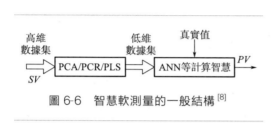

圖 6-6　智慧軟測量的一般結構[8]

出現，如數據層、特徵層和決策層，因而有必要引入智慧技術進行智慧數據融合。數據融合可分為低層次數據融合（LLFS，Low Level Fusion System）和高層次數據融合（HLFS，High Level Fusion System），如圖 6-7 所示。低層次數據融合將採集到的各種感測器數據與儲存數據結合，產生一個全局假設 Y 送到高層次數據融合，高層數據融合使用匹配案例形成推測，然後用推測測試系統（CTS，Conjecture Testing System）透過推理機驗證，推測各方面與當前事實是否一致，此推測透過增加、刪除或改變一個或多個局部狀態變量進行修改。同時，高層次數據融合指導感測器檢測並獲取更多數據，以形成更合適的假設[8]。

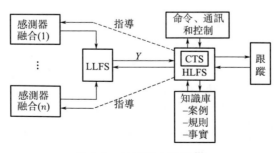

圖 6-7　數據融合過程[8]

（2）系統建模

在前面分析了常規控制建模的局限性，要實現複雜過程的系統建模，必須拓寬系統模型的表徵形式，豐富系統建模的方法手段，而智慧建模則是解決問題的有效途徑之一。圖 6-8 給出了常規建模向智慧建模的三維演變過程。

常規建模的機理分析法，用以解決系統內部工作機制完全清楚，各相關變量間的關係可以利用有關定律進行數學描述的系統建模問題。在智慧建模中，數學描述擴展為更廣義的知識模型，如專家經驗規則等。

智慧建模的統計分析法，用以解決系統內部工作機制雖有所了解，但不足以用機理分析法描述各相關變量

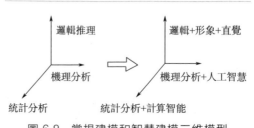

圖 6-8　常規建模和智慧建模三維模型

間的關係，甚至對系統內部機理完全不清楚的系統建模問題。在智慧建模中，統計分析法擴展為更廣義的基於數據的模型，採用計算智慧，如 ANN 等，將其擴展為非線性、結構不確定等複雜問題的建模。

常規建模通常基於思維中的邏輯推理，如機理分析法基於演繹推理，統計分析法基於歸納推理。在智慧建模中，除邏輯推理外，還要綜合應用形象思維、直覺等多種思維方式，以期克服邏輯推理的局限性。

圖 6-8 只是為了說明建模方法的演變，並不能反映建模過程的全貌。事實上，對於一個具體的系統建模問題，還要考慮反映建模的目的性和成本約束，只有把圖中 3 個維數有機結合起來，才能選擇最合適的模型表達方法和建模方法[9]。

對於一般的過程模型，考慮一個非線性動力學系統，可以定義為開發一個聯想記憶（Asso-ciative Memory），用於揭示在控制變量 $u(k)$ 作用下實時狀態 $y(k)$ 的變化，並使其與估計狀態 $y'(k)$ 之間的誤差 $e(k)$ 最小。當系統在一個變化環境下工作時，可以採用圖 6-9 給出的廣義動態建模結構進行智慧建模，從而打破常規對於數學模型的依賴。

（3）動態控制

對於不同用途的智慧控制系統，其結構和功能可能存在較大的差異，Saridis 提出了圖 6-10 所示的智慧控制系統的分級遞階結構形式，把智慧控制系統分為組織級、協調級和執行級，按照 IPDI（增加精度、減少智慧）原理，指導智慧控制系統的設計[7]。

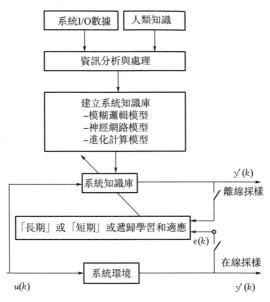

圖 6-9 基於智慧技術的廣義動態建模結構[15]

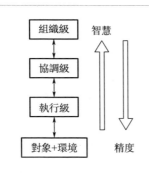

圖 6-10 智慧控制系統的
分級遞階結構

組織級是系統智慧水準的最高層，是一個基於知識的智慧資訊處理系統，在系統運行過程中，進行一般的知識資訊的處理，而在分析精度上要求較低。主要功能是將人的自然語言翻譯成機器語言，組織決策，規劃任務，干預底層操作，主要應用人工智慧和計算智慧進行。

協調級起著承上啟下的作用，主要功能是接受上一級的模糊指令和符號語言，並協調執行級的動作，不需要精確模型，但需要學習功能，以便改善環境適應能力。協調級由一個通訊協調器和幾個專門的協調器組成，通訊協調器實現組織級和各個協調器之間的資訊調度，以及各個協調器之間的在線數據交換。協調級的資訊處理，主要是用人工智慧和運籌學相結合的方法進行，其智慧水準和精度要求處於中等層次。執行級的主要功能，是實現協調級的各個協調器所發布的各種具有一定精度要求的控制任務，需要比較準確的模型。執行級的分析和綜合，都是以常規的控制理論為基礎的。

6.2　流程工業環境中的智慧製造系統

6.2.1　流程製造

　　流程工業是指透過分離、混合、成型或化學反應，使生產原材料增值的行業，其生產過程一般是連續的或成批的，需要嚴格的過程控制和安全性措施，具有工藝過程相對固定、生產週期短、產品規格少，但批量大等特點，主要包括化工、冶金、石油、電力、橡膠、製藥、食品、造紙、塑料、陶瓷等行業。

　　流程工業由於連續長時間的生產，對設備管理、降低成本、配方及主副產品管理應給予足夠重視，又由於流程工業工藝過程比較固定，所以生產是以工藝為主線。

　　流程工業是製造業的重要組成部分，以資源和可回收資源為原料，透過包含物理化學反應的氣液固多相共存的連續化複雜生產過程，為製造業提供原材料的工業，包括石化、化工、鋼鐵、有色、建材等高耗能行業，是國民經濟和社會發展的重要支柱產業，是中國經濟持續成長的重要支撐力量。近十年來，中國製造業持續快速發展，總體規模大幅提升，綜合實力不斷增強，不僅對中國經濟和社會發展做出了重要貢獻，而且成為支撐世界經濟的重要力量[4]。

　　經過數十年的發展，中國流程工業的生產工藝、生產裝備和生產自動化水準都得到了大幅度提升，目前中國已成為世界上門類齊全、規模龐大的流程製造業大國。但是中國流程工業的發展正受到資源緊缺、能源消耗大、環境污染嚴重的制約。流程工業是高能耗、高污染行業，中國石油、化工、鋼鐵、有色、電力等流程工業的能源消耗、CO_2 排放量以及 SO_2 排放量，均占全國工業的 70％ 以上。中國流程工業原料的對外依存度不斷上升；資源和能源利用率低，是造成資源緊缺和能耗高的一個重要原因。為解決資源、能源與環保的問題，中國流程工業正從局部、粗放生產的傳統流程工業，向全流程、精細化生產的現代流程工業發展，以達到大幅提高資源與能源的利用率、有效減少污染的目的，高效化和綠色化是中國流程工業發展的必然方向。高效化和綠色化生產是指在市場和原料變化的情況下，實現產品品質、產量、成本和消耗等生產指標的優化控制，實現全流程安全生產和可靠運行，產品具有高性能、高附加值的特點，能源與資源高效利用，污染物近零排放和環境綠色化。

　　當前，發達國家紛紛實施「再工業化」戰略，強化製造業創新，重塑製造業競爭新優勢；一些發展中國家也在加快謀劃和布局，積極參與全球產業再分工，

謀求新一輪競爭的有利位置。從全球產業發展大趨勢來看，發達國家正利用在資訊技術領域的領先優勢，加快製造工業智慧化的進程。美國智慧製造領導聯盟提出了實施 21 世紀「智慧過程製造」的技術框架和路線，擬透過融合知識的生產過程優化，實現工業的升級轉型，即集成知識和大量模型，採用主動響應和預防策略，進行優化決策和生產製造。德國針對離散製造業提出了以智慧製造為主導的第四次工業革命發展戰略，即「工業 4.0」計劃，將資訊和通訊技術（ICT）與生產製造技術深度融合，透過資訊物理系統（CPS，現代電腦技術、通訊技術、控制技術與物理製造實體的有機融合）技術、物聯網和服務網路，實現產品、設備、人和組織之間無縫集成及合作，「智慧工廠」和「智慧生產」是「工業 4.0」的兩大主題。「工業 4.0」透過價值鏈及資訊物理網路，實現企業間的橫向集成，支援新的商業策略和模式的發展；貫穿價值鏈的端對端集成，實現從產品開發到製造過程、產品生產和服務的全生命週期管理；根據個性化需求，自動建構資源配置（機器、工作和物流等），實現縱向集成、靈活且可重新組合的網路化製造。此外，英國宣布「英國工業 2050 戰略」，日本和韓國先後提出「I-Japan 戰略」和「製造業創新 3.0 戰略」。面對第四次工業革命帶來的全球產業競爭格局的新調整和搶占未來產業競爭制高點的新挑戰，中國宣布實施「中國製造 2025」和「網路＋合作製造」，是主動應對新一輪科技革命和產業變革的重大戰略選擇，是中國製造強國建設的宏偉藍圖[16]。

「中國製造 2025」的總體思路是堅持走中國特色新型工業化道路，以促進製造業創新發展為主題，以加快新一代資訊技術與製造業深度融合為主線，以推進智慧製造為主攻方向，強化工業基礎能力，提高綜合集成水準，完善多層次人才體系，實現製造業由大變強的歷史跨越。未來十年，中國製造業發展要按照「創新驅動、品質為先、綠色發展、結構優化、人才為本」的總體要求，著力提升發展的品質和效益。「中國製造 2025」明確了新一代資訊技術產業、新材料、高檔數控機床和機器人等十大重點領域，以及國家製造業創新中心建設、智慧製造、工業強基、綠色製造和高階裝備創新等五大重大工程。

6.2.2 流程製造中的控制系統

近年來，中國中國中國及國外日趨激烈的市場競爭，使得工業生產製造企業對其能耗水準、生產效率、產品品質和生產成本等綜合生產指標，提出了更高的要求。中國製造業還面臨著複雜多變的原料供應、日新月異的技術創新、瞬息萬變的市場需求，處於更加激烈的國際競爭之中，工業企業已經由過去的單純追求大型化、高速化、連續化，轉向註重提高產品品質、降低生產成本、減少資源消耗和環境污染、可持續發展的軌道上來。

　　工業過程綜合自動化技術，是資訊化與工業化融合的關鍵，其內涵是採用資訊技術，圍繞生產過程的知識與資訊進行重組，透過生產過程控制與運行管理的智慧化和集成優化，提高企業的知識生產力，實現與產品品質、產量、成本、消耗等密切相關的綜合生產指標的優化控制和實現企業管理的扁平化，綜合自動化技術受到國際學術界和工業界的廣泛關註。

　　綜合自動化的前沿核心技術是生產製造全流程優化控制技術，其內涵是在市場需求、節能降耗、環保等約束條件下，透過優化決策，產生實現企業綜合生產指標（反映企業最終產品的品質、產量、成本、消耗等相關的生產指標）優化的生產製造全流程的運行指標（反映整條生產線的中間產品在運行週期內的品質、效率、能耗、物耗等相關的生產指標）和過程運行控制指標〔反映產品在生產設備（或過程）加工過程中的品質、效率與消耗等相關的變量〕，透過生產製造全流程運行優化和過程運行控制，實現運行指標的優化控制，進而實現企業綜合生產指標優化。

　　目前，中國生產製造全流程的運行控制，採用金字塔式的人工操作方式，因此難以實現綜合生產指標的優化控制，造成能耗高、產品品質差、生產成本高、資源消耗大等問題。為了適應變化的經濟環境，節能降耗，提高產品品質和生產效率，降低成本，提高運行安全性，減少環境污染和資源消耗，必須實現生產製造全流程優化控制，因此，研究和開發符合國情的生產製造全流程優化控制系統勢在必行。

　　由於全流程優化控制系統的被控對象由生產設備（或過程）變為整條生產線，其被控對象特性、控制目標、約束、涉及範圍和系統的實現結構，遠遠超出已有的控制理論和控制系統設計方法的適用範圍，對工業過程控制與優化提出了新的挑戰。

　　工業過程的生產工序由一個或多個工業裝備組成，其功能是將進入的原料加工為下道工序所需要的半成品材料，多個生產工序構成全流程生產線。因此，過程工業控制系統的功能，不僅要求回路控制層的輸出很好地追蹤控制回路設定值，而且反映該加工過程的運行指標（即表徵加工半成品材料品質和效率、資源消耗和加工成本的工藝參數）在目標值範圍內，反映加工半成品材料品質和效率的運行指標盡可能高，反映資源消耗和加工成本的運行指標盡可能低，而且與其他工序的過程控制系統實現合作優化，從而實現全流程生產線的綜合生產指標（產品品質、產量、消耗、成本、排放）的優化控制。因此，工業過程控制系統的最終目標，是實現全流程生產線綜合生產指標的優化。

　　從全流程生產線的角度考慮過程控制系統設計，其被控過程是多尺度、多變量、強非線性、不確定性、難以建立數學模型的複雜過程，因此，難以採用已有的控制與優化理論和技術。目前工業過程控制與優化算法的研究是分別進

行的。工業過程控制的研究，主要集中在工業過程迴路控制和運行優化與控制兩方面。

如圖 6-11 所示的生產製造全流程的控制與運行管理流程，生產計畫部門和調度部門採用人工方式將企業的綜合生產指標從空間和時間兩個尺度轉化為生產製造全流程的運行指標；工藝部門的工程師將生產製造全流程的運行指標轉化為過程運行控制指標；作業班的運行工程師將運行控制指標轉化為過程控制系統的設定值。當市場需求和生產工況發生變化時，上述部門根據生產實際數據，自動調整相應指標，透過控制系統追蹤調整後的設定值，實現對生產線全流程的控制與管理，從而將企業的綜合生產指標控制在目標範圍內。

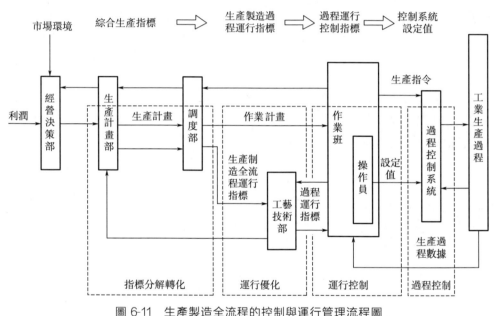

圖 6-11　生產製造全流程的控制與運行管理流程圖

工業過程迴路控制所涉及的控制理論和控制器設計方法的研究，集中在保證控制迴路閉環系統穩定的條件下，使控制迴路的輸出盡可能好地追蹤控制迴路的設定值。由於工業過程迴路控制的被控對象模型參數未知或時變，或受到未知的隨機干擾，或存在未建模動態等不確定性，自適應控制、魯棒控制、模型預測控制等先進控制方法的研究受到廣泛關註。

雖然迴路控制的被控對象往往具有非線性、多變量、強耦合、不確定性、機理模型複雜、難以建立精確的數學模型等動態特性，但由於其運行在工作點附近，因此在工作點附近可以用線性模型和高階非線性項來表示，其高階非線性項的穩態大都是常數。由於 PID 控制器的積分作用，可以消除高階非線性項

的影響，加上可以方便地使用工業過程中輸入、輸出與追蹤誤差等數據，以及以 DCS 為代表的控制系統實現技術的出現，使基於追蹤誤差的 PID 控制技術得以廣泛應用。但當被控對象受到未知與頻繁的隨機干擾時，系統始終處於動態，從而使積分器失效，難以獲得好的控制性能，因此，基於數據的控制方法，如無模型控制、學習控制、模糊控制、專家控制（規則控制）、神經網路控制、仿人行為的智慧控制等，和數據與模型相結合的先進控制方法，如基於智慧特徵模型的智慧控制和基於多模型切換的智慧解耦控制，受到控制工程界的廣泛關註[7]。

複雜工業過程回路控制的被控對象，往往是受到未知與頻繁的隨機干擾的強非線性串級過程，如赤鐵礦再磨過程、混合選別過程和工業換熱過程。由於強耦合或頻繁的隨機干擾，使得高階非線性項處於動態變化之中，使 PID 的積分作用失效，從而使被控對象的輸出頻繁波動，甚至諧振。針對被控對象的線性模型，採用常規控制技術如 PID 設計控制器，建立控制器驅動模型，以控制器輸出的控制訊號作用於控制器驅動模型，可以得到控制器驅動模型的輸出與被控對象的實際輸出之差，即虛擬未建模動態，提出了虛擬未建模動態補償驅動的設定值追蹤智慧切換控制方法。該方法結合赤鐵礦再磨過程和混合選別過程的特點，提出了區間智慧切換控制，並成功應用於工業界。目前還缺乏使 PID 積分作用失效的複雜工業環境下改善動態性能，具有自適應、魯棒功能的新的控制器設計方法的研究。

工業過程的運行動態模型，由回路控制的被控對象模型和其被控變量與反映產品在該裝置加工過程中品質、效率與能耗物耗等運行指標的動態模型組成。其運行動態模型與領域知識密切相關，雖然近年來工業過程的運行優化與控制吸引了學術界和工業界的很多研究者進行研究，但至今沒有形成適合各種工業過程統一的過程運行優化與控制方法。目前的過程運行優化與控制，均是結合具體工業過程開展研究的。

為了便於工程實現，運行優化與控制採用回路控制層和控制回路設定兩層結構。大多數工業過程的回路控制層為快過程，而控制回路設定層為慢過程，當進行控制回路設定時，回路控制層已處於穩態並使回路輸出追蹤設定值，因此，運行優化與控制的研究集中在控制回路設定層。

可以建立數學模型的工業過程，如石化過程，採用實時優化（Real time optimization，RTO）進行控制回路設定值優化。由於 RTO 採用靜態模型，是一種靜態開環優化方法，而工況變化和干擾使工業過程處於動態運行，只有工業過程處於新的穩態時才能採用 RTO，從而優化滯後[19]。

RTO 的一般結構由數據調和、模型更新、穩態優化與校驗四部分組成（圖 6-12）。數據調和是在過程處於穩態時，利用物料和能量平衡來消除測量誤

差。調和後的數據用來更新模型的參數,更新後的模型更加精確地表示當前的工作點。穩態優化以經濟效益函數為目標,以設備、產品規格、安全和環境、生產管理系統給出的經濟指標等為約束,優化求取新的過程穩態變量。優化結果經過監督系統(包括操作員)進行校驗,校驗後的結果送給過程控制系統,作為控制回路的設定值。

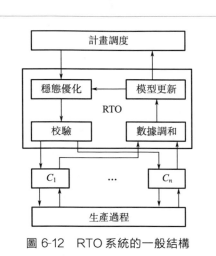

圖 6-12　RTO 系統的一般結構

由於 RTO 採用靜態模型,當出現工況變化和系統干擾時,只能等到被控過程達到新的穩態時才能進行優化,從而優化滯後[18]。優化週期與控制週期不一致,因此採用模型預測控制。模型預測控制將控制器的設定值作為決策變量,建立設定值與輸出之間的動態模型。在此基礎上,利用多步預測、滾動優化,實現控制器設定值的在線調整,透過單變量控制器追蹤調整後的設定值,實現生產設備(或過程)的運行優化。

對於難以建立數學模型的工業過程,如鋼鐵、有色金屬等的運行優化與控制,是結合具體的工業過程開展研究。針對鋼鐵等工業過程,採用預處理手段,使原材料成分穩定、生產工況平穩,研究發明將運行指標轉化為控制回路設定值的工藝模型或經驗模型,進行開環設定控制。

工業過程的運行控制,採用設備網和控制網雙網結構。特別是隨著網路技術的工業應用,運行優化與控制可以在工業雲上實現。透過網路傳輸回路設定值和回路輸出,可能產生丟包、延時等傳輸特性,影響運行動態特性,可能造成運行反饋控制的性能變壞。對不同網路環境下的運行控制進行了研究探索,目前還缺乏在工業網路和工業雲環境下工業過程運行優化控制方法的研究。

運行工程師靠觀測運行工況和相關的運行數據,憑經驗判斷與處理異常工況。雖然基於 DCS 的工業過程控制系統具有異常工況報警功能,但該報警功能只是根據輸入輸出數據是否超過限制值,瞬間的超限因控制系統的作用而消失,因此誤報現象常常發生。當生產條件與運行工況發生變化時,工業過程控制系統中採用的運行優化與控制算法,沒有識別生產條件和運行工況變化的功能,也沒有自適應、自學習、自動調整控制結構和控制參數的功能,不能適應工業過程的這種動態變化,導致控制性能變壞,使工業過程處於異常工況。對於複雜工業過程,如處理低品位、成分波動的赤鐵礦選礦過程,以及廣泛應用於有色冶金過程

的重大耗能設備，由知識工作者憑經驗知識決策回路設定值和運行指標目標值範圍。當生產條件和運行工況發生變化時，往往出現決策錯誤，導致工業過程出現異常工況。異常工況的判斷和預測的關鍵，是建立異常工況的數學模型。早期的工業過程故障診斷研究，集中於執行器、感測器和控制系統部件的故障診斷，採用基於模型的故障診斷方法。由於異常工況機理不清，難以採用基於模型的故障診斷方法。數據驅動的故障診斷方法的研究，正得到學術界和工業界的廣泛關註。結合電熔鎂爐提出了數據驅動的電熔鎂爐異常工況診斷和自愈控制，並成功應用於實際工業過程。結合冷軋連退工業過程提出了斷帶與打滑故障的診斷方法。由於異常工況的複雜性，運行工程師可以透過運行工況的觀測、工業裝備運轉的聲音和運行數據，憑經驗知識診斷異常工況。目前還缺乏基於運行工況圖像、設備運轉的聲音和運行數據與知識相結合的工業大數據運行故障智慧診斷方法的研究。研究了由於控制回路設定值不合適而導致的運行故障診斷和透過改變控制回路設定值排除運行故障的自愈控制方法，目前還缺乏透過改變控制結構和控制參數消除運行故障的自愈控制方法的研究。將工業過程建模、控制和優化相集成，實現智慧優化控制系統願景功能的新算法，將是工業過程建模、控制與優化算法研究的發展趨勢。

　　從對工業過程建模、控制與優化算法的研究現狀與發展趨勢的分析可以看出，工業過程智慧優化控制系統所需要研究的運行優化與控制和故障診斷與自愈控制算法，難以採用控制與優化理論所提供的解析工具進行算法的性能研究，因此，需透過實驗手段來研究算法的性能。由於工業過程千差萬別，生產過程高耗能並產生污染，操作不當易產生危及生命安全的故障，因此難以作為實驗裝置採用仿真技術建立虛擬的工業過程，採用工業環境中運行的控制系統，研製運行優化控制和故障診斷與自愈控制半實物仿真實驗系統，是研究工業過程智慧優化控制系統理論和技術必不可少的工具。結合赤鐵礦磨礦過程研製的運行優化反饋控制半實物仿真實驗系統，為磨礦過程的運行優化控制算法研究和工業應用發揮了重要作用。建立模擬工業過程運行動態特性的虛擬工業過程的關鍵，是建立工業過程運行的動態模型。由於採用已有的建模技術難以建立複雜工業過程運行動態模型，因此制約了工業過程運行優化與控制和故障診斷與自愈控制的半實物仿真實驗系統的研製，也制約瞭高效的建模、控制、優化算法應用於工業過程控制系統。將數據、知識、虛擬現實技術和仿真技術相結合，開展複雜工業過程運行動態建模與可視化技術研究，有助於研製工業過程建模、控制與優化半實物仿真實驗系統，也有助於工業過程的可視化監控的實現。

　　目前在工業環境中運行的過程電腦控制系統主要採用 DCS。基於 DCS 的工業過程控制系統的主要功能，是實現工業過程的多個回路控制、設備的邏輯與順序控制和過程監控。實現工業過程運行優化與控制和運行故障工況診斷與自愈控

制，還需要其他電腦系統。嵌入式控制系統已經應用於高速鐵路、汽車電子、數控機床等。為了使嵌入式系統具有更多的功能，多核嵌入式系統的研究越來越受到學術界與產業界的重視。多核嵌入式系統的發展，必將促進嵌入式控制系統的發展，將工業過程回路控制、設備的邏輯與順序控制和過程監控、運行優化與控制、故障診斷與自愈控制，集成於多核嵌入式控制系統一體化實現成為可能。

工業過程智慧優化合作控制系統，是工業過程控制系統未來的發展方向。

基於數學模型的控制器設計方法，是根據對象模型設計控制器結構，然後選擇參數。為了便於工程實現，智慧優化合作控制採用回路控制層和控制回路設定控制兩層結構。回路控制層採用已有的控制器設計方法來設計。由於上述工業過程的被控對象特性難以用數學模型來描述，只能依靠過程數據和知識，因此大數據和知識驅動的控制器設計思想，首先研究智慧優化合作控制結構，然後採用過程數據設計結構中的各部分。由於工業裝置運行過程的動態特性難以用數學模型來描述，常常運行在動態之中，受到不確定性的未知干擾，因此要求運行優化控制具有魯棒性，採用動態閉環優化的方式，因此採用優化與反饋相結合的策略。由於控制回路設定值的優化決策只能採用近似模型，或者在運行專家經驗與知識的基礎上採用案例推理或專家規則等智慧方法，決策的設定值往往偏離優化設定值，因此採用運行指標預測與校正策略。為了避免因決策出的控制回路設定值不適合而造成的故障工況，採用故障工況預測與改變設定，使工業裝置運行遠離故障的自愈控制思想，來研究大數據和知識驅動的智慧優化合作控制系統結構和設計方法。

作為流程工業智慧優化製造核心的智慧合作控制系統，面臨著兩個根本挑戰：

① 流程工業企業目標、資源計劃、調度、運行指標、生產指令與控制指令的決策處於人工狀態，以及產品生產過程難以建立數學模型，難以數位化，並且決策過程受知識和數據不完備與滯後的制約，無法實現全流程的集成優化，因此，如何將數據、知識、工業物聯網、智慧合作控制技術與流程工業實體相結合，實現多尺度、多目標優化決策、優化運行和控制的一體化，是流程工業智慧合作控制的一個挑戰；

② 現有的工業電腦網路系統與軟體平臺嚴重制約著流程工業智慧合作控制系統的發展，因此，如何基於行動通訊與行動計算實現遠程監控、全面感知、合作分析、綜合判斷、行動決策和自主執行的系統，成為流程工業控制智慧系統面臨的另一個挑戰[13]。

工業環境智慧感知技術與資訊服務節點（可軟體定義的感測器設計、業務感知技術、智慧資訊服務終端、多終端合作感知技術等）　工業智造中所有的末梢節點，透過泛在網路實現智慧感知，將各種物理設備實現虛擬節點分離和抽取，

建構可控制和可管理的資訊服務節點。所有資訊服務節點能夠實現可尋址、可通訊、可感知、可控制。「設備/原材料＝資訊」是實現智慧製造的關鍵，這依賴於智慧化的無線感測技術。因此，擬研究高效感測技術、具備嵌入式處理能力（即軟體定義功能）的感測器設計、感測訊號的分析與處理技術等；研究業務感知技術，感知使用者（包括生產者和消費者）需求，如使用者喜好、使用者對設備的操作習慣等；針對典型製造生產線柔性控制目標，研製具有自主感知、自適應能力的機械控制與操作設備。在此基礎上，研究多終端合作感知技術，以及終端設備的虛擬重構技術，實現智慧資訊服務終端。

泛在接入技術與虛擬生產服務環境（終端設備的智慧尋址與虛擬重構、感測節點的智慧組網、網路資源的合作共享與優化配置） 虛擬現實，建構虛擬的服務環境，將各種網路透過泛在接入以及異構融合，實現智慧製造及智慧企業的虛擬服務環境。原料、設備入網的首要條件是可尋址能力。鑑於未來無線網路是基於 IP 的接入網，首先需要研究基於 IP 的終端設備（包括感測器）的尋址技術；隨後研究具備智慧感測能力的設備、原材料（即網路節點）的智慧組網技術，包括工業物聯網的網路拓撲、網路的分層模型、網路的動態重構技術等；最後研究工業物聯網的合作傳輸機理，包括數據與信令分離技術、中繼傳輸技術、節點的合作傳輸技術等，探索網路資源的優化調度機理。

軟體定義服務技術與合作製造控制平臺（虛擬現實技術、面向使用者個性化需求的生產流程定制機理、智慧生產服務平臺建構） 智慧製造的終極目標，是實現面向個性化訂製生產服務。為此，擬研究工業物聯網的體系架構，建構統一的泛在服務平臺，包括使用者終端控制系統、泛在網路控制系統、數據處理控制系統、綜合服務控制系統；基於該系統研究生產資源優化管理機制，探索使用者需求驅動的生產流程定制模式；研究虛擬現實技術，探索使用者與生產流程的高效交互模式，建構高效的人機物交互環境。

調度優化、運行指標優化與網路資源優化的動態合作控制 開展數據與知識相結合的具有綜合複雜性的工業過程運行動態智慧建模與動態特性可視化技術研究，為運行指標預測、工業過程可視化監控、運行優化控制和故障診斷與自愈控制半實物仿真實驗系統的研製提供支援；開展工業過程回路控制與設定值優化一體化控制系統理論與技術研究，包括數據與知識相結合的設定值多目標動態優化決策、回路控制閉環系統動態特性影響下的運行優化與控制、基於工業雲和無線網路的運行優化控制、積分作用失效的複雜工業環境下改善動態性能的具有自適應和魯棒功能的工業過程回路控制算法；開展基於系統報警、運行數據與知識相結合的工業過程故障智慧診斷、預測與自愈控制技術的研究，為研製預測運行異常工況，透過改變控制結構與控制參數排除運行故障的智慧自愈控制系統提供支援；開展工業過程安全可靠的智慧化控制系統實現技術，包括研究工業過程建

模、控制、優化新算法的半實物仿真實驗系統的研製；開展一體化實現控制與運行優化、故障診斷與自愈控制的軟體平臺的研製；開展結合具體工業過程的智慧化控制系統實驗平臺的研製；開展具有無線通訊功能的工業過程嵌入式智慧化控制系統研究，建模、控制、優化算法和智慧化控制系統在真實工業環境中的應用驗證研究；開展基於大數據和知識驅動的智慧優化合作控制理論與關鍵技術，以及工業過程安全可靠的智慧化控制系統實現技術的研究。

6.3 新一代物聯網化工業環境控制平臺

(1)「感知-控制-傳輸」一體化的嵌入式控制器

控制器主要完成資源的動態自主接入和局部的智慧控制，實現在控制器本地的感知、控制與傳輸一體化的智慧運行。為此，嵌入式控制器重點發展以下三方面功能：首先是與數據相關的功能，包括本地數據儲存、訪問；其次是與分析計算相關的功能，包括感測器數據融合、「端」分析計算；最後是與網路相關的功能，包括設備接入、設備管理和配置、數據傳輸、網路協議轉換等[20]。

(2) 基於工業 SDN 的高效傳輸和廣域網路路

針對工廠管控網路局域封閉，主幹網路、控制網、現場網異構分層的現狀，借鑒軟體定義網路、網路廣域網路路體系和 Web Service 開放服務架構，研究新一代全互聯製造網路架構，支援低成本廣域覆蓋、管控一體化、服務化資訊集成。具體的研究內容包括以下內容。

① 支援跨層、跨域智慧優化的工業軟體雲平臺。搭建軟體開放平臺，確保滿足不同需求的應用業務都能夠在該平臺上快速、簡單、低成本地開發和部署，與客戶進行互聯互通，如獲取客戶訂單需求、客戶服務需求、客戶營銷需求、客戶訂單需求等，以及上述軟體對工業製造網路系統各種資源的調度和使用。

② 流程工業大數據管理和分析平臺。大數據是實現流程工業數位化、智慧化製造的基礎，因此，大數據平臺需要整合現場感測網、物聯網、工業控制乙太網、內部外部網路、社會無線通訊網，構成流程工業數位化智慧化製造的工業網路，實現多來源、多模態大數據的獲取、儲存、管理與分析，以及在不同業務間的互操作集成和共享。在此基礎上，實現多源異構數據融合，包括物聯網和工業網路建構、不同業務數據互操作集成、多源異構大數據的融合分析[21]。進而實現數據智慧分析處理，包括多業務數據倉庫、多源數據可視化、數據挖掘和知識發現等。

③ 支援流程製造異構設備、資源統一語義描述的服務化適配技術。網路

化管控平臺面對大量、異構製造服務，這些製造服務來自多個層次、多種領域，具有不同的語義體系，因此要研究大量、異構製造服務語義化建模，實現製造服務的語義級互操作。研究製造服務原子屬性劃分方法，尋找異構語義屬性的關鍵共性和特殊性，基於此建構製造服務多層級語義描述框架。此外，還要研究製造服務的可組合性，即服務之間拆分/聚合機理，並據此設計製造服務之間語義互操作介面，具體包括基於元模型的製造服務原子屬性劃分、製造服務多層級語義描述框架、製造服務語義拆分/聚合模型、製造服務語義關聯與互操作介面。

④ 支援流程製造服務動態發現、組合、重構的智慧服務總線技術。傳統 MES 系統消息總線作為生產調度資訊交互的主要方法，存在集中式消息處理負載壓力大的不足，並且無法針對不同類型的消息進行分布式傳輸調度。針對上述問題，擬提出基於分布式服務總線的實時服務管理技術，採用 Paxos 分布式隊列的思路，達到對服務進行跨生產區域的實時管理與一致性維護的效果。分布式服務總線接收到各條生產線上的 Web 服務適配器發布的設備原子服務後，分布式總線調度器按照 Paxos 算法，對總線上的服務資訊進行一致性維護。此時服務監聽器收到總線發布的服務請求後，透過帶有時間戳的 Fair Scheduler 算法，對服務的優先級與資源進行綜合權重排名，形成實時、準實時與非實時隊列。然後由服務註冊管理模塊，對不同隊列的服務分別進行狀態、時序以及資源需求的註冊管理[22]。

⑤ 多源異構、多尺度資訊高效傳輸機制與動態優化技術。流程工業生產過程中，物理數據、管理數據和控制數據種類多，數據異構，各類長短包資訊、流媒體資訊、響應時間跨度大的資訊，需要高效可靠地傳輸和動態優化。透過提高頻寬的無線數據鏈路和設計靈活的網路拓撲結構，從行動通訊高速發展中汲取經驗，透過物理層設計、多流傳輸、新型空中介面、動態組合網路等方案的設計，在一些特殊環境下，有效地彌補有線網路的不足，進一步完善工業網路路的資訊及時傳輸和性能優化。工業資訊的高效可靠傳輸機制與動態優化技術，包括複雜工業環境下資訊毫秒級別傳輸；數據採集後預處理與有效回傳；大量工業數據中心處理與挖掘；控制資訊的實時可靠回傳；物理資訊系統一體化安全防護與可信。

⑥ 複雜工業環境下多源異構現場資訊的實時、高效融合技術。流程工業控制與監測對通訊的確定性和實時性具有很高的要求，如用於現場設備要求延遲不大於 10ms；用於運動控制不大於 1ms；對於週期性的控制通訊，使延遲時間的波動減至最小，也是很重要的指標。此外，在流程工業應用場合，還必須保證通訊的確定性，即安全關鍵（safety-critical）和時間關鍵（time-critical）的週期性實時數據，需要在特定的時間限內傳輸到達目的節點[23]。隨著大量感知設備接

入網路，各類感知數據資訊數量龐大，資訊容量巨大，資訊關係複雜，怎樣對大量多源異構資訊進行合作與融合，是一個重要目標；如何透過認知學習，使物理世界採集到的資訊之間以及與資訊世界的知識能夠有效融合，更好地估計和理解周圍環境及事物發展態勢；加快融合處理，極大降低時延，滿足其時空敏感性和時效性；提高資訊和資源的利用率，支援更有效的推理與決策，改善系統整體性能[24]。

⑦ 流程工業多種類型設備的動態、自主接入技術。流程工業多個工藝環節都需要接入到工業認知網路中，具有高併發接入的特點，這使得傳統接入機制面臨著通訊資源利用率低的問題。由於網路中接入數據既有週期性監測數據，又有告警等突發非週期性數據，基於競爭和基於分配的接入機制都是必需的。但傳統面向 WLAN 等的基於競爭的接入機制，面對工業認知網路的大規模併發接入特徵時，存在嚴重的隱藏終端問題；傳統面向蜂窩網、感測網等將資源分配到節點的方案，資源分配開銷大，資源浪費嚴重，不適合工業認知網路短數據量頻發特徵。為此，需要研究接入機制，使得這些數據實時、可靠地傳輸，實現通訊資源的最大化利用，包括基於競爭的高可靠接入機制和基於分配的高效接入機制。

⑧ 流程工業大數據管理技術。實現流程工業大數據的高效管理和挖掘，其主要功能包含如下。

• 數據採集功能。包括具有標準通訊協議的系統過程數據採集、對各類使用關係數據庫的生產管理系統的數據採集。對於各類非標數據，現在市場上成熟的工業數據庫產品大都提供方便的數據採集方式，如在某 Excel 表格中手工錄入，或者導入到指定格式的文本文件等。

• 數據儲存、集成功能。分布在廠區的各生產單元或多套生產單元，使用一個介面工作站從控制系統（或其他數據源系統）採集數據，這些介面工作站將數據透過局域網發送給廠級實時/歷史數據庫，然後上層的各類數據分析系統、數據查詢分析客戶端，都從廠級中心數據儲存伺服器讀取數據。

⑨ 流程工業大數據分析技術。流程工業大數據分析是工業大數據計算的重點，是能否體現工業大數據價值的關鍵所在，既要研究和開發適應各類工業大數據分析的通用方法，也應研究和開發面向具體工業領域數據分析的專用方法。批量分析是工業大數據分析需要解決的首要問題。批量分析能夠增加產品的整體品質和穩定性，並能使製造商更好地理解控制在相關生產環境中的差異。對比不同批量的周轉時間、參數和變量，收集歸納批量數據，支援自主改進；追蹤不同批量間的相關參數，理解並控制流程差異；透過標準介面整合新系統與現有批量系統；將品質、生產追蹤和其他核心生產功能同批量生產流程相聯繫，提供工廠生產流程的全貌。面向具體優化目標的工業大數據應用分析，是進一步要考慮的問

題。面向流程優化分析、品質優化分析、運行效率分析、批次性能分析、節能降耗分析等具體優化目標，其分析方法各有不同，而且與具體產業類別、企業結構等要素密切相關。

⑩ 流程工業大數據可視化技術。流程工業大數據的可視化，是透過把複雜的流程工業大數據轉化為可以交互的圖形，幫助流程工業企業使用者更好地理解分析數據對象，發現、洞察其內在規律。為降低流程工業企業使用者進行大數據分析的門檻，需要研究提供圖形化的 UI 系統，使得企業使用者可以快速簡便地使用大數據分析系統進行數據挖掘。數據分析可視化系統分為分析流程建構子系統和運行時監控子系統，前者負責提供圖形化交互，快速建構分析流程並提交執行，後者實時顯示各模塊的執行狀態與執行結果。

(3) 軟體平臺

軟體平臺層包括業務層、邏輯層、平臺層、抽象層，分別提供相應的技術。具體而言，業務層提供使用者向平臺提交業務需求的高層次描述，同時儲存大量的知識自動化算法庫，保存經驗的知識自動化算法。邏輯層將業務描述自動分解到邏輯級別，形成可以完成應用業務的可執行工作流。平臺層提供面向不同硬體平臺的操作系統，即將硬體的異構性抽象掉，提供關鍵的應用程式編程介面（API），確保應用程式在跨平臺上的通用性。抽象層基於透明的統一抽象介面，將工業認知網路的計算資源、儲存資源和通訊資源的功能抽象為虛擬的服務，將底層資源的異構性完全屏蔽掉，確保在抽象層對異構的資源進行統一的功能定義和操作，使資源層對優化層和應用層完全透明。

(4) 大數據管理系統和算法庫

流程工業大數據管理系統和算法庫，以工業雲的形式為流程工業的各個部分提供數據、算法等方面支援，流程工業系統對計算高實時性、高準確率的要求，對雲服務提出了「實時」「快速」「準確」的要求，為此，實時雲服務需要提供以下幾方面技術：

① 高度靈活的雲計算框架　因為流程工業系統中不同任務對實時性、準確性的要求不同，且流程工業大數據模態多樣，因而需要有高度靈活的雲計算框架，以滿足高度多樣化的要求；

② 高可靠性雲平臺　由於流程工業系統對雲服務可靠性要求高，因而需要面向流程工業設計高可靠性雲平臺；

③ 流程工業雲安全防護　建構工業雲安全防護體系，完善工業雲安全防護技術標準，規範工業雲的數據中心基礎設施安全和數據資產安全等方面的保障技術措施。

參考文獻

[1] 劉長鑫，丁進良，柴天佑. 工業生產全流程運行性能監控評價指標設計與應用[A]. 中國自動化學會過程控制專業委員會. 第28屆中國過程控制會議（CPCC 2017）暨紀念中國過程控制會議30週年摘要集[C]. 中國自動化學會過程控制專業委員會，2017: 1.

[2] 柴天佑. 製造流程智慧化[N]. 中國資訊化週報，2017-11-27（007）.

[3] 徐彬梓，王豔，紀志成. 基於實例的離散製造系統能耗知識建模與預測[J/OL]. 控制與決策: 2019(01).

[4] 劉桐傑，李昱，張樹強. 流程工業智慧設備互聯互通關鍵技術的研究及應用[J]. 中國儀器儀表，2017（08）: 31-35.

[5] 徐宏斌. 面向知識重用的集成化管理資訊系統企業建模研究[D]. 南京: 南京理工大學，2007.

[6] 趙向海. 石化企業綜合自動化資訊集成平臺及應用研究[D]. 杭州: 浙江大學，2004.

[7] 王偉，張晶濤，柴天佑. PID參數先進整定方法綜述[J]. 自動化學報. 2000（03）.

[8] 柴天佑，金以慧，任德祥，邵惠鶴，錢積新，李平，桂衛華，鄭秉霖. 基於三層結構的流程工業現代集成製造系統[J]. 控制工程. 2002（03）.

[9] 王永富，柴天佑. 自適應模糊控制理論的研究綜述[J]. 控制工程. 2006（03）.

[10] 柴天佑，鄭秉霖，胡毅，黃肖玲. 製造執行系統的研究現狀和發展趨勢[J]. 控制工程. 2005（06）.

[11] 柴天佑，張貴軍. 基於給定的相角裕度和幅值裕度的PID參數自整定新方法[J]. 自動化學報. 1997（02）.

[12] 柴天佑. 生產製造全流程優化控制對控制與優化理論方法的挑戰[J]. 自動化學報. 2009（06）.

[13] 劉強，柴天佑，秦泗釗，趙立傑. 基於數據和知識的工業過程監視及故障診斷綜述[J]. 控制與決策. 2010（06）.

[14] 柴天佑，王中傑，王偉. 加熱爐控制技術的回顧與展望[J]. 冶金自動化. 1998（05）107.

[15] 柴天佑，金以慧，任德祥，邵惠鶴，錢積新，李平，桂衛華，鄭秉霖. 基於三層結構的流程工業現代集成製造系統[J]. 控制工程，2002（03）: 1-6.

[16] 胡春，李平. 連續工業生產與離散工業生產MES的比較[J]. 化工自動化及儀表，2003（05）: 1-4.

[17] Nonlinear Partial Least Squares Modeling: II Spline Inner Relation, Chemometrics Intell. Wold, S. Lab. Syst. 1992.

[18] Dynamic PLS modeling for process control, Chem. Kaspar, M. H. and Ray, W. H. Engineering and Science. 1993.

[19] Base control for the Tennessee Eastman problem. McAvoy, T. J. and Ye, N. Computers and Chemistry. 1994.

[20] 朱廣宇，秦媛媛，陳波，張宏斌. 面向工業網路環境的模糊測試系統設計研究與實現[J]. 資訊通訊技術. 2017（03）.

[21] 周侃恆，吳清，謝新勤，曹波，夏春明. 便攜式化工生產流程控制資訊安全

測試平臺[J]. 工業控制電腦 . 2015
（10）.

[22] 黃慧萍，肖世德，孟祥印 . SCADA 系統
資訊安全測試床研究進展[J]. 電腦應用研
究 . 2015（07）.

[23] 萬明 . 工業控制系統資訊安全測試與防
護技術趨勢[J]. 自動化博覽 . 2014（09）.

[24] 盧坦，林濤，梁頌 . 美國工控安全保障
體系研究及啟示[J]. 保密科學技
術 . 2014（04）.

第6章 基於工業物聯網的智慧製造系統

物聯網與智慧製造

編　　著：張晶，徐鼎，劉旭 等

發 行 人：黃振庭

出 版 者：崧燁文化事業有限公司

發 行 者：崧燁文化事業有限公司

E-mail：sonbookservice@gmail.com

粉 絲 頁：https://www.facebook.com/
　　　　　sonbookss/

網　　址：https://sonbook.net/

地　　址：台北市中正區重慶南路一段六十一號八
　　　　　樓 815 室

Rm. 815, 8F., No.61, Sec. 1, Chongqing S. Rd.,
Zhongzheng Dist., Taipei City 100, Taiwan

電　　話：(02) 2370-3310

傳　　真：(02) 2388-1990

印　　刷：京峯彩色印刷有限公司（京峰數位）

律師顧問：廣華律師事務所 張珮琦律師

國家圖書館出版品預行編目資料

物聯網與智慧製造 / 張晶，徐鼎，
劉旭等編著 . -- 第一版 . -- 臺北市：
崧燁文化事業有限公司 , 2022.03
　面；　公分
POD 版
ISBN 978-626-332-109-0(平裝)
1.CST: 物聯網 2.CST: 電腦程式設
計 3.CST: 技術發展
312.2　　111001494

電子書購買

臉書

定　　價：660 元

發行日期：2022 年 03 月第一版

◎本書以 POD 印製